国家出版基金项目
NATIONAL PUBLICATION FOUNDATION

超高钢级管线管
显微组织及力学行为研究

池　强　　张继明　　霍春勇　　吉玲康　　著
张伟卫　　李炎华　　李为卫　　陈宏远

U0320036

陕西新华出版传媒集团
陕西科学技术出版社
Shaanxi Science and Technology Press

图书在版编目(CIP)数据

超高钢级管线管显微组织及力学行为研究/池强等著.
—西安:陕西科学技术出版社,2018.12
ISBN 978 - 7 - 5369 - 7431 - 9

Ⅰ.①超…　Ⅱ.①池…　Ⅲ.①天然气管道—显微组织(金相学)—研究　Ⅳ.①TE973

中国版本图书馆 CIP 数据核字(2018)第 278624 号

超高钢级管线管显微组织及力学行为研究

池　强　　张继明　　霍春勇　　吉玲康
张伟卫　　李炎华　　李为卫　　陈宏远　　著

出 版 人	孙　玲		
责任编辑	史建玫	**封面设计**	曾　珂
责任校对	秦　延	**印制总监**	张一骏

出 版 者　陕西新华出版传媒集团　陕西科学技术出版社
　　　　　西安市曲江新区登高路 1388 号陕西新华出版传媒产业大厦 B 座
　　　　　电话(029)81205187　传真(029)81205155　邮编 710061
　　　　　http://www.snstp.com
发 行 者　陕西新华出版传媒集团　陕西科学技术出版社
　　　　　电话(029)81205180　81206809
印　　刷　陕西金和印务有限公司
规　　格　890mm×1240mm　16 开本
印　　张　25.5
字　　数　670 千字
版　　次　2018 年 12 月第 1 版
　　　　　2018 年 12 月第 1 次印刷
书　　号　ISBN 978 - 7 - 5369 - 7431 - 9
定　　价　218.00 元

序 · Preface

　　随着国民经济的迅速发展，我国的石油天然气消耗量年均增长率以"加速度"方式递增，为确保石油天然气供应量满足未来国民经济日益增长的需求，高压、大口径、大输量、长距离输送成为我国天然气输送管道技术发展的必然趋势。提高管道材料的强度不仅能增加管道的输送量，同时还可以显著地降低管道建设的成本。在管道口径和输送压力确定的情况下，管道材料每提高一个等级，就可以减少用钢量10%左右。

　　我国对天然气管道的研究和建设从20世纪90年代中期开始进入了快速发展期，在此后的20多年间，基于大量的研究成果，建设了以沙漠管线、陕京管线、涩宁兰管线等X52/X65管道为代表的第一代天然气管道，以及以陕京二线，西气东输（一线、二线、三线），川气东送，中亚管线等X70/X80管道为代表的第二代天然气管道。目前，为满足更大输量管道建设需求，对于以提高管线管钢级、提高设计系数和增大管线口径为主要方法的具有世界先进水平的第三代天然气管道工程关键技术也开始了研究和应用。其中，大口径厚壁X80管线管、X90/X100超高强度管线管应用技术的研究至关重要。

　　该书作者多年从事管线钢应用基础和技术开发工作，在高钢级管线钢显微组织鉴别及力学行为研究方面积累了大量的经验。他们依托中国石油集团重大科技专项"第三代大输量管道工程关键技术研究"项目，利用SEM、TEM、EBSD等微观组织研究手段，对X80、X90和X100管线管材料的典型显微组织进行表征和分析，采用常规力学性能试验和钢管全尺寸实物试验，对X80、X90和X100管线管的力学性能变化规律、断裂行为等进行了深入的研究，取得了重要的科研成果。

　　该书集合了中国石油集团石油管工程技术研究院（石油管材及装备材料服役行为与结构安全国家重点实验室）对第三代天然气管道材料多年来的研究成果，在理论和技术上均有重大创新，处于国际先进水平。该书是首部有关超高钢级天然气输送管线管研究的专著，是对 X80、X90 和 X100 管线钢基础研究、产品开发和应用技术研究成果的总结，既可为将来的科学研究提供参考，同时也对后期产品的规模化应用具有重要的指导意义。

中国工程院院士　李鹤林

2018 年 12 月

前 言 ·Foreword

　　管道输送是石油天然气输送最为高效的运输方式，管线钢管是铺设油气输送管道的主要材料。自 20 世纪 50 年代末微合金化钢在油气管道中应用以来，作为低碳微合金化高强度钢的重要分支，管线钢已具有 60 年的研究、生产历史。在此期间，以高压、大输量、大口径、大壁厚、长距离输送为特征的天然气输送管道技术与超纯净钢冶炼技术、现代控轧控冷轧制技术等相互促进、共同发展，把管线钢和管线钢管的研究与应用推到了一个新的发展时期，使之成为材料学科中成分/结构、合成/加工、性质、服役（使用）性能这 4 个要素之间有机结合的典范。

　　管线钢管不但需要有优异的力学性能，而且需要有良好的可焊性。特别是高钢级、超高钢级管线钢及钢管，必须是兼有强度、韧性和塑性的平衡体，不仅要求具有较高的强度，而且在具有优异的低温韧性及断裂止裂能力的同时，还需保证有一定的塑性。特殊情况下根据用途的不同，油气输送管材还需具有较高的形变强化能力、抗变形能力，以及抗氢致开裂及硫化物应力腐蚀开裂的耐腐蚀能力等。

　　显微组织结构是管线钢力学性能和使用性能的决定因素。第一代天然气管道用 X65 及以下级别的管线钢以铁素体、珠光体组织为主，主要轧制工艺为普通热机械轧制。第二代天然气管道用 X70、X80 管线钢，其主要显微组织为针状铁素体，采用低碳高锰微合金成分设计，通过热机械控制轧制和加速冷却生产工艺，获得超细晶粒组织，优异的低温韧性使针状铁素体型管线钢得到了广泛的应用。第三代天然气管道用超高钢级 X90 和 X100 管线钢，其显微组织结构演化为铁素体、贝氏体、马氏体等多相组织特征。对于具有特殊用途的管线钢，如抗大变形管线钢则以铁素体-贝氏体双相组织为主。

　　国外发达国家从 20 世纪 90 年代开始在天然气管线中规模使用 X80 管线管，加拿大还分别在 2002 年和 2004 年铺设了 X100 和 X120 管线试验段。但由于技术上未能完全突破，迄今为止，国外仍然未正式使用 X80 及以上级别的超高钢级管线管。我国从 2000 年后开始 X80 管线管应用技术的研究，并于 2004 年首次在西气东输工程管线上铺设了 X80 管线试验段，继而在 2008 年兴建的西气东输二线工程管道主干线上全部采用了 X80 管线管，标志着我国高钢级管道建设跃居国际先进行列。

为了推动第三代大输量天然气管道技术的发展和应用，中国石油集团于 2010 年在国内率先立项开展了大口径厚壁 X80 管线管、X90 管线管和 X100 管线管应用技术研究。石油管材及装备材料服役行为与结构安全国家重点实验室在相关项目的支持下，对高钢级和超高钢级管线管的化学成分、组织与性能的相关性、断裂控制、试验和评价方法等进行了系统研究。经过多年的攻关，完成了科研项目，在理论、标准、产品开发、应用技术方面取得突破，形成了在超高钢级管线管开发和应用方面的一系列关键技术，如管材成分、组织、性能等关键指标，兼顾其先进性和经济性的超高钢级板材、管材系列技术标准，为将来的 X90、X100 管道工程建设提供了技术支持，奠定了我国超高钢级管材开发应用技术在国际上的领先地位。

本书基于石油管材及装备材料服役行为与结构安全国家重点实验室在天然气管线管材料研究方面的最新成果，对超高钢级管线钢的显微组织特征，不同钢级、壁厚、生产工艺的管线钢组织及影响因素，管线钢焊接组织，大型夹杂物特性等进行了详细的介绍，同时对超高钢级管线钢的常规力学性能、时效行为、屈强比对管道运行安全的影响、韧脆转化行为、包申格效应与形变强化等进行了深入分析，力求尽可能地全面阐述超高钢级管线管的微观组织与宏观性能特征。希望本书的出版能对从事高性能管线钢研究开发、产品检验与试验、管道设计与施工等工作的相关技术人员有所帮助。

本书在编写过程中，参考了大量的文献资料，在此向原文献的作者表示衷心的感谢！由于著者水平所限，书中难免存在疏漏和错误之处，敬请读者批评指正！

著　者
2018 年 10 月

目 录 ·Contents

第1章 高钢级管线管的研究进展

第 2 章　超高钢级管线管的显微组织特征

第 3 章　超高钢级管线管的有效晶粒尺寸与析出行为研究

第 4 章　超高钢级管线管焊接接头的显微组织研究

第 5 章　超高钢级管线钢显微组织的影响因素

第 6 章　超高钢级管线钢中大型夹杂物的特性研究

第 7 章　超高钢级管线管的常规力学性能研究

第 8 章　超高钢级管线钢的时效行为研究

第9章　高钢级管线管屈强比对管道运行安全的影响

第10章　管线钢及管线管的韧脆转化行为

第 11 章　高强度管线钢的包申格效应与形变强化

第 **1** 章
高钢级管线管的研究进展

随着世界经济的快速发展,经济对能源的消耗量和依存度急剧增加。近 10 年来,全球石油和天然气的产量和消耗量逐年增加,全球天然气年产量由 2007 年的 29 475 亿 m³ 增加到 2016 年的 35 516 亿 m³,而全球天然气年消耗量则由 2007 年的 29 673 亿 m³ 增加到 2016 年的 35 429 亿 m³ (见图 1-1);全球石油年产量由 2007 年的 3 963×10⁶ t 增加到 2016 年的 4 360×10⁶ t,而全球石油年消耗量则由 2007 年的 4 032×10⁶ t 增加到 2016 年的 4 418×10⁶ t(见图 1-2)。

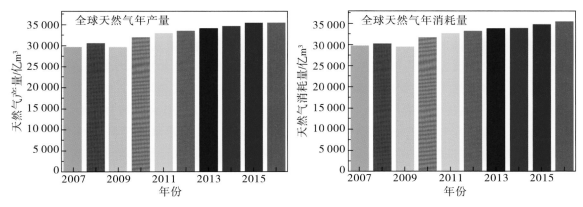

图 1-1　近 10 年全球天然气产量和消耗量的变化趋势

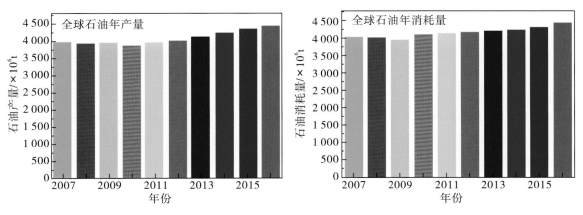

图 1-2　近 10 年全球石油产量和消耗量的变化趋势

石油和天然气被称为经济发展的工业血液,在经济发展中具有重要的地位。然而,由于世界上石油和天然气的产地大都位于偏远的山区、荒漠以及海洋等特殊地区,这些地区的交通运输条件非常落后,这样石油和天然气资源的运输就显得尤为重要。管道运输是目前石油天然气输送最为经济高效的运输方式。据统计,全球陆上70%的石油和99%的天然气要依靠管道输送,油气管道是国民经济的生命线。截至目前,北美、欧洲等发达国家均建有先进的石油天然气输送管网。近10年来,在中国石油天然气集团公司的大力发展下,我国已经建设了连接西北中亚、东北俄罗斯、西南缅甸的3大油气管道运输通道,累计建设天然气管道6万多千米、原油管道2.6万多千米和成品油管道2万千米,总里程达10.6万多千米。其中,建成了位于中国"丝绸之路"上的世界上最长的中亚—中国天然气输送管道,这条管道从中亚的土库曼斯坦开始到中国的霍尔果斯、上海,干线累计长度为6000多千米,年输送量可达到850亿 m³。

我国石油天然气输送管道行业的快速发展,带动了国内钢铁企业高品质管线钢及钢管制造技术的提升,实现了我国高强度管线钢和钢管的制造技术由跟跑到领跑的巨大转变,有力地提高了我国钢铁制造技术的国际竞争力。

1.1 管线管用钢的合金化成分设计

1.1.1 管线钢微合金化成分的发展

20世纪50年代后期,美国科学家通过在半镇静钢中添加 Nb 元素实现了微合金钢的工业化生产。随着微合金化基础理论研究的不断深入以及冶金技术和控制轧制技术的发展与应用,微合金钢的化学成分也不断得到优化与调整。微合金钢由于具有较高的屈服强度、优异的低温韧性以及易焊接性和耐大气腐蚀等特点,被广泛应用于大型桥梁建筑、汽车制造和压力容器制造等重要工业领域。用于石油和天然气输送管道的管线钢也是微合金钢应用的重要领域。管线钢属于低碳或超低碳的微合金钢,是高技术含量和高附加值的产品,管线钢的生产几乎应用了冶金领域20多年来的所有工艺技术新成就。与其他用途的微合金钢相比,管线钢的使用要求最为严格苛刻,除了常规性能的强度、韧性和可焊接性外,对屈强比、落锤撕裂(DWTT)以及低温韧性也做了限制。而一些特殊用途的管线钢还需具有抗 HB(氢鼓泡)、HIC(氢致开裂)和 SSCC(硫化物应力腐蚀开裂)的耐腐蚀能力,特别是随着深海和寒冷地区油气田的不断开发,对管线钢的低温韧性也提出了愈来愈严格的要求。为此,从20世纪80年代起世界各主要管线钢生产厂家开始把优化合金成分作为高韧性管线钢研究工作的重点。在这方面日本和德国的钢铁企业进行了大量的试验研究,并研制了不同规格和各种性能的高韧性 X52~X80 级管线钢。国外的研究成果为中国建立自己的管线钢合金体系和高韧性管线钢的开发提供了重要的技术借鉴,正是在国外管线钢发展的基础上,我国管线钢的研究和制造技术也得到了快速发展,从 X42 低钢级到 X80 高钢级针状铁素体管线钢的国产化和以西气东输二线工程为代表的大口径、高压力、大输送量超长管道的铺设,用了不到20年的时间。当然,我国管线钢的高速发展,离不开广大冶金科研人员和生产工作者的辛勤付出,也得益于近年来我国冶金装备的更新换代,先进的冶炼和轧制设备的建设和技术创新为生产高级别管线用钢提供了强有力的支持。

化学成分微合金化对现代管线钢的显微组织、力学性能、焊接性和耐蚀性有着深刻的影响。管线钢的成分微合金化最早可以追溯到1959年,当时第一个通过添加 Nb 和 V 的微合金化 X52 管线钢或者所谓的高强度低合金钢(HSLA)在北美开始应用,代替了之前采用 C 和 Mn 元素强化的管线钢,因为 C 和 Mn 元素强化的管线钢的碳当量高,焊接性和抗疲劳性较差,而利用 Nb 和 V 微合金元素的固溶强化、析出强化和细晶强化的作用,使管线钢中的 C 和 Mn 含量大大降低,从而提高了管线钢的可焊接性和低温冲击韧性。管线钢化学成分微合金化带动了热轧微合金化技术在高强度管线钢生产上的应用和发展,油气输送管线建设发展迅猛,管道输送压力不断提高,使得对管材的要求也不断提高,输送压力已由初期的 0.25MPa 上升到 20 世纪 90 年代的 10MPa。国外新建天然气管道的设计工作压力基本都在 10MPa 以上,管线钢管的屈服强度则从 170MPa 提高到 500MPa 以上。

美国石油协会(American Petroleum Institute,API)在微合金化管线钢生产的基础上制定了包含管线钢的化学成分、制造工艺及力学性能的行业标准,也就是目前的 API 5L 标准。在 API 5L 标准中,管线钢的合金设计是基于传统的 C-Mn-Si 合金化体系发展起来的,如表 1-1 所示。对于低强度级别的管线钢,可采用添加不超过 0.065% 的单一微合金元素或复合微合金元素,再根据钢板的厚度、轧机轧制能力以及性能要求等添加其他少量的 Cu、Ni、Cr 等合金元素,可生产出 API X52～X70 强度级别的管线钢。在 API 标准中管线钢生产应用的主要微合金化元素是 Nb 和 Ti。为获得更高的强度和降低生产成本,V 也曾作为微合金化的辅助元素被广泛使用。在不考虑轧制和冷却控制工艺的条件下,在 C-Mn-Si 合金化体系中,通过添加 Nb、Ti 或 V 等微合金元素生产的管线钢组织类型为铁素体/珠光体,这种合金化/显微组织设计的管线管制造成本最低。在 X70 及以上高

表 1-1　API 5L 不同钢级管线钢的合金化体系[1]

| 钢级 | 质量分数(基于熔炼分析和产品分析)/%(最大) | | | | | | | | | 碳当量[a]/%(最大) | |
	C[b]	Si	Mn[b]	P	S	V	Nb	Ti	其他	CE$_{IIW}$	CE$_{Pcm}$
X42M	0.22	0.45	1.30	0.025	0.015	0.05	0.05	0.04	d	0.43	0.25
X46M	0.22	0.45	1.30	0.025	0.015	0.05	0.05	0.04	d	0.43	0.25
X52M	0.22	0.45	1.40	0.025	0.015	c	c	c	d	0.43	0.25
X56M	0.22	0.45	1.40	0.025	0.015	c	c	c	d	0.43	0.25
X60M	0.12[e]	0.45[e]	1.60[e]	0.025	0.015	f	f	f	g	0.43	0.25
X65M	0.12[e]	0.45[e]	1.60[e]	0.025	0.015	f	f	f	g	0.43	0.25
X70M	0.12[e]	0.45[e]	1.70[e]	0.025	0.015	f	f	f	g	0.43	0.25
X80M	0.12[e]	0.45[e]	1.85[e]	0.025	0.015	f	f	f	h	0.43e	0.25
X90M	0.10	0.55	2.10	0.020	0.010	f	f	f	h	—	0.25
X100M	0.10	0.55[e]	2.10[e]	0.020	0.010	f	f	f	h,i		0.25
X120M	0.10	0.55[e]	2.10[e]	0.020	0.010	f	f	f	h,i		0.25

注:a. 根据产品分析结果,$t \geqslant 20.0$mm 的无缝管,碳当量的极限值应协商确定。C 含量>0.12% 时适用 CE$_{IIW}$,C 含量≤0.12% 时适用 CE$_{Pcm}$。

b. C 含量比规定最大 C 含量每减少 0.01%,则允许 Mn 含量比规定最大 Mn 含量高 0.05%;钢级≥X52 但<X70 的,最大 Mn 含量不得超过 1.75%;钢级≥X70 但≤X80 的,最大 Mn 含量不得超过 2.0%;钢级>X80 的,最大 Mn 含量不得超过 2.20%。

c. Nb+V+Ti≤0.15%。

d. 除另有协议外,Cu≤0.50%,Ni≤0.30%,Cr≤0.30%,Mo≤0.15%。

e. 除另有协议外。

f. 除另有协议外,Nb+V+Ti≤0.15%。

g. 除另有协议外,Cu≤0.50%,Ni≤0.50%,Cr≤0.50%,Mo≤0.50%。

h. 除另有协议外,Cu≤0.50%,Ni≤1.00%,Cr≤0.50%,Mo≤0.50%。

i. 除另有协议外,不允许有意添加 B,残余 B≤0.001%。

钢级管线钢的合金化成分设计中，以及为了补偿轧机能力而进行的 X65 级管线管的合金化成分设计，都是以 C-Mn-Si 合金化体系为基础的，同时添加 Cr、Ni、Cu、Mo 等合金元素中的一种或多种，但添加的总量应小于 0.6%。对于 API X100 及以上超高强度的管线钢，合金化成分设计需要在传统 C-Mn-Si 成分体系的基础上，提高基本元素 Mn 的含量（在 1.8% 以上），同时增加 Cu、Ni、Cr、Mo、Nb 等元素的含量，以及采用 B 微合金化技术等提高强度。由于大量合金元素含量的提高及管线钢强度的增加，在控制轧制和控制冷却生产工艺下，导致钢的显微组织为贝氏体组织，以及少量马氏体组织的出现，从而降低了管线钢的焊接性、冲击韧性及耐腐蚀性能。一般来说，铁素体/珠光体组织设计的目标是提高钢的强度，但提高合金成分的含量对很多管线的性能有负面影响。因此，在管线钢性能、组织和合金化之间必须建立良好的平衡关系。

1.1.2 管线钢中化学元素的作用

从上述合金体系可以看出，X42～X120 级管线钢的化学成分中有 C、Mn、Si、Ni、Cu、Cr、Nb、V、Ti、B 等元素以及 N、S、P、N、H 和 O 等杂质元素，下面介绍这些化学元素在管线钢中所起的作用。

（1）常用元素

1）碳（C）和碳当量（Pcm）。C 是提高管线钢强度的主要元素，也是最廉价的元素。随着 C 含量的增加，钢的屈服强度和抗拉强度也随之升高，但塑性和冲击韧性降低。图 1-3 为 C 含量对管线钢显微组织和强度的影响规律。随着 C 含量的增加，钢中铁素体组织含量降低，贝氏体组织含量增加，同时抗拉强度和屈服强度随着 C 含量的增加而提高。此外，管线钢中 C 含量的增加，会导致其焊接性能下降，且当 C 含量超过 0.23% 时，管线钢焊接性能会急剧恶化，所以 GB/T 9711、API 5L 和 ISO 3183 中对管线钢的最大 C 含量范围做了明确规定，其范围为 0.10%～0.24%，并且管线钢钢级越高，允许的 C 含量越低，如图 1-4 所示。

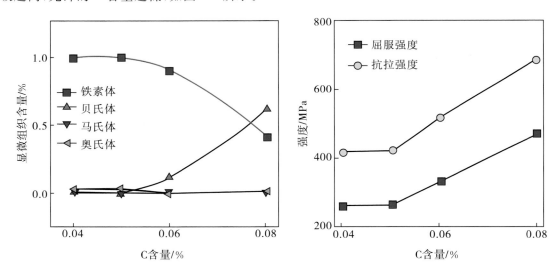

图 1-3　C 含量对管线钢显微组织和强度的影响[2]

管线钢中除 C 以外的其他各种合金元素对管线钢的强度与可焊性也起着重要的作用，为便于表达这些元素对强度（硬度）和焊接性能的影响，科研人员通过对大量试验数据的统计简单地以碳当量来表示这些影响，因此碳当量公式是经验公式，此公式可以简便计算出每个元素对硬度或淬透性的影响，评估氢致延迟断裂的风险。当 C 含量远小于 0.1% 时，国际焊接协会（IIW）给出的传统公式（1-1）就变得不可靠或偏于保守了。目前对于高强度管线钢的订货条件，通常都采

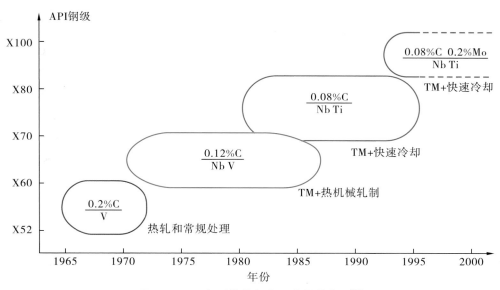

图 1-4 不同级别管线钢中 C 含量的发展[3]

用碳当量(Pcm)公式计算,即公式(1-2)。在这些按质量分数计算的公式中,管线钢中由于 C 含量降低导致了淬透性降低,合金元素如 Mn、Cr 对于硬度的影响很小。在大壁厚的 X70～X100 管线钢中 C 含量基本都小于 0.05%,合金元素的总量如 Mn、Cr、Cu、Ni 和 Mo 普遍都在 2%～3%甚至更高。

$$CE = C + \frac{Mn}{6} + \frac{Cr + Mo + V}{5} + \frac{Ni + Cu}{15} \tag{1-1}$$

$$Pcm = C + \frac{Si}{30} + \frac{Mn + Cu + Cr}{20} + \frac{Ni}{60} + \frac{Mo}{15} + \frac{V}{10} + 5B \tag{1-2}$$

2)锰(Mn)。Mn 元素在管线钢中是用来降低 C 含量,增加钢材强度的主要元素。Mn 的添加起到了降低相变温度、改变显微组织、细化晶粒尺寸、固溶强化、晶间强化和相变强化的作用。Mn 还可以降低管线钢的韧脆转变温度,提高钢的韧性。另外,在炼钢过程中,Mn 也是良好的脱硫剂和弱脱氧剂,它易于与钢水中的 S 形成 MnS 夹杂物,从而消除有害元素 S、O 对钢材的热脆影响,改善钢的冷脆倾向,提高淬透性。但若 Mn 含量过高,会降低钢的焊接性能,同时容易导致钢坯内发生 Mn 的偏析现象,从而降低钢的耐腐蚀性能。

管线钢中的 Mn 含量一般控制在 1.1%～2.0%。根据不同钢级,API 5L 和 GB/T 9711 规定了管线钢中的最大 Mn 含量范围为 Mn≤1.2%～2.10%,标准中还规定了 C、Mn 含量的增减原则,即最大 C 含量每降低 0.01%,允许 Mn 含量比规定的最大值增加 0.05%,对于 L245～L360 钢级,Mn 含量不超过 1.65%;对于 L360～L485 钢级,Mn 含量不超过 1.75%;对于 L485～L555 钢级,Mn 含量不超过 2.00%。

3)硅(Si)。管线钢中的 Si 元素一般为炼钢残留,因为 Si 在管线钢冶炼过程中作为还原剂和脱氧剂被添加,所以作为镇静管线钢中的 Si 含量范围一般在 0.15%～0.30%。如果管线钢中的含 Si 量超过 0.40%,就是有意添加的合金元素。由于 Si 元素能够显著地提高钢的弹性极限、屈服点和抗拉强度,所以被广泛用于弹簧钢等高强度结构钢中。在调质结构钢中加入 1.0%～1.2%的 Si,强度可提高 15%～20%;如果 Si 和 Mo、W、Cr 等元素结合运用,可有效提高其抗腐蚀性和抗氧化,可制造耐热钢。但如果 Si 含量过高,则会降低钢的塑性、韧性和焊接性能。

国标 GB/T 9711 对管线钢的最大 Si 含量规定范围为 Si≤0.4%～0.45%,API 5L 和 ISO 3183 中规定管线钢的最大 Si 含量≤0.45%,而实际管线钢中的 Si 含量一般小于 0.30%。

4)钼(Mo)。Mo 元素在管线钢中具有抑制块状铁素体形成,促进针状铁素体组织转变,进一步细化晶粒的作用。Mo 能够降低管线钢的韧脆转变温度,从而提高 Nb 的析出强化效果。Mo 还具有补偿因包申格效应所引起的强度损失。

GB/T 9711、API 5L 和 ISO 3183 中规定管线钢中的 Mo 含量范围为 0.15%～0.50%,X80 以下级别管线钢中的 Mo 含量一般小于 0.30%。

5)铬(Cr)。Cr 元素在管线钢中可单独使用,也可以与 0.15% 的 Ni 或 0.12% 的 Mo 复合添加。Mo 可在钢中生成一定量的马氏体-奥氏体(M-A)相,这会降低拉伸试验过程中的 Luders 带延伸,从而减少制管过程中因包申格效应产生的强度损失。近几年来,X70 和 X80 级管线钢的合金设计普遍采用的做法是以添加 0.35% 的 Cr 代替 Mo,以降低钢的成本。Cr 元素的强化机理与 Mo 略有不同,Mo 可以促进 M-A 岛的生成,而非针状铁素体或贝氏体。然而,当 Cr 元素在轧制后与加速冷却结合同样可以得到针状铁素体或贝氏体组织。另外,管线钢中添加一定量的 Cr 元素,可以提高管线钢的耐酸腐蚀性能。

与 Mn 元素相比,Ni 和 Cu 可以缩小 δ 铁素体的相变温度范围,而 Cr 能扩大 δ 铁素体的相变温度范围和增加连铸坯在高温 δ 相区的停留时间,该区的扩散速率高于奥氏体区。

6)镍(Ni)。Ni 元素添加在管线钢中可以提高其强度和低温下的韧性,细化铁素体晶粒。当其他因素(晶粒尺寸和析出强化)固定时,Ni 元素是唯一能够改善冲击韧性(DWTT、CTOD 和夏比冲击值)的元素,因为 Ni 能够促进变形过程中的交叉滑移,能够降低大应变时位错塞积的效力,从而达到改善韧性的目的。另外,Ni 能够用于降低残余元素或有意加入的 Cu 对热脆性的有害影响,而且 Ni 与 Cr 一起加入可以促进管线钢中 M-A 岛的生成。在酸性(H$_2$S)条件下,Ni 具有降低钢的吸氢速率的作用,但由于 Ni 或 Cu-Ni 复合添加会导致钢的制造成本增加,因而很少为此而单独使用 Ni。此外,Ni 还可起到一定的固溶强化作用。

7)铜(Cu)。管线钢中添加适量的 Cu 元素,可显著提高管线钢的抗腐蚀能力和抗氢致开裂的能力。Cu 能有效地防止 H 原子渗入钢中,减少平均裂纹长度。当 Cu 含量超过 0.2% 时,还能在钢的表面形成致密的保护层,显著降低钢板的 HIC 平均腐蚀速率,使平均裂纹长度接近于零。Cu 还可以降低相变温度,提高钢材的强度和韧性。但是,当 Cu 含量超过 0.5% 时,钢的塑性会显著降低,对焊接性能也有影响。

管线钢中的 Cu 通常是因废钢带入,或者因抗 H$_2$S 的服役条件而有意加入钢中。管线钢焊接时,在高热量输入焊接条件下,添加 0.12%～0.17% 的 Cu 和相同数量的 Ni 可有效地改善焊接热影响区(HAZ)的韧性。为了改善抗 HIC 性能而加入 Cu 时,pH 值降低到约 4.6,这时所需的最小值在 0.22%～0.26%,而典型的最大值为 0.30%。在中等 pH 值水平下,Cu 可起到降低氧的吸入和渗透速率的作用(见图 1-5),而图 1-6 则显示了 Cu 降低裂纹的倾向。

此外,由于富 Cu 相能够导致轧制过程中的热裂,单独使用 Cu 是比较冒险的。因此,通常还需要在酸性条件下服役的 Cu 合金化管线钢中加入 0.12%～0.15% 的 Ni。当用 Cu 降低中等 pH 值水平下的氢渗透速率时,要注意 Mo 的加入会弱化这个有利作用。因此,可选用其他方法(例如利用 Cr 和 Nb 复合加入)获得所需的强度。目前,还有一些基于 Cu 析出强化的系列钢种,例如 ASTM A707 或 A710 等所谓的 Ni-Cu-Nb 系列钢。这些钢含有 0.90%～1.30% 的 Cu 和相应匹配数量的 Ni。但是,由于这些钢的成本高并且需要时效或回火获得 ε-Cu 析出相,所以这些技术近年来还没有

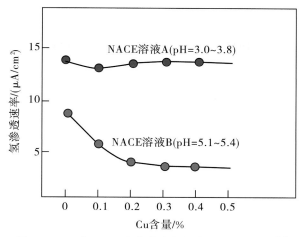

图 1-5　Cu 对 NACE 溶液试验中氢渗透速率的作用[4]

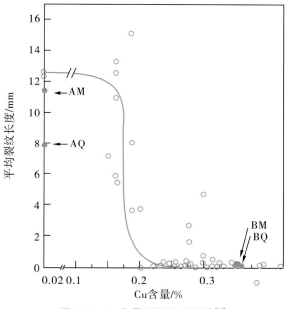

图 1-6　Cu 含量对裂纹的影响[4]

被用于管线钢的生产工艺中。不过,Cu 时效钢已经应用到北极寒冷地区和海洋用关键连接器等重要装置上。

(2)微合金元素

1)铌(Nb)。Nb 元素是低合金管线钢中普遍添加的微合金元素。X52～X120 钢级管线钢中都添加了不同含量的 Nb 元素,一般来说钢级越高添加的 Nb 含量越高。添加适量的 Nb 可以提高管线钢的强韧化性能。在热机械控制轧制(Thermo mechanical control process,TMCP)生产过程中,Nb 元素具有显著地阻止奥氏体晶粒长大、延迟奥氏体再结晶、降低韧脆转变温度的作用,从而可起到细化晶粒的作用。热轧后,Nb 与钢中的 C、N 形成纳米尺寸的 Nb(C,N)粒子沉淀析出,可起到析出强化的作用。Nb 元素还能够显著地降低奥氏体-铁素体相变温度。

2)钒(V)。V 元素主要用于制造高速切削钢及其他合金钢。在钢中添加一定量的 V 就可以生产出钒钢,钒钢比普通结构钢具有更好的韧性、弹性与机械强度。V 在管线钢中的作用与 Nb 和 Ti

非常相似,它可以与钢中的 C、N 结合,生成 V(C,N)析出相,弥散析出的含 V 碳化物和氮化物可以强化基体。由于 V 合金价格较低,有些钢铁企业用 V 替代 Nb 添加到管线钢中,从而降低生产成本。但是,由于 V 在热轧过程中不易析出而且延迟回复和再结晶的效果较差,大大降低了在 TMCP 工艺中晶粒细化的效果,如图 1-7 所示。

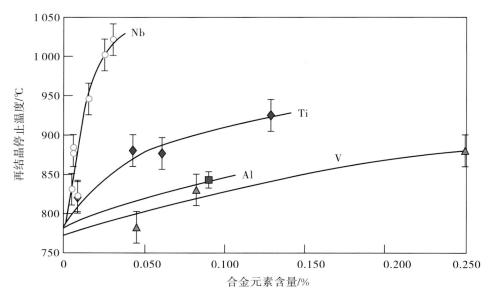

图 1-7 管线钢中合金元素对再结晶停止温度的影响[4]

在 TMCP 工艺中,V 具有显著地降低韧脆转变温度作用、较强的沉淀强化作用和较弱的晶粒细化作用等。在用钢水炼钢时,V 元素是优良的脱氧剂,V 与 C 形成的碳化物在高温高压条件下可提高钢材的抗腐蚀能力。一般在管线钢成分设计中不单独使用 V 元素。

3)钛(Ti)。Ti 元素与 Nb 元素一样,是管线钢中普遍添加的微合金元素。Ti 在管线钢中的添加量远远低于 Nb 的添加量,一般控制在 0.030% 以下,通常添加的范围为 0.010%～0.02%。在 TMCP 生产工艺中,Ti 具有显著的沉淀强化作用、中等晶粒细化作用和较弱的降低韧脆转变温度作用,Ti 能提高管线钢的强度和韧性,还能改善硫化物在钢中的分布形态。另外,Ti 能够抑制焊接热影响区的晶粒粗化,降低焊接热影响区裂纹的敏感性,改善焊接接头的冲击韧性。但如果钢中的 Ti 含量过大,极易与钢中的 C、N 结合,形成大量的 TiN、TiC 析出相或夹杂物,反而会降低钢的韧性。在炼钢过程中,Ti 是优良的脱氧剂。

另外,Ti 与钢中的 N 具有很强的亲和力,当超过溶度积时甚至会在钢水中析出 TiN 颗粒。研究表明,当钢中的 N 含量低于 0.008% 时,最适宜的 Ti 含量为 0.008%～0.015%,在这个范围内,管线钢焊接热影响区的韧性可明显改善,连铸过程中的连铸坯横向裂纹也会得到消除。当 Ti 或 N 的含量高于此值时,会首先生成在光学金相显微镜下就可见到的方形 TiN 颗粒,对 HAZ 区韧性和 CTOD 性能都非常有害。含量更高时(0.03%～0.08% 的 Ti)则会导致大量的 TiC 生成,尽管能起到一定的强化作用,但将会降低管线钢的冲击韧性,如图 1-8 和图 1-9 所示。

(3)有害杂质元素

1)硫(S)。S 在管线钢中属于有害元素。因为 S 容易使钢产生热脆性和分层,降低钢的延展性和韧性,在锻造和轧制时容易产生裂纹,S 对钢的焊接性能也不利。在管线钢中,S 是影响钢材抗 HIC 能力的主要因素,当 S 含量低于 0.002% 时,抗 HIC 性能明显增加。在 GB/T 9711、API 5L 和

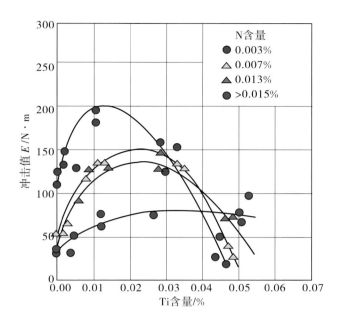

图 1-8　Ti 和 N 含量对夏比冲击韧性的影响[4]

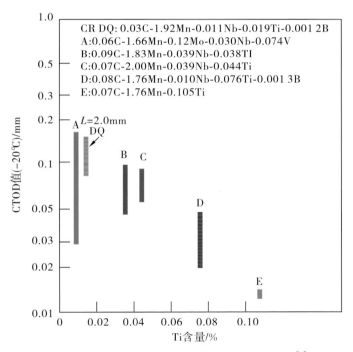

图 1-9　Ti 对 HAZ 区 CTOD 韧性的影响（−20℃）[4]

ISO 3183 相关标准中，规定常规管线钢管中的最大 S 含量＜0.015％，而酸性环境用钢管中的 S 含量需＜0.003％。在实际生产控制中，普通 X65 以下级别的管线钢中的最大 S 含量均＜0.010％，而 X70 以上级别管线钢的最大 S 含量＜0.004％。耐酸性管线钢中的最大 S 含量一般都控制在 0.002％以下。

另外，S 极容易和 Mn 结合，生长成长条状的 MnS 夹杂物，MnS 夹杂物容易偏析在壁厚 1/2 位置处,导致钢板在加工时分层开裂。管线钢需要有高的夏比冲击功来防止塑性裂纹扩展,所以降低 S 含量使其<0.010% 是正常的。可是,就算是这么低的 S 含量,由于 MnS 夹杂物的塑性拉长,缺口韧性也有其独特的方向性。因此,习惯上管线钢冶炼时用钙化处理工艺,使 S 优先与添加的 Ca 结合形成球状氧硫化钙夹杂物。对于更高强度级别的管线钢,或在酸性条件下服役的管线钢,既需要用 Ca 处理也需要进一步降低 S 含量到 0.002% 以下。

2)磷(P)。管线钢中的 P 元素也是非常有害的杂质元素。由于 P 在冶炼浇铸时极易在钢中形成 P 偏析,如果 P 偏析与 Mn 偏析集中发生,管线钢的加工性能就会大大削弱。检测表明,连铸坯中心的 P 偏析含量可能达到钢中正常的 P 含量的 10 倍或更高。另外,C 的活性受 P 含量的影响很大,钢中 P 含量的增加,将恶化和降低 C 含量的作用。另外,管线钢中 P 的富集或偏析,使管线钢中容易生成带状组织,并且导致钢中形成硬化相 M-A 岛,带状组织和 M-A 岛集中偏聚将使管线钢很难获得在酸性环境下(H_2S 或 CO_2)的良好耐蚀性能。一般在非酸性环境下用管线钢中的 P 含量应限制在 0.010% 以下,而在具有耐酸性腐蚀环境中(抗 HIC)应用的管线钢中 P 含量则要求在 0.002% 以下甚至更低。此外,P 对管线钢焊接接头 HAZ 区的性能也有显著的影响,同时可降低 CTOD 性能,对钢管的对接环向焊缝的缺陷容限有害。P 在钢熔炼过程中比较难以去除,管线钢生产中除 P 通常是采用铁水预处理深脱 P,然后利用 LF 炉外精炼脱磷,如果要把 P 含量控制在 0.010% 以下,则需要用特殊的双挡渣工艺方法进行脱磷,或者采用专门的脱磷炉进行脱磷,而实际情况是国内很多大型钢铁企业都没有专门的脱磷炉。

3)氮(N)。N 在管线钢中也是有害元素。钢中的 N 主要来自转炉冶炼时采用铝造渣的泡沫渣中或被污染的铁合金如 FeMn、FeCr 或 FeSi 中。N 的危害主要有:①在连铸过程中形成 AlN 或 NbN 等氮化物,这些氮化物增加了连铸时连铸坯形成横向裂纹的趋势;②如果 N 不能与微合金元素 Ti 结合形成 TiN,则会降低钢的 HAZ 区韧性;③增加了应变时效硬化趋势,从而降低了缺口的冲击韧性;④与 Nb 的亲和力很强,在热轧过程中易形成高温产物 NbN,从而降低了 Nb 的强化效果。

管线钢标准一般要求熔炼成分中的 N 含量不高于 0.008%,这样钢中的 N 可跟 Ti 结合,优化的 Ti 含量为 0.009%～0.015%,从而把 N 活度降低在可接受的范围内。推荐的 N 含量对于高炉-转炉炼钢工艺是能稳定达到的,但对于用废钢冶炼的电炉工艺则比较困难。可以用直接还原铁(DRI)来取代部分废钢改善这个缺点,同时也可采用真空处理和在浇铸时用氩气保护钢水的方法来改善。

1.2　高钢级管线钢的制造工艺

1.2.1　管线钢纯净化炼钢

管线钢的冶炼工序主要包括高炉炼铁、KR 铁水预处理、转炉炼钢、炉外精炼、真空脱气、板坯连铸。在冶炼过程中应满足 API 管线铸坯的主要目标是:严格控制化学成分,控制钢水的洁净度,降低铸坯的中心偏析,良好的铸坯表面质量。每个工序都要严格控制。

KR 铁水预处理的目的是脱硫、脱硅、脱磷,而管线钢生产的目的主要是深脱硫。向铁水罐中加脱硫剂,脱硫剂主要是由白灰石、萤石和金属镁组成的,其中金属镁脱硫率高、脱硫成本低,并经过钢水搅拌,然后再兑入转炉。KR 铁水预处理(图 1-10)可实现 S 含量在 0.005% 以下。

转炉冶炼要严格控制成分、温度和渣量,降低钢水中的 O、N 含量,严格控制出钢温度。炉外精炼工序调整成分,防止钢水的增氮和增碳,要对钢水进行搅拌,使大颗粒夹杂物上浮。目前大型钢铁企业大多采用顶底复吹转炉炼钢。复吹转炉一般是顶吹氧气、底吹惰性气体,顶吹氧为炼钢提供氧气,而底吹惰性气体使熔池钢水充分搅动,炉内钢水的上下温度差小,钢水上下搅动使大型夹杂物充分上浮,且脱碳脱磷效果好。由于顶吹氧气转炉炼钢反应速率快,沸腾激烈,所以钢中的 H、N、O 含量较低。如图 1-11 所示为顶底复吹转炉炼钢示意图。

图 1-10　KR 铁水预处理

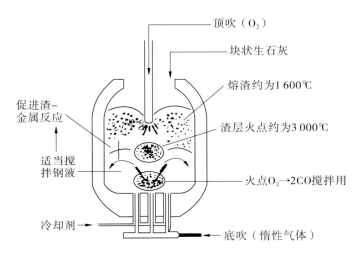

图 1-11　顶底复吹转炉示意图

炉外精炼是指将在转炉中初炼过的钢水转移到另一个容器中进行精炼的冶金过程,因此亦被称为"二次精炼"或"钢包精炼"。炉外精炼是把传统的钢水冶炼过程分为初炼和精炼 2 步进行,初炼是在氧化性气氛下进行炉料的熔化,并进行脱磷、脱碳、去除杂质和合金化处理,获得初炼钢液;而精炼是在真空、惰性气体或可控气氛的条件下进一步深脱碳、脱氧,去除有害气体,去除夹杂物并进行夹杂物改性处理,进行钢水成分微调和控制钢水温度,从而优化生产工艺和产品结构,开发高附加值产品,节能降耗,降低生产成本,增加经济效益。

目前管线钢生产采用的炉外精炼工艺主要有 RH(ruhrstahl-hereaeus)、LF(ladle furnace)和 VD(vacuum degassing furnace)3 种,它们可单独使用,亦可根据产品生产的需要复合使用。RH 精炼是将真空室抽到一定真空度时,把真空管插入钢液中,经钢液加热而膨胀,形成向上流动的气泡,在压力下钢液流入真空室,气泡在真空下突然膨胀,使钢液溅成极细微粒,呈喷泉喷射状态,从而增加钢液与真空的接触面积,去除钢水中的气体。脱气后的钢液汇集在真空室底部,在密度差的作用下不断从下降管回到钢包中,形成钢液循环,从而达到精炼钢液的目的。RH 精炼的脱气效果好、脱碳能力强、处理过程温降小,适用于大量的钢液处理和低碳钢的冶炼。对完全脱氧钢液可实现脱硫率达到 75%,脱氧率在 60% 以上,脱氮率最大约为 10%,使钢水中的 [H]<0.000 2%,[C]<0.002%,极大地改善了钢水的纯净度。

LF 炉外精炼最早是由日本大同制钢公司于 1971 年开发的。LF 的特点是将精炼转移到专用的钢包内进行,在利用电弧加热钢水的同时,向钢液内吹入惰性气体(一般采用氩气),以实现在非氧化性气氛下精炼,从而达到钢液脱硫、脱氧,去除有害气体和夹杂物的效果。LF 精炼可以使钢液中的 [O] 降低到 $0.001\% \sim 0.003\%$,[N] 降低到 0.002%,[H] 降低到 $0.000\,15\% \sim 0.000\,25\%$。

VD 精炼又被称为真空脱气,钢液中溶解的气体服从平方根定律,即气体的溶解度与钢液上方该气体的分压力的平方根成正比。由于在气体溶解反应过程中,气体的摩尔数有变化,当温度一定时,液态金属上面气体分压力的变化可以引起平衡的移动,即金属中气体平衡浓度的变化,要使钢液中的 H 含量和 N 含量降低到较小的数值,并不需要在熔液上面保持很高的真空度,仅保持几百帕的压力,就能使钢液中溶解的气体含量降到相当低的水平。因此,VD 真空脱气设备的极限真空度多选在 67Pa 以下,即可以使钢液中的气体含量降到很低。实践证明,钢经各种不同形式的设备处理后,就能达到良好的脱氢效果。但 VD 脱氮则比较困难,主要是因为钢中常含有强氮化物生成元素,使 N 处于化合物状态,另一个原因是反应动力学的因素。

在管线钢生产时,一般采用 RH+LF 或 LF+VD 复合炉外精炼方法,使钢质纯净化的效果更好。

连铸是管线钢冶炼的最后工序,把精炼后的钢液浇注成连铸坯,连铸时采用全程保护浇注,防止钢水氧化和有害气体的渗入。此外,有的钢厂采用电磁搅拌技术碎化枝晶和降低偏析,并且采用轻压下技术降低连铸坯中心的疏松。连铸坯规格尺寸视轧机而定,一般宽厚板轧机连铸坯厚度在 200mm 以上,最大可达到 600mm,一般炉卷轧机或热连轧卷板轧机的连铸坯厚度多在 150mm 以下。目前,也有的会采用厚度为 50mm 的薄板坯,该工艺主要利用 Nb、V 微合金化技术生产厚度小于 12mm 的钢带,以弥补压缩比不足导致的性能恶化。连铸坯厚度控制是要保证钢板具有足够的压缩比,从而抑制轧制过程中奥氏体晶粒粗化,达到细化组织的目的。图 1-12 为管线钢冶炼的全流程示意图。

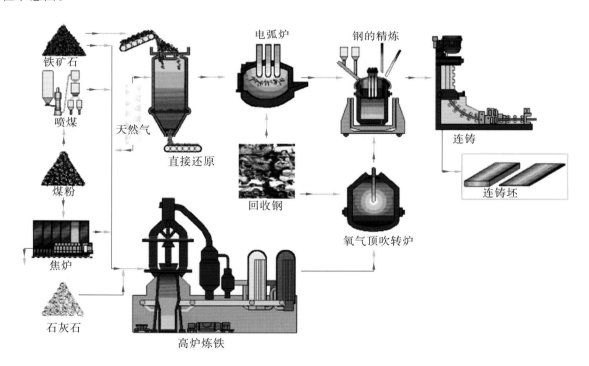

图 1-12　管线钢冶炼的全流程示意图[5]

1.2.2　管线钢轧制工艺

连铸坯轧制是实现管线钢强韧性匹配的最后工艺。生产 API 5L 标准管线钢板和板卷的轧机类型主要有 2 种,即热连轧机组和宽厚板机组。热轧钢卷一般用热连轧轧机轧制。国内的热连轧轧机的宽度有 1 450mm、1 700mm、1 780mm 和 2 250mm 等,而宽厚板轧机的宽度有 2 500mm、3 500mm、4 300mm、5 000mm 和 5 500mm 等。宽厚板轧机一般为往复式轧机生产,有单机架、双机架和炉卷轧机 3 种。

热连轧工艺生产管线钢的主要工序是板坯加热、除鳞、粗轧、精轧、快速冷却和卷取。加热炉一般采用步进式,板坯在加热炉中加热到 1 200～1250℃,保温 4～5h(视厚度而定),使组织完全均匀化。一般出炉温度应保持在 1 200℃ 以上,采用高压除鳞设备去除加热连铸坯表面的氧化铁皮,然后进入粗轧机。粗轧机是把热轧板坯轧制成适合精轧机的中间坯,一般热连轧粗轧机布置有全连续式、3/4 连续式、半连续式和单机架 4 种。全连续式热连轧粗轧区设置 5～6 台粗轧机进行连续(不可逆)轧制,由于这种布置存在设备重量过大、生产线过长的缺点,所以目前基本不再采用。3/4 连续式粗轧机由可逆式轧机和不可逆式轧机组成,这一布置增加了灵活性,缩短了轧线长度,但设备重量仍较大,如图 1-13 所示。半连续式热连轧粗轧机由 2 个轧机组成,可实现 3～5 道次的轧制;而单机架轧机则只有 1 台,可实现往复式连续轧制,如图 1-14 所示。这 2 种轧机布置的设备较少、生产线短、工作效率高,但产量受到了限制。管线钢粗轧时应尽可能地增加道次压下量,一般单道次压下量应控制在 20% 左右,使变形渗透到板坯内部,以达到细化奥氏体晶粒的目的。

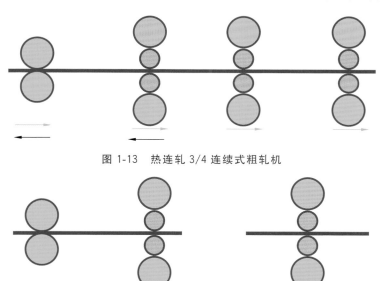

图 1-13　热连轧 3/4 连续式粗轧机

（a）半连续式　　　　　　　　（b）单机架

图 1-14　半连续式和单机架粗轧机布置示意图

热连轧精轧机组是管线钢生产的核心设备,精轧是决定管线钢产品质量的主要工序。精轧机组布置在粗轧机组中间辊道和热卷箱之间。主要设备组成包括切头飞剪前辊道、切头飞剪侧导板、切头飞剪测速装置、边部加热器、切头飞剪及切头收集装置、精轧除鳞箱、精轧机前立辊轧机、精轧机、活套装置、精轧机进出口导板、精轧机除尘装置、精轧机换辊装置等。为了获得高质量的热轧产品,精轧机组大量地采用了许多新设备、新技术、新工艺以及高精度的检测仪表,例如热轧带钢板形控制设备、全液压压下装置、最佳化剪切装置、热轧油润滑工艺等。另外,为了保护设备和操作环境不受污染,在精轧机组中设置了除尘装置。目前国内不同宽度的热连轧精轧机主要有 6 架四辊式和 7 架四辊式布置两种,均为悬臂辊环式机架,平立交替布置,机架间设有立活套以实现无张力轧制。高钢级管线钢热连轧精轧机要严格控制精轧终轧温度,一般终轧温度范围为 800～900℃,轧后快速冷却,终冷温度一般控制在 500～600℃(视管线钢的强度和卷取机的卷取能力而定)。从终轧到卷取是管线钢发生相变的温度区域,需要严格控制工艺参数,以获得产品需要的显微组织和良好的力学性能。

宽厚板的轧制是管线钢板生产的主要工艺。宽厚板轧制机组比热连轧生产线更加紧凑,典型的宽板轧机是双机架四辊可逆轧机,少量的采用可逆式单机架轧机。为提高轧机的作业率,可添加初轧机架将铸坯厚度轧制到中间坯厚度,然后再进入精轧机架轧制。由于沿钢板长度方向的温度降低,常规宽厚板轧机根据其终端产品的厚度,钢板的长度一般都在 50m 以内。

宽厚板轧制控制与热连轧工艺相似,有板坯加热、高压水除磷、粗轧、精轧、轧后快速冷却等工序。管线钢宽厚板轧制技术的主要目标是控制钢板的平直度,保持加热和轧制过程中的温度控制,以满足产品显微组织和力学性能的要求。轧制过程首先是将钢坯在加热炉中加热到预定的温度并使钢中的微合金元素充分固溶,一般加热到 1 200～1 250℃,保温一定时间后出炉,经高压水除磷后进行轧制。目前宽厚板普遍采用 2 种典型的轧制工艺进行控轧,这 2 种典型轧制工艺是常规轧制工艺和 TMCP 热机械轧制工艺。常规热轧工艺又分为热轧(HR)和控制轧制(CR)2 种,两者的区别是:热轧过程中无需考虑终轧温度,只需要保证钢板形状和板厚尺寸控制,道次数量、道次压下率等仅以轧机能力为基础进行终端产品的几何形状控制;控制轧制则需要控制终轧温度和精轧变形量(中间坯的厚度应为钢板厚度的 2 倍以上),X65 以下钢级的管线钢基本采用常规轧制即可满足性能的要求。

TMCP 轧制工艺是目前高钢级管线钢生产普遍采用的工艺,也叫控轧控冷工艺。热机械轧制工艺是在钢板轧制过程中,通过控制板坯的加热温度、轧制开始和结束温度,以及轧制后采用加速冷却的方式控制钢板的相变温度和冷却速率的特殊轧制工艺。TMCP 工艺可以在获得超细化组织的同时,使钢中合金元素的添加量大为降低,另外也不需要后续的热处理工序即可获得高强度、高韧性的管线钢。TMCP 工艺被认为是一种节约资源、环境友好型的工艺。TMCP 轧制时要严格控制中间坯厚度与终端钢板厚度的比值(其比值应＞3),终轧温度应接近于管线钢的奥氏体相变(Ar_3)温度。如果温度过高,将导致轧后奥氏体晶粒长大;如果温度低于 Ar_3,则会导致两相区轧制,产生混晶组织。一般控制在 Ar_3 以上约 50℃较为合适。

由于高钢级管线钢中添加了较高含量的 Nb 元素,Nb 合金化显著地阻止了奥氏体晶粒长大,提高了奥氏体的再结晶温度,进一步提高 Nb 元素的含量可以使 TMCP 轧制工艺在更高的温度下实施,就形成了高温轧制工艺(HTP)。新一代高温轧制工艺(HTP)是生产可焊接的高强度低合金钢中厚板的经济型技术。国际上成功的生产和应用实践经验证明,HTP 工艺可用于高强度管线钢(X70～X120)和高强度建筑、造船等结构钢的生产。HTP 工艺的原理是通过降低 C 含量(一般低于0.06％)同时提高 Nb 含量(高达 0.11％)的合金设计,使钢在 TMCP 轧制过程中,利用固溶铌提高奥氏体的再结晶温度,使控制轧制可以在更高的温度条件下进行,从而降低了轧机的负荷,尤其适合压力不足的轧机生产高强度钢;同时配合合适的轧后冷却制度,利用固溶铌对相变的影响,促进针状铁素体或低碳贝氏体组织的形成,可以替代或部分替代价格昂贵的 Mo 元素,实现最终提高强韧性、焊接性能和抗 H_2S 应力腐蚀性能的目标。

加速冷却系统是 TMCP 工艺生产管线钢的重要工序,加速冷却工艺一般应用在 X65 及以上的高级别管线钢中,是提高管线钢力学性能的重要途径,通过加速冷却抑制了轧后奥氏体的再结晶晶粒的长大,使微合金元素 Nb 和 Ti 的碳氮化物在较低的温度析出,通过晶粒细化和析出强化机制提高钢材的力学性能。加速冷却在不降低管线钢韧塑性指标的前提下提高了钢的强度指标,与常规热轧工艺相比,如果控轧后采用 10℃/s 的冷却速度,钢的屈服强度可增加 20～50MPa。在控制轧制和加速冷却过程中,使添加的微合金元素在基体中以纳米尺度析出相的方式沉淀析出,起到析出强化和细晶强化的综合作用,能够更好地发挥微合金元素的作用。

在传统加速冷却工艺的基础上,日本的 JFE 钢铁公司通过改进加速冷却设备,开发了一种新的加速冷却系统,业内称为超快冷技术(super-olac)。该技术的特点是利用新的水流控制技术使冷却速度达到理论极限速度,实现钢板上下表面以及宽度和长度方向上的冷却一致性,同时可以保证终冷温度的精确控制。该技术在日本钢铁企业高钢级管线钢的生产中得到了充分应用,通过该技术管线钢可以获得良好的强韧性能。

1.3　高钢级管线管的制造工艺

轧制成满足 API 5L 标准性能的钢板仅是油气输送管道建设的第一步,合格的钢板要经过复杂的制管成型工艺制成不同口径规格的钢管,然后运输到铺设施工现场进行钢管焊接、埋地铺设,然后才能服役。目前高强度钢管的制管成型工艺主要有 JCOE、UOE 和热连轧板卷的螺旋缝埋弧焊管制管工艺 3 种。

1.3.1　JCOE 钢管的制造工艺

JCOE 工艺是直缝埋弧焊管的成型工艺之一。JCOE 成型技术是 20 世纪 90 年代发展起来的一种焊管成型工艺,该工艺的主要工序为钢板探伤、铣边、预弯、JCOE 成型,钢管焊接、探伤、扩径、试压、探伤及防腐等,如图 1-15 所示。JCOE 成型、焊接和扩径是保证钢管质量的重要工序。

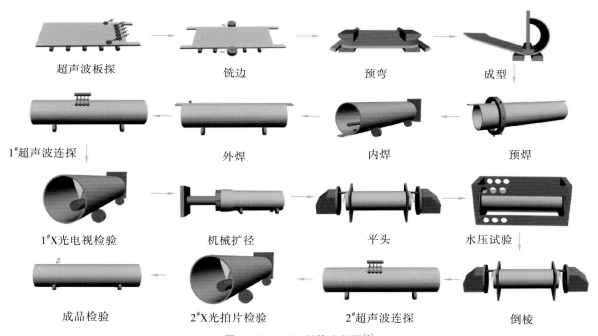

超声波板探　　　　铣边　　　　预弯　　　　成型

1#超声波连探　　　　外焊　　　　内焊　　　　预焊

1#X光电视检验　　　　机械扩径　　　　平头　　　　水压试验

成品检验　　　　2#X光拍片检验　　　　2#超声波连探　　　　倒棱

图 1-15　JCOE 制管流程图[6]

把用来制造大口径直缝埋弧焊管的钢板吊装进入生产线后,首先进行全板超声波缺陷检测,确保制管用钢板内部没有超标缺陷;其次把探伤合格的钢板运输到铣边机的相应位置,对钢板两边缘进行双面铣削,使之达到要求的板宽、板边平行度和坡口形状;对铣边后的钢板利用预弯机进行板边的预弯,使板边具有符合要求的曲率;然后进入 JCOE 成型工序。首先在 JCOE 成型机上将预弯后的钢板的一半经过多次步进冲压,把钢板冲压成"J"形,然后再将钢板的另一半同样进行冲压弯曲,最后整张钢板被冲压成开口的"C"形,每一步冲压均以三点弯曲为基本原理。由于是多道次渐进压制成型,还需要解决如何确定冲压模具形状、上模冲程和下模间距,以及需要多少次冲压才能保证冲压出最合适的弯曲半径和最佳的开口毛圆管坯的问题。上述问题与管线钢钢板的钢级、不同钢板的力学性能、钢板的厚度规格和钢管的口径有关。所以,JCOE 成型工艺是非常复杂的,目前主要靠"试错法"实现,即每当更换新规格或新钢种时,就取一定数量的小样进行试压,摸索出合适的冲压量。试错法比较可靠,但是效率比较低。由于工艺参数较多,为了获得一套成熟的工艺,甚至需要几个月的试错过程。

双面埋弧焊是目前国内 JCOE 成型工艺普遍采用的焊接工艺,首先进行"C"形开口钢管的预焊接,预焊接主要是使成型后的直缝焊钢管合缝成"O"形,并采用气体保护焊进行连续焊接;内焊采用纵列多丝埋弧焊在直缝焊钢管内侧进行焊接;采用纵列多丝埋弧焊在直缝焊钢管外侧进行焊接;焊后采用超声波对直缝焊钢管的内外焊缝及焊缝两侧的母材进行 100% 的检查,利用 X 射线对内外焊缝及焊缝两侧 300mm 内的基体进行缺陷检测。扩径是钢管制管的重要工序,钢管扩径主要有斜轧扩径、拉拔扩径和顶推扩径 3 种。油气输送钢管的扩径率一般在 0.5%～1.5% 的范围内,扩径后,钢管的直径、圆度以及钢管两端的直径差均大大改善,钢管的平直度也有很大的提高,钢管的长度约缩短 0.5%,壁厚约减小 0.8%。在制订工艺时应充分考虑这些变化,确定制管用板材的宽度、长度和厚度以及扩径前的钢管外径,以免在扩径后钢管的几何尺寸达不到最终要求而造成钢管不合格。扩径后还需要对钢管进行承压能力的水压试验和试压后的缺陷检测,最后对合格的钢管进行防腐涂敷处理和喷记入库。

1.3.2 UOE 钢管的制造工艺

UOE 制管也是一种大口径直缝埋弧焊管的制造工艺,其制管工序与 JCOE 非常相似,如图 1-16 所示。UOE 制管所需要的原料钢板需经过 100% 的超声波探伤,并符合生产所需的尺寸及性能要求。然后运至铣边车间对钢板两边进行铣边和开坡口,为焊缝做准备。预弯是 UOE 成型的第一道成型工序,预弯的目的是沿纵向将钢板边缘部分弯曲,使钢板两边的弯曲半径达到或接近制品钢管的半径,从而保证最终制品焊缝区域的几何形状和尺寸精度。如果不进行预弯边,在"O"形成型压力机上成型时,尽管沿管坯圆周方向以 1% 的压缩率进行缩颈加工,钢板的边缘部分仍会出现平直段。预弯后在"U"形成型压力机上把钢板压成"U"形,然后在"O"形成型压力模具上压制成"O"

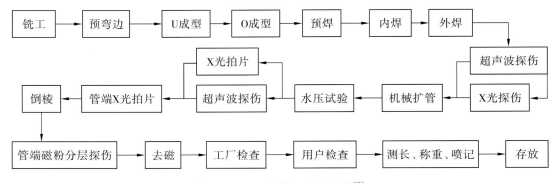

图 1-16　UOE 制管工艺流程图[7]

形。与 JCOE 成型工艺的区别是,UOE 成型工艺根据钢管的直径具有不同的压制成型模具,效率非常高。然后采用预焊、内焊和外焊的焊接工艺进行钢管焊接,对焊接后的钢管进行 100% 的超声波探伤和焊缝 X 射线探伤检测。采用机械扩径方法对焊接钢管进行扩径率为 0.5%～1.5% 的扩径,调整钢管的圆度和平直度,随后进行探伤检测、承压水压试验及喷记入库。

JCOE 和 UOE 这 2 种工艺都是目前生产大口径高钢级钢管的主要成型工艺,但成型工序略有不同,UOE 成型主要由 U 成型和 O 成型 2 步完成,而 JCOE 成型部分工序分为 6 个环节;UOE 的生产效率和产能要明显高于 JCOE,UOE 大约为 JCOE 的 3 倍。据统计,一条 UOE 生产线每天大约可生产 6 000m 长度的钢管,而 JCOE 生产线每天大约生产 2 000m 长度的钢管。由于需要固定的成型模具,所以 UOE 比较适合生产大批量的单一规格的钢管,而 JCOE 成型工艺不受模具的限制,具有较高的灵活性,所以比较适合生产多规格、小批量的产品。因此,对一些工期要求较为严格的工程来说,UOE 的高生产效率相比 JCOE 有着较大的优势。

由于 JCOE 和 UOE 成型的模具和工艺不同,JCOE 生产的钢管直径和壁厚范围要大于 UOE。因为在 UOE 成型工艺中,一套"O"形成型压力模具只能生产一种直径的钢管,且仅有 U 成型和 O 成型两道工序完成成型,对成型机组压力的要求高,因此 UOE 可生产的钢管直径和壁厚范围较小。对于 JCOE 工艺来说,钢管成型采取的是折弯步进方式成型,每次弯曲需要的压力要大大减小,因而对机组的动力要求也大大减小。因此,在同等机组压力的情况下,JCOE 可生产的壁厚范围要更大一些,且一套模具可以生产多种管径的钢管,可生产钢管的管径范围也更大。

1.3.3　螺旋缝埋弧焊管的制造工艺

高钢级大口径钢管的另一个重要制管工艺是螺旋缝埋弧焊管,它是由热轧板卷生产的。螺旋缝埋弧焊管的主要成型工艺为板卷开卷、钢板矫平、头尾切割、对焊、铣边、成型、内焊、外焊、切割、X 射线检测、扩径、水压试验、超声波探伤、防腐和喷记入库,如图 1-17 所示。

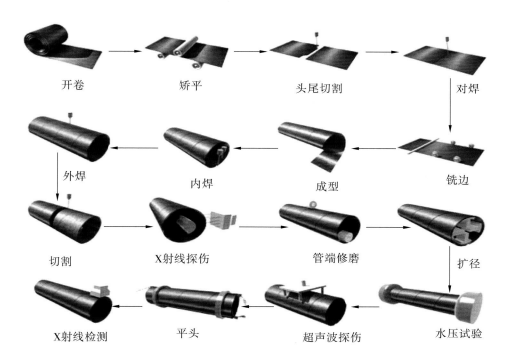

图 1-17　螺旋缝埋弧焊管的主要工艺流程图

钢卷调入生产线后,打开钢卷对展开的钢板进行探伤,利用压砧使卷曲的钢板矫平,对矫平的钢板进行头尾切割,把两个钢板头尾对焊在一起,然后对钢板进行铣边加工。根据钢管直径和钢板宽度确定螺旋缝弧焊管的成型角度,在生产线上沿钢板外沿螺旋卷曲成管状,采用单丝或双丝焊接方法进行钢管的内外焊接,焊接时采用焊缝间隙控制装置来保证焊缝间隙从而满足焊接要求,管径、错边量和焊缝间隙都要严格控制,应不间断地观察成型缝的质量状况,发现错边、开缝等情况应及时微调后矫角度,以保证成型质量。按照供货长度的要求把焊接钢管切割成管段(长度一般为10～12m)。采用 X 射线衍射仪对全焊缝进行缺陷检测,管端修磨后扩径,以调节钢管的圆度和平直度,随后进行钢管母材和焊缝的超声、射线探伤,最后对合格钢板喷涂防腐层和标记入库。

由于螺旋缝埋弧焊管的焊缝在钢管上成螺旋状,焊缝长度比相同长度的直缝埋弧焊管长得多,焊缝位置是整个钢管的薄弱环节,强度、韧性和耐腐蚀性都会受到影响,并且焊缝的缺陷检出率要远高于钢管母材,所以螺旋缝埋弧焊管的应用受到了限制。

1.4 管线钢的特征显微组织

管线钢良好的强韧性能取决于其合金化成分、生产工艺和显微组织控制。由于管线钢的钢级、生产工艺和化学成分的不同,从而其组织类型更加多元化,根据其组织形貌和显微力学性能,可以分为多边形铁素体(polygonal ferrite,PF)、准多边形铁素体(quasi-polygonal ferrite,QF)、珠光体(pearlite,P)、针状铁素体(acicular ferrite,AF)、粒状铁素体(granular ferrite,GF)、粒状贝氏体(granular bainite,GB)、下贝氏体(low bainite,LB)、马氏体(martensite,M)等。

1.4.1 多边形铁素体(PF)

管线钢中的 PF 组织又称为等轴铁素体。PF 是 C 在 α-Fe 中的间隙固溶体,具有体心立方晶格。PF 是在很慢的冷却速度下形成的先共析铁素体,具有规则的晶粒外形,故称为多边形铁素体或等轴铁素体。如果转变量很少,转变又常常从晶界开始,此时的铁素体分布勾画出了母相奥氏体晶界的轮廓,故常称它们为仿晶界型 F(allotriomorph ferrite)[8]。PF 多出现在 X65 以下低级别的管线钢和双相管线钢中。图 1-18 为 X52 和 X60 管线钢中的多边形铁素体,晶粒尺寸一般在 10 μm 左右。多边形铁素体具有较低的抗拉强度,以及较高的塑性和韧性,冲击韧性可达到 200J/cm²。

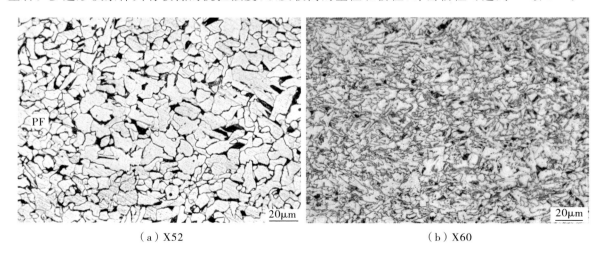

(a)X52   (b)X60

图 1-18 X52 和 X60 管线钢中的 PF 组织

1.4.2　准多边形铁素体(QF)

　　QF 组织也称为块状铁素体。准多边形铁素体或块状铁素体也是先共析铁素体的产物,是在较低温度条件下通过另一类相变方式——块状转变而得到的。块状转变的特点是新相与母相成分相同,合金只要过冷至新相和母相的自由能相同的温度条件下,就能发生这类转变。QF 的生长都是由热激活过程所控制的,铁素体晶粒的生长可越过奥氏体晶界,使原奥氏体晶界的轮廓被掩盖。含C 很低的碳钢在快速冷却时有可能满足这个条件,以块状转变方式实现先共析转变。QF 不像 PF那样具有规则的类等轴晶粒形貌,这也是鉴别 QF 和 PF 的依据之一,如图 1-19 所示。

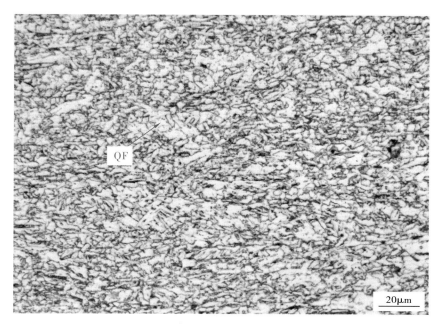

（a）近表层组织

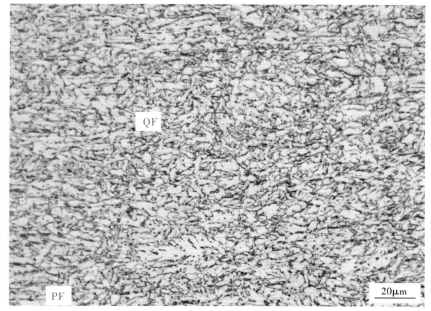

（b）1/4厚度位置的组织

图 1-19　X70 管线钢中的 QF 组织

QF 与 PF 相比,两者的转变温度不同,从而导致了不同的机制和组织形貌。PF 接近平衡相,其成分与母相奥氏体不同,PF 的生长受控于置换原子的快速迁移及 C 原子的长程扩散。PF 与母相常有确定的位相关系,其一部分界面与母相保持共格或半共格,通常生长速度较慢。而 QF 是在较低的温度下经块状转变而成的,由于新相、母相成分相同,故不需要长程扩散,只要新相原子越过界面即可生长,且新相与母相的界面在所有方向都是非共格的大角度晶界,所以转变速度特别快,由于原子的置换和迁移发生在界面上,导致不规则生长和锯齿形界面且超出了原奥氏体晶界,呈高度不规则状,犹如一块无特征的碎片。与 PF 相比,QF 具有较高的位错密度、位错亚结构,有时还有马氏体-奥氏体(M-A)成分。QF 组织有较高的强度和优异的延性,由于其内部有较高的位错密度和 M-A 小岛,使得钢具有低的屈强比和高的应变硬化速率。而 PF 在光学显微镜下观察,基本上是等轴晶粒,晶界明锐直平,通常含有较低的位错密度。PF 主要在奥氏体晶粒的三叉晶界及晶界拐角处形核,以扩散方式长大,在长大过程中铁素体晶粒还能超过原奥氏体晶界,原奥氏体转成 PF[9]。QF 多出现在 X70 和 X80 级的针状铁素体管线钢中。

1.4.3 珠光体(P)

共析成分的奥氏体冷却到 A_1 以下温度时,将分解为铁素体和渗碳体,称其为珠光体,它是由铁素体和渗碳体组成的机械混合物。通常根据渗碳体的形态不同,珠光体可分为片状珠光体、粒状(球状)珠光体和针状珠光体。管线钢中常见的是片状珠光体。片状珠光体是由一层铁素体和一层渗碳体层层紧密堆叠而成。在金相显微镜下,管线钢中的珠光体为黑色的团状物,分布在白色铁素体基体之间,由于这种珠光体片层间距非常小,因而很难观察到片层结构。珠光体一般在原奥氏体晶界上形核,然后向一侧的奥氏体晶粒内长大成珠光体团,珠光体团中的铁素体及渗碳体与原奥氏体晶粒之间不存在位相关系,形成可动的非共格界面,但与另一侧的不易长入的奥氏体晶粒之间则形成不易动的共格界面,并保持一定的晶体学位向关系。在同一个珠光体团中铁素体与渗碳体之间存在着一定的晶体学位向关系,这样形成的相界面具有较低的界面能,同时这种界面可有较高的扩散速度,有利于珠光体团的长大。珠光体在管线钢中的形貌特征如图 1-20 所示。

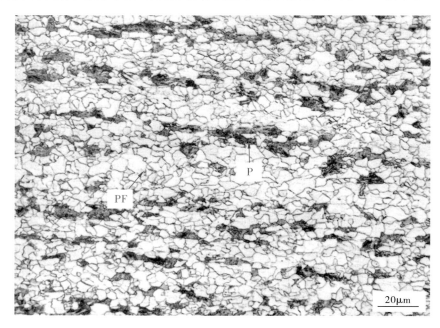

图 1-20　X65 管线钢中片状珠光体和 PF 组织

1.4.4　针状铁素体(AF)

　　AF 的原始意义是根据二维形态观察得出的具有针状形貌的一种铁素体。AF 一般在非金属夹杂物处非均匀形核,然后从这个形核地点向不同的方向辐射生长。典型的 AF 组织常见于管线钢焊缝金属组织中。由于 AF 生长时取向随机分布,不存在与原始基体的位相关系,能够有效地阻止裂纹的扩展,故具有很好的韧性。AF 的概念是由 Y. E. Smith 在 1971 年提出的,它是指低合金高强度钢中所形成的一种不同于铁素体-珠光体的类贝氏体组织,是微合金化钢在控轧控冷过程中,在稍高于贝氏体温度范围,通过切变和扩散的混合相变机制形成的具有高密度位错的非等轴铁素体[10]。AF 在光学显微镜下的形貌特征是呈不规则的铁素体块,并不呈针状,这里所说的"针状"形貌是在透射电子显微镜(transmission electron microscope,TEM)下观察到的形貌。TEM 下 AF 没有规

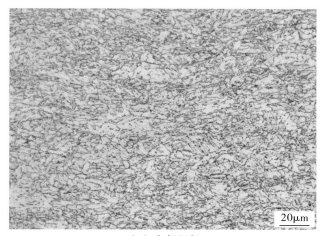

（a）金相组织

（b）TEM形貌

图 1-21　X80 管线钢中 AF 组织的金相和 TEM 形貌

则的外形形貌,尺寸大小不等,但针状形貌的长轴方向大部分平行排列,针内具有高密度的位错亚结构,晶粒间以小角度晶界为主。另外,在光学显微镜下 AF 晶粒内或晶粒间分布着细小的灰色颗粒,这些灰色颗粒为具有较高 C 含量的马-奥(martensite-austenite,M-A)岛。

AF 是 X70 和 X80 管线钢的典型组织。管线钢中的 AF 是一个混合组织,主要由 GB、M-A 岛、PF 和 QF 组成。在 TEM 下,AF 由大量的带有高密度位错的板条状铁素体组成,若干板条平行排列构成板条束。1 个奥氏体晶粒可以形成多个板条束,板条界为小角度晶界,板条束界面则为大角度晶界,板条间可能有条状分布的 M-A 岛,如图 1-21 所示。AF 的形态与低碳钢中的无碳贝氏体相似,只是由于成型温度略高于上贝氏体。板条特征不如无碳贝氏体发达,有些板条界的形成还会发生回复,以至常能观察到板条界不连续的现象。它以扩散和剪切的混合机制实现转变,因为转变只涉及铁素体(F),不形成 Fe_3C,其中少量的奥氏体只是残留相(部分奥氏体冷却时转变为马氏体),故称该产物为铁素体,而不称其为贝氏体。又由于铁素体呈板条形态,因此命名为 AF,获得这类组织的钢种称为针状铁素体钢。从本质上看,AF 属于铁素体、M-A 岛和贝氏体多相混合组织。

1.4.5 粒状铁素体(GF)

GF 与 AF 有很多相似之处,它们都属于奥氏体中温转变产物,只是 GF 的形成温度稍高,或冷却速度稍慢,因而组织形态稍有不同,所以把它们列为独立的一类组织。与 AF 相同的是,GF 也有弥散的奥氏体或 M-A 岛分布于铁素体基体中;不同的是,GF 中的小岛具有粒状或者等轴形状。TEM 证实 GF 的铁素体基体由含有较高位错密度的细小亚晶组成,亚晶一般为等轴状,在亚晶相遇处形成了封闭的岛状物。由于对 GF 和 GB 组织存在着很多争议,所以有不少研究贝氏体相变的学者认为,GF 和 GB 虽然形貌有相似之处,但转变机理和本质是不同的。GF 是通过块状转变析出的先共析铁素体,岛状物呈不规则分布;而后者为中温转变形成的贝氏体,TEM 下的基体亚结构为板条形貌[10]。由于 GF 和 GB 在金相下非常相似,所以在管线钢中不再把两者区别开,而是把 GF 当做 GB 来处理。

1.4.6 粒状贝氏体(GB)

GB 是指在块状或条状铁素体基体上分布有小岛状物的一类组织,其典型金相组织为不连续、不规则的小岛分布于铁素体基体中。GB 的形成温度是各种贝氏体转变过程中最高的,其特点是 C 的扩散系数较大,C 在奥氏体中能长距离地扩散,在低 C 区形成铁素体 α 相。在条片状 α 相从过冷奥氏体相析出生长的过程中,C 则富集在小块未转变的奥氏体区域中,随着铁素体的不断析出,原奥氏体组织中的 C 含量增加,而随着温度的进一步降低,当快速冷却发生马氏体相变时,富碳的残余奥氏体一部分转变为马氏体及贝氏体等组织,另一部分残留为室温下的奥氏体,这些区域就成为粒状贝氏体中的小岛,在管线钢中被称为马-奥岛(M-A 岛)[11]。

与 GF 相比,GB 为中温转变产物,只是形成温度稍高,组织形态稍有差异,内部基体上分布着粒状或等轴状的组织。在连续冷却条件下 GF 的形成同样有一个温度区间。在较高温度下形成的 GF 组织中,铁素体的亚结构不呈板条状,而为等轴亚晶,基体上的岛趋于无序分布。在较低温度下形成的 GF 组织中铁素体的亚结构为板条状,基体上的岛分布于板条之间,较为有序。应当指出的是,不少从事贝氏体研究的学者认为较高温度下形成的 GF 是通过块状转变得到的,应称其为"粒状组织";较低温度下形成的 GF 是通过切变机制得到的,可称为 GB。研究认为粒状组织往往粗大,对强度和韧性不利,而 GB 则有较好的性能[11]。图 1-22 为管线钢中典型 GB 的金相组织和 SEM 形貌。

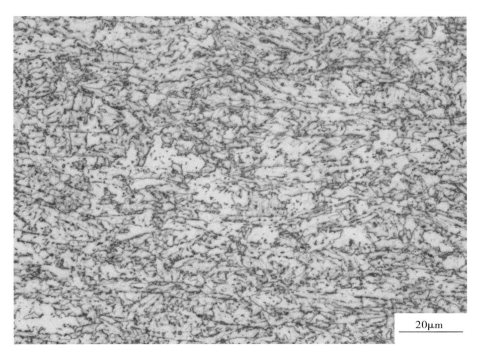

（a）金相组织

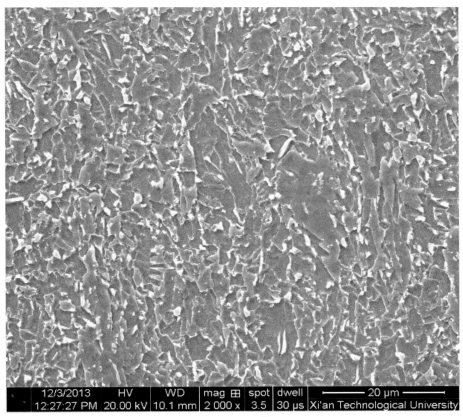

（b）SEM形貌

图 1-22　GB 的金相组织和 SEM 形貌

1.4.7　贝氏体铁素体(BF)

BF 又称为板条铁素体,是由相互平行且具有很高位错密度的铁素体板条束构成的,板条束又由一系列铁素体板条组成,板条界面为小角度晶界,板条束界面为大角度晶界。根据其板条特征,又称为板条铁素体(LF),板条之间有时有条状分布的 M-A 岛,大部分 M-A 岛分布在板条束界面处或板条长轴端部。通常 BF 是在连续冷却的一定温度区间内形成的,当形成温度较高时板条不够发达,有些板条形成后还会发生回复,出现板条界不连续的现象。实际上贝氏体研究中经常提及的 BI 型贝氏体、无碳贝氏体等组织均属于贝氏体铁素体范畴。BF 的鉴别要依靠透射电镜,由于一个板条束内的 BF 板条是互相平行的,具有几乎相同的晶体学位相关系,会使低角度铁素体晶界没有侵蚀区,使得 BF 束在光学显微镜下呈无特征的铁素体晶粒,且观察不到原奥氏体晶界。另外,当铁素体晶粒之间存在奥氏体或 M-A 组元时,在光学显微镜下铁素体晶粒显示出针状形态。从性能上看,由于 BF 的亚晶强化、位错强化和晶粒细化的作用对强度和韧性有益,就其自身而言,板条束的大小和板条长宽比的不同将产生较大的性能差异[12]。

GB 和板条贝氏体的区别在于岛的形状,前者的小岛呈粒状,分布于板条之间;而后者的小岛有明显拉长的趋势,以条状分布于板条之间。此外,典型的板条贝氏体很长,板条的特征很明显;而 GB 尽管转变时从奥氏体中析出的亚结构铁素体也是呈板条状的,但由于形成温度高,位错结构发生了明显的回复,使原始的板条界有消失的迹象,所以有时光学组织下的板条界不太清晰。当然,位错结构的回复在板条贝氏体中也存在,只是程度较为轻微。

GB 与板条贝氏体是冷速下管线钢中 2 种完全不同的显微组织,快速水冷下钢的显微组织是以板条贝氏体组织为主,也有一定数量的 GB;低冷速下钢的显微组织以 GB 组织为主。板条贝氏体组织中有明显的分区现象,原奥氏体晶粒被分割成若干个板条束,在同一个贝氏体板条束内,大量板条方向一致,互相平行,板条之间为小角度晶界。

1.4.8　下贝氏体(LB)

严格来说,LB 是一种两相组织,是由铁素体相和碳化物组成。铁素体板条细小而均匀分布,并且铁素体内有大量弥散沉淀析出的 θ 型碳化物,板条内具有很高的位错密度。因此,LB 不但强度高,而且具有良好的韧塑性。当 C 含量较低时,LB 中铁素体的形态与马氏体很相似。形核部位大多在奥氏体晶界上,也有相当数量位于奥氏体晶内。碳化物为 θ 渗碳体或 ε 碳化物,碳化物呈极细的片层状或颗粒状,排列成行,约以 $55°\sim60°$ 的角度与板条铁素体的长轴相交,且仅分布在铁素体的内部,如图 1-23(a)所示。钢的化学成分、奥氏体晶粒的大小和均匀化程度等对 LB 板条组织形态的影响较小,而对其碳化物的影响较显著,对于超低 C 的高等级管线钢(C 含量≤0.06%),在贝氏体板条中几乎观察不到 ε 碳化物或 θ 碳化物,ε 碳化物已退化为由含有 Nb 或 Ti 的合金碳化物所取代,如图 1-23(b)所示。

1.4.9　马氏体(M)

M 是由奥氏体从 A_1 线以上温度快速冷却到马氏体转变开始温度(Ms)以下形成的组织。由于马氏体转变温度极低,过冷度很大,形成速度极快,因此,Fe、C 原子来不及进行扩散,奥氏体只能发生非扩散性的晶格转变。由 γ-Fe 的面心立方晶格切变为 α-Fe 的体心立方晶格,这样奥氏体将直接变成一种含 C 过饱和的 α 固溶体,成为马氏体。管线钢中的马氏体组织形态为低碳板条状组织,在每个板条内存在有高密度的位错,因此板条状马氏体又称为位错马氏体。马氏体形成时一般不能

（a）高强钢

（b）X100管线钢

图 1-23　不同高强钢中的板条贝氏体显微组织

穿过原奥氏体晶界,且后形成的马氏体也不能穿过先形成的马氏体,而是在 1 个奥氏体晶粒内可以形成几个位相不同的区域,成为马氏体板条束,每个马氏体板条束由排列成片状的细长的板条所组成。马氏体一般在 X100 及以上高钢级管线钢中出现,由于板条马氏体具有较高的强度和相对较低的韧性,为了提高管线钢的韧性,需要加入较多的提高韧性的合金元素,并且其组织也要进行超细化处理,图 1-24 为 X120 管线钢中的马氏体组织形貌。另外,在高强度管线钢管(X80 钢级以上)的焊接热影响区,由于焊接后冷却速度较快,在热影响区也会生成粗大的马氏体组织,这些粗大的马氏体组织会降低热影响区的韧性,尽管热影响区的晶粒粗化会损失部分强度,但强度仍会略有升高。

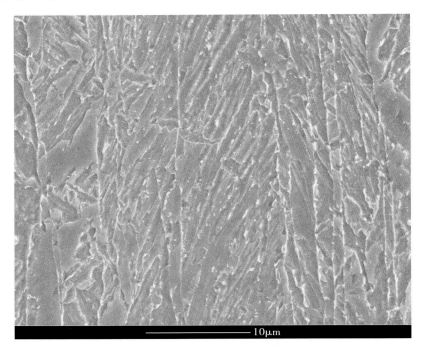

(a)SEM金相组织

(b)TEM亚结构

图 1-24　X120 管线钢中的马氏体组织形貌[13]

1.5　管线钢的强化机制

在低合金高强度钢中,其强韧化机制主要为细晶强化、位错强化、沉淀强化和固溶强化等。管线钢属于低碳微合金钢,其强化机制自然遵循低合金高强度钢的一般强韧化原理,区别在于管线钢通过控制轧制和控制冷却过程,使钢中的微合金元素对位错强化、晶界强化、固溶强化和沉淀强化发挥出了更大的作用。另外,低温轧制、织构强化也起到一定的强化作用。

1.5.1　位错强化

金属晶体中总是存在有位错。晶体的完整性和理论强度计算都表明,提高强度的途径是消除晶体中的位错,最新研究也表明无位错单晶体的压缩强度可达到超高值[14-15]。但与之相反,金属晶体缺陷理论又提出,位错缺陷密度的增加也可以有效地提高强度。金属材料因塑性变形而强化,而塑性变形的实质就是位错运动与增殖。因此,位错强化也是金属材料中最为有效的强化方式之一。管线钢因为采用控制轧制技术,基体组织中存在大量的位错亚结构,如图 1-25 所示。

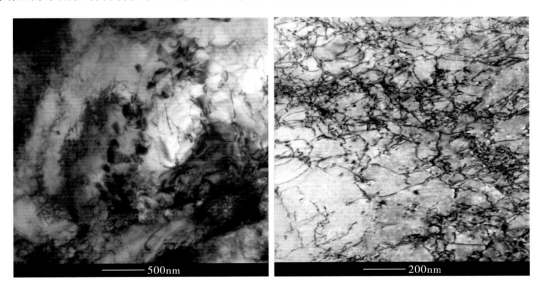

500nm　　　　　　　　200nm

图 1-25　管线钢中的高密度位错亚结构

自从位错理论被提出后,人们就对位错之间的相互作用进行了大量的研究,在位错强化(加工硬化)方面取得了长足的进展。金属材料流变切应力 τ(以及屈服强度)与位错密度 ρ 之间的关系为

$$\tau = amb\rho \tag{1-3}$$

式中,a 为比例系数,大量的研究工作指出立方金属多晶体铁素体中 a 约等于 0.4;m 为切变模量;b 为位错柏氏矢量的模;ρ 为位错密度。材料流变切应力 τ 因位错强化增加的强度值即可用式(1-3)算出。

研究表明,对于采用控轧技术生产的管线钢,位错强化作用会受到终轧温度的制约。当终轧温度范围为 800～950℃时,位错密度约为 $1 \times 10^8 / \mathrm{cm}^2$;如果终轧温度降低到 600℃时,位错密度可达到 $2 \times 10^{11} / \mathrm{cm}^2$,管线钢的屈服强度可提高 80MPa。另外,对于纯铁而言,如果在退火状态下其位错密度约为 $1 \times 10^7 / \mathrm{cm}^2$,而在正火状态下就可达到 $1 \times 10^{10} / \mathrm{cm}^2$,此时由位错强化提供的强度增量约为 63MPa。如果铁素体经过 10% 的冷变形,位错密度可达到 $1 \times 10^{12} / \mathrm{cm}^2$,而剧烈冷变形时的密度可达到 $5 \times 10^{13} / \mathrm{cm}^2$,此时位错强化提供的强度增量可达到 4 407MPa,已经接近了铁的理论强度值。因此,位错强化也是管线钢生产中有效的强化方式之一。

1.5.2 细晶强化

晶粒细化是目前公认的既能提高强度又能提高韧性的材料强化方式，所以，材料设计和生产者都尽可能地把细化材料晶粒尺寸作为目标，以期获得优异的力学性能。在多晶材料中，晶粒是以大角度晶界间隔的，各晶粒的取向不同。在受到外力作用产生变形时，在 Schmid 因子大的晶粒内，位错源首先开动，并沿一定的晶面滑移和增殖。由于相邻晶粒取向不同，所以，滑移至晶界时位错被阻挡并在晶界前形成塞积。如果不增加外力，位错源增殖的刃型位错就停滞不前，一个晶粒的塑性变形就很难直接传播到相邻的晶粒中去，相邻晶粒的变形只好靠新的位错源启动。但是，位错塞积在晶界形成了一个应力场，该应力场也可能激发相邻晶粒中的位错源开动。塞积位错应力场的强度与塞积位错的数目及外加应力的大小相关。而塞积位错的数目又与晶粒尺寸有关，晶粒尺寸越大，位错数目就越多。所以，达到相同强度的应力场时，如果细小晶粒中塞积的位错数目少，所需的外加切应力就大，这便是细晶粒的强化作用。Hall-Petch 根据以上观点总结出了屈服强度与晶粒大小的关系，即为著名的 Hall-Petch 关系式：

$$\sigma_s = \sigma_b + Kd^{-1/2} \tag{1-4}$$

式中，σ_s 为屈服强度，MPa；σ_b 为晶体中位错运动的摩擦阻力，它决定于晶体结构和位错密度；K 为与材料有关的常数；d 为晶粒直径，也就是晶粒尺寸，μm。

Hall-Petch 公式用于从屈服应力至断裂范围内的流变应力，但适用范围也不是无限的，通常认为适用于 $0.3 \sim 400 \mu m$ 尺寸的晶粒。当晶粒尺寸小于 300nm 时，属于纳米材料领域，其力学性能和晶粒尺寸会出现异常现象，这里不再论述。

对于 X65 及以下级别管线钢的铁素体和珠光体两相组织来说，铁素体的晶粒度评级在 10 级以下，即其晶粒尺寸最小 $>11 \mu m$，也就是说都符合 Hall-Petch 关系式的适用范围。图 1-26 为再结晶铁素体、亚晶粒铁素体或混合铁素体晶粒尺寸和屈服强度的曲线，可以看出这些性能点都在 Hall-Petch 关系式这条直线附近。在铁素体 Ar_1 以下温度轧制时除了产生回复的亚晶粒外，也会产生一种能少量增加屈服强度（约为 30MPa）的晶体学织构，这种织构与亚晶粒是终轧温度的函数，如图 1-27 所示。

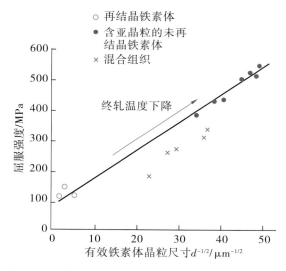

图 1-26 铁素体有效晶粒尺寸对屈服强度的影响[16]

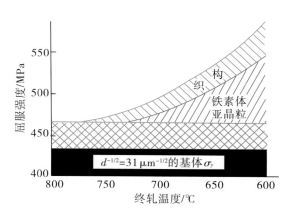

图 1-27 终轧温度对强化机制和屈服强度的影响[17]

晶粒细化所引起的强化作用本质,是当晶粒尺寸较小时,晶内的空位数目和位错数目都较少,位错与空位、位错间的交互作用概率减少,位错易于运动,即塑性好;当位错的数目少时,塞积位错数目减少,应力场的强度降低,推迟了裂纹萌生,增大了断裂应变;当晶粒细小时,同时开动的晶内位错和增殖位错率增高,塑性变形更均匀,塑性较好;晶粒细小,塑性变形时所需的晶粒转动量小;晶粒细小,裂纹穿过晶界进入相邻晶粒并改变方向的频率增加,消耗的能量增加,韧性较高。

细化晶粒是目前唯一能够同时提高材料强度和韧性的方法,这是因为在细化晶粒的同时提高了强度和塑性而未造成其他机理带来的彼此消长的对立局面。以缠结位错为界面的胞状位错结构或亚晶与大角度晶界的晶粒一样,其细化可改变强度和塑性,其强化效果可用 Hall-Petch 公式来描述。而亚晶粒尺寸的减小增高了应变硬化速率,减少了形变强化指数 n 值,降低了流变应力并改善了均匀变形,这一点与一般晶粒不同。这是因为,细亚晶中位错塞积群的塞积位错数目减少,应力集中强度降低,推迟了裂纹萌生,提高了集中应变。铁素体的集体晶粒细化基本不影响真实均匀应变,因为在细化晶粒的同时提高了加工硬化和流变应力,而且两者的变化幅度相接近。

1.5.3　固溶强化

纯金属由于强度低,很少用作结构材料,因此在工业上合金的应用远比纯金属广泛。合金组元溶入基体金属的晶格形成的均匀相称为固溶体。形成固溶体后基体金属的晶格将发生程度不等的畸变,但晶体结构的基本类型不变。固溶体按合金组元原子的位置可分为替代固溶体和间隙固溶体,按溶解度可分为有限固溶体和无限固溶体,按合金组元和基体金属的原子分布方式可分为有序固溶体和无序固溶体。绝大多数固溶体都属于替代固溶体、有限固溶体和无序固溶体。替代固溶体的溶解度取决于合金组元和基体金属的晶体结构差异、原子大小差异、电化学性差异和电子浓度差异等因素。间隙固溶体的溶解度则取决于基体金属的晶体结构类型、晶体间隙的大小和形状以及合金组元的原子尺寸。纯金属一旦加入合金组元变为固溶体,其强度、硬度将升高而塑性将降低,这个现象称为固溶强化。固溶强化的机制是金属材料的变形主要是依靠位错滑移完成的,故凡是可以增大位错滑移阻力的因素都将使变形抗力增大,从而使材料得到强化。合金组元溶入基体金属的晶格形成固溶体后,不仅使晶格发生畸变,同时使位错密度增加。畸变产生的应力场与位错周围的弹性应力场交互作用,使合金组元的原子聚集在位错线周围形成“气团”。位错滑移时必须克服气团的钉扎作用,带着气团一起滑移或从气团里挣脱出来,使位错滑移所需的切应力增大。此外,合金组元的溶入还将改变基体金属的弹性模量、扩散系数、内聚力和晶体缺陷,使位错线弯曲,从而使位错滑移的阻力增大。在合金组元的原子和位错之间还会产生电子交互作用和化学交互作用,这也是固溶强化的原因之一。固溶强化遵循下列规律:①溶质原子的原子分数越高,强化作用也就越大,特别是当原子分数很低时,强化作用更为显著。②溶质原子与基体金属的原子尺寸相差越大,强化作用也就越大。③间隙型溶质原子比置换原子具有更大的固溶强化效果,且由于间隙原子在体心立方晶体中的点阵畸变属非对称性的,故其强化作用大于面心立方晶体;但间隙原子的固溶度很有限,故实际强化效果也有限。④溶质原子与基体金属的价电子数目相差越大,固溶强化的效果就越明显,即固溶体的屈服强度随合金电子浓度的增加而提高。

管线钢中添加的微合金元素 Nb、V、Ti 被单个或复合地加入钢中,这 3 种元素具有不相同的作用,是由于它们与 C 和 N 有不同的亲和力,而不同的微合金碳化物/氮化物在奥氏体和铁素体中的溶解度也不相同。微合金碳化物/氮化物在奥氏体中的溶解度依 TiN→Nb→NTiC→VN→NbC→VC 的次序递增,而在铁素体中的溶解度也依同样的次序,其溶解度比在奥氏体中约小两个数量级。合金元素在钢中的固溶度必然引起力学性能的变化,图 1-28 为常用合金元素因固溶度变化而引起的固溶强化作用。

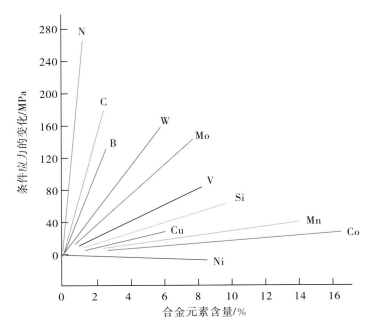

图 1-28　合金元素对固溶强化的作用[18]

1.5.4　沉淀强化

　　管线钢中加入的微合金元素除了有固溶强化的作用外,一部分元素与钢中的 C、N 原子结合,形成二次相粒子沉淀析出,因此沉淀强化也叫析出强化。第二相是通过加入合金元素然后经过塑性加工和热处理而形成的,也可通过粉末冶金等方法来获得;第二相大都是硬脆、晶体结构复杂、熔点较高的金属化合物,有时是与基体相不同的另一种固溶体;第二相的存在一般都会使合金的强度升高,其强化效果与第二相的特性、数量、大小、形状和分布均有关系,还与第二相与基体相的晶体学匹配情况、界面能、界面结合状况等有关,这些因素往往又互相联系、互相影响,情况十分复杂。如果第二相的尺寸与基体相晶粒属于同一数量级,称为聚合型多相合金。复相黄铜、铝硅合金、α+β型钛合金、部分轴承合金都属于这类合金。并非所有的第二相都能产生强化作用,只有当第二相的强度较高时,合金才能得到强化。如果第二相是难以变形的硬脆相,合金的强度主要取决于硬脆相的存在情况。当第二相呈等轴状且细小均匀地弥散分布时,强化效果最好;当第二相粗大、沿晶界分布或呈粗大针状时,不但强化效果不好,而且合金会明显变脆。如果第二相十分细小,且弥散分布在基体相的晶粒中,则称为弥散分布型多相合金。经过淬火+时效处理的铝合金,经过淬火+时效处理的钛合金,以及许多高温合金和粉末合金均属于这类合金。有时将过饱和固溶体进行时效处理沉淀出弥散第二相产生的强化作用称为沉淀强化,而将通过粉末冶金方法加入弥散第二相产生的强化作用称为弥散强化。在弥散分布型合金中,如果第二相微粒不能变形,则其对位错滑移的阻碍作用如图 1-29(a)所示。这时每个位错经过微粒时都留下一个位错环。此位错环要施加一反向应力于位错源,从而增加了位错滑移的阻力,使强度迅速提高,即强化作用与第二相微粒间距成反比。所以,减小微粒尺寸和提高第二相微粒的体积分数,均可使合金的强度提高。该机制由奥罗万(E. Orowan)首先提出,故又称为奥罗万机制。

　　如果第二相微粒可以变形,位错将切过微粒使其随同基体一起变形,如图 1-29(b)所示。在这种情况下,强化作用主要取决于微粒本身的性质及其与基体之间的联系,强化机制因合金而异,情

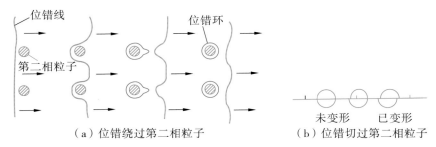

（a）位错绕过第二相粒子 （b）位错切过第二相粒子

图 1-29 位错绕过或切过与第二相粒子交互作用示意图

况十分复杂。其强化机制是：由于第二相微粒的晶体结构与基体相不同，当位错切过微粒时必然在其滑移面上造成原子排列错配，增加了滑移阻力。另外，每个位错切过微粒时，均使微粒产生宽度为位错柏氏矢量的表面台阶，增加了微粒与基体间的界面积，需要增加相应的能量。此外，如果微粒具有有序结构，位错切过微粒时将在滑移面产生反相畴界，而反相畴界能高于微粒与基体间的界面能。微粒周围的弹性应力场与位错产生交互作用，将增加位错滑移的阻力。微粒的弹性模量与基体不同，如果微粒的弹性模量较大，也将使位错滑移的阻力增大。最后，微粒尺寸和体积分数对合金的强度也有影响，增大微粒的尺寸和体积分数都有利于合金强化。

Ashby-Orowan 模型给出了沉淀强化的公式：

$$\Delta\sigma_s = 10\mu b / (5.72\pi^{3/2} r) \cdot f^{1/2} \ln \frac{r}{b} \tag{1-5}$$

式中，$\Delta\sigma_s$ 为沉淀强化引起的屈服强度增量；f 为沉淀相的体积分数；r 为沉淀相的质点半径；μ 为切变模量；b 为位错柏氏矢量。

沉淀相的强化效果与沉淀质点的尺寸 r 成反比，与沉淀相质点的体积分数 f 的平方根成正比。在含铌钢中起强化作用的析出物主要是 NbC，而在钛钢中主要是 TiC。由于奥氏体中 TiC 的溶解度有限，靠 TiC 强化需要比最佳晶粒细化要求的 0.01%～0.02% 更高 Ti 的加入量以及更高的奥氏体化温度，因此，在许多钢中加入 Ti 主要是为了析出强化，而且不像 NbC 那样，溶解度以及析出潜能在很大程度上受 C 含量的限制。此外，VC 强化还可用提高 N 含量的方法来增强，或者通过附加的 VN 析出，或者通过 N 固溶于 VC 中成为 V(CN)。V 生成氮化物优先于碳化物，特别是在高温时，即使提高 N 含量，也有足够的 VN 会溶于奥氏体中，产生更强的析出强化。另一方面，由于 NbN 的溶解度低，甚至比 TiC 还更不易溶解，Nb 不与高氮共用，因此析出强化的潜能有限。一般来说，微合金碳氮化物的析出强化随它们在钢中溶解度的提高而增强。图 1-30 为 Nb、V、Ti 沉淀强化效果与沉淀相尺寸和体积分数的关系曲线。

对于任何给定的工艺条件，析出强化的程度在一定化学成分含量时将达到最大，而此时的 $M:X$ 相当于所析出的碳化物/氮化物的化学当量比。另外，影响析出强化的重要特征还有 $\gamma \rightarrow \alpha$ 转变温度，它在冷却速度提高或热轧带钢卷取温度降低时析出强化作用将降低，如图 1-31 所示。此外，由于 VC 的溶解度较高，它析出强化还显示在一种 N 含量为 0.09% 的 V 钢中对提高 N 含量的影响，降低转变温度会产生较细小的 VC 析出物，同时具有较强的析出强化作用。对于在 $\gamma \rightarrow \alpha$ 转变过程中产生的析出相，当转变温度降低时，析出片层之间及析出片层中析出物的距离都要缩小，如图 1-32 所示。转变后冷却速度慢，析出物变得粗化，这会使铁素体晶粒长大。反之，若冷却速度足够快，转变温度降低到了析出行为被抑制时，虽然铁素体晶粒还可以继续细化，但由于失去析出强化作用，屈服强度将会降低。

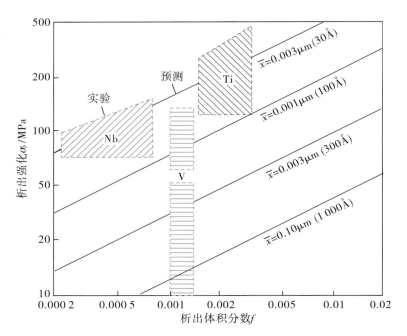

图 1-30 低合金钢中 Nb、V、Ti 合金元素的析出强化效果[19]

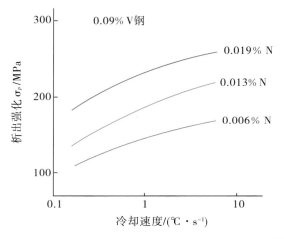

图 1-31 冷却速度对不同 N 含量钢析出强化的影响图[20]

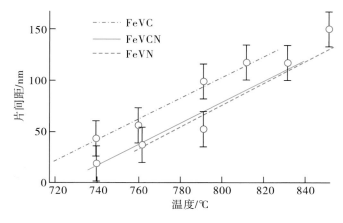

图 1-32 转变温度对 HSLA 钢析出相片间距的影响[21]

1.6　高钢级管线的发展

高钢级管线钢制造技术的快速发展，为国内外高钢级管线的建设提供了优异性能的管材，从而带动了国内外大批高钢级管线的建设。由于高钢级管线管强度、韧性的提高，以及含 C 量的降低和可焊性的增加，长输管道的输送压力不断提高，从 20 世纪 60 年代的 6.3MPa 上升到了目前的15～20MPa，管道口径也提高到目前最大的 1 422mm，管道级别也提高到目前的 X80 级，一些 X100～X120 钢级的试验段也在服役之中，国内外出现了一批重点高钢级管道工程项目。

1.6.1　X80 管线

X80 级是高钢级钢管和低钢级钢管的一个转折点，由于其制造难度非常大，20 世纪 80 年代最先在德国的 Mannesmann 公司试制成功，并且被纳入 API 5L 标准当中。到了 20 世纪 90 年代，X80 级管线钢已经在德国小批量应用，随后在加拿大、英国和澳大利亚等国得到了应用，如表 1-2 所示。但是，在 2000 年以前，国外的 X80 级管道项目长度相对较短，最长的是德国的 Schluechtern-Werne 项目，于 1992—1993 年铺设，管道直径为 1 219mm，管线长度为 259km。其他管线长度均在 100km 以下，从数千米到数十千米。进入 2000 年以来，X80 管道建设快速发展，美国的 Rock Express，中国的西气东输二线工程代表着国内外 X80 管线建设的先进水平。

表 1-2　国内外 X80 管道项目[22]

序号	建设年份	国　家	工程名称	长度/km	直径/mm	壁厚/mm	钢管厂
1	1985	德国	Megal Ⅱ	3.2	1 118	13.6	Mannesmann
2	1986	斯洛伐克	第四输油管道	1.5	1 422	15.6	Mannesmann
3	1990	加拿大	Nova Express East	26	1 067	10.6	NKK
4	1992—1993	德国	Schluechtern-Werne	259	1 219	18.3/19.4	欧洲钢管
5	1994	加拿大	Nova matzhivian	54	1 219	12.0	IPSCO
6	1995	加拿大	East Alberta system	33	1 219	12.0	IPSCO
7	1997	加拿大	Central Alberta system	91	1 219	12.0	IPSCO
8	1997	加拿大	East Alberta system	27	1 219	12.0	IPSCO
9	2001	英国	Cambridge M. G.	47.1	1 219	14.3/20.6	欧洲钢管
10	2002	英国	H. S. Wilbughby	42	1 219	15.1/21.8	欧洲钢管
11	2003	澳大利亚	Roma Looping	13	406		Bluesecope Steel
12	2004	英国	Aberdeen-lochside	80.47	1 219	15.1	
13	2004—2005	意大利	Snam Rete Gas	10	1 219	16.1	
14	2005	美国	Cheyeme Plains	611	914	11.9/17.2	IPSCO/NAPA
15	2005	中国	西气东输冀宁线	7.93	1 016	14.6/18.4	华油钢管等
16	2006—2009	美国	Rocky Express	2 679	1 067		
17	2007	英国	National Grid	690	1 219	14.3/22.9	
18	2008—2011	中国	西气东输二线	4 843	1 219	18.4	华油钢管等

1.6.2　X100 管线

　　加拿大 Trans Canada 公司从 1998 年就开始了对 X100 管线钢的研发,随后日本的 JFE 和加拿大的 IPSCO 公司也开始了对 X100 管材的研发。2002 年加拿大的 Trans Canada 公司铺设了世界上第一条 X100 钢级 1 219mm 直径的试验段,虽然仅仅只有 1km 长,但代表着 X100 钢级管线从试验阶段向应用阶段转变。随后的 2004 年、2006 年、2007 年,Trans Canada 公司又陆续铺设了直径从 762～1 066mm 的 4 条 X100 钢级的试验段,如表 1-3 所示。我国的中国石油天然气集团公司从 2012—2015 年启动了 X90、X100 管线钢的重大专项研究项目,成功地试制了 16.3mm、19.6mm、14.8mm 和 17.8mm 厚 1 219mm 口径的 X90 和 X100 钢级的管线钢管,经过系统的性能检测与评价,各项性指标均优于 API 5L 中的性能,也标志着我国 X100 钢级管线钢取得了巨大进展。

表 1-3　国外 X100 钢级试验段[22]

序号	建设年份	项　目	公　司	直径/mm	长度/km	壁厚/mm	钢管厂
1	2002	West Path	Trans Canada	1 219	1	14.3	JFE
2	2004	Godin Lake	Trans Canada	914	2	13.2	JFE
3	2006	Stittsyille Loop	Trans Canada	1 066	5.2	14.3,12.9	JFE,IPSCO
4	2007	FtMcKay	Trans Canada	762	2	9.8	IPSCO

参 考 文 献

[1] API SPEC 5L—2007,Specification for Line Pipe [S]. Washington:American Petroleum Institute,2007:32-38.

[2] 陈永利,周雪娇,姚冰楠,等.低碳 AF 型高级别管线钢合金成分设计及性能研究[J].热加工工艺,2016(45):68-70.

[3] 陆岳璋,周玉红.X80～X100 级管线钢的开发[J].宽厚板,2000,6(5):34-39.

[4] Malcolm Gray J.高强度管线钢化学成分设计指南[M].侯豁然,王厚昕,译.北京:中信金属有限公司,2007:1-27.

[5] Douglas G Stalheim,Keith R Barnes,Dennis B McCutcheon. 高强度石油天然气管线钢的合金设计[M]//中信微合金化技术中心.石油天然气管道工程技术及微合金化钢.北京:冶金工业出版社,2006.

[6] Fujibyashi A,Omata K. JFE steel's advanced manufacturing technologies for high performance steel plates[J]. JFE Technical Report,2005(5):10-15.

[7] 李延丰,孙奇.JCOE 直缝埋弧焊钢管生产线的研发和应用[J].焊管,2004,27(6):48-53.

[8] 王宗南,马彦东. 宝钢 UOE 机组的装备水平与工艺技术[J].宝钢技术,2007(2):52-56.

[9] 冯耀荣,柴惠芬,郭生武.低碳超低碳合金化管线钢显微组织的研究进展[J].材料导报,2002,16(6):9-12.

[10] 肖福仁.针状铁素体管线钢的组织控制与细化工艺研究[D].秦皇岛:燕山大学,2003.

[11] 李鹤林,郭生武,冯耀荣,等. 高强度微合金管线钢显微组织分析与鉴别图谱[M].北京:石油工业出版社,2001.

[12] 董瀚. 先进钢铁材料[M].北京:科学出版社,2008:57-58.

[13] Zhang Jiming,Sun Weihua,Sun Hao. Mechanical properties and microstructure of X120 grade high strength pipeline steel [J]. Journal of Iron and Steel Research International,2010,17(10):63-68.

[14] Cesar R F Azevedo. Failure analysis of a crude oil pipeline [J]. Engineering Failure Analysis,2007(14):978-994.

[15] Venegas V,Caleyo F,Baudin T,et al. On the role of crystallographic texture in nitigating hydrogen-induced cracking in pipeline steels [J]. Corrosion Science,2011(53):4204-4212.

［16］Gladman T，Dulieu D，Melvor J D. Microalloying［M］. New York：Union Cardide Corporation，1977：32-33.

［17］Braunfitt B L，Marker A B. Processing and properties of low carbon steels［J］. PA AIME，1973(5)：191-195.

［18］布莱恩，皮克林. 钢的组织与性能［M］. 刘嘉禾，王时章，王瑞珍，等译. 北京：科学出版社，1999：44-45.

［19］Gladman T，Holmes B，Melvor I D. Effect of second phase particles on the mechanical properties of steel［M］. London：The Iron and Steel Institute，1971：68-70.

［20］Balliger N K，Honeycombe R W K. The effect of nitrogen on precipitation and transformation kinetics in vanadium steels［J］. Metallurgic Transactions A，1980：421-427.

［21］Honeycombe R W K. HSLA steels：metallurgy and application［C］//ASM. Beijing Conf.，ASM，1986：243-244.

［22］张斌，钱成文，王玉梅，等. 国内外高钢级管线钢的发展及应用［J］. 石油工程建设，2012,38(1)：1-4.

第 2 章
超高钢级管线管的显微组织特征

材料的化学成分、制造工艺和显微组织决定了产品的力学行为。管线管作为石油天然气能源输送的结构单元，需要具有优异的强韧性匹配以满足安全运输的需求。近年来油气输送管道建设向高压力（~15 MPa）、大口径（OD1 422mm）、高钢级（~API X120）方向发展。X80 及以上超高钢级管线管用钢与低钢级管线管用钢的显微组织有了较大的区别，不但晶粒尺寸得到了进一步的细化，而且组织形貌也发生了较大的变化，特别是 X100 管线管，从 X80 级的针状铁素体组织演化为贝氏体组织，晶粒尺寸以及亚结构都得到了进一步的细化，位错强化、沉淀强化进一步得到了加强，影响性能的 M-A 岛结构和尺寸也发生了较大的变化。另外，由于国内不同厂家在冶金成分、制造工艺上存在差异，导致了 X90/X100 管线管用钢显微组织的不同。本章选取了典型管线管用钢的显微组织对其进行不同角度、不同分析手段的表征，并选取了 X80 的典型组织与之进行对比分析，便于读者及科研人员了解超高钢级管线管的显微组织特征。

2.1 X80 管线管的显微组织特征

X80 管线管的显微组织是针状铁素体组织的典型代表，Y. E. Smith[1] 首先在 Mn-Mo-Nb 钢中观察到了针状铁素体组织，并成功地研发出针状铁素体型管线管。针状铁素体管线管优异的强韧性匹配，使油气管道输送用钢从铁素体-珠光体型低钢级提高到 X70 以上高钢级水平。当时针状铁素体管线管的主要成分以 C、Mn、Mo 和 Nb 元素为主，C 含量一般小于 0.10%，通过微合金化、控制轧制和控制冷却技术，可使针状铁素体管线管的强度达到 X100 的强韧性水平，低温冲击韧性达到 80J 以上。

图 2-1 为 Y. E. Smith 研发的针状铁素体管线管的金相组织照片。当时的针状铁素体组织的晶粒尺寸较为粗大，其主要组织为粒状贝氏体，少量的多边形先共析铁素体，也就是说针状铁素体是一个混合型组织。放大后可以看出，多边形铁素体基体上的粒状组织形貌不同，有的呈黑色实心岛状，有的为空心岛状，黑色实心岛状物与基体铁素体称为粒状贝氏体（GB），而空心岛状物与基体铁素体称为粒状铁素体（GF）。

对于针状铁素体组织，不同的领域有不同的应用。在焊接接头组织中，针状铁素体是指以非金属夹杂物为形核质点，然后以非金属夹杂物为核心呈放射状生长形成的针状组织。然而，管线管中的针状铁素体组织与焊接组织中的针状铁素体是不一样的。管体管线管中的针状铁素体是在连续冷却条件下，在高于上贝氏体转变温度条件下形成的具有高密度亚结构位错且非等轴的组织，基体中存在一定数量的由奥氏体-马氏体形成的 M-A 岛。Kim 等[3] 系统地研究了管线管中针状铁素体的

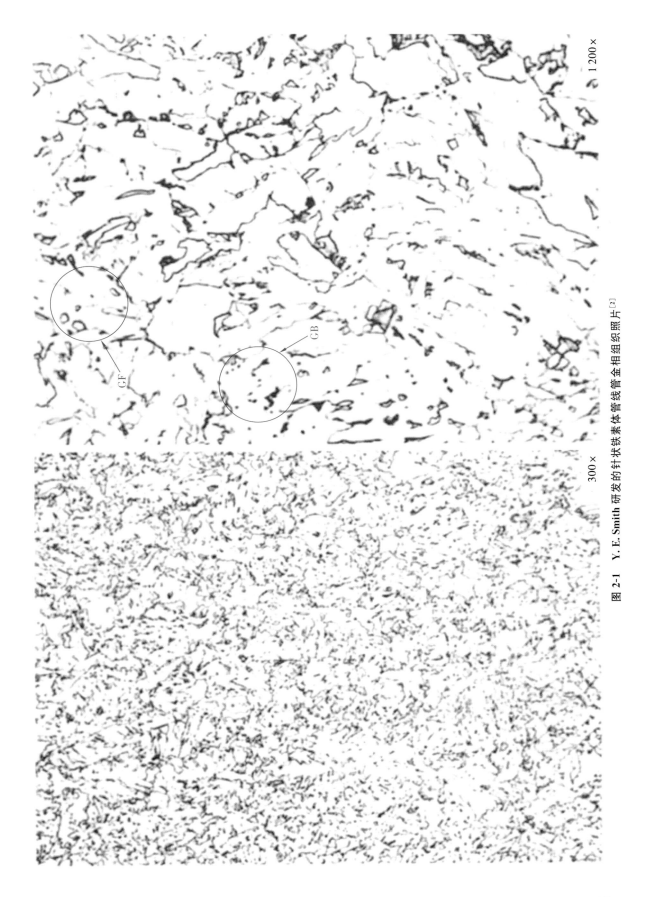

图 2-1　Y. E. Smith 研发的针状铁素体管线管金相组织照片[2]

相变形成机理,认为针状铁素体的相变机制首先是以切变的方式在奥氏体晶界内形核,化学成分与母相保持一致,后续析出的针状铁素体在先析出的针状铁素体与奥氏体的两相界面上形核。由于针状铁素体形核温度较高,析出的针状铁素体中的过饱和 C 原子向其附近的奥氏体晶粒内部扩散,这样残余奥氏体中的碳浓度要远高于针状铁素体中的 C 含量。随着针状铁素体的不断析出和长大,残留奥氏体中的 C 含量也不断升高,当冷却到一定温度后,一部分残余奥氏体直接发生马氏体相变,新形成的马氏体与残余奥氏体就形成了 M-A 岛组织弥散分布在基体上。S. Subramanian 等[4]采用三维原子探针技术分析了 M-A 岛内的 C 含量,发现 M-A 岛中的 C 含量可以富集到 1.84%,而基体中的 C 含量仅为 0.056%(由直读光谱仪测得),约是基体中 C 含量的 33 倍。肖福仁[5]也对针状铁素体的形成机理进行了系统分析,他认为针状铁素体组织是由发生扩散型相变形成的块状铁素体和以切变机制发生相变的贝氏体铁素体的混合组织,两种相变所产生的混合组织及基体中的高位错密度是针状铁素体具有高强韧性配合的重要原因。所以,他定义管线管中的针状铁素体组织为在连续冷却过程中,在一定冷速范围内所形成的贝氏体、粒状铁素体和块状铁素体的混合组织。针状铁素体的典型形貌为没有明显的原奥氏体晶界,先共析的多边形铁素体晶粒尺寸大小不等,晶界参差不齐,在铁素体晶粒内分布着无规则排列的岛状组织和一定量的呈一定方向性排列的岛状组织的混合组织。针状铁素体组织的透射电镜组织形态以具有高位错密度亚结构的非等轴块状铁素体为主,并含有少量细小等轴状铁素体和板条铁素体的组织。

综上所述,管线管中的针状铁素体组织是一种在连续冷却过程中,在一定冷速范围内,在稍高于贝氏体相变温度条件下所形成的多边形铁素体、粒状铁素体、针状铁素体、粒状贝氏体、板条贝氏体的混合组织。

2.1.1 X80 管线管的 OM 特征组织

图 2-2 为 22mm 厚 X80 直缝埋弧焊管不同厚度位置的金相组织照片。其表层组织为典型的针状铁素体组织,表面组织中包含极少量的多边形不规则铁素体,主要为粒状贝氏体及弥散的无规律分布的 M-A 岛组织,晶粒尺寸非常细小,晶粒度大于 11 级,无明显的原奥氏体晶界。而在 1/4 厚度位置可明显观察到压扁的原奥氏体晶界,压扁的奥氏体晶粒内主要为针状铁素体混合组织中的粒状贝氏体。粒状贝氏体中的岛状物大部分像表面组织那样呈弥散无规律分布,少量岛状物呈链状沿惯析面析出。相对于表面组织,1/4 厚度位置的基体组织有长大趋势,1/2 厚度位置的组织长大更加明显,链状岛状物的比例明显增大。该管线管的主要化学成分为 0.062% 的 C、1.95% 的 Mn、0.05% 的 Nb,还有一定量的 Cr、Ni 及 Mo 元素;抗拉强度达到 728MPa,屈服强度约为 677MPa,屈强比为 0.93;−10℃下管体冲击功为 225J,0℃的 DWTT 剪切面积百分数为 70%。主要力学行为表现为冲击韧性中等水平,而塑性明显偏低,导致这个结果的主要原因是该管线管的终冷温度较低,显微组织中存在较多的规则排列的岛状物,从而导致其塑性较低。

图 2-3 为 18.4mm 厚 X80 直缝埋弧焊管不同厚度位置的金相组织照片。其表层组织为含有一定量的多边形铁素体和粒状贝氏体的针状铁素体组织,先共析多边形铁素体占有一定的比例,说明该管线管在轧制时开冷温度较低,一部分铁素体在奥氏体中已经形核,但没有长大,岛状物较少;而 1/4 厚度位置的岛状物呈空心状,说明终冷温度较高,M-A 岛中的 C 发生了扩散,从表面到心部组织差异不大,这种显微组织的管材一般具有较高的冲击韧性、较低的屈强比以及良好的塑性。该管线管的主要化学成分为 0.04% 的 C、1.75% 的 Mn、0.09% 的 Nb,含一定量的 Cr 和 Ni 元素,抗拉强度为 684MPa,屈服强度 563MPa,屈强比为 0.81,−10℃下的管体冲击功为 359J;0℃的 DWTT 剪切面积百分数为 90%。这种组织的管线管具有优异的强韧性匹配。

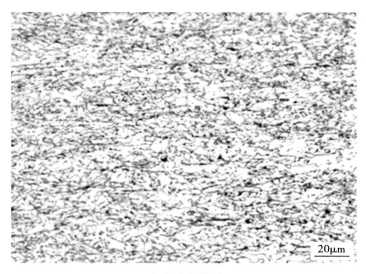

（a）表层组织

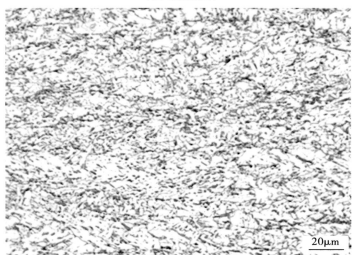

（b）1/4厚度位置的组织

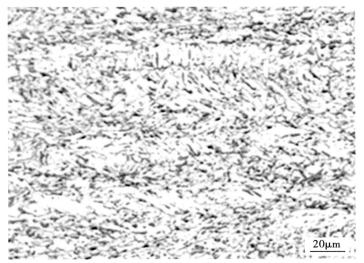

（c）1/2厚度位置的组织

图 2-2　22mm 厚 X80 直缝埋弧焊管不同厚度位置的金相组织

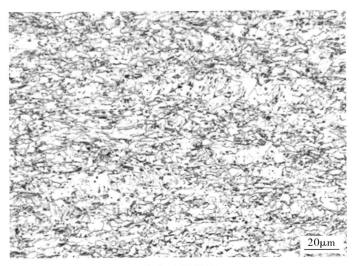

（a）表层组织

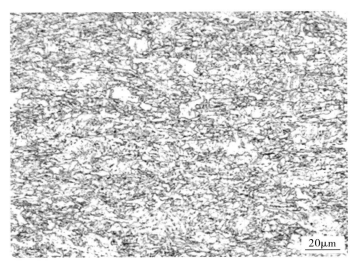

（b）1/4厚度位置的组织

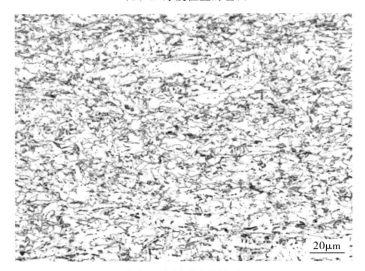

（c）1/2厚度位置的组织

图 2-3　18.4mm 厚 X80 直缝埋弧焊管不同厚度位置的金相组织

图 2-4 为 22mm 厚 X80 管线管不同厚度位置的金相组织照片。其表层组织为由先共析多边形铁素体、粒状铁素体,少量的粒状贝氏体所组成的针状铁素体组织。而 1/4 厚度位置的组织主要由粒状铁素体及多边形铁素体组成;1/2 厚度位置组织与 1/4 厚度位置的组织较为相似,但多边形铁素体组织的比例增加,M-A 岛较少,并且呈弥散分布。这种组织与上述 18.4mm 厚度的管线管显微组织相似,同样具有良好的冲击韧性和塑性。该管线管的主要化学成分为 0.05% 的 C、1.75% 的 Mn、0.09% 的 Nb,含一定量的 Cr 和 Cu 元素。其抗拉强度为 696MPa,屈服强度为 520MPa,屈强比为 0.74,−10℃ 下的管体冲击韧性为 377J;0℃ 的 DWTT 剪切面积百分数为 90%。

随着管线建设向海洋、极地等复杂地质条件环境的逐渐扩展,从 21 世纪开始,管道基于应变设计逐渐成为该领域的研究热点。各主要的管线设计标准,例如 DNV-OS-F101《海底管线系统》和 CSA Z662《油气管线系统》等,先后将基于应变设计准则纳入了管线设计方法。2007 年和 2008 年,国际海洋与极地会议(ISOPE)和国际管线会议(IPC)分别成立了基于应变设计的分会场,专门进行与管线基于应变设计相关的材料、焊接、设计、试验、断裂力学等领域的技术问题的讨论和交流。由于该领域的创新程度较高,涉及的技术方向较多,因此很多问题还没有得到明确和公认的结论。近年来有大量的研究结果和理论产生,使其成为管线技术行业发展最快的一个领域。表 2-1 为使用基于应变设计方法的管线实例。

从国内的发展状况来看,目前我国管道建设又进入了一个新的高峰期。在"十二五"至"十三五"期间,我国将新建管道 6 万多千米,包括西气东输三线,陕京三线、四线,中俄东线等一大批油气管道。管道通过的区域和沿线条件也日趋复杂,将不可避免地经过一些特殊地区,如强震区、活动断裂带、冻土区、矿山采空区,以及长江、黄河等大江大河。如中缅管道将通过 9 度强震区和 5 条活动断裂带,江都-如东管线长江穿越段长度达到 3 300m,这对于管道的设计、材料、施工都提出了新一轮的挑战,迫切需要针对强震区、活动断裂带和河流大型穿越段的相关关键技术进行研究,以保证这些工程的顺利实施。

以我国的 3 大能源通道之一的西气东输二线天然气管道工程为例,管道干线的管径为 1 219mm,干线主体采用 X80 钢级。对于强震区和活动断裂带等地表大位移地段,管道基于应变设计和采用应变能力较强的大变形钢管已是一种趋势。因此,西气东输二线管道在局部可能发生较大变形的地段采用了 X80 钢管。为保证可能发生较大变形地段管道的安全,引入了基于应变管线设计方法,明确了在这些地段选用适应变形能力较强的 X80 大应变管线管。大应变管线管在组织形态上和力学行为上具有不同于常规管线管的特征,并且大应变管线管在管线承受拉伸、压缩和弯曲负载时,可以承受较常规管线管更高的变形量而不至于发生断裂破坏。大应变管线管既要有足够的强度,又要有足够的变形能力。其特征组织状态一般为双相组织,由软硬两相组织组成,其中硬相提供必要的强度,软相保证足够的塑性。目前,大应变管线管常见的显微组织有 2 种:一种是铁素体＋贝氏体双相显微组织,另一种是贝氏体＋马氏体双相组织。铁素体＋贝氏体组织中铁素体多为类等轴晶粒形貌,在组织中所占的比例为 30%～50%,是保证大应变管线管具有大应变容量的必需条件,这种组织类型的管线管主要由 X70～X100 级管线钢制造;贝氏体＋马氏体双相管线管既要具备更高的强度,同时又要具备较好的韧性,这类管线管主要为更高钢级的 X120 级。大应变管线管的优异性能来源于双相组织的形变机制,研究者采用细观力学理论模型[6],基于 Eshelby 的夹杂物理论、Mori-Tanaka 的平均场概念和 Mises 塑性流变规则,建立了双相材料的应力-应变关系,如图 2-5 所示。双相材料的应力-应变曲线分 3 个阶段:第 I 阶段,两相均发生弹性变形;第 II 阶段,软相首先发生塑性变形,硬相继续保持弹性变形;第 III 阶段,两相均发生塑性变形。当加

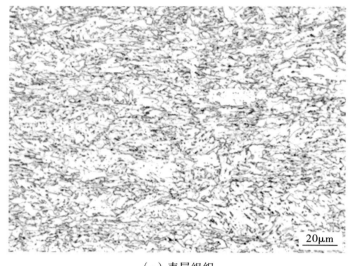

（a）表层组织

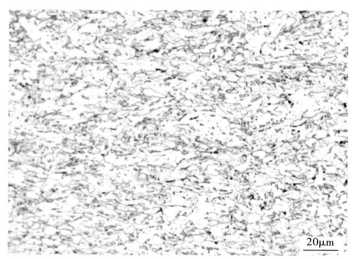

（b）1/4厚度位置的组织

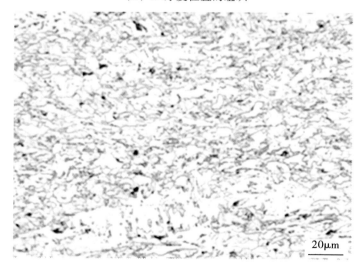

（c）1/2厚度位置的组织

图 2-4　22mm 厚 X80 管线管不同厚度位置的金相组织

表 2-1　使用基于应变设计方法的管线

管　线	地质条件
Northstar,英国石油公司	阿拉斯加极地浅海
Haltenpipe,挪威国家石油公司	设计极限应变接近 0.5%,大多为跨越不平坦海床
Norman Wells,加拿大安桥石油公司	穿越冻土、滑坡地区的基于应变设计准则
Badami,英国石油公司	穿越阿拉斯加极地河流
Nova 天然气管线,加拿大石油公司	不连续冻土地区
TAPS 燃气管线,美国阿拉斯加管道公司	冻土抬升地区
Ekofisk 二线,康菲石油公司	海床沉降地区的极限状态设计
Malampaya,壳牌石油公司	地震区和海底的极限状态设计
Erskine 替代管线,美国德士古公司	HP/HT 套管替换的极限状态设计
Elgin-Franklin,欧洲英力士油品公司	集束管线的极限状态
Mallard,英国石油公司	套管的极限状态设计
Sakhalin island,俄罗斯天然气股份公司	地震带
Liberty 阿拉斯加,英国石油公司	浅水极地管线
Thunder Horse,英国石油公司	HP/HT 出油管的极限状态设计

载的轴向拉伸应力达到软相的屈服强度时,软相开始塑性变形,材料的宏观屈服强度等于软相的屈服强度。随着塑性变形在软相中继续,加剧了两相边界处可变形性应变的不连续,从而导致了内部应力,这阻碍了软相中进一步的塑性流变,并有助于启动较硬相的塑性流变,此时的加载应力小于较硬相的屈服强度。随着应力的进一步增加,达到了硬相组织的屈服应力水平,硬相组织发生屈服,由于软硬相组织变形的不协调性,将产生内部裂纹,最终导致拉伸断裂。

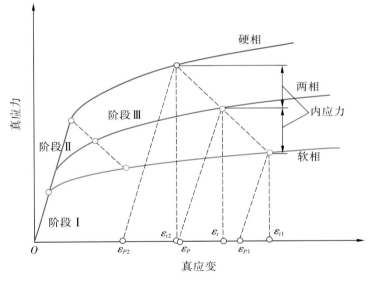

图 2-5　两相材料的应力-应变曲线[5]

图 2-6 为 26.4mm 厚 X80 大应变管线管不同厚度位置的金相组织照片。26.4mm 规格是大变形 X80 级管线管的常用厚度尺寸,金相组织照片为典型的双相特征组织,白色类等轴状晶粒为先共析铁素体组织,晶粒尺寸约为 20μm,占到表层组织的 70% 左右;深灰色组织为贝氏体组织,弥散分布在白色铁素体组织中。1/4 厚度位置的显微组织中白色先共析铁素体组织体积分数明显小于表面组织中的比例,占 45% 左右,贝氏体组织由粒状结构和板条结构两类组成,板条组织中板条结构明显。而在 1/2 厚度位置的显微组织中,先共析铁素体组织比例进一步降低,不到 30%;贝氏体组织比例继续增加,超过 70%,贝氏体组织中的粒状组织和板条组织比例相差不大。大应变管线用钢在控制轧制后并没有直接进入快速冷却阶段,而是在 Ac_3 相变点温度以下弛豫一段时间,使先共析铁素体组织从压扁的奥氏体中先析出,等达到一定析出量后再直接进入快速冷却阶段,没有转变为铁素体的残留奥氏体在冷却的过

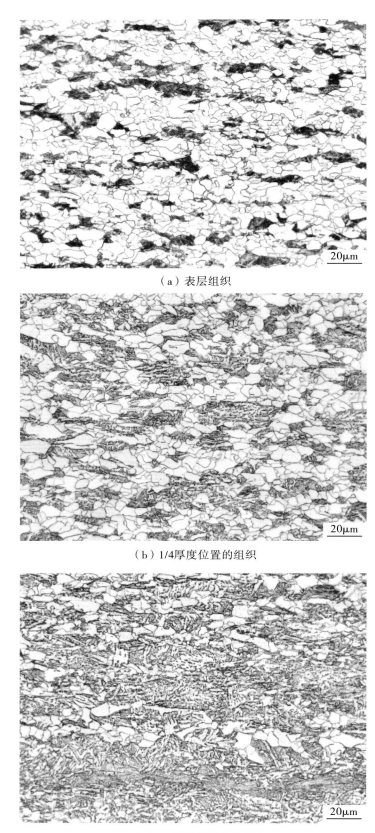

（a）表层组织

（b）1/4厚度位置的组织

（c）1/2厚度位置的组织

图 2-6　26.4mm 厚 X80 大应变管线管不同厚度位置的金相组织

程中发生贝氏体相变,转变为硬相贝氏体组织,一般终冷温度控制在 $500\sim600℃$。根据其生产工艺可知,轧制完成后,钢板表面的温度低于心部的温度,表面组织率先达到先共析铁素体组织的析出温度,先发生铁素体相变,而钢板心部的温度仍然在奥氏体温度区间。随着温度的进一步降低,表面组织中先共析铁素体组织继续增加,而 1/4 厚度位置的温度达到了铁素体相变温度,开始析出铁素体组织。后续随着钢板温度的继续降低,钢板 1/2 厚度位置的温度达到先共析铁素体组织相变温度,开始发生铁素体相变,等析出少量的铁素体组织后,表面组织中铁素体的比例已经占到 50% 以上,钢板直接进入快速冷却阶段,在较短的时间内发生奥氏体-贝氏体相变,没有析出铁素体的残留奥氏体组织转变为贝氏体组织,形成铁素体＋贝氏体双相组织。而钢板表面与心部的温度梯度,导致表面与心部显微组织比例的差异,钢板厚度越大,这种差异性越明显。厚度方向的组织梯度效应,必然会影响钢板的力学性能,拉伸、冲击及 DWTT 性能都会受到影响。图 2-6 中管线管的主要化学成分为 0.06% 的 C、1.7% 的 Mn、0.055% 的 Nb,含少量的 Mo 元素。其抗拉强度为 715MPa,屈服强度为 590MPa,屈强比为 0.83,$-10℃$ 下的管体冲击韧性为 305J;0℃ 的 DWTT 剪切面积百分数为 85%。

图 2-7 为 33mm 厚 X80 管线管不同厚度位置的金相组织照片。33mm 是目前管线管的最大厚度(弯管和管件除外),其性能要求非常苛刻,工艺难度较大。该管的表层组织晶粒非常细小,主要是由多边形先共析铁素体和粒状组织组成的针状铁素体组织,多边形铁素体晶粒的尺寸小于 $10\mu m$,粒状组织中的岛状物多呈空心形貌,表明终冷温度较高,在发生贝氏体相变后,M-A 岛中的 C 元素相变后继续发生了扩散,1/4 和 1/2 厚度位置的铁素体晶粒尺寸有所增长,而贝氏体组织为典型形貌,基体中的岛状物呈黑色点状,且弥散无规则分布,没有规律地沿惯析面排列。一般这种显微组织具有优异的强韧性匹配。如图 2-7 所示管线管的主要化学成分为 0.06% 的 C、1.70% 的 Mn、0.07% 的 Nb,另外添加了一定量的 Cr 和 Cu 元素。其抗拉强度为 698MPa,屈服强度为 571MPa,屈强比为 0.82,$-10℃$ 下的管体冲击韧性为 493J;0℃ 的 DWTT 剪切面积百分数为 85%。

2.1.2　X80 管线管的 SEM 特征组织

图 2-8 为 18.4mm 厚 X80 管线管的 SEM(扫描电镜)组织照片。在 SEM 下灰色基体组织为先共析多边形铁素体和粒状组织的基体组织,而白色组织为岛状物或者晶界。其主要显微组织为多边形先共析铁素体和粒状贝氏体,晶粒尺寸细小,经局部放大后,可以观察到凸出的 M-A 岛组织。M-A 岛组织位于多边形铁素体中间的一般呈不规则的块状,位于板条间的呈长条状。进一步放大后可以观察到 M-A 岛周围基体中的析出相,而 M-A 岛组织由于 C 含量和合金含量高于铁素体基体,所以难以腐蚀而呈较为平滑的凸出块状。

图 2-9 为 26.4mm 厚 X80 大应变管线管的 SEM 组织照片。图中灰色类等轴状组织为多边形先共析铁素体组织,弥散分布的白色颗粒状组织为 M-A 岛组织,板条或片层结构组织为贝氏体。表层组织中,类等轴状多边形先共析铁素体占 50% 的比例,铁素体组织呈弥散分布,晶粒尺寸小于 $10\mu m$;其次为粒状贝氏体组织、极少量的板条形貌贝氏体和一定量的 M-A 岛组织。随着厚度的增加,多边形先共析铁素体组织比例降低,而板条贝氏体的比例增加,晶粒尺寸也略有增长,M-A 岛的尺寸和比例也相应增加。局部放大约 1 万～2 万倍后,在多边形先共析铁素体基体上可观察到大量弥散析出的 Nb(C、N)粒子;而板条贝氏体内的片层结构更加清楚,晶粒内片层平行排列,腐蚀后的 M-A 岛表面类似于撕裂断口形貌,可以清楚地观察到解理形貌。

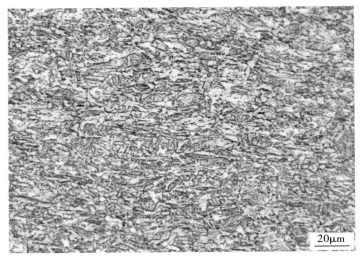

（a）表层组织

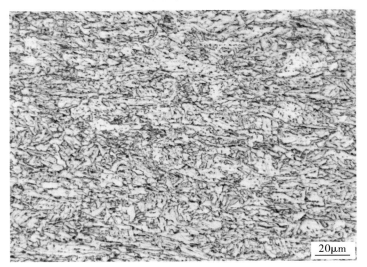

（b）1/4厚度位置的组织

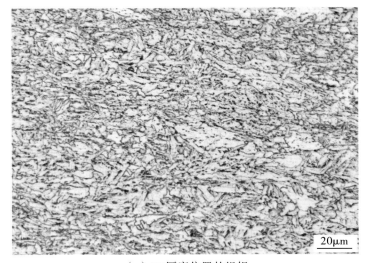

（c）1/2厚度位置的组织

图 2-7 33mm 厚 X80 管线管不同厚度位置的金相组织

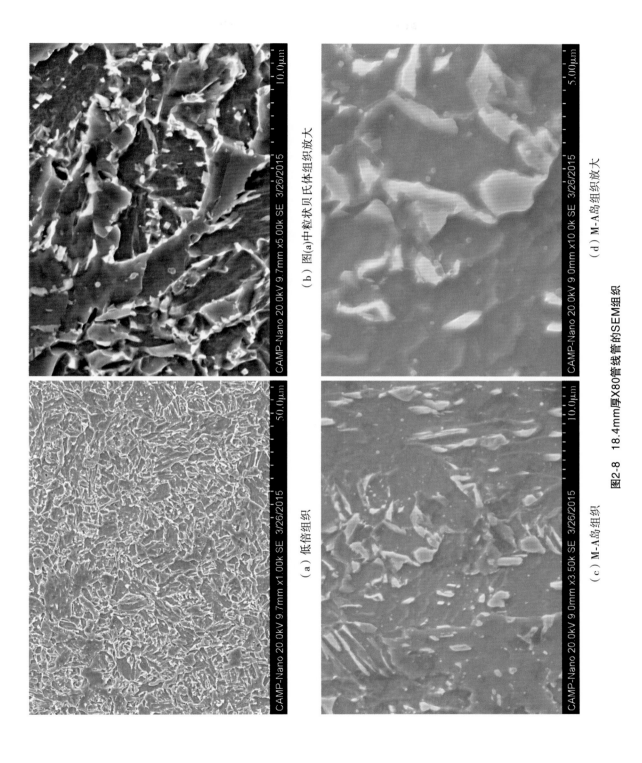

（a）低倍组织

（b）图(a)中粒状贝氏体组织放大

（c）M-A岛组织

（d）M-A岛组织放大

图2-8　18.4mm厚X80管线管的SEM组织

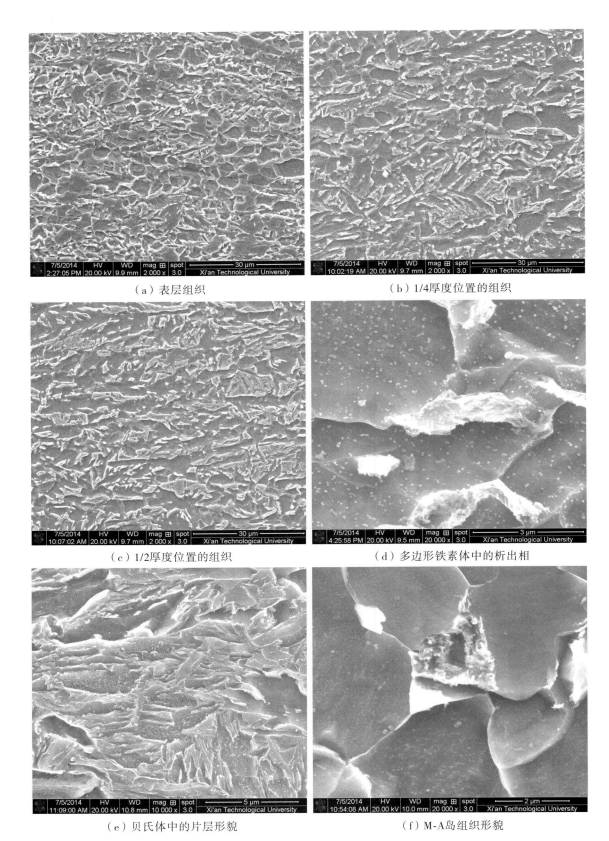

（a）表层组织

（b）1/4厚度位置的组织

（c）1/2厚度位置的组织

（d）多边形铁素体中的析出相

（e）贝氏体中的片层形貌

（f）M-A岛组织形貌

图 2-9　26.4mm 厚 X80 大应变管线管的 SEM 组织形貌

2.1.3　X80 管线管的 TEM 形貌特征

图 2-10 为 18.4mm 厚低 Nb 含量 X80 管线管的 TEM(透射电子显微镜)显微组织照片。在 TEM 下,18.4mm 厚度的金相组织中,先共析多边形铁素体尺寸大小不等,在晶界处可以观察到大量的位错塞积缠绕形成的位错墙,在有的晶粒内可观察到高密度的位错墙结构,在铁素体晶粒界面处可观察到 M-A 岛,且 M-A 岛尺寸不等、形貌各异。

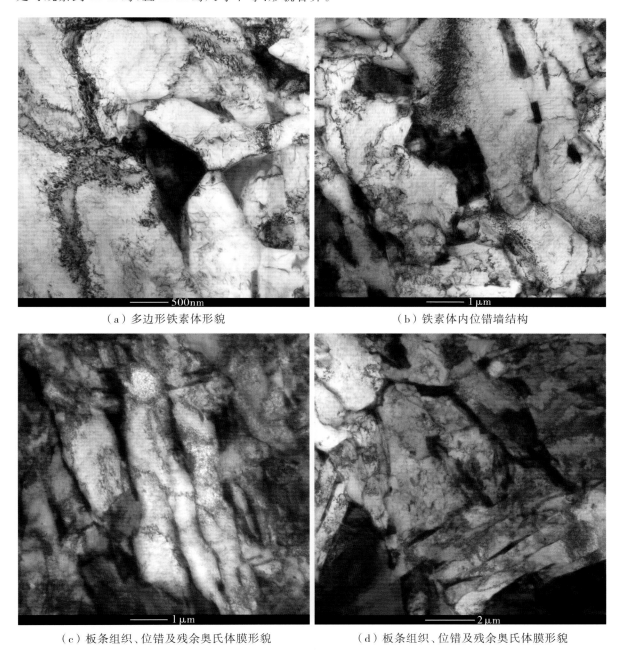

|（a）多边形铁素体形貌|（b）铁素体内位错墙结构|

|（c）板条组织、位错及残余奥氏体膜形貌|（d）板条组织、位错及残余奥氏体膜形貌|

图 2-10　18.4mm 厚低 Nb 含量 X80 管线管的 TEM 组织形貌

另外,还可观察到一些呈板条形貌的亚结构。板条宽度尺寸较为均匀,板条界面和内部存在高密度位错,也可以观察到一些位错墙结构和位错胞结构,位错密度明显高于多边形铁素体;在有的板条间界面上,可以观察到呈长条分布的 M-A 岛和残余奥氏体膜[7]。为了观察材料中的析出相形貌,采用萃取复型的方法进行样品制备。萃取复型是观察钢中析出相及碳化物的常用手段。制备样品时采用金相方法进行样品的研磨、抛光和腐蚀,然后在腐蚀后的样品表面真空镀碳膜,一般碳膜的厚度以 30~50nm 为宜。如果碳膜太薄,在取膜时极容易导致碳膜破碎;如果太厚,则会导致在进行 TEM 观察时对析出相分析的干扰。镀膜完成后,把样品镀膜表面画成 2~3mm 的方格,方格不宜过大,然后把样品浸入 8% 的硝酸酒精溶液中,镀膜表面朝上放置。观察大约 30min,轻轻晃动溶液,如果镀膜没有起泡脱落,可以采取热浴加热的方式加速镀膜脱落。采用 TEM 专用格栅捞取脱落碳膜,在酒精水溶液中清洗后,放在滤纸上吸水干燥,放置时一定要保证碳膜朝上。干燥后的格栅就可以直接放入 TEM 中进行析出相观察了。图 2-11 为图 2-10 中的管线管采用萃取复型方法获得的析出相形貌。由于管线管中添加了较少的 Nb 元素,析出相数量较少,

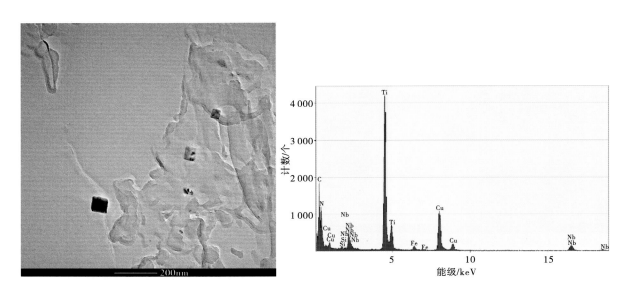

(a)用萃取复型方法获得的方形析出相形貌及析出相的TEM-EDS成分分析

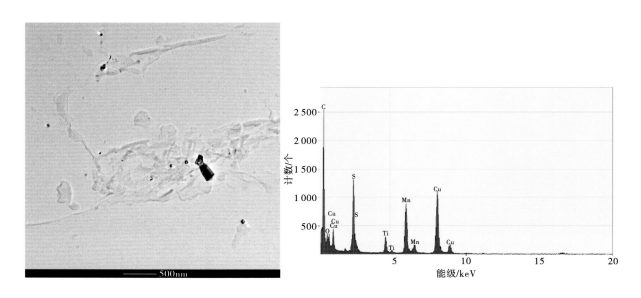

(b)不规则析出相形貌及化学成分的TEM-EDS分析

图 2-11   18.4mm 厚低 Nb 含量 X80 管线管中析出相形貌及化学成分分析

形状呈规则的方形,尺寸小于约 100nm。TEM-EDS 能谱分析表明,析出相的主要成分为 TiN,含有少量的 NbC。而观察到的不规则形貌析出相的主要成分为 Ti、Mn、Ca 及 S 元素,其组成为 TiN、CaS 及含 Mn 的渗碳体。

图 2-12 为 33mm 厚高 Nb 含量 X80 管线管的 TEM 组织形貌照片。先共析铁素体晶粒为类等轴形貌,尺寸大小不等,其范围为 2～10μm,晶粒内的位错密度较高,大量的析出相粒子与位错相互缠结,M-A 岛尺寸较大,岛内可观察到多个区块的孪晶马氏体和残余奥氏体组织。

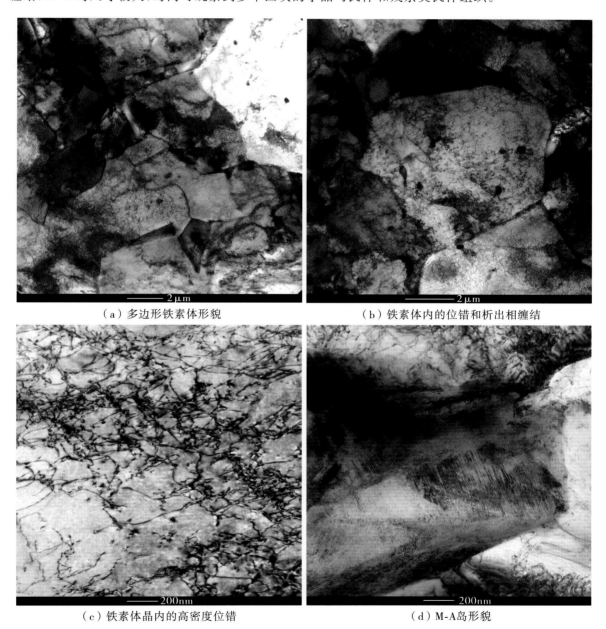

（a）多边形铁素体形貌 （b）铁素体内的位错和析出相缠结

（c）铁素体晶内的高密度位错 （d）M-A岛形貌

图 2-12 33mm 厚高 Nb 含量 X80 管线管的 TEM 组织形貌

图 2-13 为 33mm 厚高 Nb 含量 X80 管线管中板条贝氏体和析出相的 TEM 组织形貌及能谱分析。板条宽度一般在 200～500nm 范围内,板条内有高密度的位错亚结构,板条界面不像马氏体那样平直,可以在板条间界面处观察到残余奥氏体膜。萃取复型析出相照片中存在大量的球形颗粒,

颗粒的尺寸为 50～200nm。EDS 能谱分析表明，球形颗粒的化学成分为含有 Nb 元素和 Ti 元素的混合物。由于 TiN 析出相一般在液相凝固时形成析出，而 NbC 的析出温度较低，所以先析出的 TiN 为后析出的 NbC 的形核质点，最终导致两者元素的混合析出。大量的 NbC 析出相可以抑制高温晶粒尺寸的长大，起到细化晶粒的作用，并且这些析出相可以钉扎位错，起到析出强化和位错强化的作用。

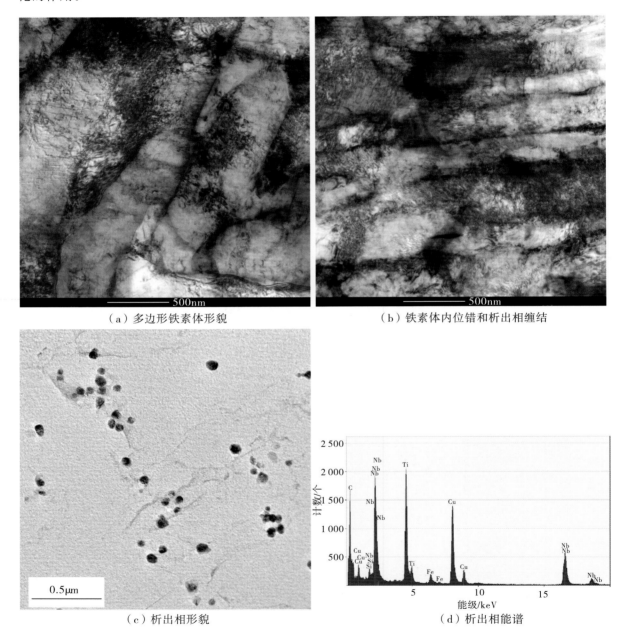

（a）多边形铁素体形貌　　　　　　　　（b）铁素体内位错和析出相缠结

（c）析出相形貌　　　　　　　　（d）析出相能谱

图 2-13　33mm 厚高 Nb 含量 X80 管线管中板条贝氏体和析出相的 TEM 形貌能谱分析

图 2-14 为 26.4mm 厚 X80 大应变管线管的 TEM 组织照片。金相和 SEM 组织观察表明，大应变管线管的显微组织由类等轴先共析铁素体和贝氏体两相组成。在 TEM 下，贝氏体分布在大尺寸的先共析铁素体之间，呈长条形、三角形，内部为平行规则排列的板条结构。这种分布的贝氏体可以在软相铁素体变形时起到强化作用，从而提高材料的流变应力。

（a）多边形铁素体+贝氏体　　　　　　　　　（b）多边形铁素体+贝氏体

（c）多边形铁素体+贝氏体　　　　　　　　　（d）多边形铁素体+贝氏体

图 2-14　26.4mm 厚 X80 大应变管线管的 TEM 组织形貌

2.2　X90/X100 管线管的显微组织特征

2.2.1　16.3mm 厚 X90 直缝埋弧焊管的显微组织特征

X80 以上的管线管一般称之为超高钢级管线管，这不单是因为其强度比 X80 高，而是因为其显微组织也发生了较大的变化，由针状铁素体转变为贝氏体组织。图 2-15 和图 2-16 为 16.3mm 厚 X90 直缝埋弧焊管中的典型金相组织照片。图中组织为典型的 GB 组织。GB 组织特征是在块状或条状铁素体的基体上分布有富碳颗粒状的岛状物，也就是 M-A 岛。GB 组织是在管线管轧制后快速冷却过程中，过冷奥氏体在贝氏体相变温度区最上部的转变产物。GB 刚形成时是由轧制变形的条

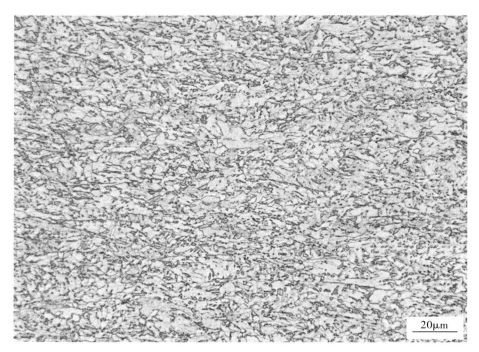

图 2-15　16.3mm 厚 X90 直缝埋弧焊管中的典型粒状贝氏体组织 1
基体为块状铁素体，有少量条状铁素体，铁素体基体上
或晶界上分布的类似等轴状的空心岛状物为富碳 M-A 岛

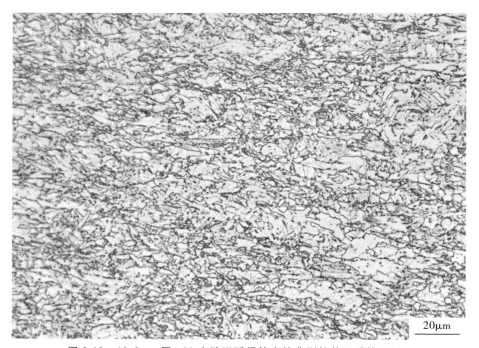

图 2-16　16.3mm 厚 X90 直缝埋弧焊管中的典型粒状贝氏体组织 2
基体为块状铁素体和条状铁素体，铁素体基体上分布有黑色颗粒状 M-A 岛

状铁素体合并形成的块状铁素体和小岛状富碳奥氏体组成的。在随后的冷却过程中，富碳岛状奥氏体中析出铁素体；而 C 保留在奥氏体中，当达到一定的过冷温度，富碳的奥氏体可能全部保留转变为残余奥氏体，也可能部分或全部分解为铁素体和渗碳体；在 X90 管线管中则一部分转变为马氏

体,另一部分以残余奥氏体的形式保留下来,也就是 M-A 岛组织。图 2-15 中管线管的抗拉强度为 710~724MPa,屈服强度为 631~641MPa,均匀伸长率为 6.3%~7.6%,屈强比为 0.81~0.89,CVN 冲击功为 483~486J。图 2-16 中管线管的抗拉强度为 717~736MPa,屈服强度为 614~657MPa,均匀伸长率为 7.0%~8.0%,屈强比为 0.85~0.91,CVN 冲击功为 388~434J,具有非常优异的强韧性匹配。这 2 种钢的化学成分非常相近。图 2-15 钢的主要成分为 0.03% 的 C、0.25% 的 Si、1.8% 的 Mn,Cr+Mo+Ni+Cu 为 0.73%,Nb+Ti 为 0.08%;而图 2-16 钢的主要成分为 0.04% 的 C、0.25% 的 Si、1.9% 的 Mn,Mo+Ni+Cu 为 0.63%,Nb+Ti 为 0.07%。

图 2-17 和图 2-18 分别为图 2-15 和图 2-16 的高倍扫描电子显微镜二次电子像。其中灰色基体为块状铁素体或条状铁素体,基体上分布的白色颗粒岛状物即为 M-A 岛。M-A 岛的尺寸分布存在不均匀性,晶粒内部分布的 M-A 岛尺寸一般较小,而较大的颗粒大都分布在晶界或亚晶界上。在高倍(20 000×)下,块状铁素体内部的亚结构更为清晰,且可见在基体上分布有大量的二次析出相粒子。X90 管线管中的二次相粒子多呈方形,而 X100 管线管中的二次相粒子以球形为主。方形粒子的主要合金元素为 Ti,而球形粒子的主要合金元素为 Nb。

图 2-19 和图 2-20 同样为 16.3mm 厚 X90 直缝埋弧焊管的金相组织形貌。与图 2-15 和图 2-16 的显微组织相比,这种组织较为复杂,主要组织为 GB,另外还有板条结构的贝氏体,M-A 岛呈黑色点状,并且密度高于图 2-15 和图 2-16。这种组织在冷却时冷速较快,且终冷温度较低,碳化物扩散不充分,在快速冷却过程中,相变板条贝氏体结构没有完全回复,大部分转变为 GB 组织;一小部分仍保留板条结构,这类组织具有较高的强度、较低的韧性和塑性,并且屈强比较高。如图 2-19 所示直缝埋弧焊管的抗拉强度为 767~795MPa,屈服强度为 726~786MPa,均匀伸长率为 5.0%~6.0%,屈强比为 0.93~0.99,CVN 冲击功为 299~310J,主要化学成分为 0.045% 的 C、0.3% 的 Si、1.9% 的 Mn,Cr+Mo+Ni+Cu 为 1.15%,Nb+Ti 为 0.10%。如图 2-20 所示管线管的抗拉强度为 750~778MPa,屈服强度为 699~751MPa,均匀伸长率为 2.2%~6.8%,屈强比为 0.92~0.97,CVN 冲击功为 280~291J,主要化学成分为 0.06% 的 C、0.25% 的 Si、1.9% 的 Mn,Cr+Mo+Ni+Cu 为 1.1%,Nb+Ti 为 0.07%。

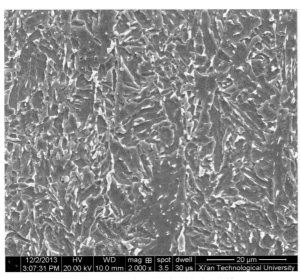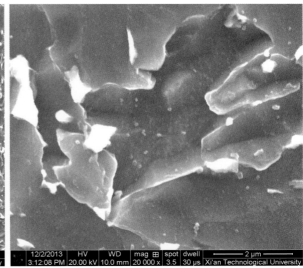

（a）SEM二次电子宏观组织形貌　　　　　　　　　（b）局部放大组织形貌

图 2-17　16.3mm 厚 X90 直缝埋弧焊管中粒状贝氏体组织的高倍 SEM 二次电子像

灰色块状基体为铁素体,白色颗粒为 M-A 岛。在 20 000 倍放大倍数下,
弥散分布在基体上的方形颗粒为二次相粒子

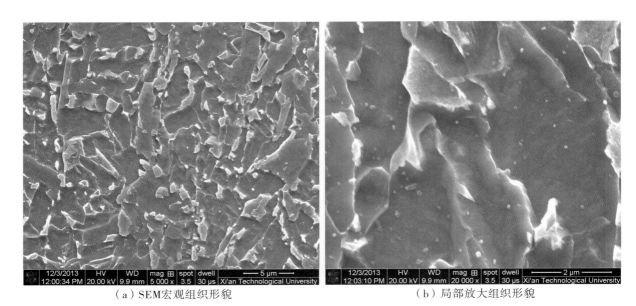

（a）SEM宏观组织形貌　　　　　　　　（b）局部放大组织形貌

图 2-18　16.3mm 厚 X90 直缝埋弧焊管的 SEM 组织形貌

灰色块状组织基体为粒状贝氏体，分布在块状组织内部和晶界上的
白色岛状组织为 M-A 岛。放大组织照片中的白色小颗粒为析出相粒子

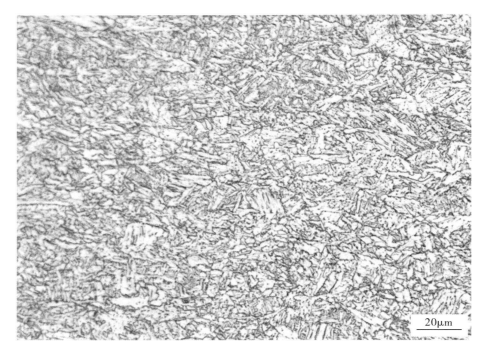

图 2-19　16.3mm 厚 X90 直缝埋弧焊管的显微组织形貌 1

　　图 2-21 和图 2-22 为 16.3mm 厚 X90 直缝埋弧焊管粒状贝氏体组织精细结构的 TEM 明场像和选区电子衍射花样。粒状贝氏体组织在 TEM 下，微观组织呈现两种典型亚结构：一种亚结构为 QF 或 PF 的块状铁素体，块状铁素体尺寸不等，其尺寸范围为 1～5μm，在晶界附近存在高密度位错团，选区电子衍射花样为 BCC 结构，电子束入射方向平行于（111）晶带轴。大尺寸晶粒形貌不规则，呈典型的多边形结构，晶界凸凹不平，而小晶粒呈团簇状，晶界外凸，周围被高密度位错环绕，说明大晶粒还没有生长为稳定的等轴晶粒，晶界移动方向指向曲率中心，晶粒长大的驱动力是减小畸

变能。另一种亚结构为板条结构,板条宽度约为 1μm,板条束内的板条并行排列,板条界面呈波浪状,并没有平直界面特征,这种板条与下贝氏体板条形貌非常类似。板条的长宽比小于 5,且板条内可以观察到高密度位错结构。

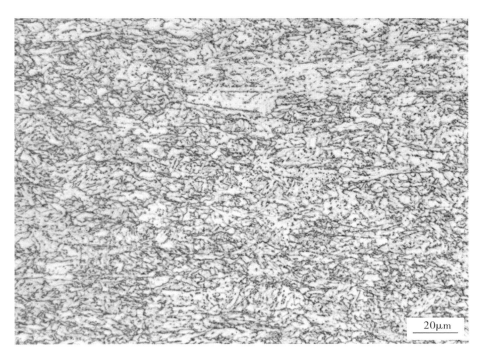

图 2-20　16.3mm 厚 X90 直缝埋弧焊管的显微组织形貌 2

图 2-21　16.3mm 厚 X90 直缝埋弧焊管显微组织的 TEM 形貌
亚结构为块状多边形铁素体,晶粒尺寸大小不等,衍射花样晶带轴为(111)面

图 2-23 和图 2-24 为 X90 直缝埋弧焊管粒状贝氏体组织中 M-A 岛的几种典型形貌。M-A 岛分布在粒状贝氏体亚结构的晶界(三角晶界)或板条结构板条界面处,M-A 岛的形貌非常不规则,其尺寸差别较大,基体中 M-A 岛的尺寸基本小于 5μm,M-A 岛内马氏体的形貌也不尽相同。图 2-23

图 2-22 16.3mm 厚 X90 直缝埋弧焊管中粒状贝氏体组织的 TEM 板条形貌
板条内为位错亚结构

M-A 岛中颜色较深的为奥氏体，浅色的为马氏体。M-A 岛中的奥氏体相和马氏体相并不是泾渭分明地各占据一定区域，而是呈现不同的区块将 M-A 岛进行分割，且奥氏体相块和马氏体相块相互弥散分布在 M-A 岛中。图 2-24 为 M-A 岛组织的另一个典型形貌，即微孪晶马氏体形貌。纳米尺寸的细孪晶条为马氏体组织，没有出现孪晶的区域即为奥氏体相。这种含孪晶马氏体的 M-A 岛组织呈现了不同的交错排列方式。为了更直观地观察 M-A 岛内奥氏体相和马氏体相的排列方式，在 TEM 下选择一个典型的 M-A 岛进行选区电子衍射。图 2-25 为 X90 直缝埋弧焊管粒状贝氏体中近似三角形形貌的 M-A 岛明场像和暗场像，通过奥氏体相和马氏体相的暗场像可以直观地观察到奥氏体和马氏体形貌及在 M-A 岛中的分布。

图 2-23 X90 直缝埋弧焊管粒状贝氏体组织中 M-A 岛的 TEM 形貌

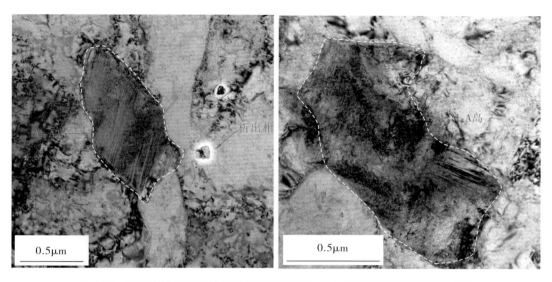

图 2-24　X90 直缝埋弧焊管粒状贝氏体组织中 M-A 岛的微孪晶形貌和析出相

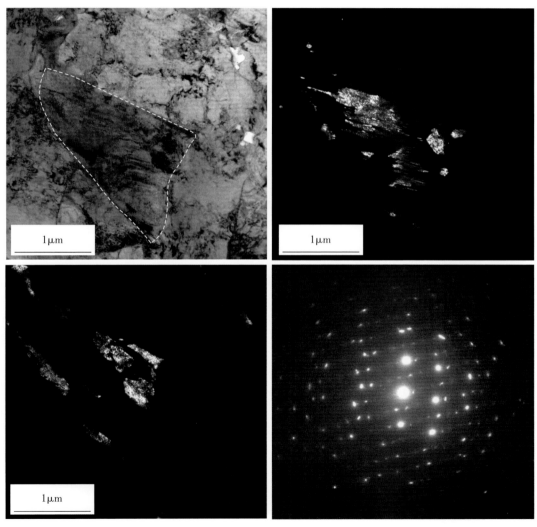

图 2-25　X90 直缝埋弧焊管粒状贝氏体组织中 M-A 岛的明场像和暗场像
马氏体相暗场像、奥氏体相暗场像及 M-A 岛选区电子衍射花样

2.2.2 19.6mm 厚 X90 直缝埋弧焊管的显微组织形貌

图 2-26 和图 2-27 为 19.6mm 厚 X90 直缝埋弧焊管 1/4 壁厚位置的金相组织形貌照片。2 个钢样的组织形貌非常相似,主要组织均为粒状贝氏体,细小的铁素体晶粒弥散分布在 GB 组织周围。这种组织和 16.3mm 厚 X90 管线管的组织(图 2-15 和图 2-16)非常相似,冷却速度较低,终冷温度较高,轧制形变带组织得到了充分的回复,C 和合金元素的扩散较为充分,组织均匀性好,表现出较低的强度、优异的塑性和低温韧性及较低的屈强比。如图 2-26 所示直缝埋弧焊管的抗拉强度为

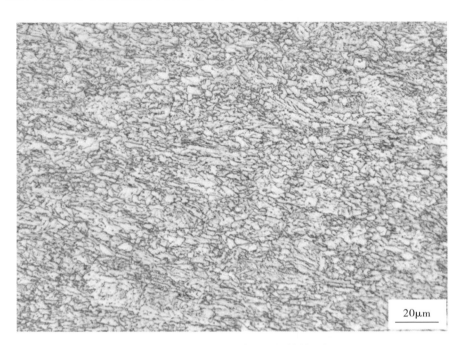

图 2-26 19.6mm 厚 X90 直缝埋弧焊管的金相组织 1

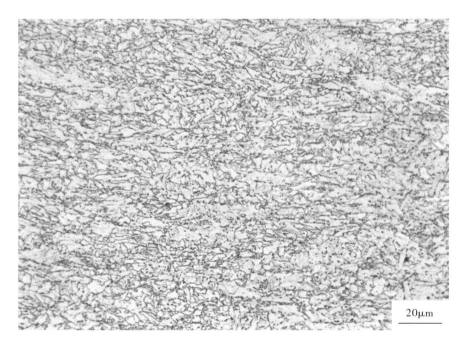

图 2-27 19.6mm 厚 X90 直缝埋弧焊管的金相组织 2

713～721MPa,屈服强度为 644～657MPa,均匀伸长率为 6.2%～7.0%,屈强比为 0.90～0.92,
CVN 冲击功为 482～495J,主要化学成分为 0.046% 的 C、0.26% 的 Si、1.85% 的 Mn,Cr＋Mo＋Ni
＋Cu 为 0.85%,Nb＋Ti 为 0.065%。如图 2-27 所示管线管的抗拉强度为 708～712MPa,屈服强度
为 600～614MPa,均匀伸长率为 8.2%～8.9%,屈强比为 0.84～0.86,CVN 冲击功为 471～474J,
主要化学成分为 0.043% 的 C、0.24% 的 Si、1.90% 的 Mn,Mo＋Ni＋Cu 为 0.63%,Nb＋Ti
为 0.07%。

　　图 2-28 和图 2-29 为 19.6mm 厚 X90 直缝埋弧焊管的另一种特征组织形貌照片。该组织与如图
2-26 和图 2-27 所示的组织略有不同。图 2-28 中变形组织存在较多,表现为条状 GB 组织形貌,GB 晶界
不清晰,这类组织一般强度要高于如图 2-26 和图 2-27 所示组织的强度,屈强比和冲击韧性低于如
图 2-26 和图 2-27 所示组织的韧性。如图 2-28 所示管线管的抗拉强度为 713～780MPa,屈服强度为

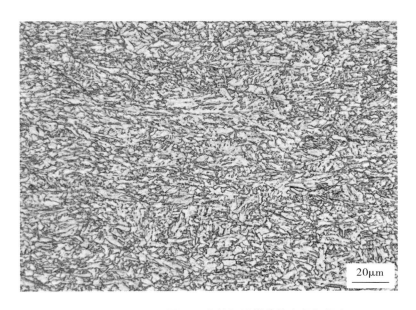

图 2-28　19.6mm 厚 X90 直缝埋弧焊管的金相组织 3

图 2-29　19.6mm 厚 X90 直缝埋弧焊管 GB 的组织

645~657MPa,均匀伸长率为 6.9%~8.2%,屈强比为 0.84~0.91,CVN 冲击功为 312~334J,主要化学成分为 0.06%的 C、0.2%的 Si、1.75%的 Mn,Mo+Ni 为 0.58%,Nb+Ti 为 0.067%。如图 2-29 所示管线管的抗拉强度为 741~763MPa,屈服强度为 681~714MPa,均匀伸长率为 5.5%~6.1%,屈强比为 0.92~0.93,CVN 冲击功为 347~392J,主要化学成分为 0.056%的 C、0.21%的 Si、1.95%的 Mn,Cr+Mo+Ni+Cu 为 1.15%,Nb+Ti 为 0.093%,具有较高的合金含量。

图 2-30 为如图 2-29 所示组织的 SEM 形貌照片。在扫描电镜下晶界清晰,可以看出 GB 组织的拉长晶粒形貌特征,放大后可以观察到大板条亚结构基体上的析出相形貌。

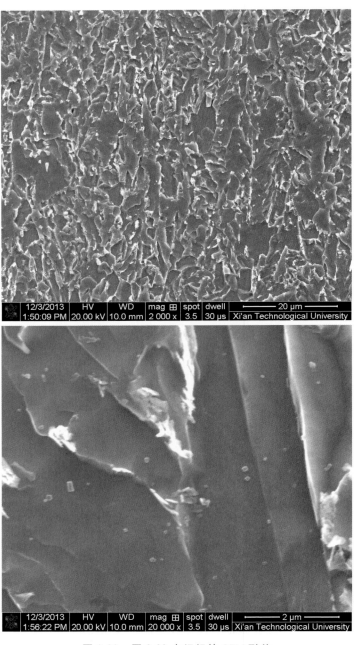

图 2-30 图 2-29 中组织的 SEM 形貌

灰色基体为 GB 组织和少量板条贝氏体组织,白色颗粒为 M-A 岛。
放大后图中基体上弥散分布有方形和球形的析出相粒子

2.2.3　14.8mm 厚 X100 直缝埋弧焊管的显微组织形貌

图 2-31 和图 2-32 为 14.8mm 厚 X100 直缝埋弧焊管的金相组织形貌照片。与 X90 管线管的显微组织相比，X100 管线管的晶粒尺寸明显细小，其主要组织仍为 GB 组织，但基体铁素体形貌有变形特征，在一些位置存在鱼骨状板条贝氏体，这些形变晶粒和板条结构导致管线管的强度升高，但牺

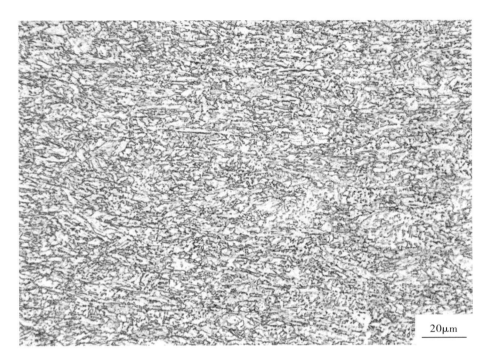

图 2-31　14.8mm 厚 X100 直缝埋弧焊管的金相组织 1

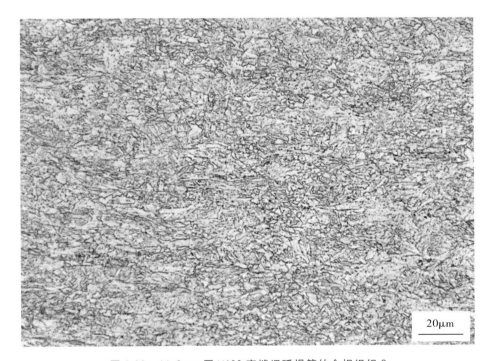

图 2-32　14.8mm 厚 X100 直缝埋弧焊管的金相组织 2

牲了韧性和塑性。如图 2-31 所示管线管的抗拉强度为 857～877MPa，屈服强度为 778～828MPa，均匀伸长率为 4.9％～6.0％，屈强比为 0.91～0.95，CVN 冲击功为 280～291J，主要化学成分为 0.042％的 C、0.22％的 Si、1.92％的 Mn，Cr＋Cu＋Mo＋Ni 为 1.2％，Nb＋Ti 为 0.08％。如图 2-32 所示管线管的抗拉强度为 789～864MPa，屈服强度为 706～821MPa，均匀伸长率为 2.7％～5.8％，屈强比为 0.89～0.96，CVN 冲击功为 264～281J，主要化学成分为 0.06％的 C、0.2％的 Si、1.95％的 Mn，Cr＋Mo＋Ni＋Cu 为 1.15％，Nb＋Ti 为 0.10％。尽管 X100 管线管添加了比 X90 含量更高的合金元素，其强度得到了明显提高，但其塑性和韧性却显著降低，远低于 X90 的冲击韧性和均匀伸长率。

图 2-33 为 14.8mm 厚 X100 直缝埋弧焊管显微组织的 SEM 形貌照片。轧制变形带呈条状分布，变形带宽度为 5～10μm。带内可观察到与带宽呈一定角度的板条结构的贝氏体和粒状贝氏体。放大后可以观察到一些析出相粒子弥散分布在基体上，粒子的尺寸在几十纳米，呈条状形貌的 M-A 岛分布在贝氏体板条之间或变形带之间，M-A 岛的尺寸不等，但基本小于 5μm。

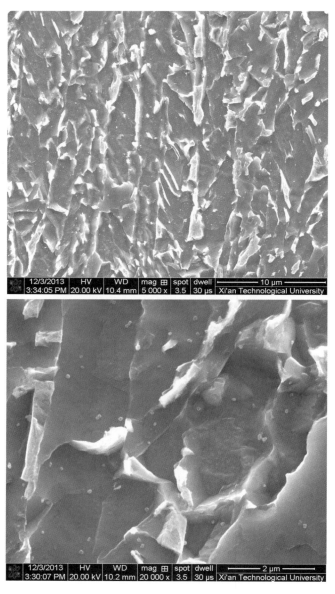

图 2-33 14.8mm 厚 X100 直缝埋弧焊管显微组织的 SEM 形貌

　　高等级管线管在快速冷却时,适当提高冷却速率可以获得部分下贝氏体组织(LB)。典型的下贝氏体组织是在板条铁素体的基体上,分布有呈多棒状或类似凸透镜片状的 ε 渗碳体(第 1 章已经做了描述),而在低碳管线管中的 LB 组织中基本观察不到这类渗碳体,所以一些学者也叫这类组织为贝氏体铁素体。为此,下面的描述中对这类组织不再进行区分,一律称为下贝氏体。

　　图 2-34 为 14.8mm 厚 X100 直缝埋弧焊管的 TEM 精细结构明场像形貌照片,也是图 2-31 管线管在透射电镜下的组织形貌特征。与 GB 结构 X90 管线管的组织非常相似,X100 管线管的 TEM 精细结构也是由块状铁素体和类板条贝氏体组成,基体上分布有较多的位错亚结构和细小的纳米级析出相。

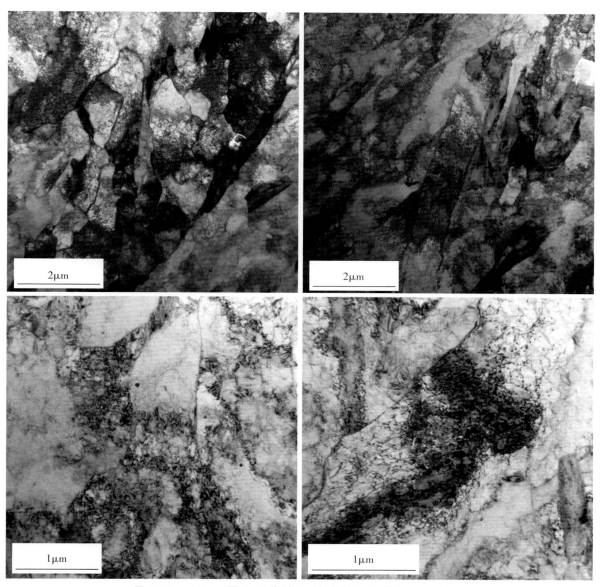

图 2-34　14.8mm 厚 X100 直缝埋弧焊管的 TEM 精细结构明场像

多边形铁素体、板条结构、析出相和位错

　　图 2-35 为 14.8mm 厚 X100 直缝埋弧焊管内 M-A 岛的形貌及其分布。M-A 岛的尺寸大小不等,形状各异,呈三角形、长条状等,岛内细小的马氏体板条清晰可见。但这种 M-A 岛会恶化管线管的韧性,成为裂纹萌生源。

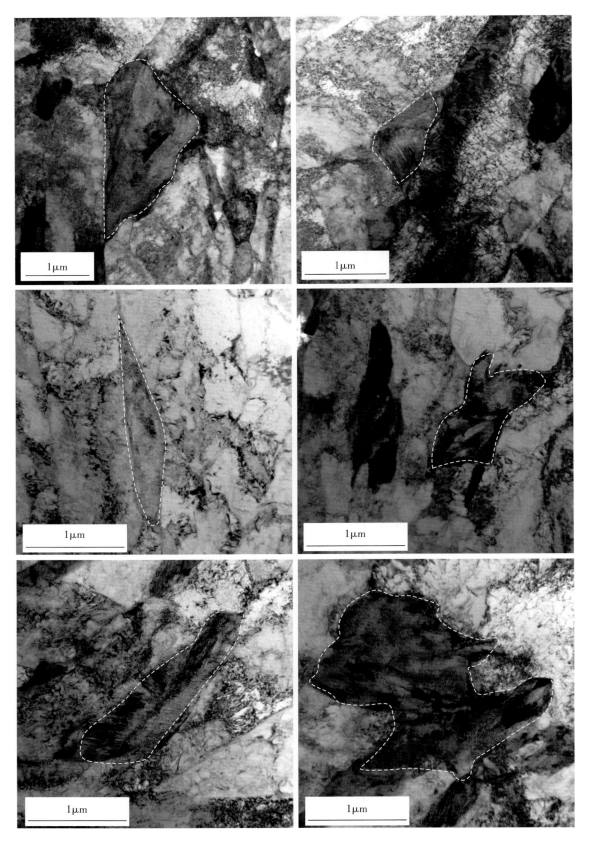

图 2-35　14.8mm 厚 X100 直缝埋弧焊管内 M-A 岛的形貌及其分布(虚线内为 M-A 岛)

2.2.4　X90 双相管线管的显微组织

双相管线管是指钢中组织含有两种不同晶体学结构的钢,而且钢中单个相所占的体积分数不小于 30％。常见的双相管线管主要是由铁素体、奥氏体、马氏体或贝氏体组织两两组合的钢,如常见的铁素体-奥氏体不锈钢、贝氏体-马氏体组成的贝马双相高强钢等。

管线管中的双相管线管主要为铁素体-珠光体双相管线管,属于低级别的管线管。而这里所说的双相管线管是指铁素体-贝氏体高等级管线管,这种管线管的生产工艺是在精轧后水冷前,进行一段时间的空冷(也叫弛豫),使钢中部分发生奥氏体-铁素体转变,弛豫终止温度低于铁素体相变开始温度,然后进行加速冷却,这样就可以获得多边形铁素体和贝氏体双相结构。双相管线管具有低屈强比、中等冲击韧性、高均匀伸长率等特点,其塑性要明显优于 GB 组织和 GB+LB 组织的高钢级管线管。因此,双相组织管线管在抗大变形管线管中得到了广泛应用,如抗大变形 X70 和 X80 管线管,也是目前国际上铺设的最高级别的双相组织管线管。

X90/X100 双相管线管是借助于抗大变形管线管的工艺特点,在提高管线管强度的同时,保证其塑性和韧性,降低其屈强比而开发的。图 2-36 和图 2-37 分别为 X90 和 X100 双相管线管的金相组织和 SEM 二次电子形貌照片。金相照片中白色等轴晶粒形貌为 PF 组织,灰色板条结构形貌为 LB 组织,岛状物组织为 GB,双相组织并不呈弥散分布,局部存在团簇和带状形貌,即多个铁素体晶粒聚集在一起。在 SEM 下,灰色、内部较平的块状组织为 PF,由细小的板条结构组成的组织为 LB。为了更清楚地展示双相组织的形貌,利用 SEM 在 20 000 倍下对双相组织进行了局部放大观察,如图 2-38 所示。可以看出,铁素体晶粒为非常规则的等轴状,并且在晶粒内可以观察到颗粒状的析出相粒子;而贝氏体呈层状板条结构,板条内弥散析出大量的析出相,析出相的密度高于铁素体,主要原因是贝氏体中的 C 含量高于铁素体,含 C 二次相粒子易于在这里形核长大。

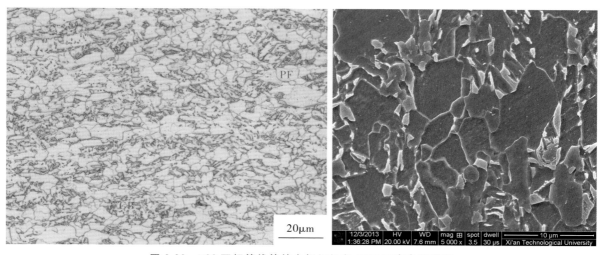

图 2-36　X90 双相管线管的金相组织和 SEM 二次电子形貌

左图中白色等轴晶粒为 PF,其他为 GB;右图中灰色、内部较平的晶粒为 PF,其他为 GB

X90 双相管线管与 X100 双相管线管的金相组织相比存在一定的差别。X90 双相组织为多边形铁素体和粒状贝氏体;而 X100 双相组织为多边形铁素体、下贝氏体和粒状贝氏体,虽然也是铁素体和贝氏体两相结构,但贝氏体是由两种组织构成的,这也是二者的主要区别。另外,在晶粒尺寸上也存在差别,X90 双相管线管的晶粒尺寸显著大于 X100 管线管的晶粒尺寸。细晶强化也是 X100 管线

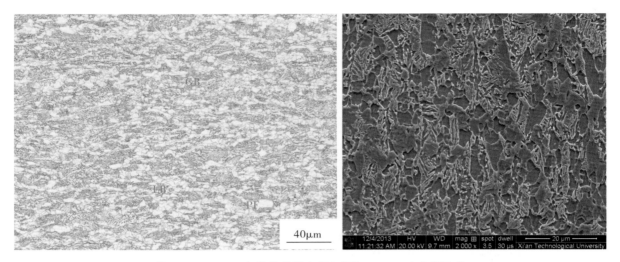

图 2-37　X100 双相管线管的金相组织和 SEM 二次电子形貌

左图中白色等轴晶粒为 PF,灰色板条结构为 LB,其他为 GB;

右图中灰色、内部较平的晶粒为 PF,细板条结构为 LB,有岛状物组织为 GB

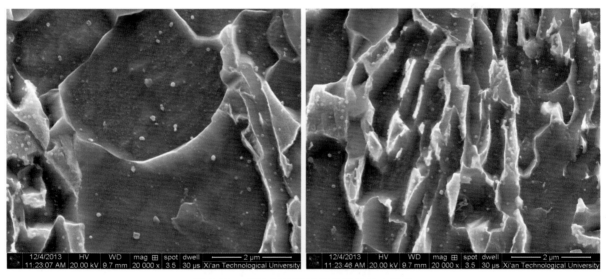

图 2-38　X100 双相管线管的组织放大形貌

左图为等轴铁素体组织;右图为板条贝氏体组织,基体上弥散分布的颗粒状组织为二次相粒子

管的主要强化方式之一。图 2-36 中 X90 管线管的抗拉强度为 713～780MPa,屈服强度为645～655MPa,均匀伸长率为 6.9％～8.2％,屈强比为 0.84～0.91,CVN 冲击功为 312～334J,主要化学成分为 0.06％的 C、0.20％的 Si、1.70％的 Mn,Mo＋Ni 为 0.58％,Nb＋Ti 为 0.067％。图 2-37 中 X100 管线管的抗拉强度为 845～855MPa,屈服强度为 735～775MPa,均匀伸长率为6.0％～7.7％,屈强比为 0.87～0.91,CVN 冲击功为 254～263J,主要化学成分为 0.05％的 C,0.25％的 Si,1.80％的 Mn,Cr＋Mo＋Cu＋Ni 为 0.95％,Nb＋Ti 为 0.10％。

　　为了详细地观察双相管线管内部组织的精细结构,利用 TEM 电镜对其亚结构进行了表征,图2-39 和图 2-40 显示了 X100 双相管线管的 TEM 典型组织及其贝氏体形貌与铁素体分布关系。多边形铁素体的尺寸大小不等,大晶粒和小晶粒交错分布,大晶粒边缘内凹,小晶粒边缘外凸,表明多边形铁素体晶粒还没有生长稳定即在快速冷却条件下停止生长,晶粒内部的位错亚结构清晰可见。

板条贝氏体位于多边形铁素体晶粒之间,大量的板条近似平行排列,贝氏体板条长短轴的比例较小,板条形貌类似于扁凸透镜的形貌,贝氏体板条分布不规律,有的仅有几个板条位于多边形铁素体之间,而有的存在多个板条束。

图 2-39　X100 双相管线管的 TEM 典型组织

左图为双相组织中的铁素体组织,右图为双相组织中的板条贝氏体组织

图 2-40　X100 双相管线管的贝氏体形貌与铁素体分布关系

左图中贝氏体呈条状,位于大尺寸的铁素体之间;右图为贝氏体与多边形铁素体交错分布

　　双相管线管中的 M-A 岛与粒状贝氏体相比较少,多边形铁素体区域亚结构中的 M-A 岛一般都位于晶界或三叉晶界处;而贝氏体板条中的 M-A 岛则呈片状,位于贝氏体板条之间,如图 2-41 所示。

　　图 2-42 为双相管线管薄膜样品中的二次析出相粒子形貌。X100 管线管中的析出相有 2 种典型形貌——方形和球形。方形粒子的尺寸较大,为 Ti(C,N)粒子;而球形粒子的尺寸较小,最大的不到 100nm,尺寸小的仅有 10 多微米,析出相大量弥散分布在基体中,这些球形粒子的主要成分为 Nb(C,N)。

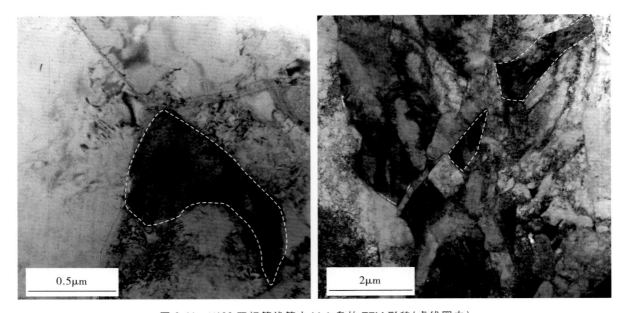

图 2-41　X100 双相管线管中 M-A 岛的 TEM 形貌（虚线圈内）

左图是位于铁素体三叉晶界处的 M-A 岛形貌，整个 M-A 岛区域呈现不同的灰度，其中浅色
位置为马氏体，奥氏体因 C 含量较高而呈深色；右图为位于贝氏体板条位置的 M-A 岛

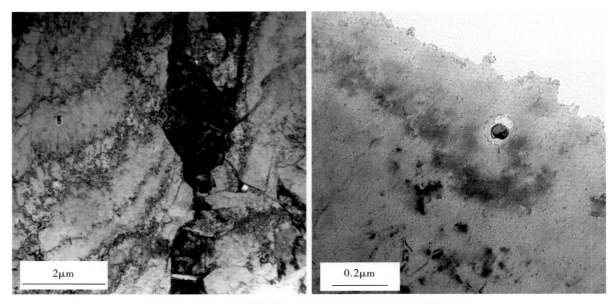

图 2-42　X100 双相管线管中的二次析出相粒子形貌（虚线圈内）

左图中二次析出相粒子呈方形，含 Ti 粒子；右图中二次析出相粒子呈球形，含 Nb 粒子

2.3　X90/X100 螺旋缝埋弧焊管的显微组织

2.3.1　X90 螺旋缝埋弧焊管的特征组织

热轧板卷与热轧平板由于工艺上的不同，其显微组织也存在较大的差异，并且其性能也呈现出较大的不同。一般螺旋缝埋弧焊管的最大厚度为 22mm，这和轧机与卷曲能力有关，钢级一般

为 X80 级以下。目前试制的最高级别 X90 管线管的最大厚度为 16.3mm、X100 钢级为 14.8mm，这种规格已经是国内热轧板卷的最大生产能力。热轧板卷的连铸坯厚度、中间坯厚度和成品厚度都小于热轧平板，由于其冷却能力不足和卷曲工艺导致板卷的力学性能稍劣于热轧平板，并且用其制成的螺旋缝埋弧焊管焊缝的长度大于用热轧平板制成的直缝埋弧焊管焊缝的长度。过去国外油气管线一般禁用螺旋缝埋弧焊管。随着冶金和轧制装备及制造工艺的技术进步，热轧板卷的力学性能得到了很大的提升。中国石油集团石油管工程技术研究院的最新全尺寸爆破试验研究表明，螺旋缝埋弧焊管由于螺旋焊缝的存在改变了断裂过程中裂纹扩展的路径，能够实现结构性止裂，其止裂性能不输于直缝埋弧焊管。因此，螺旋缝埋弧焊管在将来应该有广泛的应用。

图 2-43 和图 2-44 为 16.3mm 厚 X90 螺旋缝埋弧焊管不同厚度位置的金相组织照片。可以看出，X90 螺旋缝埋弧焊管的金相组织主要为 GB，还有少量的准多边形铁素体和 M-A 岛。X90 螺旋缝埋弧焊管的组织比直缝埋弧焊管的组织更为细小，组织中变形细长晶粒较多，从 1/4～1/2 厚度位置的组织演化来看，其均匀性较好，晶粒尺寸没有明显的梯度变化。

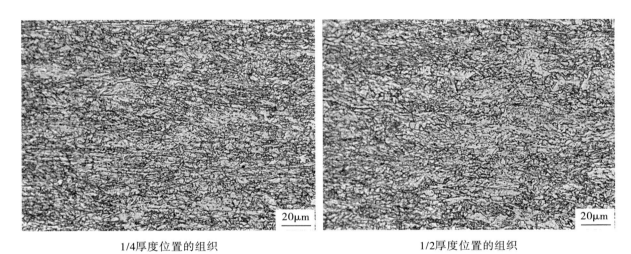

1/4厚度位置的组织　　　　　　　　　1/2厚度位置的组织

图 2-43　16.3mm 厚 X90 螺旋缝埋弧焊管不同厚度位置的金相组织 1

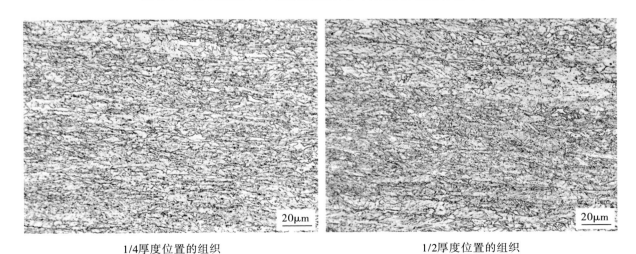

1/4厚度位置的组织　　　　　　　　　1/2厚度位置的组织

图 2-44　16.3mm 厚 X90 螺旋缝埋弧焊管不同厚度位置的金相组织 2

图 2-43 中管线管的抗拉强度为 768～809MPa，屈服强度为 578～665MPa，均匀伸长率为 4.8%～8.0%，屈强比为 0.72～0.84，CVN 冲击功为 295～325J，主要化学成分为 0.054% 的 C、

0.23％的 Si、1.93％的 Mn，Cr＋Mo＋Ni＋Cu 为 1.26％，Nb＋Ti 为 0.08％。图 2-44 中管线管的抗拉强度为 626～661MPa，屈服强度为 734～757MPa，均匀伸长率为 6.3％～8.4％，屈强比为 0.85～0.88，CVN 冲击功为 316～340J，主要化学成分为 0.045％的 C、0.20％的 Si、2.00％的 Mn，Cr＋Mo＋Cu＋Ni 为 1.35％，Nb＋Ti 为 0.114％。螺旋缝埋弧焊管的合金元素含量高于直缝埋弧焊管，且其强度高于直缝埋弧焊管，但其韧性和塑性略低于直缝埋弧焊管。

图 2-45 为 16.3mm 厚 X90 螺旋缝埋弧焊管的另一种组织形貌——LB＋GB 混合组织的金相照片。这类组织主要以板条下贝氏体为主，下贝氏体板条结构在压扁拉长的原奥氏体晶粒形变带（Austenite deformation band，ADB）内，板条结构在变形带内横向排列，与轧制变形奥氏体带成一定角度，板条贯穿整个晶粒，终止于晶界。板条贝氏体在保持良好韧性的情况下，具有比 GB 组织更高的强度，因此 LB 组织是高强度管线管中经常出现的显微组织。图 2-45 中管线管的抗拉强度为 832～870MPa，屈服强度为 691～732MPa，均匀伸长率为 5.2％～5.9％，屈强比为 0.81～0.86，CVN 冲击功为 327～341J，主要化学成分为 0.052％的 C、0.21％的 Si、2.00％的 Mn，Cr＋Mo＋Ni＋Cu 为 1.35％，Nb＋Ti 为 0.115％。其抗拉强度比 GB 管线管高近 50MPa，由于晶粒组织的细化，其冲击韧性降低得不多，但由于形变组织比例较高，其屈强比略有升高。

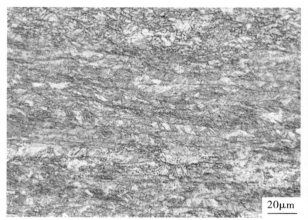 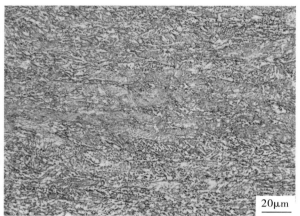

1/4 厚度位置的组织 1/2 厚度位置的组织

图 2-45　16.3mm 厚 X90 螺旋缝埋弧焊管中 LB＋GB 混合组织的金相照片

图中的板条状结构为下贝氏体，其余组织为粒状贝氏体

图 2-46 为图 2-45 管线管组织的 SEM 二次电子照片。ADB 带宽不到 10μm，带内板条贝氏体组织非常细小，M-A 岛呈弥散分布，且尺寸细小，这也是该管线管强韧性较好的一个因素。

图 2-47 为图 2-46 管线管的 TEM 组织照片。该组织主要以板条状结构为主，块状多边形和准多边形铁素体组织较少，板条尺寸细小，长宽比较小，与双相管线管中的贝氏体特征相似。球形析出相分布在板条内，尺寸小于 50nm。

图 2-48 为图 2-46 管线管的 M-A 岛 TEM 形貌照片。M-A 岛的尺寸很小，不到 1μm，岛内可以清晰地观察到孪晶结构的马氏体，马氏体孪晶起源于 M-A 晶界，终止于 M-A 岛，是由晶界发射位错形成的，孪晶条的宽度约为 10nm，但孪晶所占的比例较小，不足 M-A 岛面积的 1/3，这类 M-A 岛主要是由残余奥氏体构成的，所以对管线管的韧性影响不大。

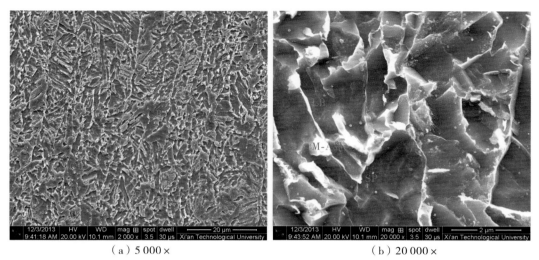

（a）5 000× （b）20 000×

图 2-46 16.3mm 厚 X90 螺旋缝埋弧焊管中 LB＋GB 混合组织的 SEM 形貌

LB 组织的二次电子像板条结构更明显，GB 组织基体较为平滑，基体上有白色颗粒状的 M-A 岛。
在高倍下观察，M-A 岛位于板条界面处，还可以看到细小的二次析出相（SP）粒子

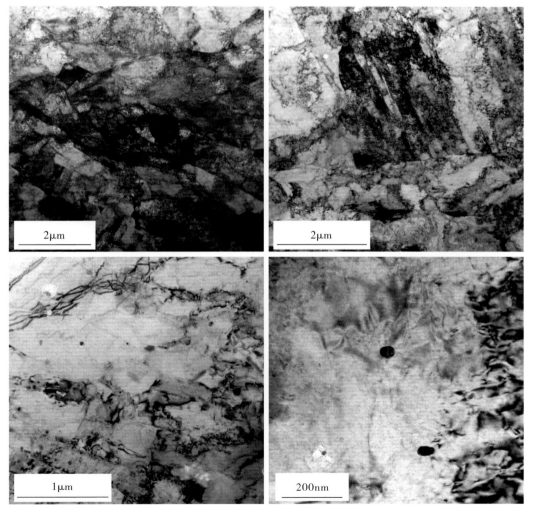

图 2-47 16.3mm 厚 X90 螺旋缝埋弧焊管的 TEM 组织形貌

板条结构和析出相形貌

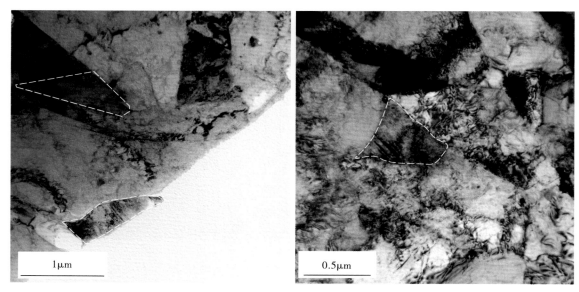

图 2-48　16.3mm 厚 X90 螺旋缝埋弧焊管中 M-A 岛的 TEM 形貌特征

图中虚线内为 M-A 岛

2.3.2　X100 螺旋缝埋弧焊管的特征组织

图 2-49 和图 2-50 为 14.8mm 厚 X100 螺旋缝埋弧焊管的典型金相组织照片。X100 管线管

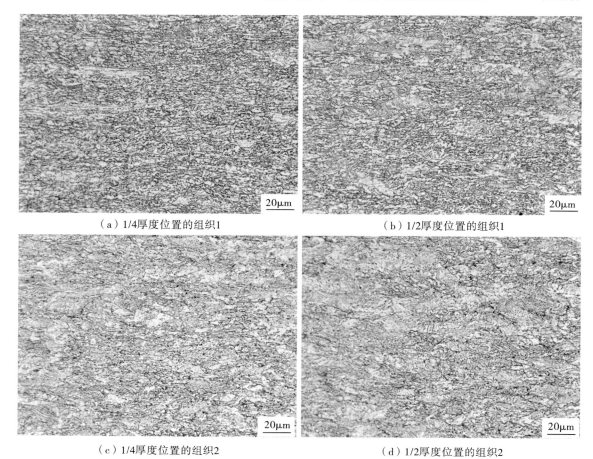

（a）1/4厚度位置的组织1　　　　　　　　（b）1/2厚度位置的组织1

（c）1/4厚度位置的组织2　　　　　　　　（d）1/2厚度位置的组织2

图 2-49　14.8mm 厚 X100 螺旋缝埋弧焊管的典型金相组织

的金相组织和 X90 螺旋缝埋弧焊管的金相组织一样，既有 GB 组织，又有 GB＋LB 组织，但与 X90 相比较，X100 管线管金相组织的尺寸更细小，并且 LB 组织所占的比例要更高一些。图 2-49 中管线管的抗拉强度为 871～891MPa，屈服强度为 724～762MPa，均匀伸长率为 4.1％～5.5％，屈强比为 0.82～0.86，CVN 冲击功为 280～306J，主要化学成分为 0.06％的 C、0.27％的 Si、2.00％的 Mn，Cr＋Mo＋Ni＋Cu 为 1.36％，Nb＋Ti 为 0.105％。图 2-50 中管线管的抗拉强度为 851～908MPa，屈服强度为 692～731MPa，均匀伸长率为 4.5％～5.4％，屈强比为 0.77～0.86，CVN 冲击功为 316～362J，主要化学成分和图 2-49 中的一样。

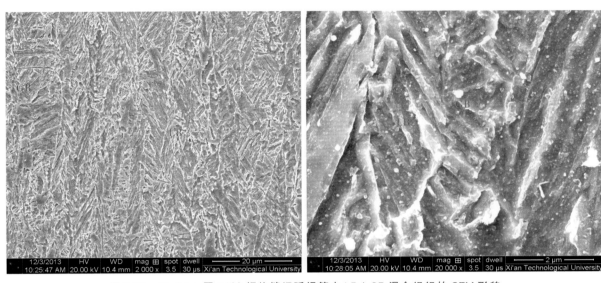

图 2-50　14.8mm 厚 X100 螺旋缝埋弧焊管中 LB＋GB 混合组织的 SEM 形貌

板条形貌规则，排列整齐

　　图 2-51 为图 2-50 管线管显微组织薄膜样品的 TEM 形貌。图 2-52 为该管线管组织中的 M-A 岛和析出相粒子的 TEM 照片。LB 组织中的板条宽度小于 1μm，并且在晶界上规则排列，板条内部

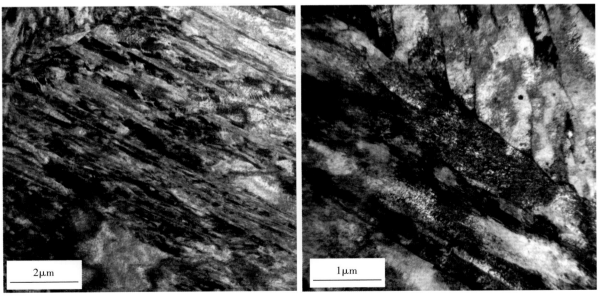

图 2-51　14.8mm 厚 X100 螺旋缝埋弧焊管 LB＋GB 混合组织的 TEM 形貌

板条排列规则，板条内存在较高密度的位错结构

是高密度的位错缠结。而 M-A 组织在 TEM 下与金相组织观察结果一样，M-A 组织位于板条界面处，呈片状，M-A 岛内部可以观察到孪晶马氏体板条。二次相粒子弥散分布在板条内，呈球形，尺寸约 60nm，该钢的 CVN 冲击功为 219J。

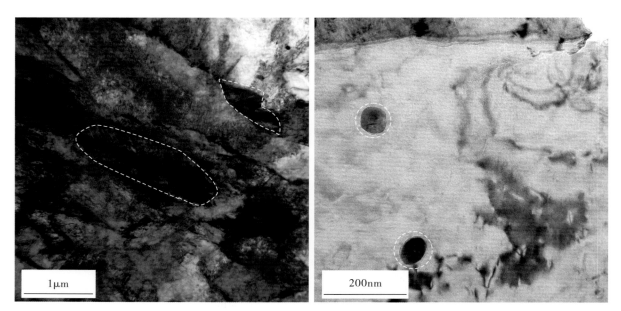

图 2-52　14.8mm 厚 X100 螺旋缝埋弧焊管 LB＋GB 混合组织中的 M-A 岛和析出相粒子的 TEM 形貌

M-A 岛呈长片状，二次相粒子呈球形

参 考 文 献

[1] Smith Y E，Coldren A P，Cryderman R L．Toward Improved Ductility and Toughness[M]．Tokyo：Climax Molybdennum Company (Japan) Ltd，1972：119-142.

[2] Smith Y E，Coldren A P，Cryderman R L．High-strength，ductile Mn-Mo-Nb steels with structure acicular[J]．Metal Science and Heat Treatment，1976，18(1)：59-65.

[3] Kim Y，Lee H．Transformation Behaviorand Microstructural Characteristics of Acicular Ferrite in Linepipe Steels[J]．Mater．Sci．Eng．A，2008，478(1-2)：361-370.

[4] Ma X P，Miao C L，Subramanian S．Suppression of strain-induced precipitation of NbC by epitaxial growth of NbC on pre-existing TiN in Nb-Ti microalloyed steel[J]．Mater．Des．，2017，132：244-249.

[5] 肖福仁．针状铁素体管线钢的组织控制与强韧化机理研究[D]．秦皇岛：燕山大学，2003.

[6] Hüper T，Endo S，Ishikawa N，et al．Effect of volume fraction of constituent phases on the stress-strain relationship of dual phase steels[J]．ISIJ International，1999，39(3)：288-297.

[7] Zhong Yong，Xiao Furen，Zhang Jingwu，et al．In situ TEM study of the effect of M/A films at grain boundaries on crack propagation in an ultra-fine acicular ferrite pipelinesteel[J]．Acta Materialia，2006(54)：435-443.

第 3 章
超高钢级管线管的有效晶粒尺寸与析出行为研究

塑性是反映材料塑性变形能力的指标,可以用伸长率和断面收缩率表示;而韧性是指材料在断裂前吸收塑性变形功和断裂功的能力。只有在强度和塑性具有较好的配合时,材料才能获得较高的韧性。

通常金属是由许多晶粒组成的多晶体,晶粒的大小可以用单位体积内晶粒的数目来表示,数目越多,晶粒越细。在常温下,细晶粒金属比粗晶粒金属有更高的强度、硬度、塑性和韧性,这是因为晶粒受到外载荷作用发生塑性变形可分散在更多的晶粒内进行,从而塑性变形较均匀,应力集中较小。此外,晶粒越细,晶界面积越大,晶界越曲折,越不利于裂纹的扩展。故工业上通常采用细化晶粒的方法来提高材料的强度。

细晶强化的关键在于晶界对位错滑移的阻滞效应。位错在多晶体中运动时,由于晶界两侧晶粒的取向不同,加之这里杂质原子较多,就增大了晶界附近的滑移阻力,因而一侧晶粒中的滑移带不能直接进入第二个晶粒,这也增大了晶界附近的滑移阻力,且要满足晶界上形变的协调性,需要多个滑移系统同时动作,这同样导致位错不易穿过晶界,而是塞积在晶界处,导致了强度的增高。可见,晶界面是位错运动的障碍,因而晶粒越细小,晶界越多,位错被阻滞的地方就越多,多晶体的强度就越高,已经有大量的实验和理论研究工作证实了这一点。另外,位错在晶体中是三维分布的,位错网在滑移面上的线段可以成为位错源,在应力的作用下,此位错源不断放出位错,使晶体产生滑移。位错在运动的过程中,首先必须克服附近位错网的阻碍,当位错移动到晶界时,又必须克服晶界的障碍,才能使变形由一个晶粒转移到另一个晶粒上,使材料产生屈服。因此,材料的屈服强度取决于使位错源运动所需的力、位错网给予位错移动的阻力和晶界对位错的阻碍大小。晶粒越细小,晶界就越多,阻碍也就越大,需要加大外力才能使晶体产生滑移。所以,晶粒越细小,材料的屈服强度就越大。另外,细化晶粒也是唯一可以同时提高材料强度、塑性和韧性的强化方法。因为晶粒越细小,在一定体积内的晶粒数目越多,则在同样塑性变形量下,变形分散在更多的晶粒内进行,变形更均匀,且每个晶粒中塞积的位错就越少,因此应力集中引起的开裂机会就少,材料在开裂之前就能承受较大的变形量。

晶粒细化也是超高钢级管线管提高强韧性的主要手段,无论是添加 Nb、Ti 微合金元素析出纳米尺度的碳氮化物析出相,还是采用控制轧制和控制冷却(TMCP)制造工艺,目的都是为了控制显微组织和细化晶粒的尺寸。第 2 章全面分析了管线管的显微组织特征。在超高钢级管线管中的显微组织不同于低钢级管线管由铁素体和珠光体组成,而是转变为贝氏体组织。贝氏体组织在 TEM 下其亚结构尺寸仅为几微米,大部分呈板条结构,传统的晶粒尺寸评价方法已经不能满足其需要,需要建立一种新的板条组织材料晶粒尺寸的评价方法。

3.1　超高钢级管线管的有效晶粒尺寸检测方法

20 世纪 50 年代,自 Hall-Petch 提出了晶粒尺寸在 $1\mu m$ 以上的钢铁材料其屈服强度和抗拉强度与晶粒尺寸的关系以来,细晶粒钢在国际上得到了广泛的发展和应用。

大量的研究发现[1-3],对于板条结构的超细晶钢,一个原奥氏体晶粒被分为若干个板条束。这些板条束,又被分成若干个板条块,而每个板条块又由若干个板条组成,板条块和板条束界对裂纹扩展具有明显的阻碍作用。马氏体转变、贝氏体或铁素体相变后保持母相和新相之间的相同晶体学信息。在超高钢级管线管采用控轧控冷工艺的生产过程中,再结晶奥氏体晶粒被压成饼状,在随后的加速冷却过程中奥氏体晶粒发生相变生成贝氏体/马氏体,原奥氏体晶粒被分割成不同尺寸的马氏体或贝氏体板条束,每个板条束是由亚结构板条和位错亚结构组成的,如图 3-1 所示[4]。大量的研究表明,具有板条组织的合金钢存在一个晶体学结构单元,该结构单元尺寸介于材料原奥氏体晶粒尺寸与单个板条尺寸之间,与材料的力学性能存在重要关系,这种结构单元尺寸被称为有效晶粒尺寸。有效晶粒尺寸与材料的力学性能存在直接关系。但该有效晶粒尺寸的测量存在较大的难度,主要原因是这种板条结构组织尺寸不规则,板条长短轴取向随机,并且其尺寸达到微米级,无法通过普通晶粒尺寸的测量方法来确定。

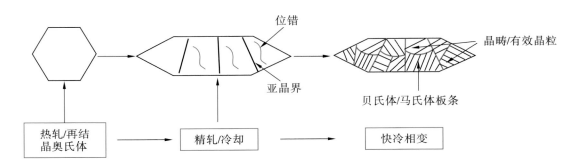

图 3-1　有效晶粒尺寸与贝氏体/马氏体板条的关系[4]

3.1.1　金相测量方法

用金相测量方法计算有效晶粒尺寸较为简单。把制备的金相试样抛光腐蚀后,直接在金相显微镜下进行观察,会发现在一个晶粒内具有多个板条束,这些板条束内的板条角度不同,板条束之间为大角度晶界,利用显微镜的测量功能,可以直接计算出这些板条束的长度或面积,随机测量多组后,取其平均值,即可求出该钢的有效晶粒尺寸。如图 3-2 所示,在一个晶粒内测出的 3 个有效晶粒尺寸分别为 $36\mu m$、$60\mu m$ 和 $24\mu m$,则其平均值为 $40\mu m$。

用金相方法测量有效晶粒尺寸,只能细化到板条束这一级别,更细小的受到分辨率的限制,就不能测量了。如对于低碳板条马氏体钢,在奥氏体晶粒被分成若干个板条束后,虽然这些板条束是由具有同一惯析面的板条所组成,但这些板条束又可以进一步被分成板条块,而板条块又是由相同或相近取向的板条组成的,且每个板条块也可以再细分为亚板条块等。如图 3-3 所示[5]为原奥氏体晶粒内部各亚结构示意图,由图可见,一个原奥氏体晶粒内部由原奥氏体界、板条束界、亚板条块和板条束、板条块、板条等系列亚结构组成,而在金相显微镜下,只能观察到板条束这一尺寸范围。

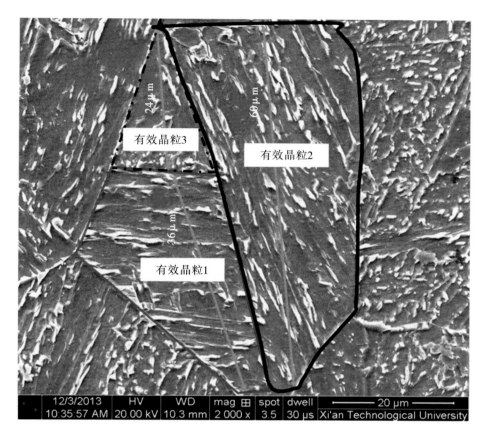

图 3-2　用金相方法测量板条束尺寸示意图

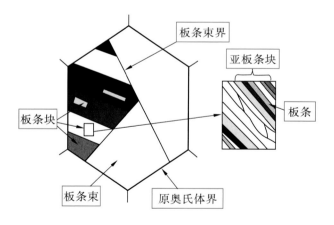

图 3-3　贝氏体管线管显微组织亚结构单元示意图

3.1.2　EBSD 方法

用 EBSD(电子背散射衍射)方法测量有效晶粒尺寸是最为精确的。由上面的论述可知,有效晶粒尺寸这个结构单元之所以能够反映材料的性能关系,就是因为有效晶粒尺寸之间为大角度晶界,能够有效抑制裂纹的扩展,而用 EBSD 方法能够精确测量统计块体材料中大角度晶界的晶粒尺寸及分布,所以得到了广泛的应用。

EBSD 是目前最常用的研究多晶材料晶体学结构的方法。EBSD 方法最初仅仅被当作一个应用试验工具,而现在已经成为测量晶体学取向的最重要的技术,同时也是测量晶界取向差和晶界参数的主要方法。电子背散射衍射是 1928 年由 Kikuchi 在透射电镜中观察到的条带状衍射花样,这种衍射花样被称为菊池线(带)。直到 1973 年 Venables 和 Harland 在扫描电镜上用电子背散射衍射花样对材料进行晶体学研究,才开辟了 EBSD 技术在材料科学方面的应用。

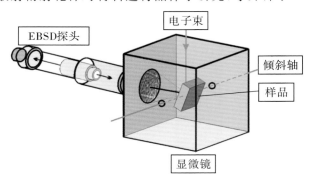

图 3-4　EBSD 花样产生的示意图

EBSD 技术是基于扫描电镜中电子束在倾斜样品表面激发并形成的衍射菊池线的分析,从而确定晶体结构、取向及相关信息的方法。图 3-4 为 EBSD 花样产生的示意图。扫描电镜电子枪激发的电子束进入样品,由于非弹性散射,在入射点附近发散,在样品表面数十纳米范围内成为一个电源,由于能量损失很少,电子的波长可认为基本不变,这些电子在反向出射时与晶体产生布拉格衍射,称为电子背散射衍射。电子背散射衍射仪一般安装在扫描电镜或电子探针上。样品表面与水平面约呈 70°夹角。每张电子背散射衍射花样都包含了检测样品的晶体学信息(包括晶体对称性、晶体取向、晶格常数等),EBSD 荧光屏接收到的背散射衍射花样经 CCD 相机接收送至计算机进行数据处理,计算机将衍射花样进行 Hough 变换以探测各菊池带的位置,并计算菊池带间的夹角,然后与产生该花样相的各晶面夹角理论值进行比较,从而完成对衍射花样的标定。EBSD 要求的工作条件为 20～30kV 加速电压,0.1～50nA 的探针电流,最佳分辨率为 100～200nm 的表面直径。EBSD 技术具有操作简便、分析快捷、样品制备容易以及不受样品尺寸限制等优点,成为近年来分析材料晶界性能的主要研究手段。

3.1.3　EBSD 方法中的样品制备

EBSD 试验的样品制备是试验取得成功的重要环节。X90/X100 管线钢采用 TMCP 工艺生产,又通过卷管和扩径,在样品中存在一定的残余应力,残余应力的存在会严重干扰 EBSD 的解析质量。目前进行 EBSD 试验样品制备的方法主要有 3 种:一是电解抛光方法。该方法采用电解液,利用电解抛光仪对机械抛光样品表面进行抛光处理,从而去掉机械研磨和抛光引起的硬化层。该方法是 EBSD 试验最常用的样品制备方法。但电解抛光后表面会存在一定的浮凸(特别是板条结构材料),从而影响解析率。二是采用聚焦离子束对样品表面进行离子轰击,去掉样品表面的硬化层。这种制备方法的缺点是不能制备较大块体的样品,较大面积的离子轰击比较耗费时间,优点是成功率较高。三是机械抛光。采用振动抛光仪或手动抛光直接对样品表面进行抛光,该方法对制样人员的技术要求较高。

本实验采用机械抛光方法制备样品,利用砂轮切割机把样品切割成 15mm×10mm×$t$mm 的矩形样品(t 为钢管厚度)。为了辨别方向,15mm 边长要平行于轧制方向(RD),切割时一定要保持样品相对面的平行。然后用水砂纸进行机械研磨,砂纸粒度依次采用 360,600,800,1 000,1 200 和 1 500 等不同型号。研磨和制备金相样品一样,当观察不到上一道砂纸的划痕时换下一道较细的砂纸。然后进行机械抛光。根据样品制备经验,建议分以下 3 步抛光:①粗抛。粗抛采用 2～3μm 粒度的抛光液(膏),抛光质量以观察不到研磨划痕为准,但时间不宜超过 5min,并且抛光时要保持抛光布湿润,目的是减少样品表面发热从而避免产生硬化层。②细抛。细抛应采用 1.5μm 粒度以下的抛光液,抛光时间为 3~5min,抛光后的表面应光洁如镜,肉眼观察不到明显的划痕。③去应力抛光。采用硅溶胶溶液作为抛光液,硅溶胶溶液的参数为:碱性,粒度为 50~100nm。在去应力抛光前把样品用清水冲洗干净,避免把上一道抛光的颗粒带入,同时必须采用单独的干净的抛光布,且没有被其他抛光液污染,抛光时间不少于 10min,抛光时要保持抛光布表面的硅溶胶不间断。抛光完后立即用清水冲洗抛光布和样品,并保持设备转动,冲洗 2~5min 后即可停止。用酒精冲洗样品水渍,用吹风机吹干,EBSD 样品即制备完毕。然后放入干燥器中,等待 EBSD 试验用。

3.1.4　EBSD 试验

把制备好的样品放置在 EBSD 专用的样品台上,样品观察面的倾斜角度为 70°。为了防止样品在试验过程中发生图像漂移,最好用"502"等强力胶进行固定,然后用导电胶带把样品和样品台连接起来。按照 EBSD 试验步骤进行操作,加速电压选择为 25~30kV,步长设为 0.1μm,选择 $100μm×80μm$ 的视场面积进行试验。试验完毕后进行数据保存和备份,便于后续数据处理。

利用牛津公司 EBSD 系统安装的 Channel5 软件的 Tango 数据处理软件进行数据处理。首先要对花样采集样品图像进行降噪处理,除去没有解析的点以及析出碳化物、M-A 岛对晶粒尺寸的干扰。图 3-5 为一种 X90 管线管的降噪前后 EBSD 彩色晶粒质量对比图。然后加载晶界分析、织构分析等功能,进行数据分析。利用 EBSD 试验研究金属材料的有效晶粒尺寸是目前较为普遍的做法,特别是对一些特殊组织材料,如贝氏体钢、马氏体钢、索氏体以及一些复相组织材料。由于目前通用的 GB 6394《金属平均晶粒度测定方法》不适用于这些材料,给材料性能评价带来了困难。EBSD 采用晶体学原理进行材料晶粒尺寸的解析,具有较高的准确性和可操作性。

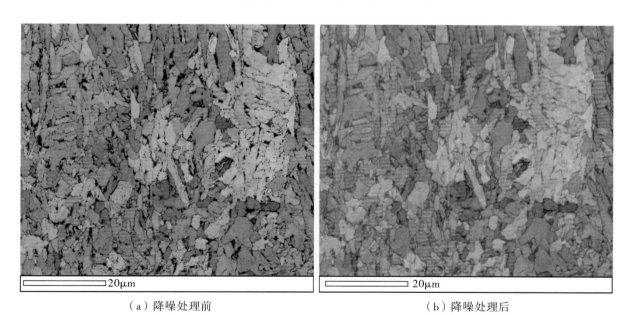

（a）降噪处理前　　　　　　　　　　　　　　　　（b）降噪处理后

图 3-5　一种 X90 管线管降噪前后 EBSD 彩色晶粒质量对比图

目前,采用 EBSD 统计晶粒尺寸有 2 种方法:一种是截线法,另一种是面积法。截线法就是根据 EBSD 试验获得的清晰晶粒质量图,用等距线进行分割,截线与晶界之间的长度即为晶粒尺寸,并对统计的结果求其平均值,即为有效晶粒尺寸。面积法是指根据 EBSD 试验获得的晶粒晶体学数据,设定临界取向差角度,计算该临界取向差角度下的晶粒面积,从而得出晶粒尺寸,求其平均值,此平均值即为有效晶粒尺寸。显然,取向差角度不同,获得的有效晶粒尺寸也不同。为了进行有效晶粒尺寸的对比和分析,设定临界晶界取向差角度分别为 15°,30°,45°和60°这 4 个角度,采用面积法获得的在不同临界取向差下的晶粒尺寸分布和有效晶粒尺寸,总计选择了 28 组 X90/X100 管线管样品,具体的有效晶粒尺寸统计结果如表 3-1 和图 3-6 所示。从图 3-6 可以看出,在同样的取向差角度下,X100 的有效晶粒尺寸小于 X90 的有效晶粒尺寸。

表 3-1　试验试样选择和有效晶粒尺寸统计表

编号	钢　级	抗拉强度 /MPa	屈服强度 /MPa	伸长率 /%	CVN 冲击功 /J	有效晶粒尺寸/μm 晶界取向差角度			
						15°	30°	45°	60°
1	X90 直缝	759	703	5.4	247	3.1	3.9	4.2	4.5
2	X90 直缝	721	646	7.4	483	2.2	2.6	2.8	3.0
3	X90 直缝	791	684	6.8	307	3.1	3.5	4.0	4.8
4	X90 直缝	756	704	5.6	338	2.9	3.7	4.1	5.1
5	X90 直缝	738	697	5.8	207	3.2	3.9	4.2	4.5
6	X90 直缝	756	684	5.7	227	3.3	3.9	4.0	5.1
7	X90 直缝	824	728	6.5	300	2.8	3.2	3.4	4.8
8	X90 直缝	712	653	8.5	367	2.6	3.1	3.5	5.3
9	X90 直缝	694	585	6.8	475	2.7	3.2	3.5	4.0
10	X90 直缝	777	655	8.0	312	3.1	3.5	4.0	5.8
11	X90 直缝	860	775	5.9	246	2.9	3.5	3.7	4.3
12	X90 直缝	709	637	5.9	246	3.3	4.0	4.3	5.9
13	X90 直缝	743	690	6.7	296	2.6	3.1	3.5	4.5
14	X90 直缝	770	657	4.3	299	3.2	3.7	4.0	5.5
15	X90 螺旋缝	854	711	5.5	355	2.8	3.3	3.5	4.5
16	X90 螺旋缝	746	636	7.8	334	2.6	3.0	3.1	3.7
17	X90 螺旋缝	774	617	7.7	279	3.0	3.6	4.1	6.3
18	X90 螺旋缝	778	690	5.4	348	2.9	3.3	3.4	4.5
19	X100 直缝	859	785	5.9	280	2.7	3.2	3.4	4.8
20	X100 直缝	850	752	7	277	2.6	3.3	3.4	5.5
21	X100 直缝	759	716	4.9	219	2.9	3.4	3.7	4.5
22	X100 直缝	771	727	5.1	290	2.3	2.7	2.9	3.9
23	X100 直缝	794	721	5.6	281	2.5	3	3.2	4
24	X100 直缝	807	732	4	226	2.8	2.9	3.4	3.7
25	X100 直缝	847	632	5.9	467	1.8	2.4	3.2	3.4
26	X100 直缝	799	718	6.5	264	2.7	3.3	3.4	4.3
27	X100 螺旋缝	863	690	4.6	355	2.4	2.7	3	3.5
28	X100 螺旋缝	879	751	6.3	322	2.5	2.8	3	3.9

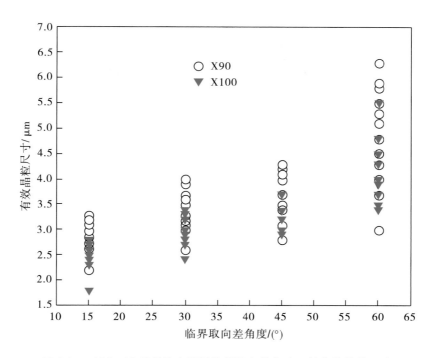

图 3-6　X90/X100 管线管在不同临界取向差角度下的有效晶粒尺寸

3.2　有效晶粒尺寸对强韧性的影响

3.2.1　有效晶粒尺寸对 X90 管线管力学性能的影响

根据 EBSD 试验获得的 X90、X100 管线管不同临界取向差角度下的有效晶粒尺寸,对获得的管线管的屈服强度、CVN 冲击功和均匀伸长率(UEL)的对应关系进行了研究。

图 3-7 为 X90 管线管的屈服强度与不同临界取向差角度下的有效晶粒尺寸的关系曲线。从图可以看出,材料屈服强度和有效晶粒尺寸的关系是:当尺寸在 3 μm 以上时基本符合 Hall-Petch 关系;当尺寸在 3 μm 以下时,曲线开始呈现反 Hall-Petch 关系。至于究竟是什么原因导致了这一现象发生,还需要进一步深入分析和研究。

图 3-8 为 X90 管线管的有效晶粒尺寸与 CVN 冲击功的对应关系。可以看出有效晶粒尺寸与 CVN 值存在较为显著的对应关系,特别是当临界取向差角度分别为 15°和 30°时,数据离散度较低,与 Hall-Petch 关系相对应。参照 X90 CVN 技术指标推算,当临界取向差角度为 15°时,有效晶粒尺寸应控制在 2.8 μm 以下,最大不能超过 3.4 μm。而当临界取向差角度为 30°时,其冲击韧性值为265 J,临界有效晶粒尺寸为 3.25 μm。

图 3-9 为 X90 管线管的有效晶粒尺寸与均匀伸长率的关系曲线。随着有效晶粒尺寸的增大,其均匀伸长率逐渐降低,虽然数据较为分散,但总体趋势比较明显。按照 X90 标准均匀伸长率为4.5％的要求,在 15°,30°,45° 和 60°临界取向差角度下的临界有效晶粒尺寸分别为 3.1 μm、3.55 μm、3.75 μm 和 5.2 μm。

有效晶粒尺寸的大小与选取的晶界取向差角度存在一定的关系,晶界取向差角度越大,相应的临界有效晶粒尺寸就越大。一般认为,当晶界取向差角度大于 15°时,晶界角度对抑制断裂过程中裂纹的扩展有利。也有学者认为,晶界取向差角度大于 60°时,对抑制裂纹扩展有作用,但目前学术界还没有统一的观点。

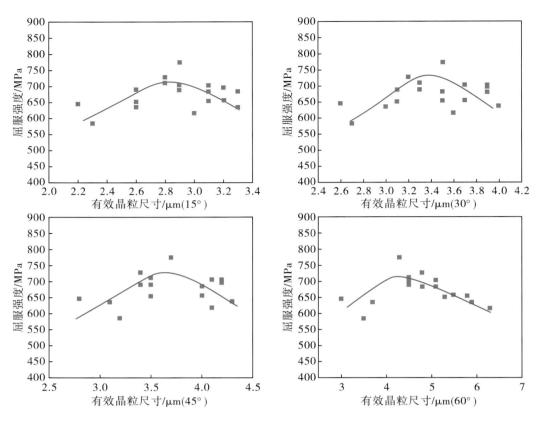

图 3-7　X90 管线管的有效晶粒尺寸与屈服强度的关系曲线

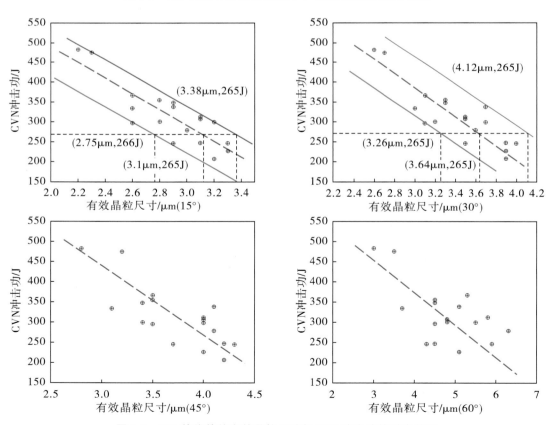

图 3-8　X90 管线管的有效晶粒尺寸与 CVN 冲击功的对应关系

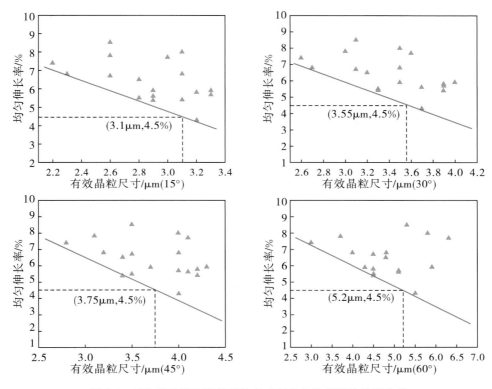

图 3-9　X90 管线管的有效晶粒尺寸与均匀伸长率的关系曲线

3.2.2　有效晶粒尺寸对 X100 管线管力学性能的影响

图 3-10 为 X100 管线管的有效晶粒尺寸与 CVN 冲击功的关系曲线。当临界取向差角度

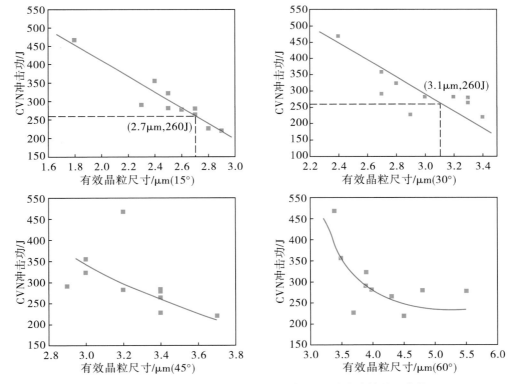

图 3-10　X100 管线管的有效晶粒尺寸与 CVN 冲击功的关系曲线

为 15°和 30°时,CVN 值和有效晶粒尺寸存在较为明显的线性关系。随着临界取向差角度增加到 45°和 60°,数据的分散度增加,但仍存在有效晶粒尺寸增加 CVN 值降低的趋势。根据拟合曲线,可以获得 15°和 30°临界取向差角度下 260J 冲击功的临界有效晶粒尺寸分别为 2.7μm 和 3.1μm。

图 3-11 为 X100 管线管的有效晶粒尺寸与均匀伸长率的关系曲线。由图可以看出,无论是 15°临界取向差角度下还是 30°临界取向差角度下获得的有效晶粒尺寸,都与均匀伸长率的对应关系规律不明显,其数据的离散性较强。

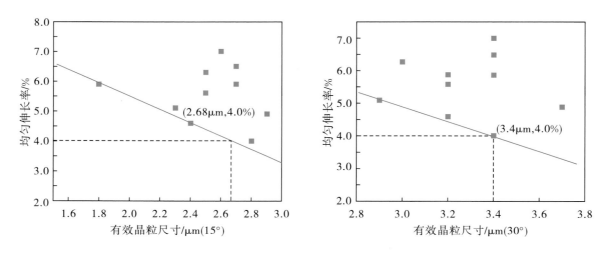

图 3-11　X100 管线管的有效晶粒尺寸与均匀伸长率的关系曲线

图 3-12 为 X100 管线管的有效晶粒尺寸与屈服强度的对应关系。其与 X90 相类似,屈服强度与 EBSD 方法获得的有效晶粒尺寸对应关系部分符合 Hall-Petch 关系,随着有效晶粒尺寸的进一步减小,开始出现反 Hall-Petch 关系现象。

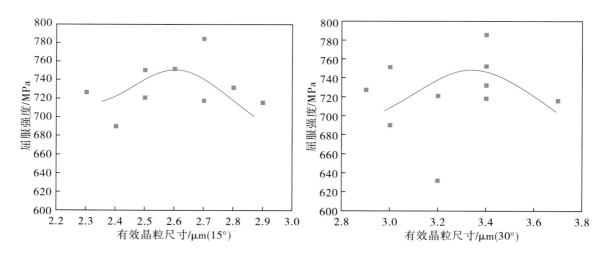

图 3-12　X100 管线管的有效晶粒尺寸与屈服强度的对应关系

3.3　超高钢级管线管中的析出相

3.3.1　超高钢级管线管的析出行为

超高强度管线用钢在合金化成分设计时,为了获得足够的强韧性匹配,添加了大量的合金元素,如 Nb、V、Ti 等,并通过控轧控冷工艺生产具有良好综合力学性能的石油天然气输送用管线管。其合金化的物理本质是通过合金元素在热加工过程中的固溶和析出反应,改变管线管的结构、组织和组分,从而获得要求的力学性能和服役性能。Nb、Ti 等微合金元素对控制轧制组织具有强的调节作用,Nb 在微合金钢中的含量一般为 $0.01\% \sim 0.10\%$,而 Ti 一般为 $0.005\% \sim 0.03\%$,两者的主要作用就是细化晶粒。在高温加热过程中难溶的 Ti(C,N)、Nb(C,N)通过质点钉扎晶界的机制阻止奥氏体晶界迁移,从而阻碍了高温奥氏体晶粒的长大,提高了晶粒粗化温度。在再结晶区轧制过程中,固溶于奥氏体中的 Ti、Nb 原子与位错相互作用阻止晶界或亚晶界迁移,而使应变诱导析出的 Nb(C,N)颗粒大量地分布在奥氏体晶界和亚晶界上,通过析出质点钉扎晶界和亚晶界阻止奥氏体再结晶后的晶粒长大,从而达到细化晶粒的效果。而在未再结晶区控轧过程中,大量弥散细小的 Nb(C,N)析出物能为相变提供有利的形核位置,从而有效地起到细化晶粒的作用。

另外,前面介绍过新一代高温轧制工艺(HTP)就是通过提高钢中 Nb 元素的含量来提高奥氏体的再结晶温度,使控制轧制可以在更高的温度下进行,从而降低轧机的负荷,尤其适合轧制压力不足的轧机生产高强度钢。同时配合合适的轧后冷却工艺,利用固溶 Nb 对相变的影响,促进针状铁素体或低碳贝氏体组织的形成,从而可以替代或部分替代价格昂贵的 Mo,达到最终提高强韧性、焊接性能和抗硫化氢应力腐蚀性能的目标。对于 HTP 轧制工艺,必须根据所需微观组织、轧制规程、出料长度、最终力学性能以及轧机能力来决定总的 Nb 元素加入量,以保证获得最优的性能配合。

超高强度管线管采用低碳甚至超低碳的设计,添加的 Si、Mn、Cr、Ni、Mo、Cu 等元素主要以固溶形式存在,极少量以碳化物的形态存在;而添加的大量 Nb 元素常温下在钢中的固溶度较低,主要以碳氮化物的形式存在。Ti 是钢中较为活跃的金属元素之一,它和钢中的 C、N 具有很强的亲和力,形成 Ti 的碳氮化物。

超高钢级管线管中的析出相粒子一般尺寸很小,基本在 100nm 以下,但如果控制不好也可能与 Ti 元素一样形成大尺寸的夹杂物,恶化钢的加工性能。这些纳米尺度的析出相在金相显微镜下基本观察不到,需要在更高分辨率的电子显微镜下才可以观察到。目前可以观察纳米尺寸析出相的常用分析仪器主要是扫描电子显微镜(SEM)和透射电子显微镜(TEM)。SEM 只能对样品表面的析出相进行形貌、尺寸和成分分析。TEM 进行析出相分析时主要采用薄膜和萃取复型两种方法:薄膜样品可以观察析出相与基体位相的关系、析出相在基体中的分布以及析出相的尺寸和形貌;萃取复型方法使析出相从基体中分离出来,能够更加清楚地观察析出相的尺寸、分布、相结构以及更好地进行化学成分分析。

3.3.2　超高钢级管线管中析出相的 SEM 分析

由于超高钢级管线管中的析出相尺寸均为纳米级,所以 SEM 下观察析出相需要放大到 5 000 倍或以上。图 3-13 是 5 000 倍下和 20 000 倍下 X90 管线钢的显微组织形貌,基体上分布的细小白色颗粒即为析出相粒子。5 000 倍下析出相非常细小,可以观察到白色颗粒的点状物;而在 20 000

倍下可以清楚地观察到较大颗粒尺寸的析出相形貌,且可以测量其尺寸。由图 3-13(b)可以看出该管线钢中的析出相主要呈球形形貌;图 3-13(c)中析出相较多地呈复合析出;图 3-13(d)为 100 000 放大倍数下的析出相,最大析出相尺寸近 200nm,析出相大多呈球形;图 3-13(e)中的不同析出相形貌的差异是由其化学成分的不同导致的。

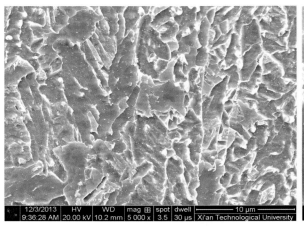
（a）白色细小颗粒为析出相

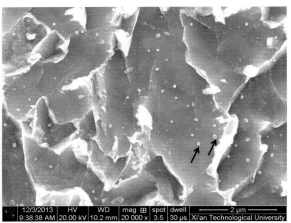
（b）白色球形小颗粒(箭头所指)为析出相

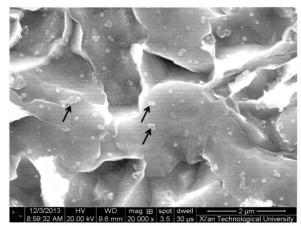
（c）基体上的球形颗粒为析出相(大部分为复合析出相)

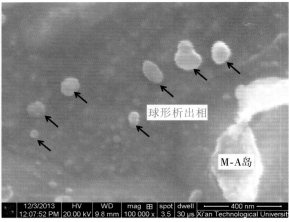
（d）析出相局部放大图

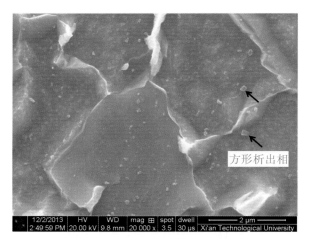
（e）较大颗粒的方形析出相

图 3-13　不同放大倍数下 X90 管线钢析出相的 SEM 形貌

图 3-14 为球形和方形析出相的 EDS 能谱分析。

能谱分析表明:球形析出相的主要化学成分为 NbC;而方形析出相的主要化学成分为 TiN,含有少量的 NbC。

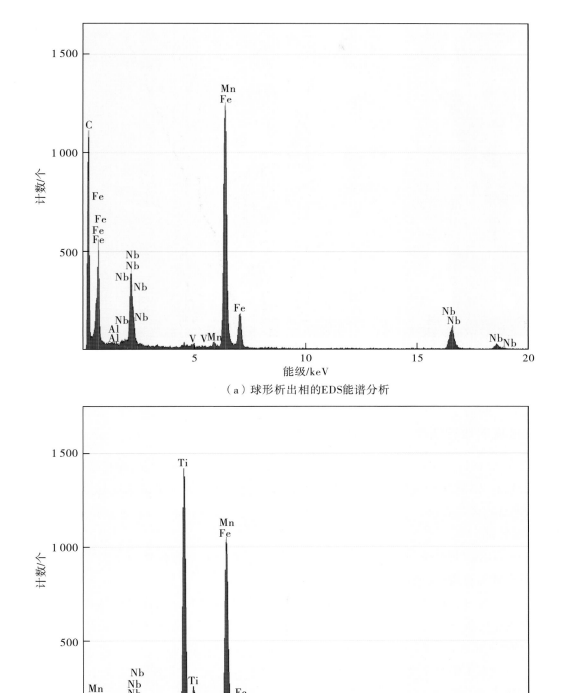

（a）球形析出相的EDS能谱分析

（b）方形析出相的EDS能谱分析

图 3-14　图 3-13 中不同形貌析出相的 EDS 能谱分析

图 3-15 为 X100 管线钢 LB 组织和双相组织中的析出相照片。LB 组织为螺旋缝埋弧焊管,双相组织为直缝埋弧焊管。2 种管线钢中的析出相的尺寸大小相当,但螺旋缝埋弧焊管中的析出相量要远远高于双相钢,两者的 Nb 元素含量分别为 0.1％和 0.086％。

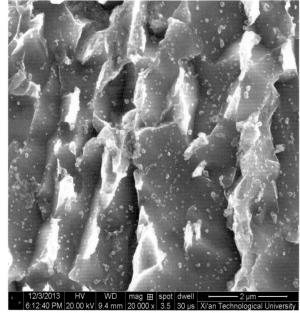 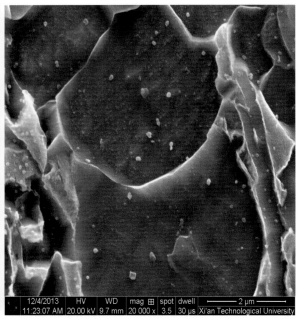

（a）X100管线钢LB组织中的析出相　　　　　（b）X100管线钢双相组织中的析出相

图 3-15　X100 管线钢析出相的 SEM 形貌

3.3.3　超高钢级管线管中析出相的 TEM 分析

用 TEM 分析析出相时可以采用 2 种制样方法:一种方法是薄膜样品,即把从钢管上切下的金属薄片减薄到一定的厚度,TEM 电子束可以穿透后成像。另一种方法是萃取复型,采用碳膜复型在抛光腐蚀后的样品表面,经过腐蚀后,钢中的析出相就附着在碳膜上,通过碳膜观察析出相的尺寸及其形貌特征。

图 3-16 为 X90 管线钢中析出相的 TEM 形貌照片。析出相形貌各异,大部分呈球形,少量为方形,复合析出较为普遍,其尺寸范围约为 70nm。

图 3-17 为 X100 管线钢薄膜样品中析出相的 TEM 形貌照片。从薄膜样品析出相观察分析,X100 管线钢中的析出相与 X90 没有本质的区别,从尺寸、形貌看都相差不大。由于 X100 管线钢添加了大量的 Nb 元素,所以其析出相以含 Nb 的球形颗粒为主。同时,在 X100 双相结构钢的 PF 晶粒基体上,发现有大量高密度析出的小尺寸析出相,其尺寸仅有 10 多纳米,这些小尺寸析出相能够大大提高 PF 晶粒的强度。

要更详细清楚地观察析出相形貌和结构,则需要采用萃取复型方法,对不同组织类型的 X90/X100 管线钢中的析出相进行萃取复型。

下面对萃取复型方法的观察结构进行分析。

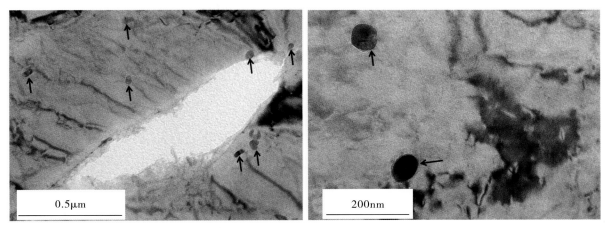

（a）大量的复合析出相粒子　　　　　　　　（b）球形析出相的粒子形貌

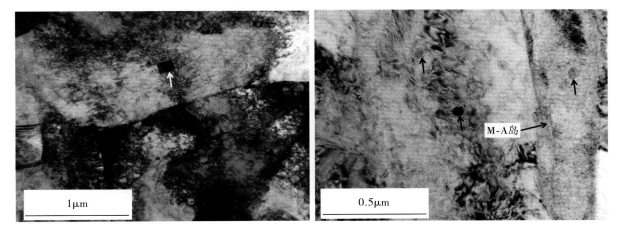

（c）方形析出相　　　　　　　　　　（d）M-A岛中的析出相

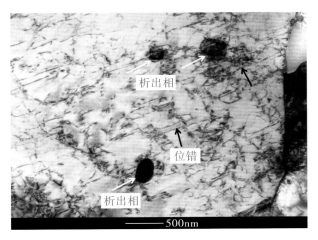

（e）析出相与位错相互作用

图 3-16　X90 管线钢薄膜样品中析出相的 TEM 形貌

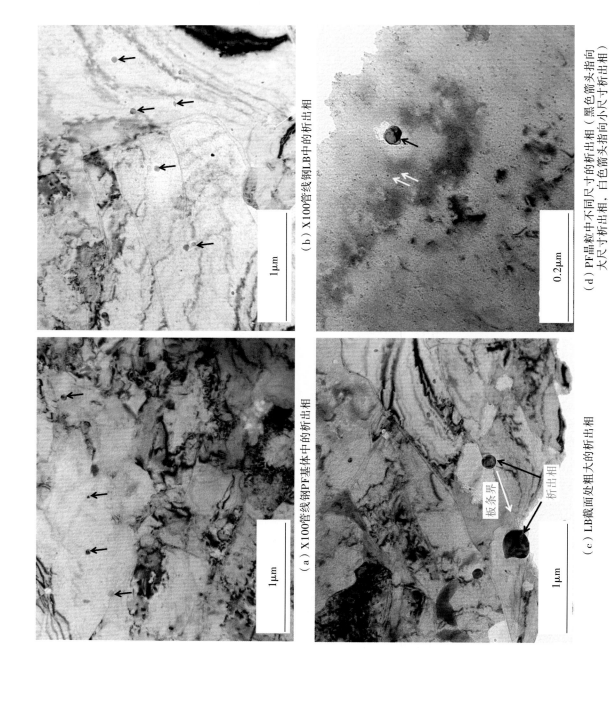

（a）X100管线钢PF基体中的析出相

（b）X100管线钢LB中的析出相

（c）LB截面处粗大的析出相

（d）PF晶粒中不同尺寸的析出相（黑色箭头指向大尺寸析出相，白色箭头指向小尺寸析出相）

图3-17　X100管线钢薄膜样品中析出相的TEM形貌

图 3-18 和图 3-19 为含 Nb 0.06％的 X90 管线钢中的典型析出相粒子的 TEM 形貌、EDS 能谱分析以及元素面分布。钢中析出相粒子的形貌为规则方形,尺寸约为 150nm,主要成分为 Ti 和 Nb。析出相粒子的 STEM 模式下的元素面分布分析表明,除了主要元素 Ti 和 Nb 外,其中还含有少量的 Mo 元素。

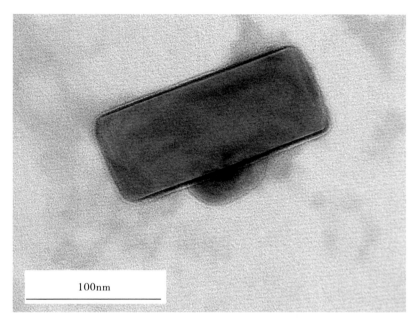

（a）典型粒子的TEM形貌

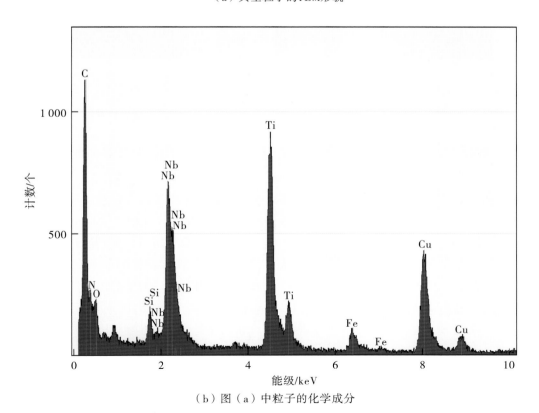

（b）图（a）中粒子的化学成分

图 3-18　含 Nb 为 0.06％的 X90 管线钢中析出相粒子的萃取复型分析

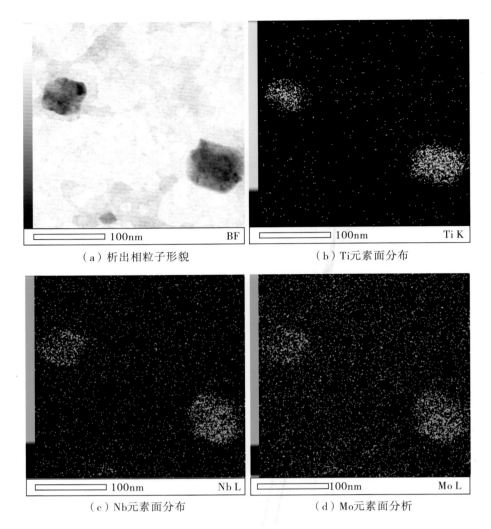

（a）析出相粒子形貌　　　　　　　　　（b）Ti元素面分布

（c）Nb元素面分布　　　　　　　　　（d）Mo元素面分析

图 3-19　含 Nb 为 0.06％的 X90 管线钢中析出相粒子的元素面分布

　　图 3-20 和图 3-21 为含 Nb 0.09％的 X90 管线钢中的析出相形貌、尺寸和分布。由于有较高的 Nb 含量，析出相的主要合金为 Nb 和少量的 Ti，其尺寸约为 30nm。

　　图 3-22 和图 3-23 为 X100 管线钢析出相粒子的萃取复型形貌照片与分析。X100 管线钢的基体组织以板条贝氏体为主，其析出相具有沿板条分布的特点，粒子尺寸约为 100nm，以复合析出为主，其复合形式多种多样。2 个粒子复合析出较多，多个粒子复合析出占少数，复合在一起的每个粒子的形貌和尺寸各异，大部分复合析出粒子中有 1 个近似方形的粒子为 Ti 的碳氮化物，因为含 Ti 粒子在较高的温度下就开始析出，而后续析出的含 Nb 碳化物以含 Ti 粒子为形核质点，附着在含 Ti 粒子的某一个方向上形核长大。由图 3-23 可以看出，复合型析出相的 EDS 成分主要为 Ti、Nb 的碳氮化物。由 STEM 模式下元素面分布可以看出，复合析出相是由含 Nb 和 Ti 的 2 个不同成分粒子组成的，两者的成分截然不同，并且各自沿着不同的方向生长，像 2 个不同的粒子简单地黏和在一起。

　　图 3-24 为 X100 双相组织管线钢中析出相粒子的萃取复型分析。双相组织管线钢中的析出相存在明显的偏析析出，特别是在贝氏体中的析出相呈偏聚析出，并且容易形成 10 多个析出相

粒子团簇。X100 双相钢中的析出相粒子同其他一样，也是以复合型析出为主，极少量粒子为单个析出。

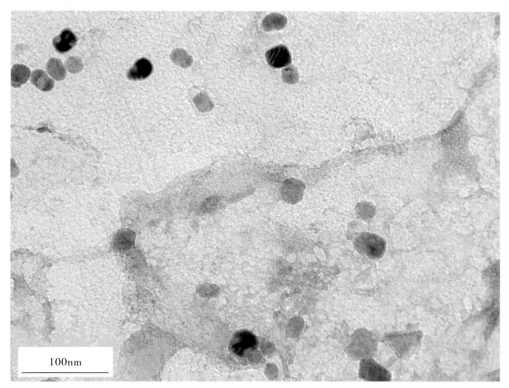

100nm

（a）析出相形貌

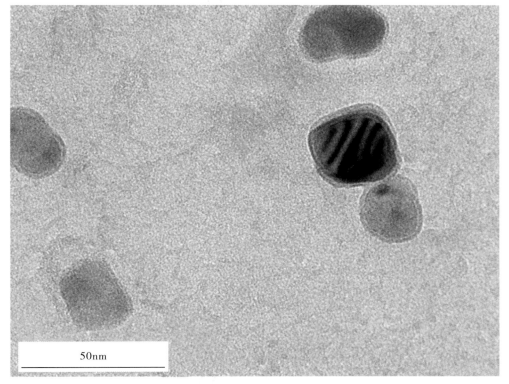

50nm

（b）析出相尺寸分布

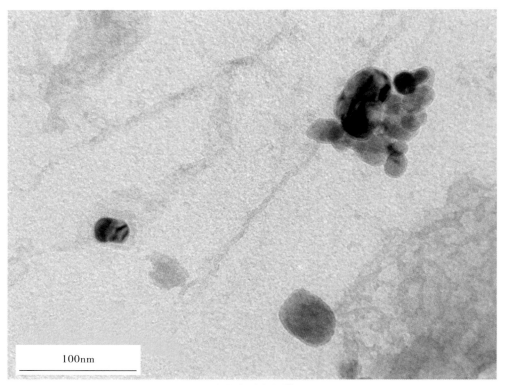

（c）析出相团簇

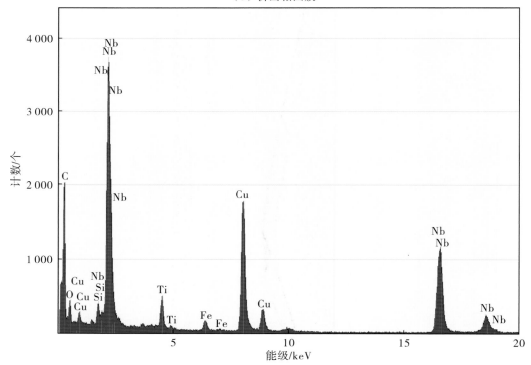

（d）典型析出相的化学成分能谱分析

图 3-20 含 Nb 为 0.09％ 的 X90 管线钢析出相分析

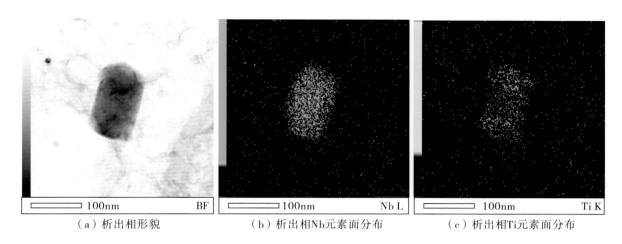

（a）析出相形貌　　　　　　（b）析出相Nb元素面分布　　　　　（c）析出相Ti元素面分布

图 3-21　含 Nb 为 0.09％的 X90 管线钢析出相元素面分布

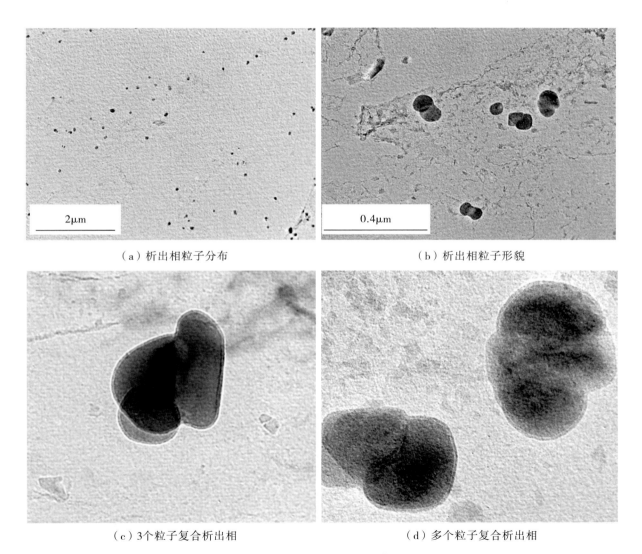

（a）析出相粒子分布　　　　　　　　　　　　　（b）析出相粒子形貌

（c）3个粒子复合析出相　　　　　　　　　　　（d）多个粒子复合析出相

图 3-22　X100 管线钢析出相粒子的萃取复型形貌

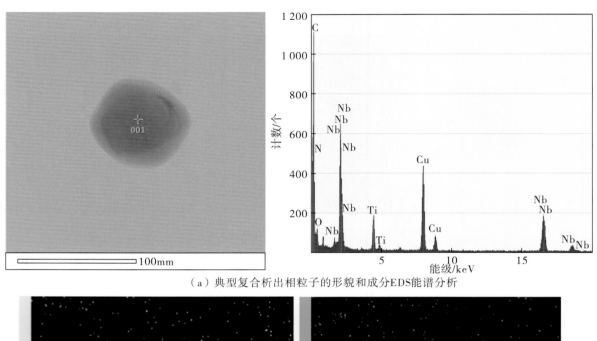

（a）典型复合析出相粒子的形貌和成分EDS能谱分析

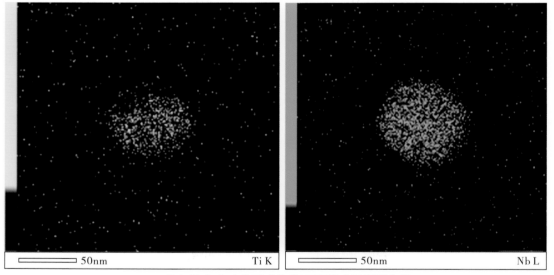

（b）图（a）中粒子成分的STEM模式元素面分布

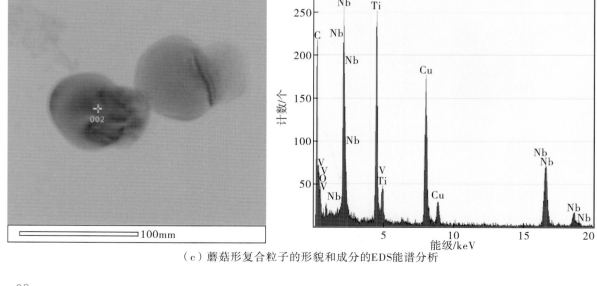

（c）蘑菇形复合粒子的形貌和成分的EDS能谱分析

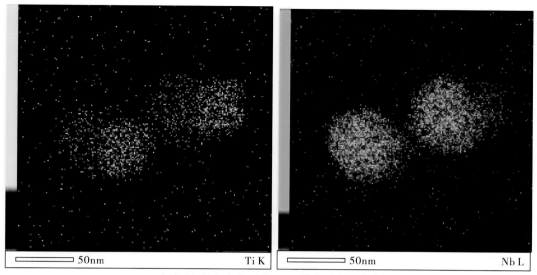

（d）图（c）中粒子的STEM模式元素面分布

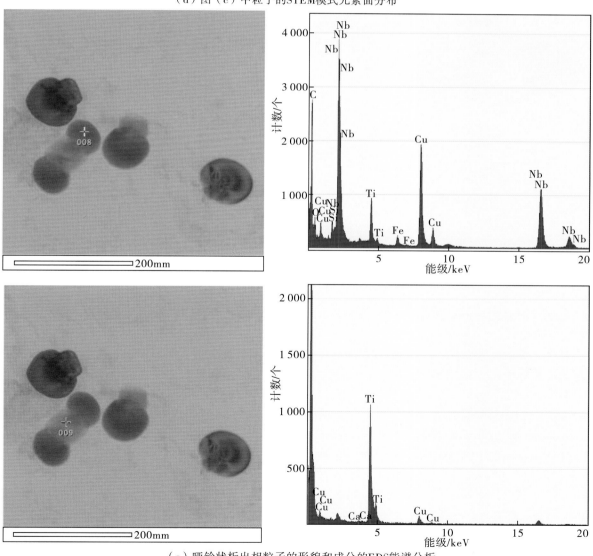

（e）哑铃状析出相粒子的形貌和成分的EDS能谱分析

图 3-23　X100 管线钢板条组织中析出相粒子的萃取复型分析

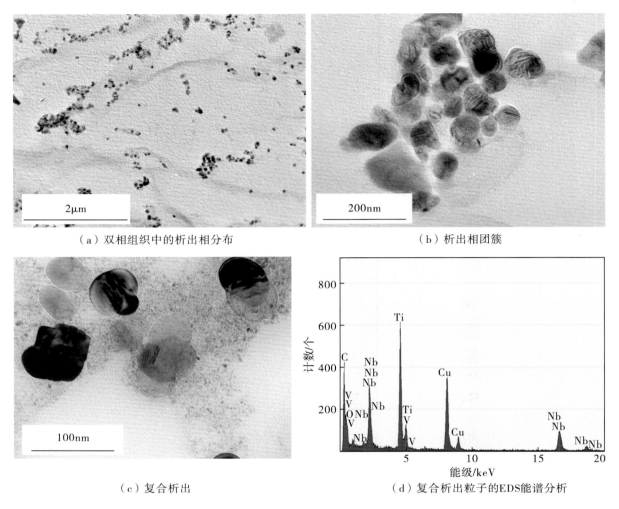

（a）双相组织中的析出相分布　　　　　　（b）析出相团簇

（c）复合析出　　　　　　（d）复合析出粒子的EDS能谱分析

图 3-24　X100 双相管线钢中析出相粒子的萃取复型分析

参 考 文 献

[1] 沈俊昶,罗志俊,杨才福,等.低合金钢板条组织中影响低温韧性的"有效晶粒尺寸"[J].钢铁研究学报,2014,26(7):70-76.

[2] 钟炳文,宋宇文.超高强度钢中有效晶粒对韧性的影响[J].金属科学与工艺,1985,4(4):39-45.

[3] 张小立,张艳丽,刘红燕,等.高钢级管线钢晶粒度和有效晶粒度的变化规律[J].中原工学院学报,2013,24(2):38-41.

[4] Koo J Y, Luton M J, Bangaru N V, et al. Metallurgical design of ultra-high strength steels for gas pipelines[J]. International Journal of Offshore & Polar Engineering,2004,14(1):2-10.

[5] 邓灿明.低碳马氏体钢强韧性晶粒控制单元的研究[D].昆明:昆明理工大学,2013.

第 4 章

超高钢级管线管焊接接头的显微组织研究

高强度管线钢不但要具有高的强度和韧性,而且应该具有良好的焊接性能。焊接性能不仅与母材的化学成分(碳当量)、显微组织状态有关,更与焊接工艺密切相关,焊后焊接接头的显微组织结构决定其力学性能。因此,分析焊接接头的显微组织特征对评估焊接接头的力学性能、改善焊接工艺至关重要。根据显微组织特征的不同,可将焊接接头分为焊缝金属区、熔合区、粗晶区和细晶区 4 个区域,通常熔合区、细晶区和粗晶区统称为热影响区。焊缝韧性是管线钢焊接接头的强度和塑性的综合性能指标,它被定义为焊接接头在塑性变形和断裂全过程中所吸收的能量,是对变形和断裂的综合描述,足够的韧性可以延缓或阻止断裂事件发展的进程。对于长输大口径高压输送管线,其焊接接头的韧性要求是基于经济性和安全性统一考虑的,无论是直缝埋弧焊管还是螺旋缝埋弧焊管,焊接接头都是整个管道的最薄弱环节,其韧性较母材有一定程度的降低。接头的力学性能与母材的成分和组织有一定的关系,但与接头的组织控制具有更直接的关系,接头的组织特征反映出焊接质量的优劣,直接影响其力学性能。

焊接过程是把焊接件局部快速地加热到 1 100℃以上,然后使其快速地冷却凝固的过程。焊接部位的温度随时间和空间急剧变化,易形成在时间和空间区域内梯度很大的不均匀温度场,温度场的分布决定着焊缝和热影响区的范围,对焊接接头的质量有着直接的影响。焊接后冷却形成的结合部分叫做焊缝,焊件材料称为母材,焊缝临近区域的母材由于受热的影响而发生组织与力学性能变化的区域叫做热影响区。焊缝与热影响区的界面叫做熔合线,熔合线实际为具有一定尺寸的过渡区域。

焊缝组织为结晶形成的柱状组织,是在随后的冷却过程中转变形成的组织。因为焊缝的结晶为非自发形核,即开始结晶时是以熔合线处半熔化状态的母材晶粒为晶核的。在焊缝边缘合金浓度较低,温度梯度大,结晶速度较快,形核后的晶粒以枝晶形式向焊缝中心生长;在逐渐接近焊缝中心的位置处,温度梯度逐渐变小,合金浓度逐渐升高,过冷度逐渐下降,结晶速度逐渐减慢,到焊缝中心时可能出现平面晶。焊缝相变组织和母材在轧制过程中形成的组织原理一样,其组织类型受化学成分、冷却速度的影响。低合金钢焊缝组织一般易发生铁素体相变、贝氏体相变和马氏体相变,但其晶粒尺寸受到焊缝凝固时柱状晶尺寸的影响。焊缝在铁素体相变中容易生成针状铁素体组织,针状铁素体组织是由发生中温铁素体相变形成的。因为焊缝温度具备中温转变产物的冷却条件,而且焊材中不可避免地含有夹杂物,夹杂物对针状铁素体的形成起着重要的作用。一般认为,焊缝夹杂物诱发针状铁素体形核的机制是由于形核夹杂物与针状铁素体核心存在一定的位相关系。近期的研究结果表明,夹杂物作为一种高能量表面降低了针状铁素体形核的势垒,从而促进了针状铁素体的形成。同时,由于夹杂物经常是多相的,因此在一个夹杂物上可能有多个高势能表面的区域,于是经常可以观察到多个针状铁素体在同一夹杂物上的多维形核现象。另外,当一片针状铁素体以夹杂物为初始核心先期形核后,又可诱发大量的互相穿插交错的针状铁素体。

热影响区的组织受焊接热输入的能量和冷却速度的影响。由于热影响区与焊缝的距离差异,其所经历的焊接热循环相差较大,因而热影响区是一个具有组织梯度和性能梯度的在焊缝和母材之间的过渡区。一般按照经历热循环的差异,将热影响区分为熔合区、粗晶区、细晶区、临界区和亚临界区。熔合区紧邻焊缝,其形成温度范围在固液相线之间。由于这一区域非常狭小,一般把它归在粗晶区。粗晶区又称为过热区,它的形成温度一般在 1 100℃到固液相线之间,该区域由于在焊接过程中加热温度高,晶粒发生了急剧长大、粗化,所以被称为粗晶区。

细晶区又称为相变再结晶区或正火区,它的形成温度在 $Ac_3 \sim 1\ 100℃$。由于在加热和冷却的过程中发生相变再结晶,因而组织得到了细化。亚临界区又称为不完全再结晶区或不完全正火区,它的温度范围在 $Ac_1 \sim Ac_3$,由于只有一部分组织发生了相变再结晶过程,因而该区域在冷却后由发生了相变的细小组织和未发生相变的母材组织组成。焊接接头的组织区域如图 4-1 所示。

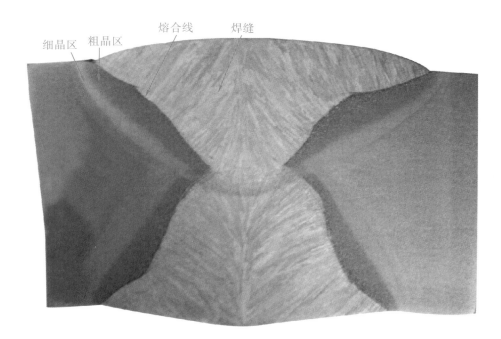

图 4-1　焊接接头组织区域图

本章将采用金相、SEM 和 TEM 等分析手段,对 X80、X90、X100 管线管焊接接头的显微组织进行分析。

4.1　X80 管线管焊接接头的显微组织分析

4.1.1　焊缝的显微组织特征

图 4-2 为一种常见的 X80 管线管焊缝的低倍特征组织形貌。可以看出,白色先共析铁素体沿柱状晶界析出,晶内为随机取向的针状铁素体组织。

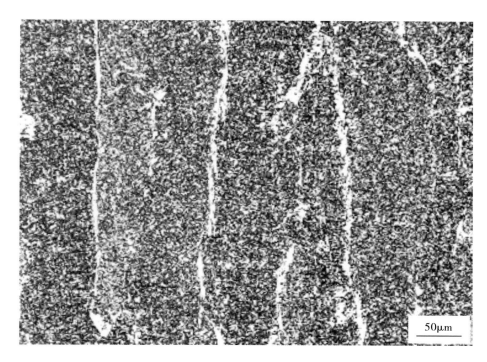

图 4-2　一种 X80 管线管焊缝的低倍组织形貌

　　图 4-3 为 3 种 X80 管线管焊缝的光学显微组织。可以看出焊缝的晶粒细小，平均晶粒尺寸小于 10μm。图 4-3(a)中焊缝的柱状晶隐约可见，柱状晶界中未观察到先共析铁素体，晶内为细小的针状铁素体(也叫晶内形核针状铁素体，IAF)和粒状贝氏体(GB)，并有少量的多边形铁素体组织(PF)。图 4-3(b)中沿柱状晶界可见片状的白色先共析铁素体析出，晶内为细小的 IAF 和 GB，并有少量的 PF 组织。图 4-3(c)中沿柱状晶界可见较粗的片状和块状白色先共析铁素体析出，少量魏氏体铁素体(WF)组织以侧板条的形态沿晶间向晶内成束平行生长，晶内为 IAF 和 GB，并有少量的白色 PF。

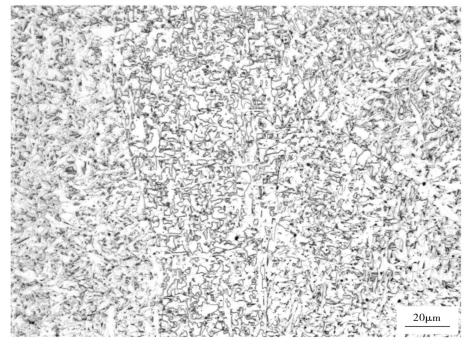

(a) 焊缝的光学显微组织——IAF+GB+少量PF

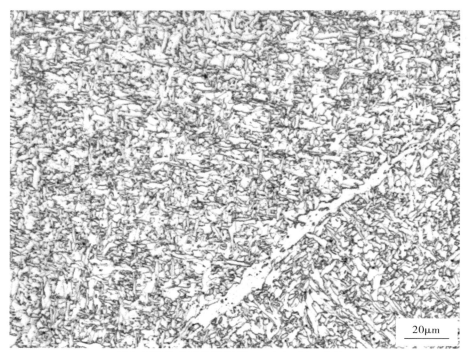

（b）焊缝的光学显微组织——IAF+GB+ 少量PF

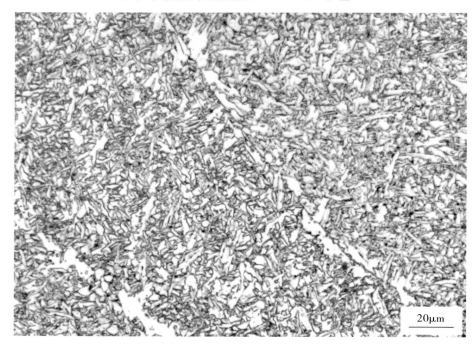

（c）焊缝的光学显微组织——IAF +GB+少量WF+少量PF

图 4-3　3 种 X80 管线管焊缝的光学显微组织

　　图 4-4 为 X80 管线管焊缝的 SEM 显微组织形貌。细小的 AF 组织呈放射状，多位相交错分布，晶内有少量的 PF 组织。

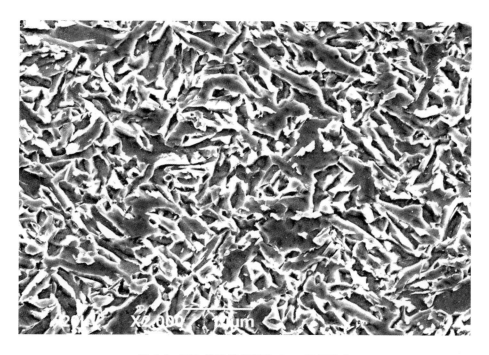

图 4-4　X80 管线管焊缝的 SEM 组织形貌

图 4-5 为 X80 管线管焊缝的 TEM 明场像[1]。图中黑色椭圆形粒子为夹杂物,可以看出板条状的 AF 以夹杂物为核心,以不同的位相呈放射状生长。

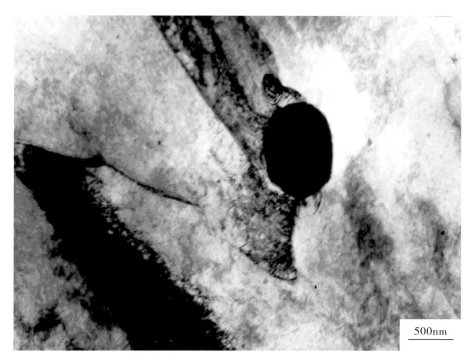

图 4-5　X80 管线管焊缝的 TEM 明场像

4.1.2 热影响粗晶区的显微组织特征

由于焊接热影响粗晶区临近焊缝,所经受的焊接热循环的峰值温度高,使得晶粒粗大。此外,由于加热速度快,加热温度高,冷却的速度波及的范围较广,而且这种热过程是在约束条件下进行的,使得焊接粗晶区的显微组织具有多样性和特殊性。研究表明,焊接粗晶区显微组织的这种多样性和特殊性与焊接热输入紧密相关。

图4-6给出了不同的焊接热输入条件下X80管线管热影响粗晶区的光学显微组织。图4-6(a)为在较低的焊接热输入条件下的组织图像,由于冷却速度快,其组织以细密的贝氏体铁素体(BF)为主;图4-6(b)为在中等焊接热输入条件下的焊缝组织图像,其显微组织以条状GB为主;图4-6(c)为在较高焊接热输入条件下的组织图像,其显微组织中出现了较多的准多边形铁素体(QF)和多边形铁素体(PF)。

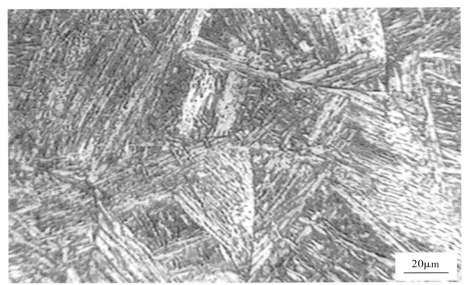

(a) $E=10\,\text{kJ/cm}$

(b) $E=20\,\text{kJ/cm}$

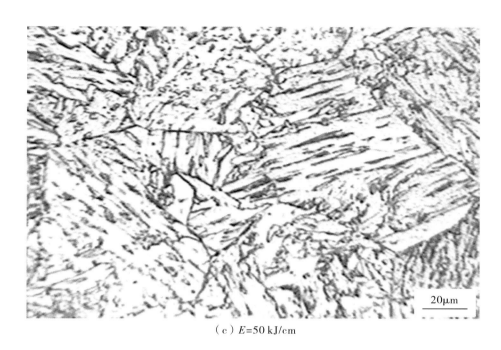

（c）E=50 kJ/cm

图 4-6　不同的焊接热输入条件下 X80 管线管粗晶区的光学显微组织

图 4-7 给出了不同焊接热输入条件下 X80 管线管热影响粗晶区的 SEM 显微组织形貌。图 4-7（a）为在较低焊接热输入条件下的组织图像，粗晶区的组织形态为从奥氏体晶界向晶内平行生长的细密板条，不同位相的板条使原奥氏体的晶界清晰可见。分析表明，这种细密的板条组织为贝氏体铁素体和板条状马氏体。马氏体并非理想的韧性组织，快速冷却造成的晶格畸变和内应力均对韧性造成了不利的影响。图 4-7（b）为在中等焊接热输入条件下粗晶区的 SEM 显微组织。板条状的 AF

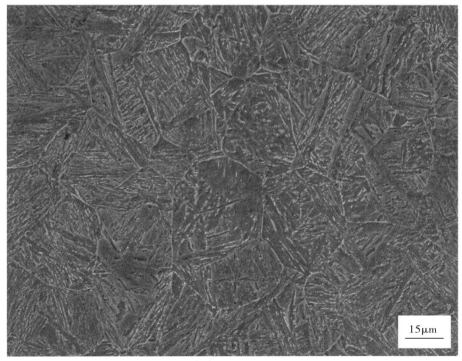

（a）E=10 kJ/cm

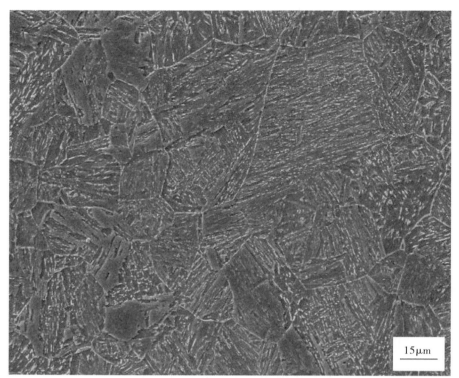

（b）E=20 kJ/cm

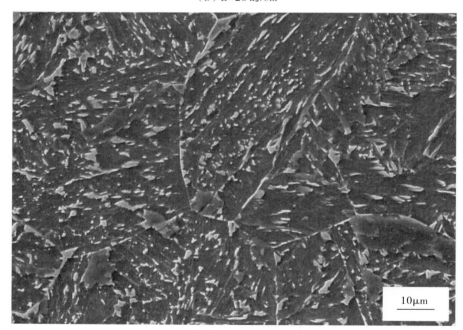

（c）E=50 kJ/cm

图4-7　不同焊接热输入条件下 X80 管线管粗晶区的 SEM 组织形貌

组织细密,尺寸大小参差不齐,彼此交叉分布,具有较小的有效晶粒尺寸,有利于粗晶区性能的提高。板条间分布着不同尺寸的块状和针状的 M-A 岛。图 4-7(c)为在较高焊接热输入条件下粗晶区的 SEM 显微组织。由于冷却速度降低,组织形态发生了明显的变化。此时针状铁素体减少,PF 增多,PF 和 QF 在原奥氏体晶界处呈网状分布,晶内的 PF 和 QF 为无序界面的粗大块状,并出现了少量的珠光体，这种 PF、QF 和珠光体组织使粗晶区的性能恶化。

图 4-8 为在较低焊接热输入条件下形成的低碳马氏体组织的明场像和暗场像。可以看出，马氏体板条内有高密度的位错缠结，马氏体板条间为薄膜状的残余奥氏体。在低焊接热输入的快冷条件下，贝氏体铁素体和板条状马氏体十分相似。图 4-9 为在较低焊接热输入条件下形成的贝氏体铁素体和板条状马氏体的 TEM 照片。可以看出，BF 板条相对"洁净"，板条间为针状或薄膜状的 M-A 组元，尺寸稍厚。LM 的板条细密平直，板条更清晰，板条内有更高的位错密度，还可以观察到局部相变孪晶，板条上有较多的自回火碳化物，板条间为残余奥氏体薄膜。

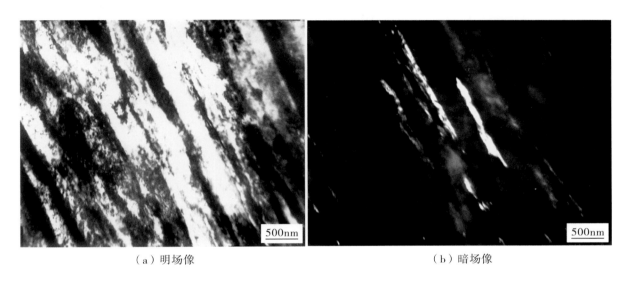

（a）明场像　　　　　　　　　　　　　　　（b）暗场像

图 4-8　马氏体组织

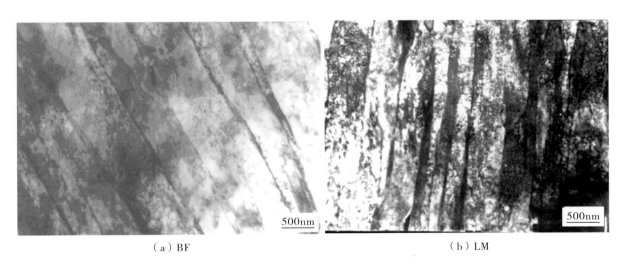

（a）BF　　　　　　　　　　　　　　　　　（b）LM

图 4-9　贝氏体铁素体和板条状马氏体的 TEM 组织形貌

图 4-10 为中等焊接热输入条件下，管线钢热影响粗晶区发生的中温相变形成的粒状贝氏体组织。GB 以板条状分布，板条发达，可贯穿多个视域，板条间分布着岛状的 M-A 组元，裂纹在通过粒状贝氏体时行迹曲折，扩展的平均自由路径减小，因而对裂纹有阻碍作用，表现为粗晶区的韧性提高。

图 4-10 GB 组织

图 4-11 为在较高焊接热输入条件下管线钢粗晶区的 TEM 显微组织图像。在高热输入的焊接过程中,由于冷却速度降低,PF 和不规则的 QF 在粗晶区中形成。同时,在局部区域有可能形成呈层片状的珠光体组织,如图 4-12 所示。

图 4-11 PF 和 QF 组织

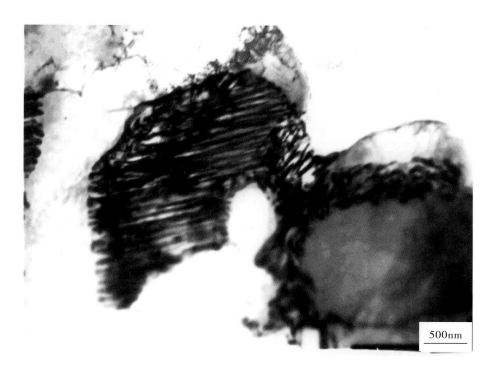

图 4-12　层片状的珠光体组织

4.1.3　热影响细晶区的显微组织特征

图 4-13 为 X80 管线管母材、细晶区、粗晶区的光学显微组织对比。由图中可见,焊接细晶区的晶粒尺寸和母材相当,原奥氏体晶界不明显;而粗晶区晶粒粗大,原奥氏体晶界清晰。图 4-14 为在不同放大倍数下 X80 管线管细晶区、粗晶区的 SEM 显微组织形貌。细晶区中以 PF 和 QF 组织为主,

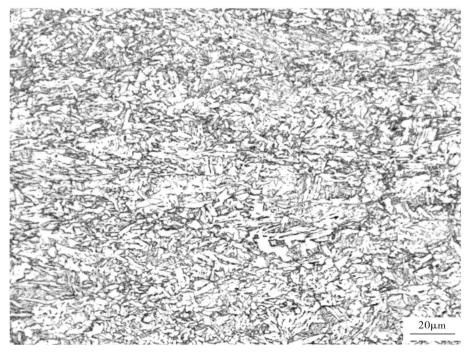

（a）母材

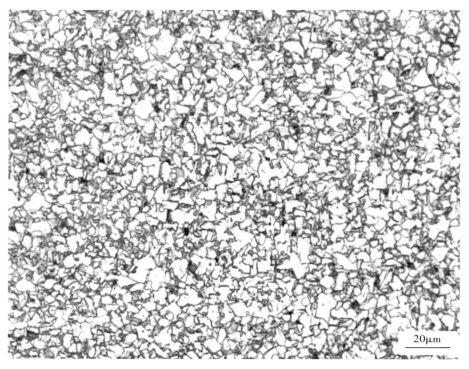

（b）细晶区

（c）粗晶区

图 4-13　X80 管线管母材、细晶区、粗晶区的光学显微组织对比

有少量细小的 M-A 岛，这种组织有利于焊接热影响区性能的提高。粗晶区中以粗大的 GB 组织为主，其中 M-A 组元粗大，以块状或条状分布。

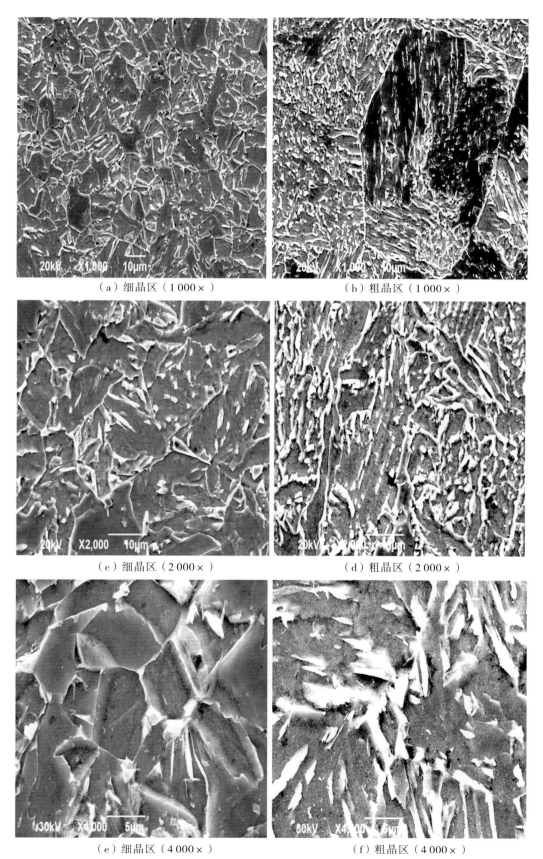

（a）细晶区（1 000×）　　　　　　（b）粗晶区（1 000×）

（c）细晶区（2 000×）　　　　　　（d）粗晶区（2 000×）

（e）细晶区（4 000×）　　　　　　（f）粗晶区（4 000×）

图 4-14　不同放大倍数下 X80 管线管细晶区、粗晶区的 SEM 组织形貌

4.2　X90 管线管焊接接头的显微组织分析

4.2.1　焊缝的显微组织特征

图 4-15 为 X90 直缝埋弧焊管焊缝金属的光学显微组织。焊接金属区为随机取向的针状铁素体组织，晶粒尺寸细小。该焊缝的力学性能为：抗拉强度 721MPa，CVN 冲击功 131J，具有良好的强韧性能。图 4-16 为 X90 直缝埋弧焊管焊缝金属的 SEM 组织形貌。在 SEM 的二次电子模式下，金相组织的细节更加清晰，可以看出焊缝为细小的针状铁素体组织，在基体上分布有球形颗粒，其尺寸在 1μm 左右，这些球形颗粒为针状铁素体的形核质点。

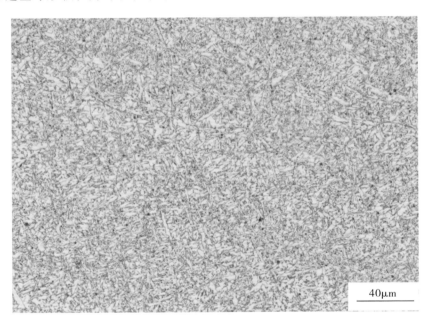

图 4-15　X90 直缝埋弧焊管焊缝金属的光学显微组织

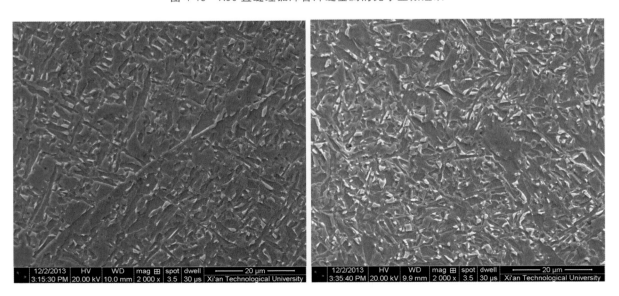

图 4-16　X90 直缝埋弧焊管焊缝金属的 SEM 组织形貌

图 4-17 和图 4-18 分别为焊缝区金属针状铁素体的精细结构。由选区电子衍射花样标定说明，针状铁素体晶粒之间随机取向，照片中的球形颗粒为针状铁素体形核质点，正是这些球形颗粒的存在，使针状铁素体呈弥散形核生长。这种针状铁素体在断裂过程中彼此咬合，互相交错分布，因此对裂纹的扩展具有强烈的抑制作用。

（a）焊缝区明场像1　　　　　　　　　　　　　（b）焊缝区明场像2

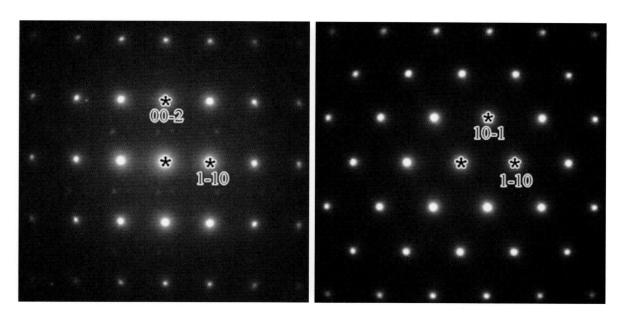

（c）［110］带轴选区电子衍射花样　　　　　　（d）［111］带轴选区电子衍射花样

图 4-17　焊缝区的明场像和带轴选区电子衍射花样（体心立方结构）

明场像示出了针状铁素体，针状铁素体的宽度为几百纳米，长度为几微米

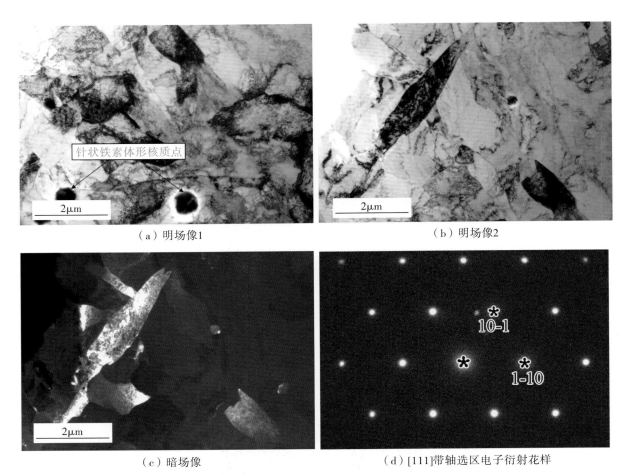

（a）明场像1 （b）明场像2

（c）暗场像 （d）[111]带轴选区电子衍射花样

图 4-18　X90 管线管焊缝区金属的显微组织明场像、暗场像及衍射花样

针状铁素体组织中具有较少的位错密度，黑色球形物为针状铁素体的形核点，且取向随机

　　图 4-19 为 X90 螺旋缝埋弧焊管焊缝金属的光学显微组织照片。与直缝埋弧焊管焊缝金属组织基本一致，焊缝为针状铁素体组织，针状铁素体长度在 10μm 左右，宽度在 1～5μm，取向随机分布。图 4-20 为 X90 螺旋缝埋弧焊管焊缝金属的 SEM 组织形貌。

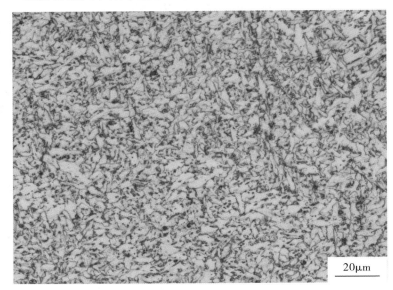

图 4-19　X90 螺旋缝埋弧焊管焊缝金属的光学显微组织

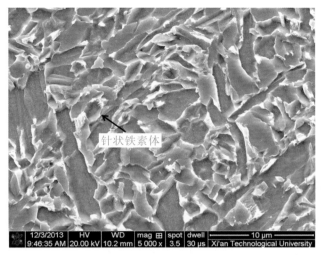

图 4-20　X90 螺旋缝埋弧焊管焊缝金属的 SEM 组织形貌

图 4-21 为 X90 螺旋缝埋弧焊管焊缝金属区显微组织精细结构的 TEM 形貌和电子衍射花样。焊缝金属区的针状铁素体亚结构呈纺锤形片状，结构内位错密度较低，并且取向随机分布。

（a）焊缝区明场像和［110］带轴选区电子衍射花样

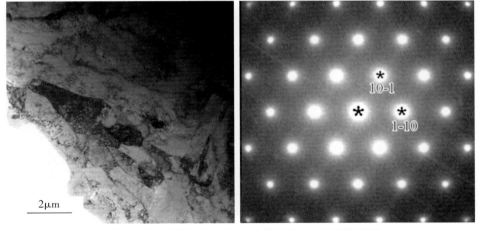

（b）焊缝区明场像和［111］带轴选区电子衍射花样

图 4-21　X90 螺旋缝埋弧焊管焊缝区的明场像和电子衍射花样（体心立方结构）

明场像示出了针状铁素体，针状铁素体的宽度为几百纳米，长度为几微米

4.2.2　热影响粗晶区的显微组织特征

图 4-22 为 X90 直缝埋弧焊管热影响粗晶区的光学显微组织照片。粗晶区原奥氏体晶粒尺寸因热输入而长大,平均晶粒尺寸约为 70μm,相变后的组织以粒状贝氏体组织为主,还有少量的板条状贝氏体组织。

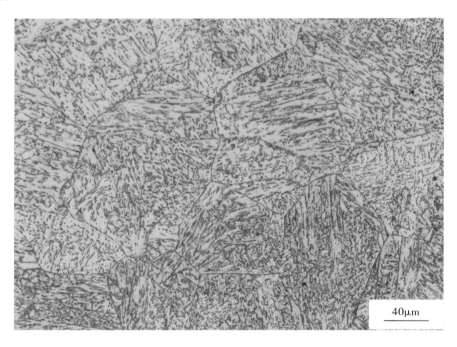

图 4-22　X90 直缝埋弧焊管粗晶区的光学显微组织

图 4-23 和图 4-24 为 X90 直缝埋弧焊管粗晶区的 SEM 显微组织形貌和 M-A 岛及其放大的形貌。可以看出,粗晶区的 GB 组织和 LB 组织大约各占 50%,粗晶区的晶粒非常粗大,在 GB 内 M-A 岛

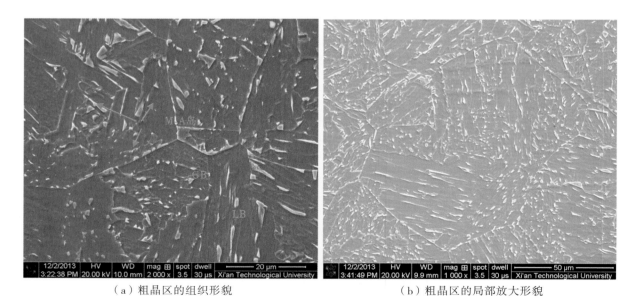

（a）粗晶区的组织形貌　　　　　　　　　（b）粗晶区的局部放大形貌

图 4-23　X90 直缝埋弧焊管粗晶区的 SEM 组织形貌

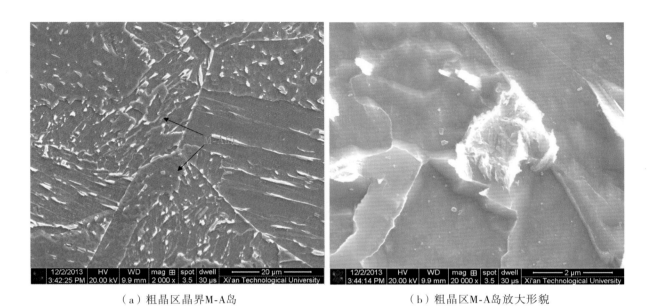

（a）粗晶区晶界M-A岛　　　　　　　　　　　（b）粗晶区M-A岛放大形貌

图 4-24　X90 直缝埋弧焊管粗晶区晶界 M-A 岛及其放大形貌

形貌为不规则的块状,而在 LB 晶粒内 M-A 岛呈长条状分布在板条间。另外,在晶界上分布有断续的 M-A 组织,粗晶区的 M-A 组织比例增加也是导致其冲击韧性降低的一大因素。

图 4-25～图 4-27 为 X90 粗晶区组织、M-A 岛及析出相分析。与母材相比,粗晶区组织以板条状贝氏体为主,平均板条宽度约为 2 μm,粒状贝氏体精细结构则以多边形铁素体为主。在粗晶区的 M-A 岛长大明显,且 M-A 岛内孪晶结构清晰。

（a）板条状贝氏体　　　　　　　　　　　　　（b）粒状贝氏体

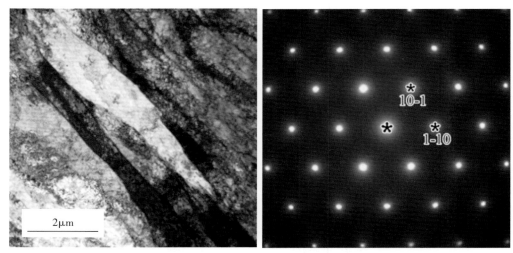

（c）板条状贝氏体　　　　　　　　（d）［111］带轴选区电子衍射花样

图 4-25　X90 粗晶区的明场像和[111]带轴选区电子衍射花样(体心立方结构)

明场像示出了板条状贝氏体和粒状贝氏体，板条状贝氏体宽几百纳米，长约 10μm，粒状贝氏体呈多边形

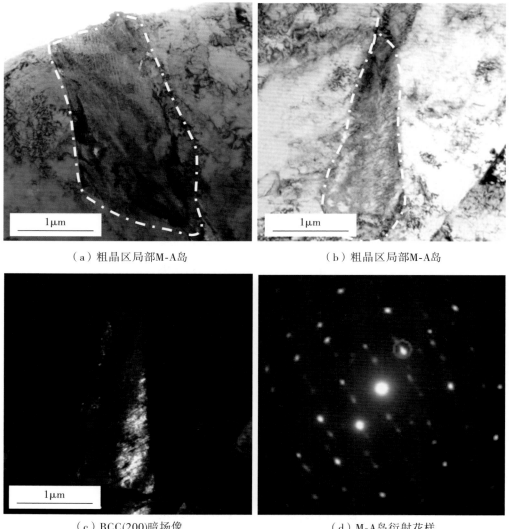

（a）粗晶区局部M-A岛　　　　　　（b）粗晶区局部M-A岛

（c）BCC(200)暗场像　　　　　　（d）M-A岛衍射花样

图 4-26　X90 粗晶区 M-A 岛的明场像、暗场像及衍射花样

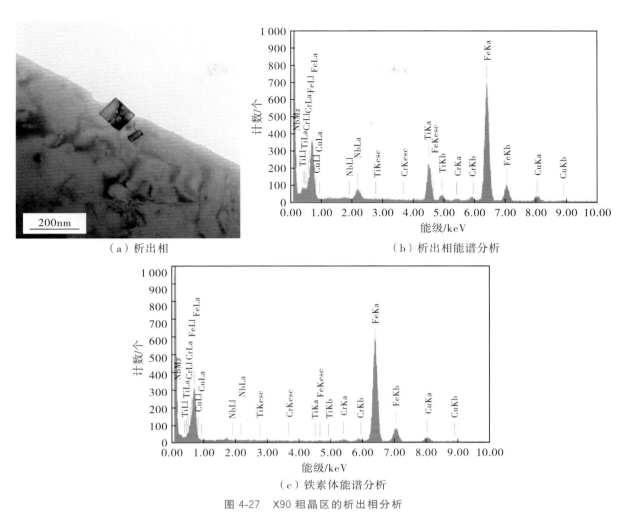

（a）析出相

（b）析出相能谱分析

（c）铁素体能谱分析

图 4-27　X90 粗晶区的析出相分析

析出相尺寸为几十到 100nm，主要成分为 Nb 和 Ti

　　图 4-28 为 X90 螺旋缝埋弧焊管粗晶区的光学显微组织照片。可以看出粗晶区的晶粒粗大，原奥氏体晶界清晰可见，晶内以粒状贝氏体组织为主，板条状贝氏体较少，粗晶区具有较多的 M-A 岛，特别是在晶界或板条界上。

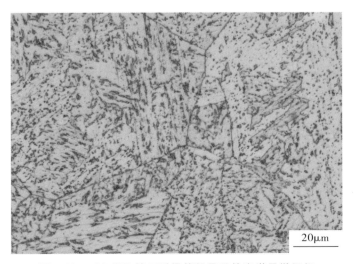

图 4-28　X90 螺旋缝埋弧焊管粗晶区的光学显微组织

　　图 4-29 为 X90 螺旋缝埋弧焊管粗晶区的 SEM 显微组织照片。可以看出在粗晶区，M-A 岛形貌各异，分布在晶界内（GB）、晶界上（LB）以及粗大晶粒的晶界上。

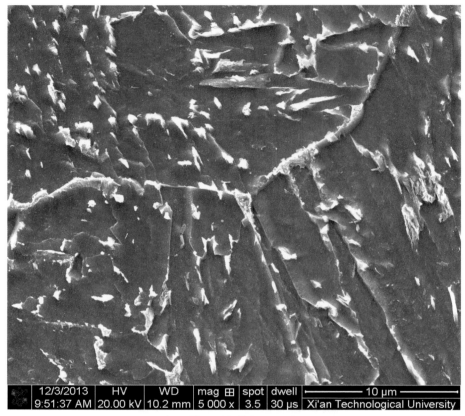

图 4-29　X90 螺旋缝埋弧焊管粗晶区的 SEM 组织形貌

白色颗粒为 M-A 岛

　　图 4-30～图 4-32 分别为 X90 螺旋缝埋弧焊管粗晶区显微组织精细结构的 TEM 形貌。粗晶区亚结构主要为粗大的板条组织，板条宽度在 2 μm 左右，且板条内位错密度较高。

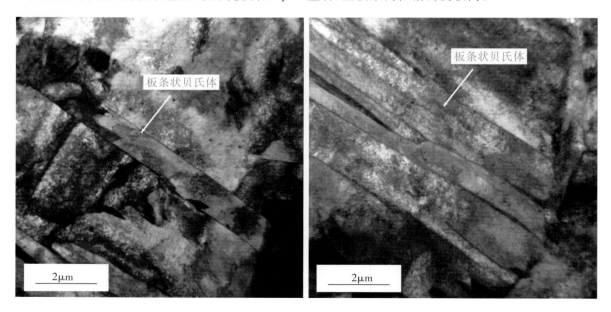

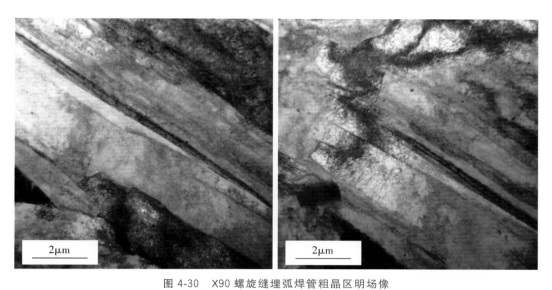

图 4-30　X90 螺旋缝埋弧焊管粗晶区明场像

明场像示出了板条状贝氏体，板条状贝氏体宽几百纳米到几微米，长约十几微米

图 4-31　X90 螺旋缝埋弧焊管粗晶区明场像和[001]带轴选区电子衍射花样（体心立方结构）

明场像示出了粒状贝氏体，粒状贝氏体呈多边形

123

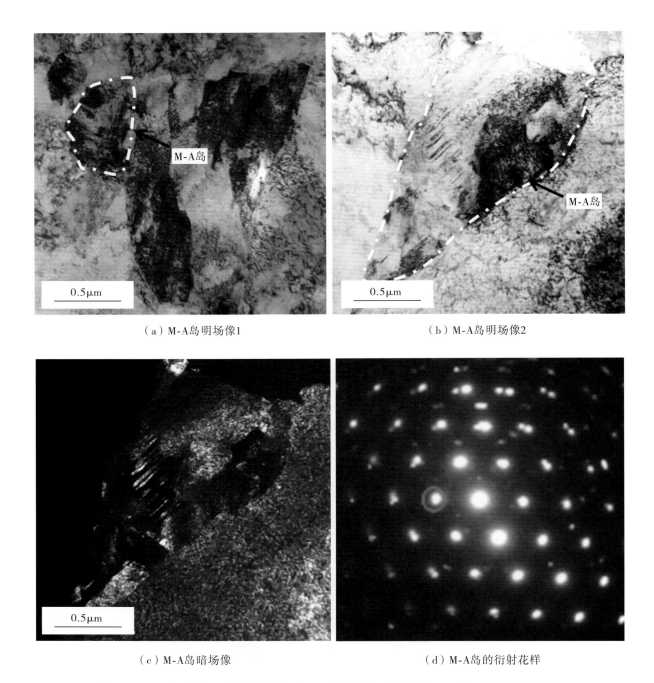

（a）M-A岛明场像1　　　　　　　　　　（b）M-A岛明场像2

（c）M-A岛暗场像　　　　　　　　　　（d）M-A岛的衍射花样

图 4-32　X90 螺旋缝埋弧焊管焊接接头 M-A 岛明场像、暗场像及 BCC[111]带轴衍射花样

4.2.3　热影响细晶区的显微组织特征

　　图 4-33 为 X90 直缝埋弧焊管焊接细晶区的光学显微组织。细晶区的晶粒尺寸非常细小,平均晶粒尺寸小于 10μm,晶界上分布有细小的 M-A 岛状组织。

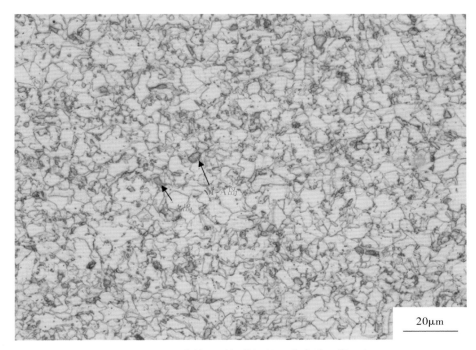

图 4-33　X90 直缝埋弧焊管细晶区的光学显微组织

图 4-34 为 X90 直缝埋弧焊管细晶区的 SEM 组织形貌。可以看出，细晶区的晶粒为等轴形貌，晶粒的平均尺寸小于 5μm，M-A 岛呈块状分布在晶界上，并且与粗晶区的 M-A 岛尺寸相比要小很多。

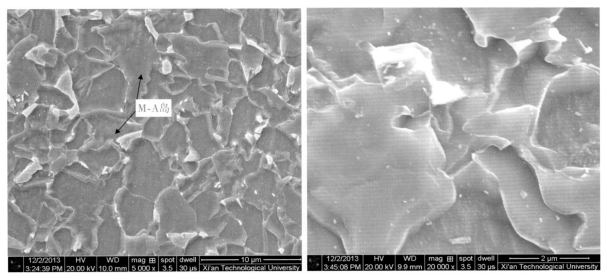

图 4-34　X90 直缝埋弧焊管细晶区的 SEM 组织形貌

图 4-35～图 4-38 为 X90 直缝埋弧焊管细晶区的显微组织、析出相及 M-A 岛的形貌特征。与母材相比，细晶区的晶粒多呈等轴形貌，其中 M-A 岛的尺寸要略粗大一些，M-A 岛内部存在马氏体孪晶形貌，孪晶尺寸非常细小，宽度在 5nm 左右。图 4-39 为 X90 母材显微组织精细结构的 TEM 形貌。母材 TEM 组织为 GB 组织的亚结构的准多边形晶粒，晶粒的平均尺寸小于 2μm，在晶粒内部和晶界附近存在较高密度的位错。在基体上可以观察到方形或球形的析出相粒子。图 4-40 为母材的 M-A 岛的 TEM 明场像、暗场像和选区电子衍射花样。

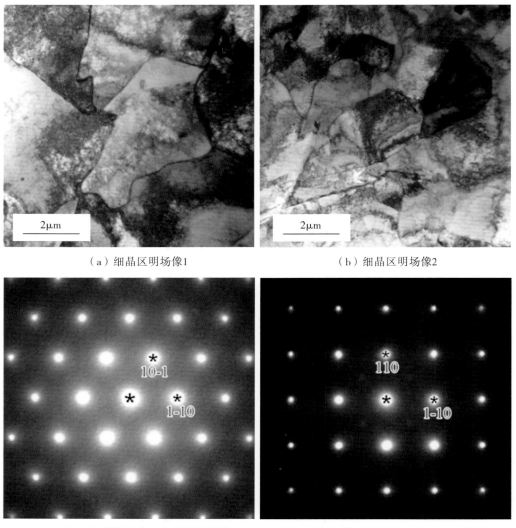

（a）细晶区明场像1　　　　　　　　（b）细晶区明场像2

（c）［111］晶带轴选区电子衍射花样　　　（d）［001］晶带轴选区电子衍射花样

图 4-35　X90 直缝埋弧焊管细晶区的明场像及衍射花样（体心立方结构）

明场像示出了晶粒形貌，晶粒呈多边形和等轴状

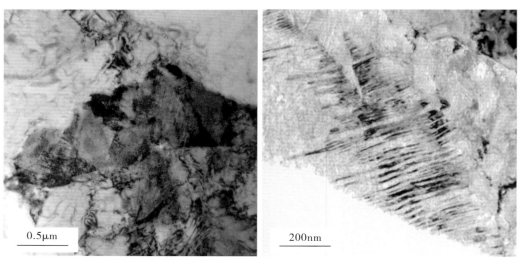

（a）M-A岛明场像1　　　　　　　　（b）M-A岛明场像2

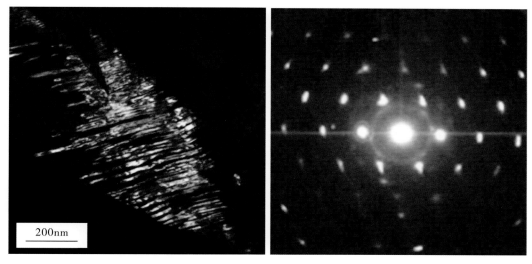

（c）M-A岛暗场像　　　　　　　（d）M-A岛BCC［111］晶带轴衍射花样

图 4-36　X90 直缝埋弧焊管细晶区的 M-A 岛形貌及衍射花样

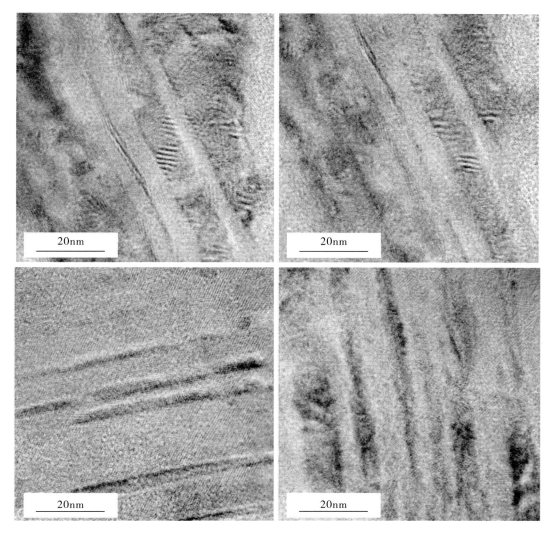

图 4-37　X90 直缝埋弧焊管细晶区的 M-A 岛孪晶 TEM 高分辨形貌

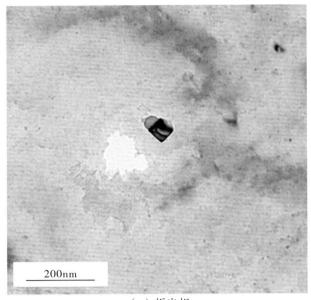

（a）析出相

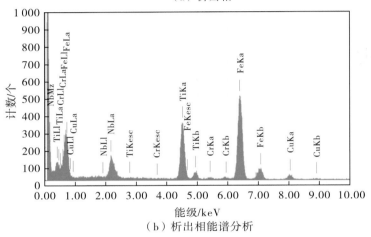

（b）析出相能谱分析

图 4-38　X90 直缝埋弧焊管细晶区的析出相及能谱分析

析出相尺寸为几十纳米，主要成分为 Nb 和 Ti

（a）明场像1　　　　　　　　　　　　　（b）明场像2

（c）明场像3　　　　　　　　　　　　（d）析出相

图 4-39　X90 母材显微组织精细结构的 TEM 形貌

示出了粒状贝氏体和析出相；粒状贝氏体大多呈多边形，少量呈条状

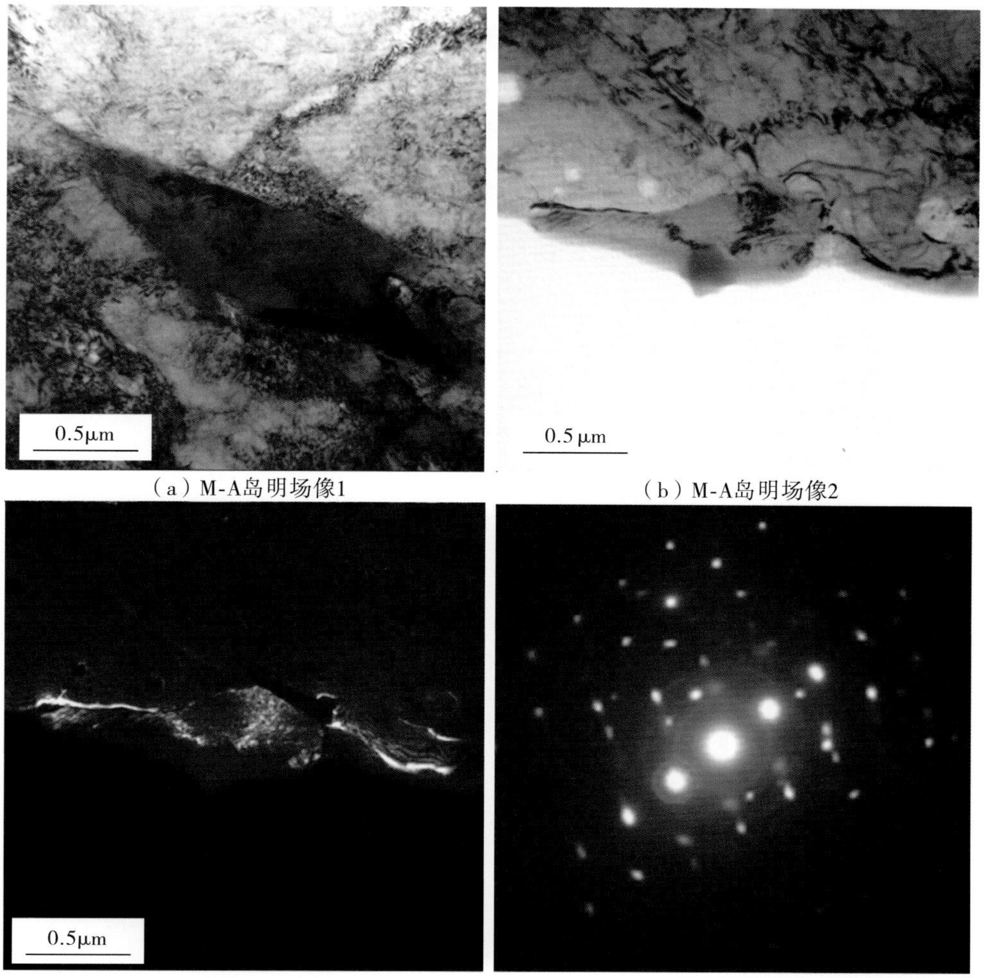

（a）M-A岛明场像1　　　　　　　　　　（b）M-A岛明场像2

（c）M-A岛暗场像　　　　　　　　　　（d）M-A岛电子衍射花样

图 4-40　X90 母材的 M-A 岛和对应的明场像、暗场像和选区电子衍射花样

M-A 岛衍射花样 BCC（1T0）晶带轴

图 4-41 为 X90 螺旋缝埋弧焊管细晶区的光学显微组织照片。细晶区以细小铁素体为主，晶粒尺寸约为 10μm，细小的 M-A 岛分布在晶界上。

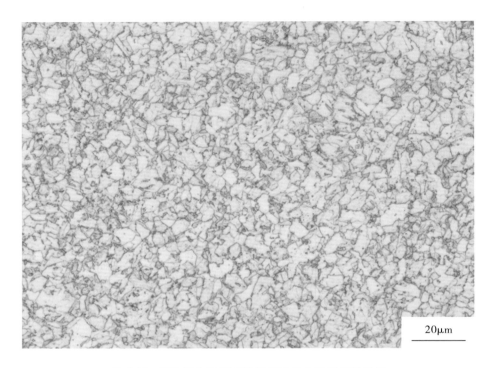

$$20\mu m$$

图 4-41　X90 螺旋缝埋弧焊管细晶区的光学显微组织

图 4-42 和图 4-43 分别为相应的 X90 螺旋缝埋弧焊管细晶区显微组织和析出相的 SEM 形貌。可以看出在细晶区的显微组织上分布有细小的纳米级析出相，析出相呈球形。M-A 岛主要分布在晶界处。

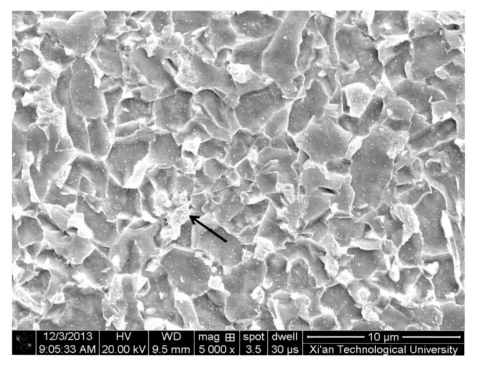

图 4-42　X90 螺旋缝埋弧焊管细晶区的 SEM 组织形貌

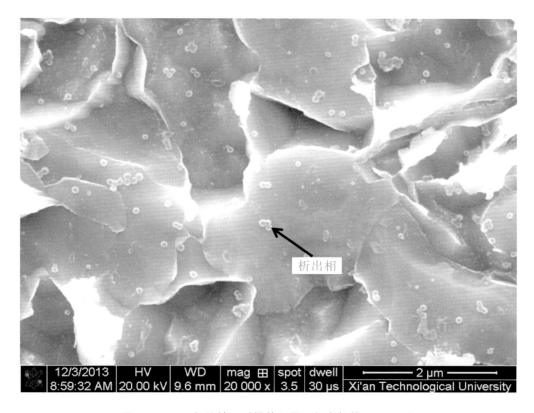

图 4-43　X90 螺旋缝埋弧焊管细晶区析出相的 SEM 形貌

　　图 4-44 和图 4-45 分别为 X90 螺旋缝埋弧焊管焊接接头细晶区的显微组织精细结构和 M-A 岛的 TEM 形貌。细晶区多边形铁素体的晶粒尺寸约为 $2\,\mu m$，晶界处具有较高的位错亚结构，个别位置可观察到位错胞结构。而 M-A 岛的形貌不规则，在 M-A 岛内可观察到孪晶结构的马氏体，且存在较高的位错密度。

（a）细晶区明场像　　　　　　　　　　　（b）细晶区位错结构

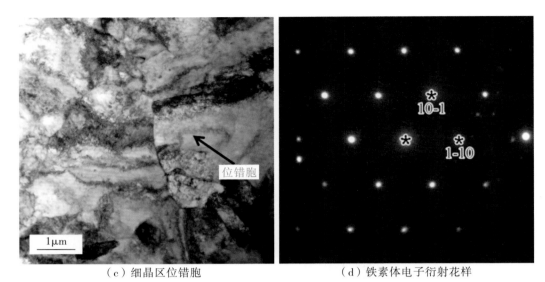

（c）细晶区位错胞　　　　　　　　（d）铁素体电子衍射花样

图 4-44　X90 螺旋缝埋弧焊管细晶区的 TEM 明场像和[111]带轴选区电子衍射花样

明场像示出了粒状贝氏体，粒状贝氏体大多呈多边形

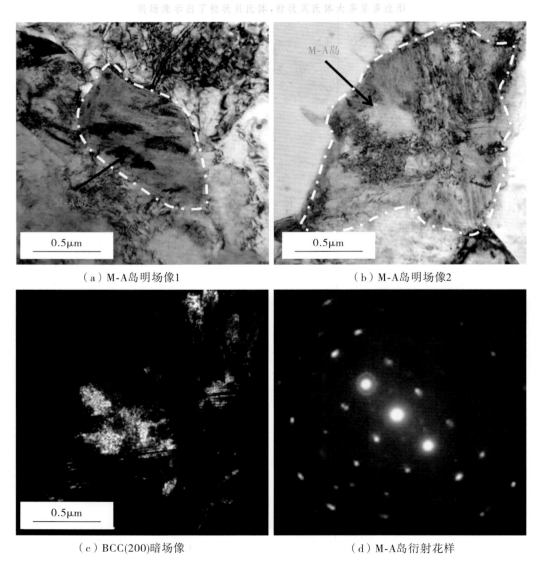

（a）M-A岛明场像1　　　　　　　　（b）M-A岛明场像2

（c）BCC(200)暗场像　　　　　　　（d）M-A岛衍射花样

图 4-45　X90 螺旋缝埋弧焊管细晶区的 M-A 岛及其衍射花样

4.3　X100 管线管焊接接头的显微组织分析

4.3.1　焊缝的显微组织特征

图 4-46 为 X100 管线管焊缝金属的光学显微组织 SEM 形貌。焊缝金属区为针状铁素体组织，晶粒尺寸细小，放大后可以在基体上观察到球形颗粒。这些颗粒主要为含有 Ca、Si 和 Mg 的氧化物，在焊缝凝固的过程中作为针状铁素体形核质点，促进针状铁素体形核。图 4-47 为 X100 管线管焊缝金属显微组织精细结构的 TEM 形貌。

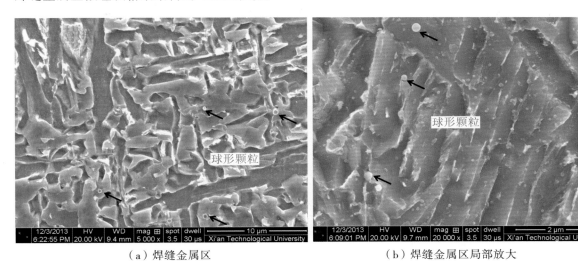

（a）焊缝金属区　　　　　　　　　　（b）焊缝金属区局部放大

图 4-46　X100 管线管焊缝金属的光学显微组织 SEM 形貌

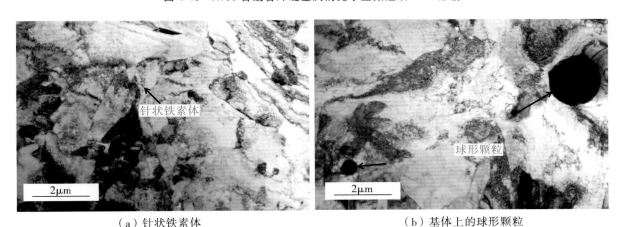

（a）针状铁素体　　　　　　　　　　（b）基体上的球形颗粒

图 4-47　X100 管线管焊缝金属显微组织精细结构的 TEM 形貌

图 4-48 和图 4-49 分别为 X100 管线管焊接接头熔合线处的光学显微组织照片和 SEM 形貌。可以看出焊接金属区的晶粒尺寸细小，热影响区的组织明显粗大。熔合线组织是基体母材组织到焊缝凝固结晶组织的过渡区，可以明显地看出焊缝柱状晶晶界沿母材晶粒产生的现象，并且可以清楚地观察到焊缝柱状晶晶界为母材在熔合线处晶界的延长。这说明，熔合线处的原奥氏体晶粒的尺寸对焊缝柱状晶的宽度尺寸具有直接的影响。部分熔合线的界面处，可以清楚地观察到焊缝柱状晶晶界与母材热影响区晶粒晶界的连续性。

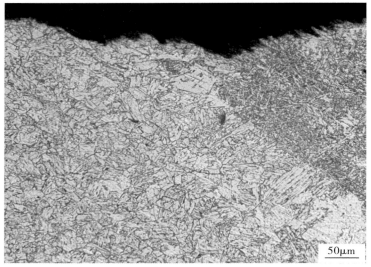

（a）熔合线附近的显微组织1

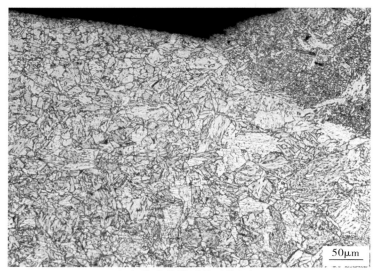

（b）熔合线附近的显微组织2

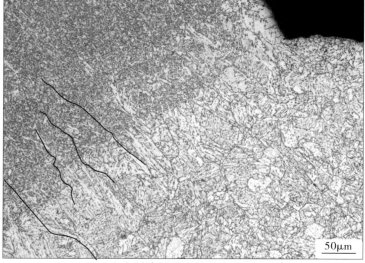

（c）熔合线附近的显微组织3

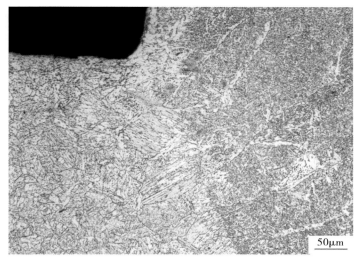

（d）熔合线附近的显微组织4

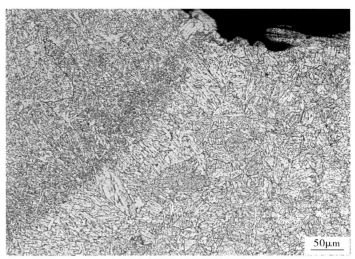

（e）熔合线附近的显微组织5

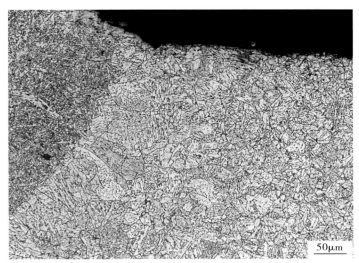

（f）熔合线附近的显微组织6

图 4-48　X100 管线管焊接接头熔合线处的光学显微组织

可以清楚地观察到焊缝柱状晶晶界与热影响区晶界的连续性

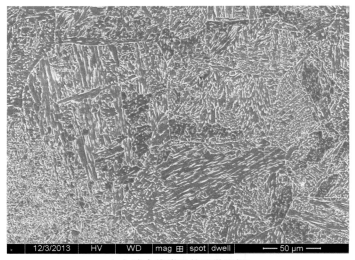

（a）熔合线附近的显微组织1

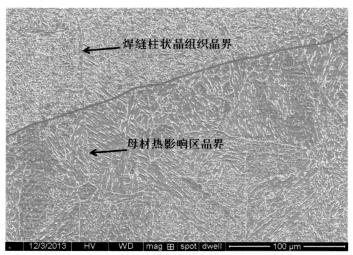

（b）熔合线附近的显微组织2

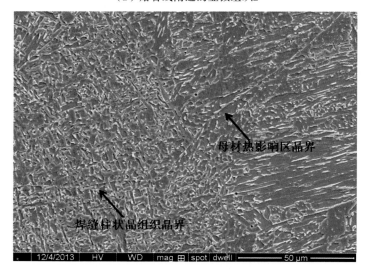

（c）熔合线附近的显微组织3

图 4-49　X100 管线管焊接接头熔合线处的显微组织 SEM 形貌

放大后可以清楚地观察到母材热影响区晶界与焊缝柱状晶晶界的连续性

4.3.2　热影响粗晶区的显微组织特征

X100 热影响区由粗晶区和细晶区 2 部分组成。粗晶区的晶粒粗大,靠近熔合线;而细晶区的晶粒细小均匀,与母材基体连接。粗晶区组织为过热组织,组织中的晶粒因焊接热输入而急剧长大。过热组织的一个主要特征是晶粒粗大、晶界宽化。从金相组织照片可以显著地观察到晶界的宽化特征。另外,原奥氏体晶界很清晰,晶粒尺寸可长大到近 $100\mu m$,晶粒内的亚结构由粒状贝氏体束和板条状贝氏体组成。板条状贝氏体非常粗大,板条之间的 M-A 岛为长条状,平行于相邻的两板条,而粒状贝氏体束中的 M-A 岛为颗粒状。

图 4-50 为一种 X100 管线管焊接接头热影响粗晶区的金相组织照片。粗晶区的奥氏体晶粒尺寸粗大,平均在 $50\mu m$ 以上,晶粒内为板条结构或岛状结构。

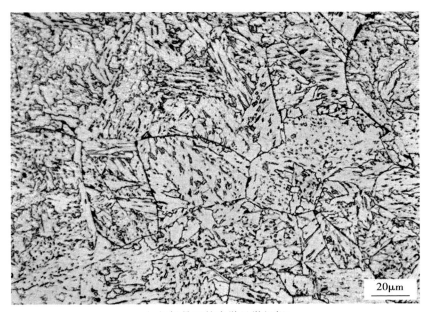

（a）粗晶区的光学显微组织1

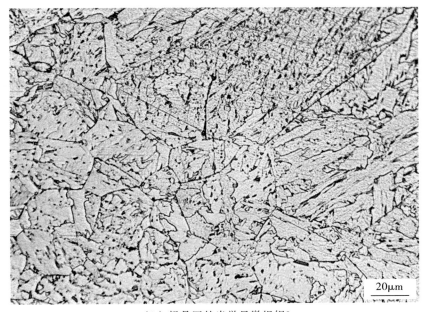

（b）粗晶区的光学显微组织2

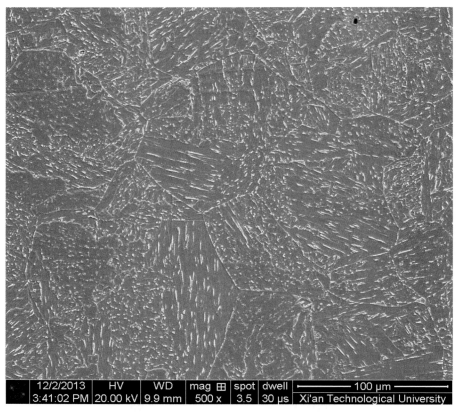

（c）粗晶区的SEM显微组织1

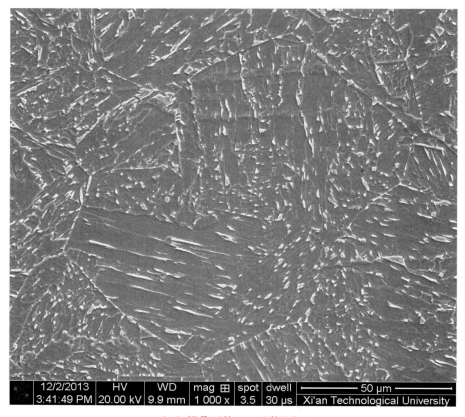

（d）粗晶区的SEM显微组织2

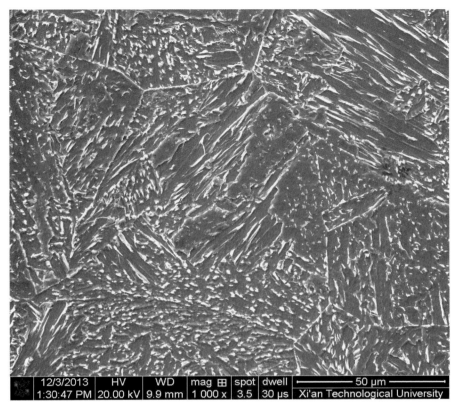

（e）粗晶区的SEM显微组织3

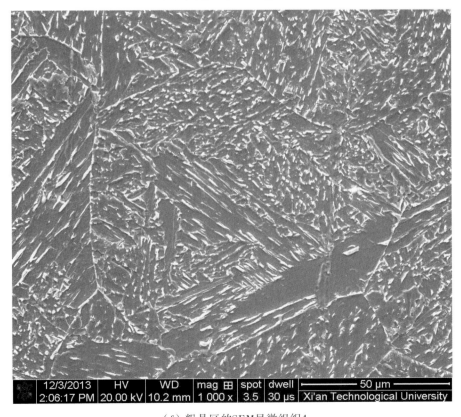

（f）粗晶区的SEM显微组织4

图 4-50　X100 管线管焊接接头粗晶区的金相组织

图 4-51 为一种 X100 管线管焊缝粗晶区的 M-A 岛组织的 SEM 形貌。可以看出 M-A 岛组织较为粗大，在板条间表现为细长条状，而在 GB 内和晶界上则呈多边形特征。

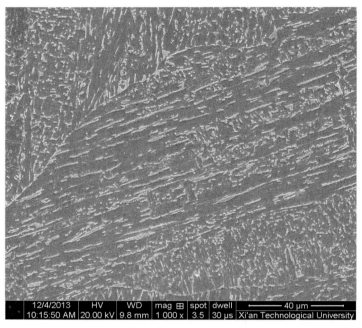

（a）长条状M-A岛组织

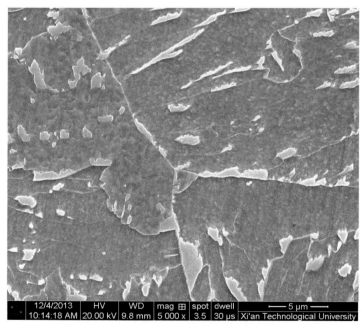

（b）块状M-A岛组织

图 4-51　X100 管线管焊缝粗晶区的 M-A 岛组织的 SEM 形貌

粗大的奥氏体晶粒被粒状贝氏体和板条状贝氏体分割。板条结构中 M-A 岛呈长条状，
粒状贝氏体中为岛状，原奥氏体晶界上 M-A 岛呈断续链状

为了观察 X100 管线管热影响粗晶区组织的精细结构，利用 TEM 分析手段，进行了热影响区亚结构分析。图 4-52 为一种 X100 管线管焊缝粗晶区的组织亚结构。可以看出粗大的贝氏体板条宽度约为 3 μm，在板条间可以观察到 M-A 岛，M-A 岛的长轴方向尺寸在 3 μm 左右。

（a）贝氏体板条束

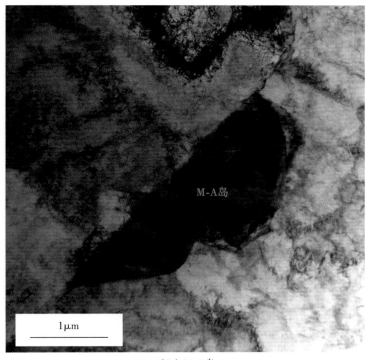

（b）M-A岛

图 4-52　X100 管线管焊缝粗晶区的组织亚结构

粗大的贝氏体板条宽度在 3μm 以上，在板条之间界面上可以观察到 M-A 岛组织

　　图 4-53 为一种 X100 管线管焊缝粗晶区贝氏体板条的精细结构。X100 管线管焊缝粗晶区的精细结构由粗大的板条组成，板条宽度在 2μm 左右，从 TEM 连拍照片可以测出贝氏体板条的长度可达 18μm。这些粗大的贝氏体板条可以提高粗晶区的强度，但对其韧性有不利的影响。

图 4-53　X100 管线管焊缝粗晶区贝氏体板条的精细结构

　　图 4-54 和图 4-55 均为 X100 管线管焊缝粗晶区的 TEM 组织形貌。可以看出粗晶区的组织相对粗大,多为板条状贝氏体。板条宽度小于较低钢级管线钢粗晶区的贝氏体板条宽度,在板条间可以观察到呈薄膜形貌的残余奥氏体,平行于贝氏体板条,但宽度仅有 0.1μm,这些薄膜状的残余奥氏体可以提高贝氏体板条的韧性,从而改善热影响区的冲击韧性。M-A 岛呈条状分布在贝氏体板条的界面上。

（a）贝氏体板条

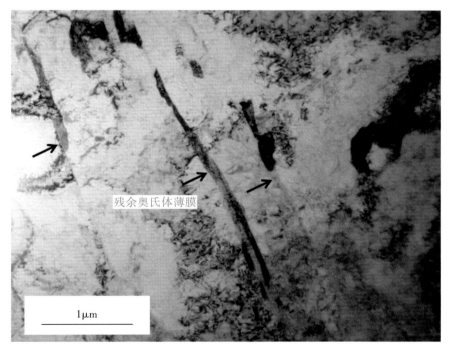

（b）残余奥氏体

图 4-54　X100 管线管焊缝粗晶区的显微组织 TEM 形貌

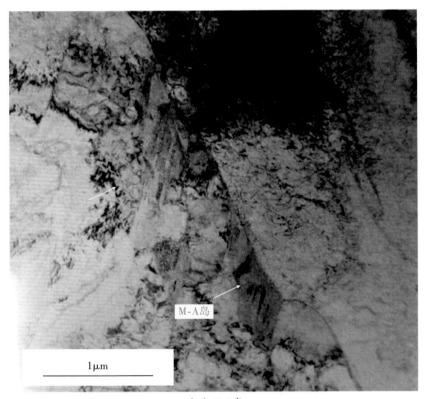

（a）M-A岛

（b）M-A岛的精细结构

图 4-55　X100 管线管焊缝粗晶区 M-A 岛的 TEM 形貌

图 4-56 为一种 X100 管线管热影响粗晶区的 SEM 形貌。可以看出,粗晶区的晶粒粗大,且以板条结构为主,在板条和晶界上可以观察到 M-A 岛,特别是在晶界上呈断续链状围绕在晶粒周围。

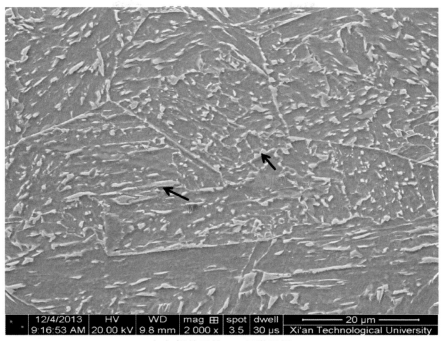

（a）粗晶区的SEM显微组织1

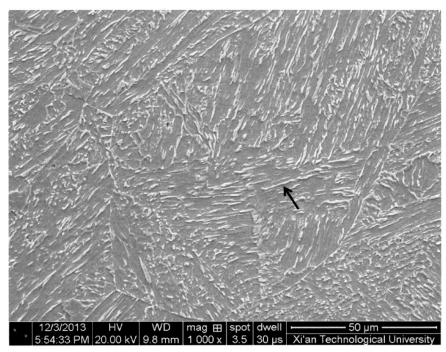

（b）粗晶区的SEM显微组织2

图 4-56　X100 管线管粗晶区的 SEM 形貌

图 4-57 和图 4-58 均为 X100 管线管焊缝粗晶区显微组织精细结构的 TEM 形貌。粗晶区的亚结构为粗大的贝氏体板条,板条内具有较高的位错密度,在板条内部可以观察到因热输入而形成的

大尺寸碳化物,并且在晶界上可观察到呈链状分布的 M-A 岛。该 M-A 岛起源于贝氏体晶界,而在板条间生长,形貌类似倒三角形,但尺寸较小。而另一些 M-A 岛呈细长条状分布在板条之间,这些 M-A 岛的形成极大地降低了粗晶区的韧性。

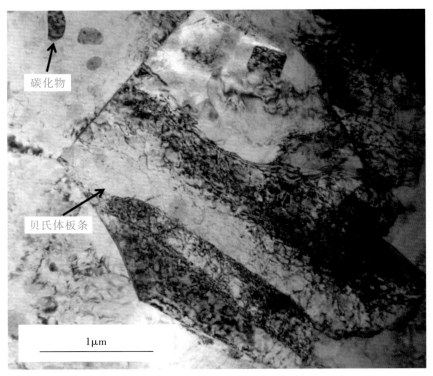

（a）贝氏体板条

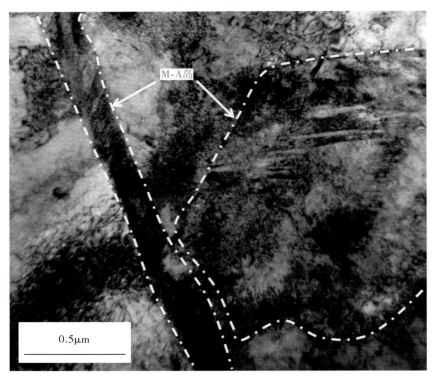

（b）M-A岛组织

图 4-57　X100 管线管焊缝粗晶区显微组织的 TEM 形貌

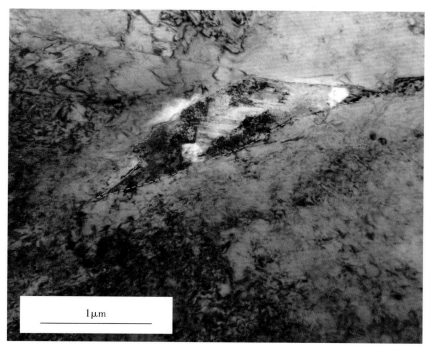

（a）M-A岛明场像

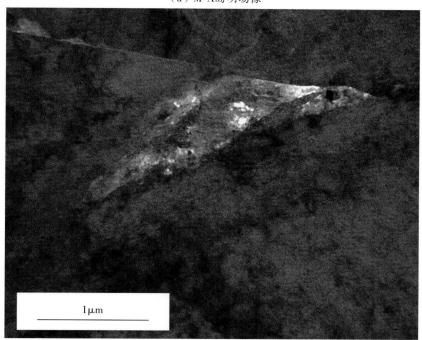

（b）M-A岛暗场像

图 4-58　X100 管线管焊缝粗晶区 M-A 岛组织的 TEM 形貌

4.3.3　热影响细晶区的显微组织特征

图 4-59 为 X100 管线管焊缝热影响细晶区的金相组织照片。可以看出，细晶区的晶粒细小均匀，平均晶粒尺寸约为 5 μm。

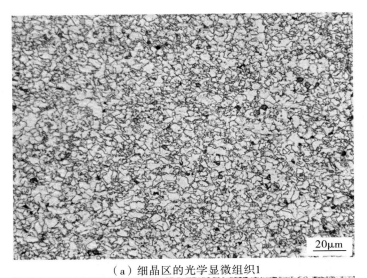

（a）细晶区的光学显微组织1

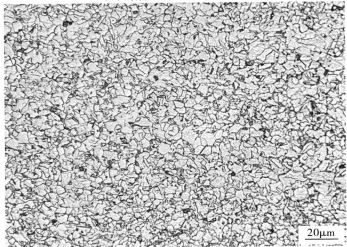

（b）细晶区的光学显微组织2

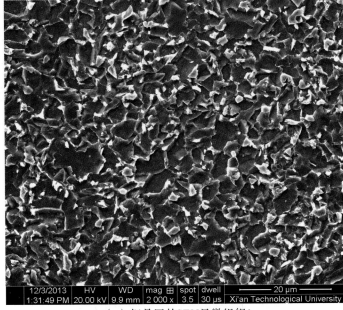

（c）细晶区的SEM显微组织1

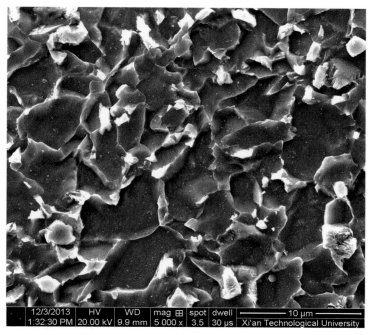

（d）细晶区的SEM显微组织2

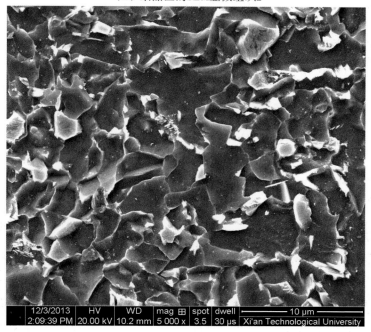

（e）细晶区的SEM显微组织3

图 4-59　X100 管线管焊缝细晶区的等轴细晶组织形貌

　　图 4-60 为一种 X100 管线管焊缝细晶区的 TEM 组织形貌。细晶区的组织与粗晶区不同,该区组织是由大量的多边形或等轴状晶粒组成的,晶粒尺寸为 $2\sim5\,\mu m$,晶粒内可以观察到大量的析出相粒子,单位位错密度较低,主要是由于位错因焊接热输入而发生了滑移湮灭。细晶区的 M-A 岛分布在多边形铁素体晶粒之间,M-A 岛尺寸在 $2\,\mu m$ 以下,远小于粗晶区的 M-A 岛尺寸。由此说明,M-A 岛在焊接过程中存在明显的长大,这也是热影响区冲击韧性降低的一个原因。

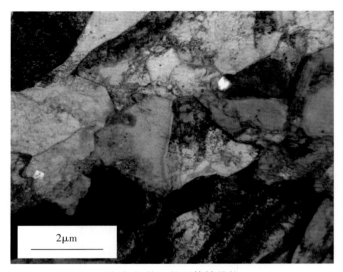

（a）细晶区的近等轴晶粒

（b）细晶区的多边形晶粒

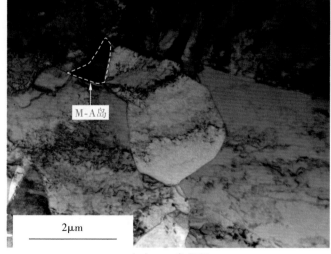

（c）M-A岛组织

图 4-60　一种 X100 管线管焊缝细晶区的 TEM 组织形貌

细晶区的晶粒为均匀近等轴晶粒，尺寸在 2μm 左右，M-A 岛大都分布在等轴晶的晶界处

图 4-61 为 X100 管线管焊缝热影响细晶区的 TEM 组织形貌。可见细晶区由多边形的晶粒组成,大晶粒的尺寸约为 5μm,在大晶粒之间可观察到呈片状的类似马氏体结构的组织。片状组织内部是由大量的细小板条组成的,这种结构组织具有较高的强度,能够提高细晶区的强度水平。

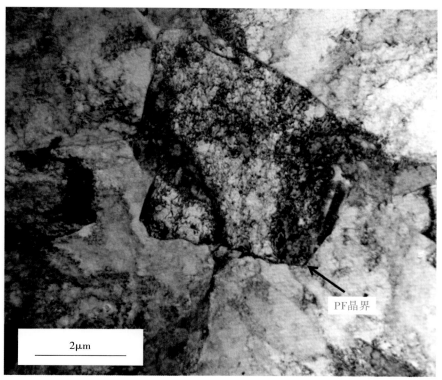

（a）多边形铁素体和晶内位错

（b）板条状组织

图 4-61　X100 管线管焊缝细晶区的 TEM 形貌

  图 4-62 为 X100 螺旋缝埋弧焊管焊缝热影响细晶区的金相组织 SEM 形貌。可以看出,细晶区为类等轴晶粒的铁素体组织,晶粒细小,M-A 岛主要分布在三叉晶界处。图 4-63 为 X100 螺旋缝埋弧焊管焊缝热影响细晶区的显微组织精细结构的 TEM 形貌。

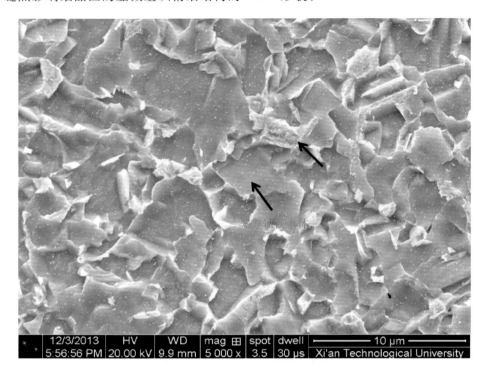

图 4-62 X100 螺旋缝埋弧焊管焊缝细晶区的金相组织 SEM 形貌

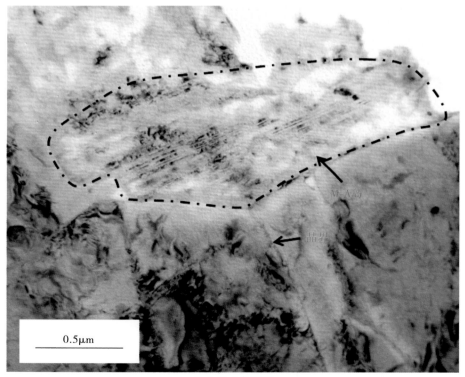

（a）M-A岛组织

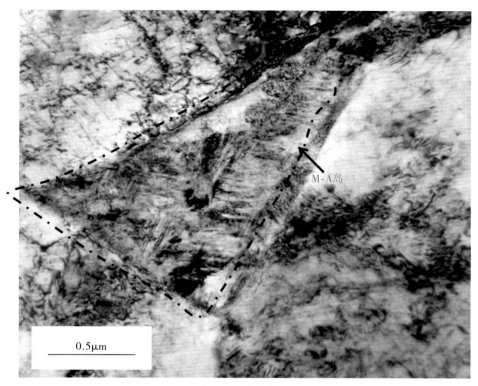

（b）M-A岛组织

图 4-63　X100 螺旋缝埋弧焊管焊缝细晶区显微组织的 TEM 形貌

参 考 文 献

[1] 冯耀荣,高惠临,霍春勇,等. 管线钢显微组织的分析与鉴别[M]. 西安:陕西科学技术出版社,2008.

第 **5** 章
超高钢级管线钢显微组织的影响因素

　　20世纪60年代初,美国的Cohen教授在提倡建立"材料科学与工程"学科时,为形象地说明该学科的内涵,把材料的成分/结构、合成/加工、性质、服役性能画成一个四面体[1],如图5-1所示。前三者构成底面三角形,后者分别是四面体的顶点。Cohen教授的"四面体"突出强调了在特定服役条件下材料的服役性能。国际材料科学界对Cohen的"四面体"模式有着极高的评价,认为它推动了材料科学和相关的航空、航天与装备制造业突飞猛进的发展,具有里程碑式的意义。Cohen"材料科学与工程"四面体的内涵有2个方面:①某一机件的材料,要从服役条件出发,确定材料需要具备的服役性能;②要研究该服役性能与材料的成分/结构、合成/加工、性质(材料的基本性能)的关系。其实,西安交通大学周惠久院士早在20世纪50年代就提出了"从服役条件出发"的学术思想。周惠久在他的《金属材料强度学》著作中强调指出:"从一种机件或构件的具体服役条件出发,通过典型的失效分析,找出造成材料失效的主导因素,确立衡量材料对此种失效抗力的判据(即相应的强度性能指标),据此选择最合适的材料成分、组织、状态及相应的加工、处理工艺,从材料的角度保证机件的短时承载能力和长期使用寿命……"[2]周惠久在这里所说的失效抗力判据,在他的其他著作中又称为"服役性能"。可见,周惠久"从服役条件出发"的思路与Cohen的"材料科学与工程"四面体异曲同工。李鹤林院士创造性地将周惠久院士的材料强度理论用于石油机械及石油管工程,把深入研究石油管的服役行为和失效机理作为首要任务,使石油管的应用基础研究逐步发展为石油管的力学行为、石油管的环境行为、石油管失效控制及预测预防、材料成分/结构—合成/加工—性质与服役性能的关系4个领域,并成为有机整体,形成了"石油管工程学"的新概念。其内涵与周惠久"从服役条件出发"的学术思想是一脉相承的,与Cohen的材料科学与工程"四面体"的内涵也完全一致。

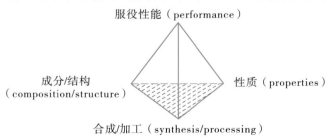

图 5-1　"材料科学与工程"四面体

　　从材料科学与工程"四面体"出发,可以看出,材料的显微组织是由材料的化学成分体系和加工工艺所决定的,材料的显微组织类型又决定了材料的力学行为。因此,研究材料组织的形成至关重要。

　　本章将详细介绍化学成分、制造工艺以及制造服役过程中的应变时效对管线管显微组织的影响。

5.1　化学成分对超高钢级管线钢显微组织的影响

　　API 5L管线钢的合金设计是基于低C-Mn-Si合金化而发展起来的,这种合金化已成熟应用于

API 5LB 和 X42 管线钢的生产。采用添加小于 0.065% 的单一微合金元素或复合微合金化；再根据钢板厚度、轧机能力等添加少量的合金元素（Cu、Ni、Cr）可生产 API X52～X70。在 API 管线钢生产中应用的主要微合金化元素是 Nb。为获得更高的强度，V 微合金化作为辅助作用也被广泛使用。在不考虑轧制工艺条件下，C-Mn-Si 微合金钢的组织类型是铁素体/珠光体，这种合金化/组织设计的制造成本最低。

较高强度的 X70 及以上的高钢级管线钢的合金设计，或为补偿轧机能力而进行的 X65 钢级的合金设计都是以微合金化的 C-Mn-Si 钢为基础，同时添加少量的 Cu、Ni、Cr 等元素（既可单独添加，也可复合添加，总量应小于 0.6%），再添加少量 Mo 元素（最大量 0.3%）而进行合金设计的。Mo 合金化与合适的轧制、冷却工艺结合可获得铁素体/针状铁素体组织。在非 Mo 合金化情况下，通过添加总量达到 0.11% 的 Nb 也可获得该组织，因为这种钢可在较高的终轧温度条件下实现材料的生产，因此被称为 HTP 技术。

通过增加 Mn、Cu、Ni、Cr、Mo 元素的含量，以及采用 B 微合金化技术已可生产 API X100 及 API X120 高钢级管线钢。这种合金设计会导致其他类型的贝氏体组织以及少量的马氏体出现，从而降低钢的焊接性能，也使材料的制造成本增加。

选择 9 种典型成分的 X80、X90、X100 管线钢，比较化学成分对管线钢组织的影响。这 9 种管线钢的化学成分如表 5-1 所示。

表 5-1　几种不同化学成分的管线钢

编号	钢　级	C /%	Si /%	Mn /%	P /%	S /%	Cr＋Mo＋Ni＋Cu /%	Nb＋V＋Ti /%
1#	X80	0.60	0.09	1.85	0.009 3	0.002 5	0.69	0.006 3
2#		0.04	0.21	1.60	0.005 8	0.001 7	0.75	0.120
3#		0.06	0.24	1.70	0.004 3	0.001 5	0.61	0.07
4#	X90	0.06	0.25	1.90	0.007 3	0.001 8	1.12	0.087
5#		0.05	0.2	1.80	0.006 5	0.001 3	0.76	0.096
6#		0.04	0.3	1.90	0.008 0	0.002 0	1.15	0.145
7#		0.06	0.24	1.90	0.006 0	0.001 9	1.12	0.087
8#	X100	0.06	0.21	1.95	0.005 5	0.001 2	1.17	0.098
9#		0.05	0.26	2.0	0.007 0	0.001 4	1.46	0.136

图 5-2 为 1# 和 2# X80 管线钢不同厚度位置的金相组织照片。1# X80 管线钢采用以 Mo 为特征的合金设计方法，Mo 能降低过冷奥氏体的相变温度，抑制 PF 的形成，促进针状铁素体转变，因而材料表层和内部的组织较为一致，为细小的 GB 组织，在局部区域含有少量的 PF 和 QF。2# X80 管线钢采用高 Nb 合金化技术，通过 HTP 生产工艺获得。在高温形变后的冷却过程中，Nb 在晶界偏聚会阻碍新相的形成，如图 5-3 所示，从而降低 $\gamma \rightarrow \alpha$ 相变温度，抑制 PF 相变，促进 AF 的形成，因而材料的表层和内部组织较为近似，其组织主体为 GB，含少量的 QF，并有少量的岛状组织呈白色颗粒状和黑色点状分布。图 5-4 和图 5-5 分别为板条状和不规则块状的 GB 或 QF 和岛状组织的 TEM 形貌。1#、2# X80 管线钢的屈服强度分别为 640MPa 和 610MPa，其冲击功分别为 340J 和 370J。这 2 种不同的合金设计方法，都可以使管线钢具有优良的强韧性匹配。

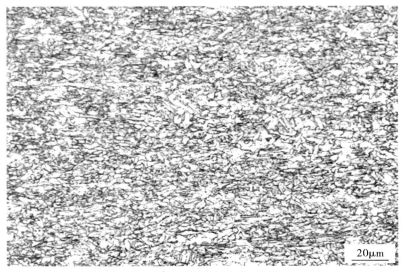

（a）1#X80管线钢近表层组织

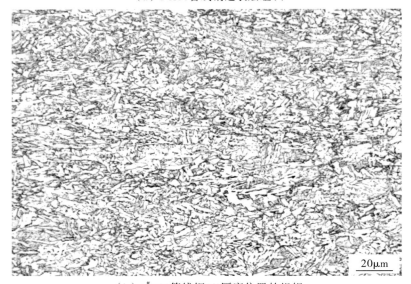

（b）1#X80管线钢1/2厚度位置的组织

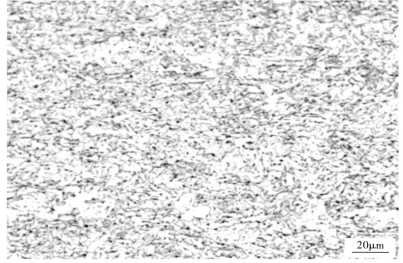

（c）2#X80管线钢近表层组织

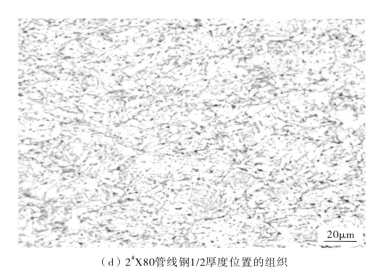

（d）2#X80管线钢1/2厚度位置的组织

图 5-2 1#、2#X80 管线钢不同厚度位置的显微组织

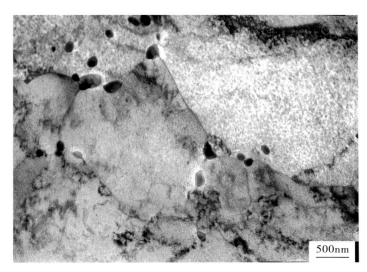

图 5-3 2#X80 管线钢的碳氮化合物析出

图 5-4 板条状和不规则块状的 GB 或 QF

157

图 5-5　板条 GB 之间的岛状组织

　　图 5-6 和图 5-7 分别为表 5-1 中 3#和 4#X90 管线钢不同厚度位置的金相组织照片。由于 4#钢比 1#钢多添加了 0.3％的 Cr 元素，其淬透性明显要好于 3#钢，截面近表层的显微组织与 1/2 厚度位置的显微组织非常近似。而 1#管线钢 1/2 厚度位置的晶粒尺寸明显大于表面，表面为 GB 组织，1/2 厚度位置为 GB＋PF 组织，且 PF 的比例和尺寸显著大于表面，且心部 M-A 岛的尺寸要大于表面 M-A 岛的尺寸。这说明，由于 Cr 元素的添加，4#管线钢在轧后 ACC 加速冷却时的淬透性要优于 1#管线钢，1/2 厚度位置 PF 含量的增加是淬透性降低的特征。

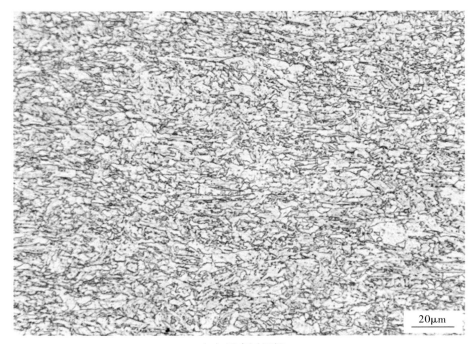

（a）近表层组织

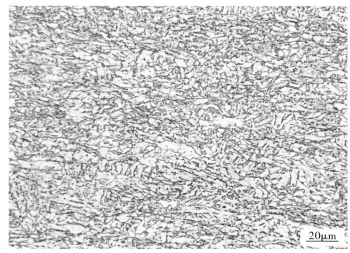

（b）1/2厚度位置的组织

图 5-6 3#X90 管线钢不同厚度位置的显微组织

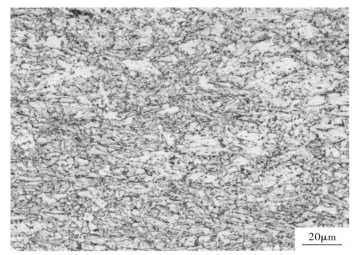

（a）近表层组织

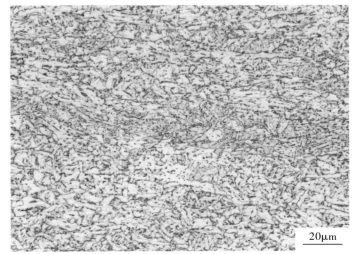

（b）1/2厚度位置的组织

图 5-7 4#X90 管线钢不同厚度位置的显微组织

　　图 5-8 和图 5-9 分别为表 5-1 中 5# 和 6# X90 管线钢不同截面厚度位置的金相组织照片。3# ～ 6# 管线钢,其中 Nb 元素的含量(质量分数)分别为 0.05%、0.06%、0.08% 和 0.09%。Nb 元素的含量依次升高,Nb 元素具有显著细化晶粒尺寸的作用,并且从图 5-6～图 5-9 的金相组织照片中也可以看出。随着钢中 Nb 元素含量的增加,管线钢的晶粒尺寸明显减小,晶粒细化作用非常明显。

(a)近表层组织

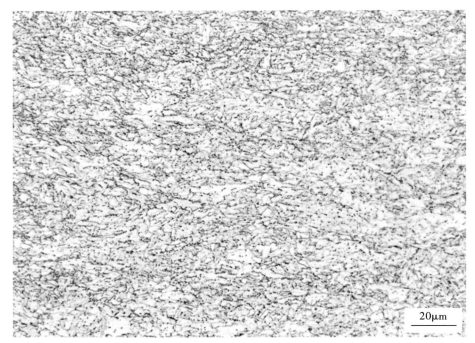

(b)1/2厚度位置的组织

图 5-8　5# X90 管线钢不同厚度位置的金相组织

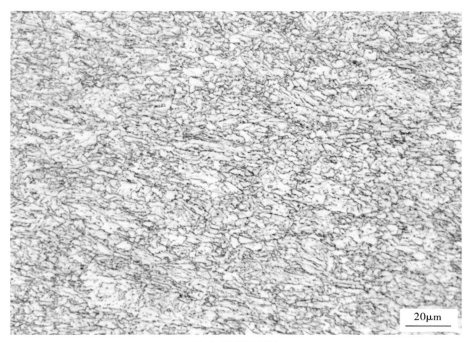

（a）近表层组织

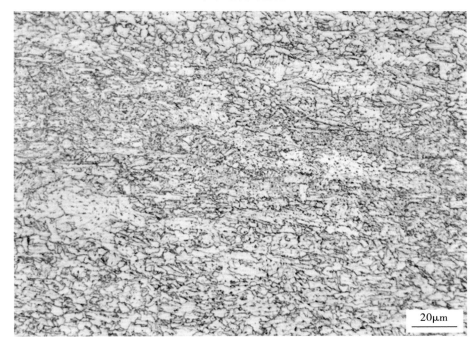

（b）1/2 厚度位置的组织

图 5-9　6# X90 管线钢不同厚度位置的金相组织

图 5-10 和图 5-11 分别为不同 Nb 和 Ti 含量的 X90 管线钢的 SEM 显微组织照片。如图 5-10 所示管线钢的 Nb 含量为 0.05%，Ti 含量为 0.023%，其显微组织为 GB＋M-A 岛，在高倍（20 000×）下可以观察到大量的二次相粒子析出。析出相形貌以方形粒子为主，含少量的球形粒子，方形析出相为 Ti(C,N)，而球形析出相为 Nb(C,N)。如图 5-11 所示管线钢的 Nb 含量为 0.09%，Ti 含量为 0.014%，显微组织以 GB 为主，含少量的 PF 组织，在高倍下同样可以

观察到大量的析出相粒子,其尺寸要小于图 5-10 中的析出相尺寸,且其形貌呈球形。也就是说,其析出相主要为含 Nb 的碳氮化物。

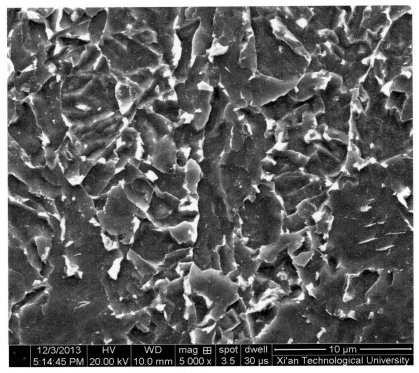

（a）5 000×

（b）20 000×

图 5-10　4[#] X90 管线钢的 SEM 组织形貌

Nb:0.05%,Ti:0.023%

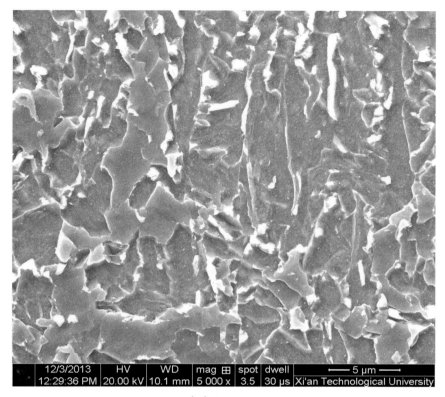

（a）5 000×

（b）20 000×

图 5-11　6#X90 管线钢的 SEM 组织形貌

Nb:0.09%,Ti:0.014%

图 5-12 为含 Nb 为 0.07％、Ti 为 0.016％的 X90 管线钢的 SEM 显微组织形貌。在高倍下可以观察到其显微组织 GB 析出物的形貌，析出物较少，主要是呈方形的含 Ti 的碳氮化物，并且可以看出，其析出相的密度要远远小于如图 5-10 所示的管线钢。

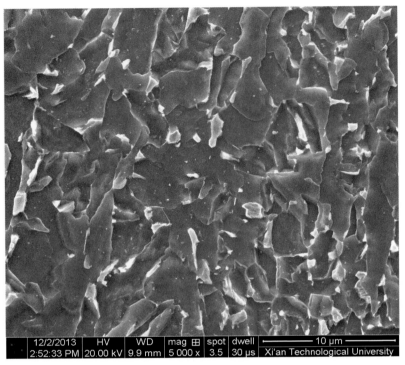

（a）5 000×

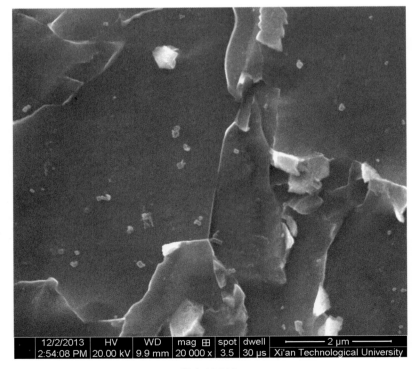

（b）20 000×

图 5-12　4#X90 管线钢的 SEM 组织形貌

Nb:0.07％,Ti:0.016％

图 5-10、图 5-11 和图 5-12 中 3 种 X90 管线钢的屈服强度分别为 703MPa、687MPa 和 636MPa，其冲击功分别为 280J、338J 和 483J。析出相具有很好的强化效果，但也反映出了另一个问题，即需要牺牲一部分冲击韧性。

图 5-13～图 5-15 分别为表 5-1 中 7#、8# 和 9# X100 管线钢的金相组织照片。这 3 种钢的其他元素含量相差不大，但其 Nb 含量分别为 0.06%、0.08% 和 0.09%，存在较大的差别。由图 5-13、图

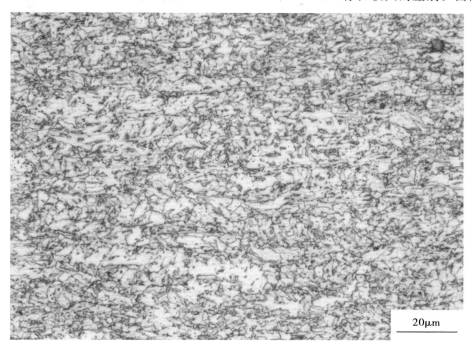

（a）近表层组织

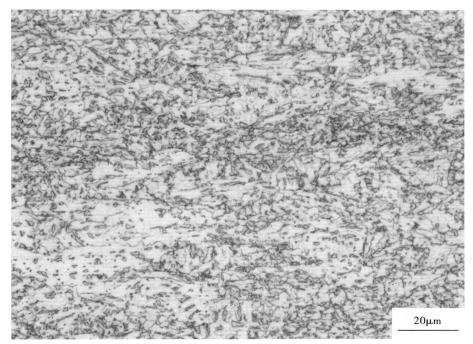

（b）1/2 厚度位置的组织

图 5-13　Nb 含量为 0.06% 的 7# X100 管线钢的金相组织

5-14、图 5-15 可知其显微组织分别为 GB、GB＋PF 和 GB＋LB,且晶粒尺寸随着 Nb 含量的增加逐渐减小,同时还可以观察到 M-A 岛的尺寸也表现为逐渐减小的趋势。这 3 种 X100 管线钢的平均屈服强度分别为 716MPa、718MPa 和 710MPa,平均冲击功分别为 219J、264J 和 350J,在相同的强度水平下,其冲击韧性随着 Nb 元素含量的增加而升高,表明 Nb 元素的含量对 X100 管线钢的性能存在较为显著的影响,即在其他元素含量基本相同的情况下,X100 管线钢的冲击韧性随 Nb 含量的增加而升高,晶粒尺寸随 Nb 含量的增加而减小。

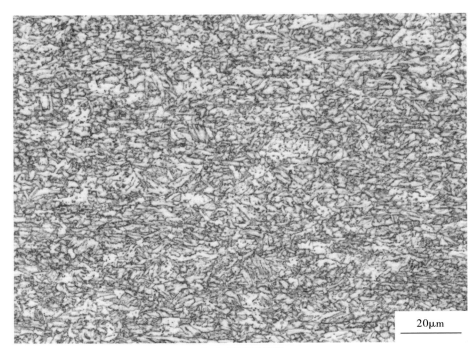

（a）近表层组织

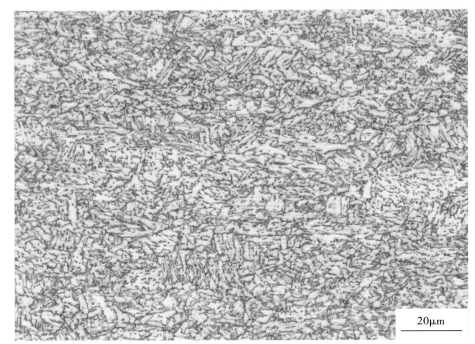

（b）1/2厚度位置的组织

图 5-14　Nb 含量为 0.08％的 8#X100 管线钢的金相组织

（a）近表层组织

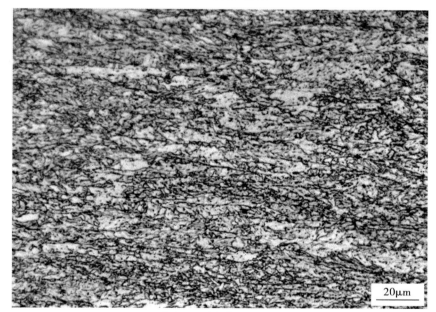

（b）1/2厚度位置的组织

图 5-15　Nb 含量为 0.09％的 9# X100 管线钢的金相组织

5.2　制造工艺对管线钢显微组织的影响

　　高钢级管线钢的生产工艺主要采用 TMCP 技术,即采用控制轧制和轧后快速冷却的工艺。在轧制技术上有热轧平板和热轧板卷 2 种不同的轧制方法,每种生产方法又可以有各种不同的生产工艺,生产工艺的不同将导致管线钢在显微组织上存在一定的差异。即使是同一厂家采用相同的化学成分的板坯生产管线钢,因生产工艺不同,其显微组织在表征上也不尽相同。

　　图 5-16 为相同化学成分、不同制造工艺下 21.4mm 厚 X80 管线钢的金相组织照片。图 5-16(a)为热轧板卷工艺生产,主要组织为 GB 和少量的 PF,平均屈服强度为 600MPa,平均冲击功为

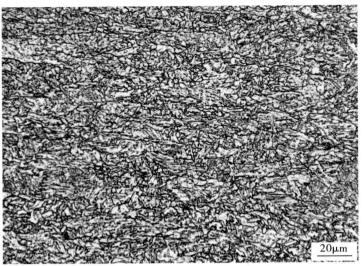

（a）21.4mm厚X80板卷管线钢，主要组织为GB+少量PF

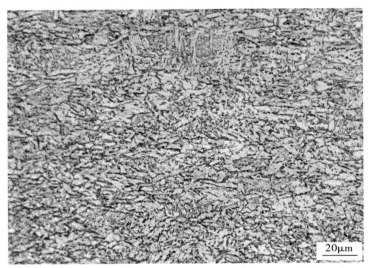

（b）21.4mm厚X80平板管线钢，主要组织为GB +PF+少量M-A岛

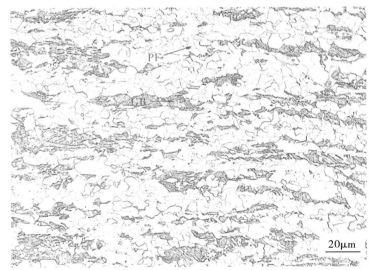

（c）21.4mm厚X80平板管线钢，主要组织为PF+GB

图 5-16　21.4mm 厚 X80 管线钢的金相组织

330J；图 5-16（b）为热轧平板工艺生产，主要组织为 GB 和 PF，并有少量的 M-A 岛，平均屈服强度为 580MPa，平均冲击功为 350J；图 5-16（c）为热轧平板工艺生产的另一种管线钢，在控制冷却阶段采用了"弛豫"工艺，其最终产品为 PF 和 GB 双相组织。由于显微组织中有大量的 PF 为管线钢提供了足够的塑性，同时较硬的 GB 为管线钢提供了必要的强度，因而这种管线钢具有低的屈强比、高的形变强化指数和大的均匀塑性变形伸长率，可满足基于应变设计地区用大变形管线钢的特殊要求。

图 5-17 为相同化学成分、不同制造工艺下 16.3mm 厚 X90 管线钢的金相组织照片。图 5-17（a）为热轧平板工艺制造，主要组织为 GB 和少量的 LB，平均屈服强度为 630MPa，平均冲击功为 300J；图 5-17（b）为热轧板卷工艺生产，主要组织为 GB 和少量的 PF，平均屈服强度为 610MPa，平均冲击

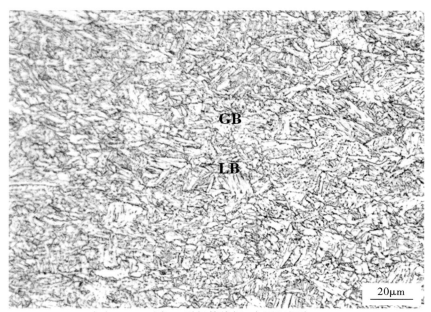

（a）16.3mm厚X90平板管线钢，主要组织为GB+LB

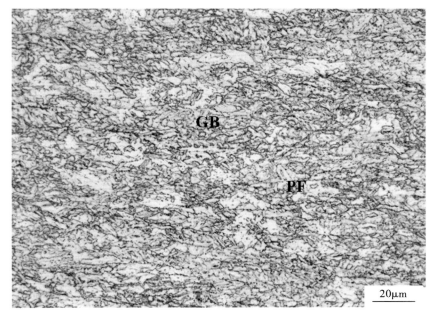

（b）16.3mm厚X90板卷管线钢，主要组织为GB+PF

图 5-17　16.3mm 厚 X90 管线钢的金相组织

功为 340J。在相同的化学成分条件下,由于平板中板条结构硬相组织的存在,导致平板的强度增加,而冲击韧性有一定的下降。

图 5-18 为相同化学成分、不同制造工艺下 14.8mm 厚 X100 管线钢的金相组织照片。图 5-18(a) 为热轧平板工艺制造,显微组织为 GB,平均屈服强度和平均冲击功分别为 750MPa 和 320J;图 5-18(b) 为热轧板卷工艺制造,显微组织为 GB 加少量的 LB,平均屈服强度和冲击功分别为 715MPa 和 280J。

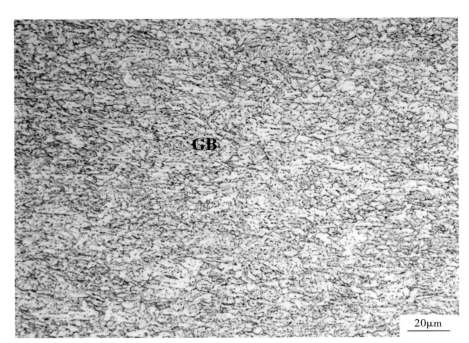

(a) 14.8mm厚X100热轧平板,组织为GB

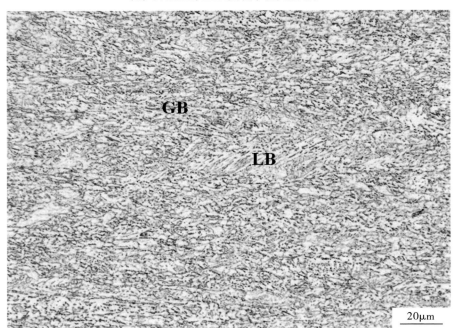

(b) 14.8mm厚X100热轧板卷,组织为GB+少量LB

图 5-18　14.8mm 厚 X100 管线钢的金相组织

图 5-19 为相同化学成分、不同厚度的 X90 和 X100 平板管线钢的金相组织照片。图 5-19（a）和图 5-19（b）为相同化学成分、相同轧制工艺和不同厚度的 X90 管线钢的金相组织照片，主要组织为 GB＋少量 PF，且其力学性能也非常相近，平均屈服强度分别为 620MPa 和 610MPa，冲击功分别为 435J 和 475J。图 5-19（c）和图 5-19（d）为相同化学成分、相同轧制工艺和不同厚度的 X100 管线钢金相组织照片。在 14.8mm 厚的组织中除了 GB 组织外，还出现了 LB 组织。由于 LB 的出现导致其冲击韧性下降，其平均冲击功为 290J，低于图 5-19（d）的平均冲击功（460J）。

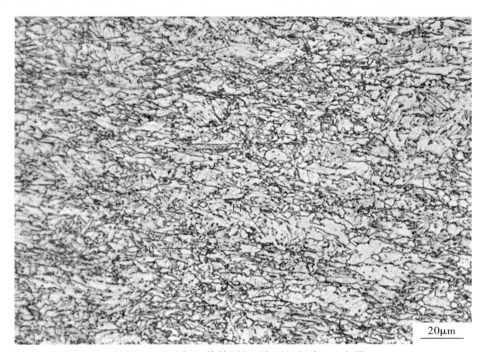

（a）16.3mm厚X90热轧平板，主要组织为GB+少量PF

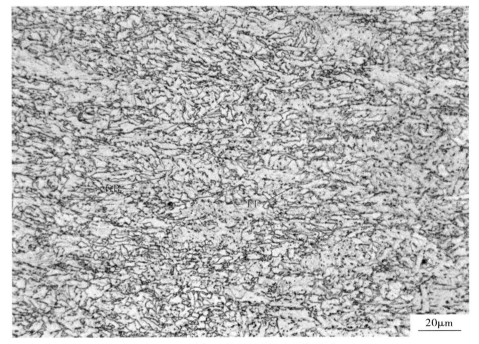

（b）19.6mm厚X90热轧平板，主要组织为GB

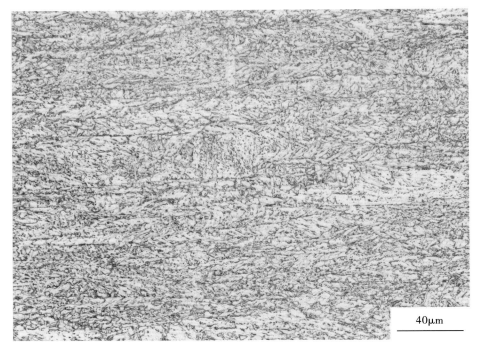

（c）14.8mm厚X100管线钢，主要组织为GB+LB

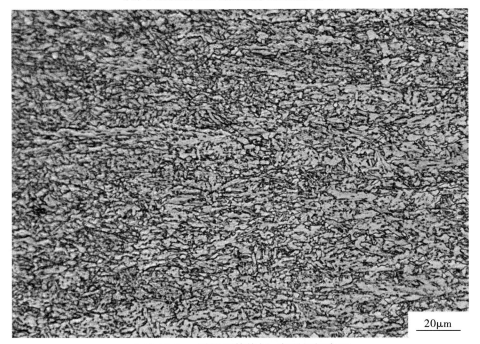

（d）17.8mm厚X100管线钢，主要组织为GB

图 5-19　不同厚度 X90/X100 管线钢的金相组织

5.3　时效对管线钢显微组织的影响

为了保证管线在服役过程中的耐腐蚀能力和性能的稳定，需要在管道铺设前进行防腐层的热涂敷。为了保证涂层的质量，传统上一般将钢管加热到 230℃ 左右进行涂敷，这样就会使管线钢管由于应变时效作用产生更进一步的硬化，表现为屈服强度和抗拉强度升高，但其韧性会受到一定程度的影响。另外,管线在铺设前采用的系列焊接工艺对管线钢管也会产生热时效作用,不同强度级别的管线钢,其性能受到热时效的影响程度也不一样。焊接过程对管线钢管产生热时效的影响取决于焊接行为,一般是在 300℃、数分钟的条件下;施工现场焊接对管线钢管产生热时效的影响取决于焊接行为,一般是在 240℃ 以上、数分钟的条件下。因此,为了保证管线钢管在应变时效后的力学性能能够满足安全服役的要求,迫切需要全面研究管线钢管在准备、铺设、服役过程中产生的应变时效对各种工艺生产的管线管产品性能的影响规律,尤其要对影响较为明显的和普遍的防腐热涂敷过程及焊接预热带来的时效影响进行研究。

　　图 5-20 为 X80 管线钢分别在时效前、220℃ 时效 5min、220℃ 时效 1h 和 250℃ 时效 1h 后的SEM 组织形貌。可以看出,不同的时效过程,引起管线钢组织形态的变化,均为 GB＋PF 组织。图5-21 给出了 X80 管线钢时效后的 TEM 显微组织形貌。可观察到在位错周围过饱和的 C、N 溶质原子因位错诱导形成沉淀析出,这种 C、N 原子在位错处富集,对位错起到了较强的钉扎作用,从而促使材料强度升高,塑性和韧性降低。

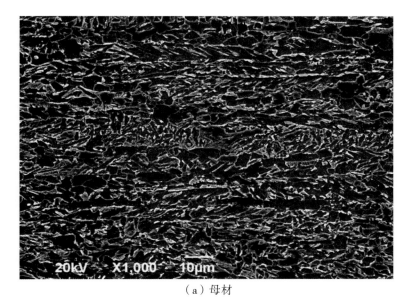

（a）母材

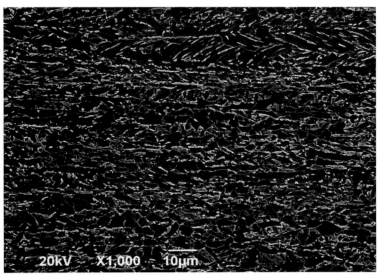

（b）220℃时效5min

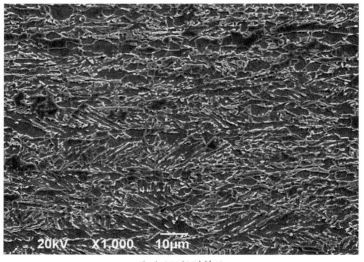

（c）220℃时效1h

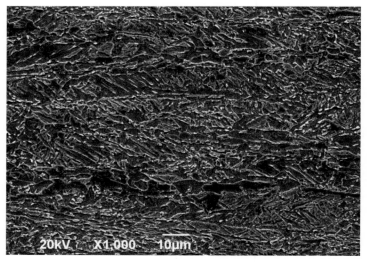

（d）250℃时效1h

图 5-20　不同时效条件下 X80 管线钢的 SEM 显微组织形貌

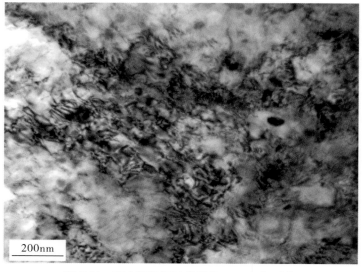

图 5-21　X80 管线钢时效后的 TEM 组织形貌

图 5-22 分别为 X90 和 X100 管线钢在 200℃时效 5min 和 250℃时效 1h 工艺后的金相组织照片。图 5-22(a)和图 5-22(b)为 X90 的粒状贝氏体组织,图 5-22(c)和图 5-22(d)为 X100 管线钢的粒状贝氏体和板条状贝氏体混合组织,图 5-22(e)和图 5-22(f)为 X100 管线钢的多边形铁素体和贝氏体双相组织类型。时效后的组织类型和晶粒尺寸没有发生变化,M-A 岛也没有发现明显的变化。由于在时效过程中发生 C、N 原子的扩散以及内应力的释放,250℃时效 1h 后的组织中晶界不如低温时效的晶界清晰,有些模糊。

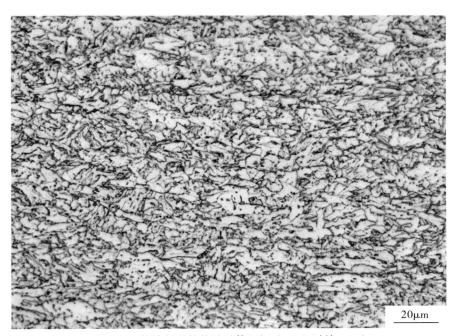

（a）X90管线钢的粒状贝氏体组织（200℃时效5min）

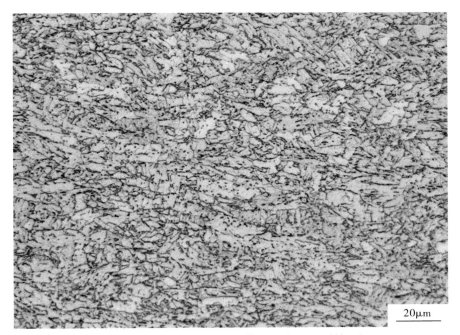

（b）X90管线钢的粒状贝氏体组织（250℃时效1h）

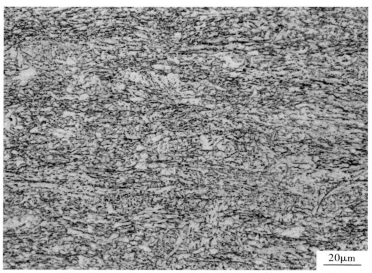

20μm

（c）X100管线钢的粒状贝氏体+板条状贝氏体混合组织（200℃时效5min）

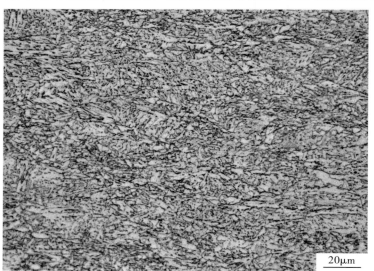

20μm

（d）X100管线钢的粒状贝氏体+板条状贝氏体混合组织（250℃时效1h）

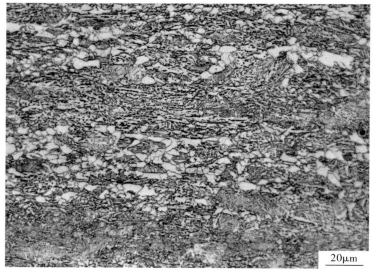

20μm

（e）X100管线钢的双相组织（200℃时效5min）

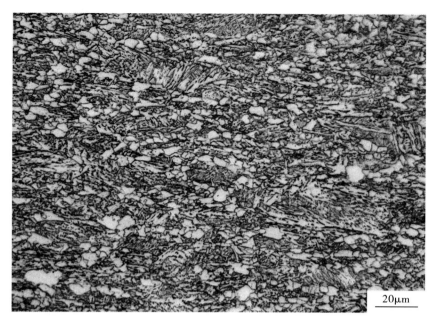

（f）X100 管线钢的双相组织（250℃时效1h）

图 5-22　不同组织类型时效后的金相组织

　　图 5-23 为图 5-22 中对应的 3 种显微组织和相同时效工艺条件下的金相组织 SEM 形貌。可以看出，在高倍扫描电镜下，其组织特征更为明显，250℃时效 1h 较 200℃时效 5min 工艺下的组织类型与金相显微镜的观察结果存在较为明显的不同。在高温时效工艺下，晶界棱角因扩散变得较为模糊；同时，显微组织基体上可观察到大量的颗粒状粒子，这些颗粒状粒子即为时效过程中析出的 Nb(C,N) 和 Ti(C,N) 粒子等。时效后管线钢的力学性能发生了变化，屈服强度升高，屈强比升高，伸长率降低，并且在应力-应变曲线上出现了一个连续的屈服平台，由于析出强化，导致其冲击韧性降低。图 5-24 和图 5-25 分别为 X90 管线钢 200℃时效 5min 和 250℃时效 1h 后的 TEM 组织、位错亚结构、析出相粒子和 M-A 岛形貌的明场像、暗场像。

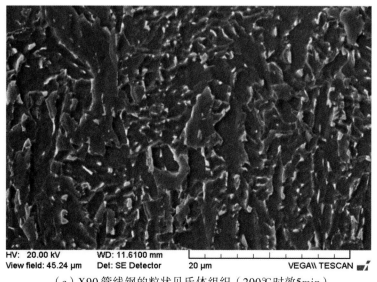

（a）X90 管线钢的粒状贝氏体组织（200℃时效5min）

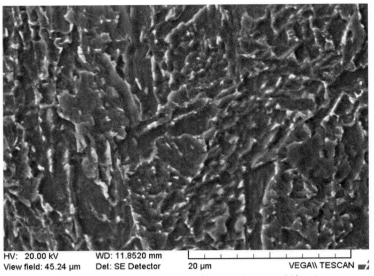

HV: 20.00 kV | WD: 11.8520 mm
View field: 45.24 μm | Det: SE Detector | 20 μm | VEGA\\ TESCAN

（b）X90管线钢的粒状贝氏体组织（250℃时效1h）

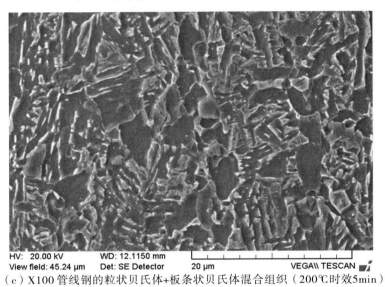

HV: 20.00 kV | WD: 12.1150 mm
View field: 45.24 μm | Det: SE Detector | 20 μm | VEGA\\ TESCAN

（c）X100管线钢的粒状贝氏体+板条状贝氏体混合组织（200℃时效5min）

HV: 20.00 kV | WD: 12.0220 mm
View field: 45.24 μm | Det: SE Detector | 20 μm | VEGA\\ TESCAN

（d）X100管线钢的粒状贝氏体+板条状贝氏体混合组织（250℃时效1h）

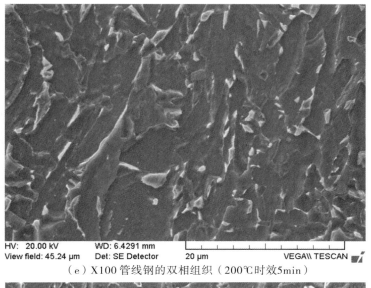

（e）X100 管线钢的双相组织（200℃时效5min）

（f）X100 管线钢的双相组织（250℃时效1h）

图 5-23　不同组织类型时效后的金相组织 SEM 形貌

（a）显微组织和位错亚结构

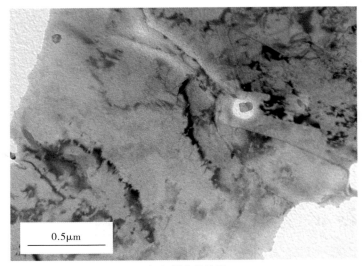

（b）析出相粒子

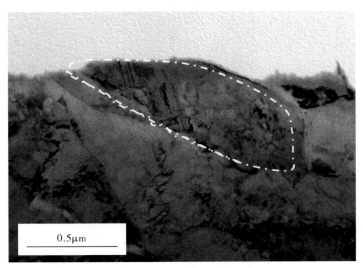

（c）M-A岛明场像

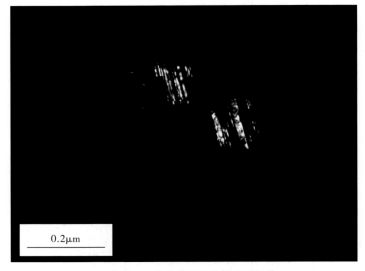

（d）M-A岛中孪晶马氏体的暗场像

图 5-24　X90 管线钢 200℃ 时效 5min 后的显微组织 TEM 形貌

（a）显微组织

（b）板条组织中的位错亚结构

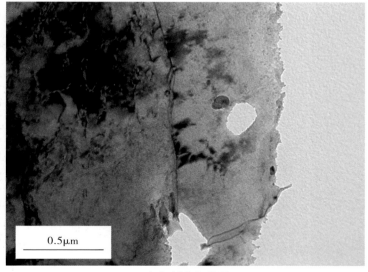

（c）析出相粒子

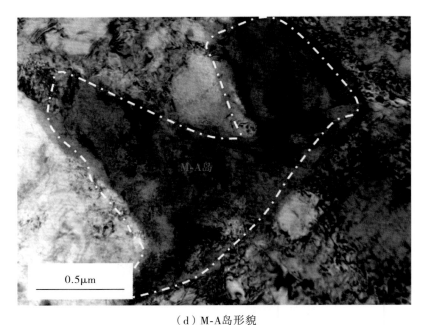

（d）M-A岛形貌

图 5-25　X90 管线钢 250℃ 时效 1h 后的显微组织 TEM 形貌

　　图 5-26 为采用萃取复型方法获得的 X90 管线钢 200℃ 时效 5min 后析出相粒子的 TEM 照片。图 5-27 为 X90 管线钢 200℃ 时效 5min 后析出相粒子的成分分析。析出相粒子弥散分布于基体中，其平均尺寸普遍在 100nm 左右，大部分是复合型析出。EDS 能谱分析表明，复合析出的粒子都含有 Nb、Ti 元素。为了分析复合析出单个粒子的成分，采用 STEM 模式下的元素面分布对析出相粒子进行了扫描式的成分分析，发现方形粒子成分为 Ti 的碳氮化物，而球形或不规则粒子的成分为 Nb 的碳氮化物。析出相粒子的选区电子衍射花样表明，该粒子为面心立方结构，电子束入射方向为 [114]。

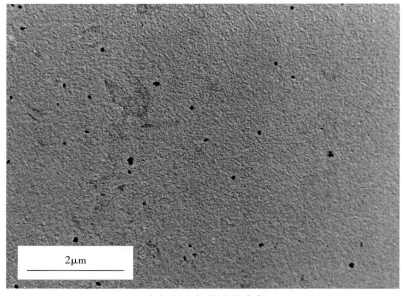

（a）析出相粒子的分布

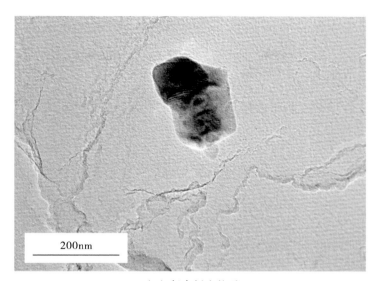

（b）复合析出粒子

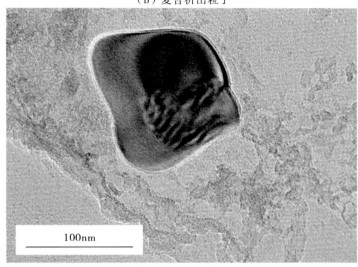

（c）典型粒子形貌

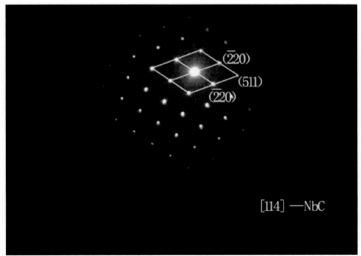

（d）图（c）中析出相粒子的衍射花样及标定

图 5-26　X90 管线钢 200℃ 时效 5min 后的析出相分析（萃取复型方法）

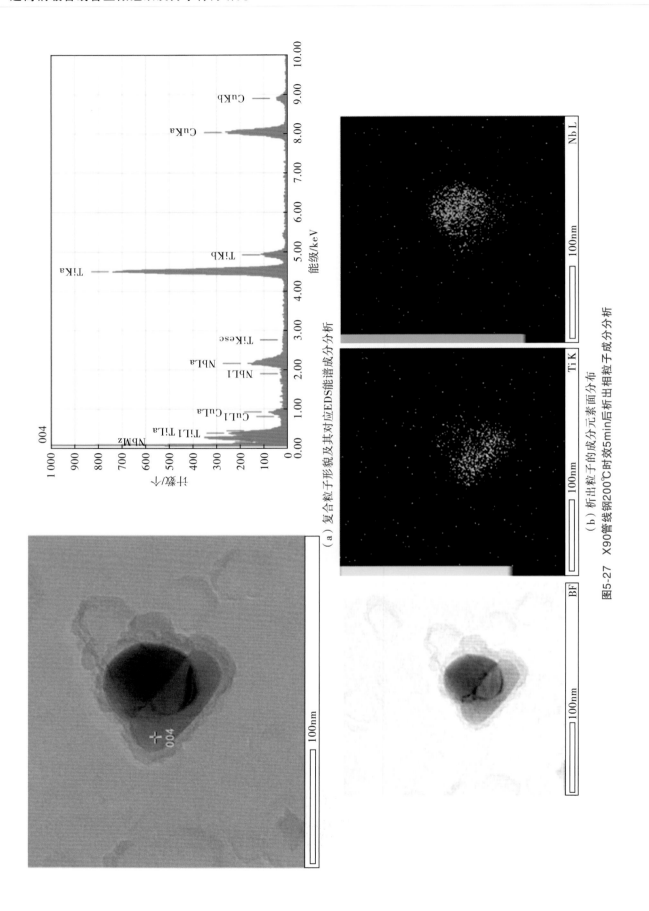

（a）复合粒子形貌及其对应EDS能谱成分分析

（b）X90管线钢200℃时效5min后析出相粒子成分分析

图5-27　X90管线钢200℃时效5min后析出相粒子成分分析

图 5-28 为采用萃取复型方法对 X90 管线钢 250℃时效 1h 后的析出相分析。大尺寸粒子的数量、形貌和尺寸与 200℃时效 5min 工艺没有明显的区别，但在高倍扫描电镜下发现了大量的细小的小尺寸析出相粒子，这些细小的析出相粒子的尺寸不到 10nm，在基体中弥散分布。与 200℃时效 5min 的照片对比，说明这些细小的粒子是在 250℃时效 1h 过程中形成的。由于这些粒子的尺寸非常细小，所以在 250℃时效 1h 后的薄膜组织中是很难发现的，由此也间接证明了时效过程中存在 C、N 原子的扩散。

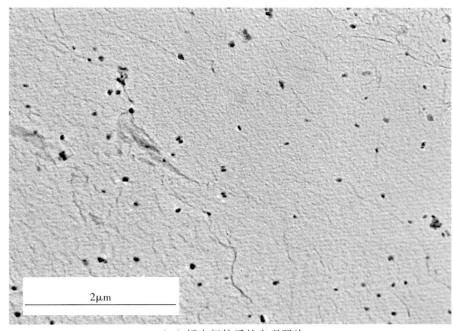

（a）析出相粒子的宏观照片

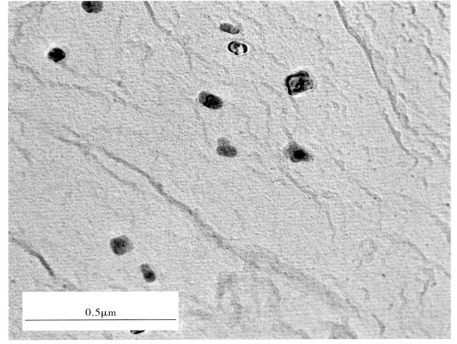

（b）大尺寸复合析出相粒子的照片

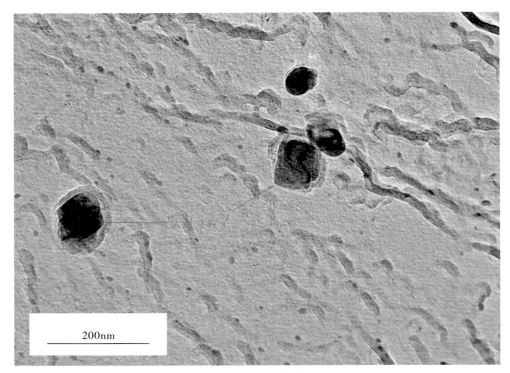

（c）析出相粒子的高倍形貌

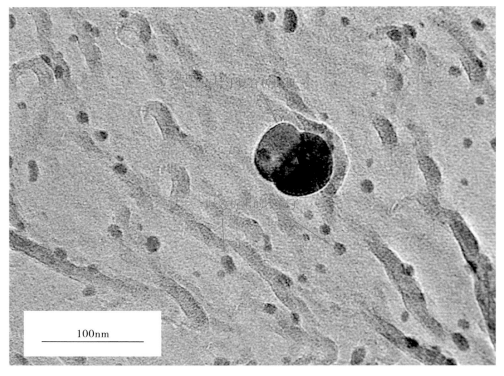

（d）时效后典型的粒子形貌

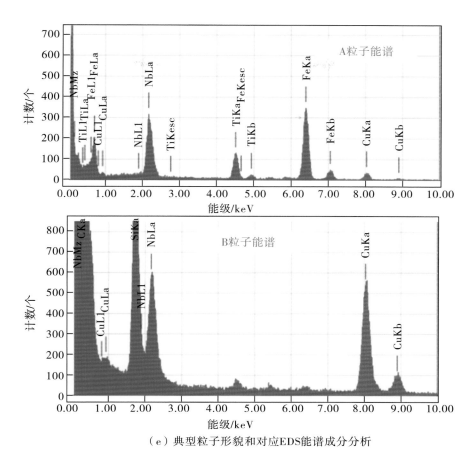

（e）典型粒子形貌和对应EDS能谱成分分析

图 5-28　X90 管线钢 250℃ 时效 1h 后的析出相粒子形貌和成分分析

参 考 文 献

［1］Cohen M. Materials and Man's Needs［R］. Washington，DC：NAS Committee on the Surrey of Materials Sciences and Engineering，1974.

［2］周惠久,黄明志. 金属材料强度学［M］. 北京：科学出版社,1989.

第 6 章

超高钢级管线钢中大型夹杂物的特性研究

大型夹杂物通常以独立相的形态存在于管线钢中,它们破坏了钢基体的连续性,增大了钢组织的不均匀性,因此对管线钢的承载能力、塑性、冲击韧性及耐蚀性等性能都产生了不利的影响。另外,钢中的非金属夹杂物还往往作为裂纹源而成为管线钢产生疲劳破坏的原因,显著地降低了管线钢的疲劳强度。防止管线钢中出现大型夹杂物已经成为进一步提高管线钢性能以及油气输送管道安全可靠性的重要手段。

近年来,在多个管道工程中使用的直缝埋弧焊管及螺旋缝埋弧焊管均在金相检测过程中发现了大型夹杂物。这些大型夹杂物的存在会对高钢级管线钢的使用性能带来危害,对于 X90/X100 超高钢级管线钢而言,这种情况可能会更加显著。本章将有针对性地分析 X90/X100 超高钢级管线钢中大型夹杂物的特性,为超高钢级管线钢中大型夹杂物的评判提供依据,从而提高油气输送管道的安全可靠性。同时,在管线钢的生产过程中,也应该以正确分析与判断大型夹杂物的来源为基础,有针对性地对生产工艺进行优化。

钢中非金属夹杂物的显微评定是判定钢铁产品质量的重要方法。尽管采用自动图像仪及软件评定夹杂物的方法逐渐增多,但是,一直被广泛采用的还是应用光学显微镜测定钢中非金属夹杂物的标准图谱评级方法。常用的夹杂物评级标准有美国 ASTM E45 标准、国际标准 ISO 4967 和国标 GB 10561 等。美国 ASTM E45 标准的历史最早、内容最多,在国际上的影响最大。该标准于 1942 年首次发布,后经多次修订。国际标准 ISO 4967 和许多国家都参照采用了 ASTM E45 标准。根据 ASTM E45 标准,可将钢中夹杂物的形态分为 4 大类,而每类夹杂物根据其宽度或直径的不同又可分为粗、细 2 个系列。

钢中夹杂物的控制与分析技术是钢洁净度研究领域的重点。只有正确全面地分析和分离钢中的夹杂物又不破坏夹杂物的原始形态,才能更清晰地明确夹杂物的来源和生成机理,从而确定相应地减少和控制钢中夹杂物的方法。该方法包括传统的金相法,扫描电镜法,总氧分析和钢中的氮、酸溶铝分析,电解分离钢中夹杂物的方法等技术;也包括钢的部分酸蚀揭示夹杂物的方法、完全酸溶分离夹杂物的方法、有机溶液电解分离夹杂物的方法,还包括钢中夹杂物自动扫描电镜分析法等新技术。这些技术能够全面分析夹杂物的数量、大小、形貌和成分,以及其形成机理,并能追踪钢最终产品中夹杂物缺陷的遗传信息,对洁净钢的生产有很好的指导作用。本章将结合 X90/X100 超高钢级管线钢的试制过程,对部分超高钢级管线钢产品中大型夹杂物的特性进行深入的综合分析。

6.1　超高钢级管线钢中大型夹杂物的金相分析

6.1.1　ASPEX 金相检测法概述

ASPEX 即金属中夹杂物原位自动快速分析仪,是世界上分析速度最快的钢铁夹杂物分析仪,可同时对钢中非金属夹杂物的成分、数量、大小、形貌和在钢中的位置进行全面、自动、快速、无损的分析与表征,分辨率高达 7nm,放大倍数为 25 万倍,样品尺寸最大为 80mm×100mm。ASPEX 的分析速度为国内常用同类设备的 50 倍以上,而且能够提供更为详细的分析数据。

图 6-1 为 ASPEX 扫描电镜的外形图。ASPEX 采用高效超能的钨灯丝扫描电子显微镜集成模块化硬件系统及全面的钢铁夹杂物分析软件系统,提供材料表征及微颗粒自动化的成像及元素分析功能。完全一体化的扫描电镜和能谱,为系统快速成像以及对样品的尺寸、形状及化学元素进行完全的自动化分析提供了无缝解决方案。

图 6-1　ASPEX 扫描电镜

本章将介绍 8 个 X90/X100 样品的大型夹杂物分布规律。表 6-1 是 ASPEX 金相检测法检测夹杂物种类的分类原则。

表 6-1　夹杂物种类的分类原则

分　类	含量标准
Al_2O_3	$Al_2O_3 > 60\%$
CaO	$CaO > 80\%$
CaS-MnS-CaO	$CaS + MnS + CaO > 85\%$
Ti 类夹杂物	$Ti > 60\%$
Al_2O_3-MgO-CaO	$MgO > 10\%,CaO + Al_2O_3 > 60\%$
Al_2O_3-CaS-CaO	$CaS > 10\%,CaO + Al_2O_3 > 60\%$
Al_2O_3-MnO-CaO	$MnO > 20\%,CaO + Al_2O_3 > 60\%$
Al_2O_3-CaO	$MgO + CaS + MnO < 30\%,CaO + Al_2O_3 > 60\%$

6.1.2　样品 A 中夹杂物的分布规律研究

样品 A 取自某厂家 X90 螺旋缝埋弧焊管。该样品典型夹杂物的 ASPEX 扫描分析结果表明,钢样中的夹杂物尺寸较小,多数在 10μm 以下,夹杂物的主要成分为 Al_2O_3-CaO-CaS 和 CaO-CaS。将夹杂物中的主要成分 Al_2O_3、CaO 和 CaS 按质量比做出的三元相图,如图 6-2 所示。夹杂物平均成分 xCaO-$y$$Al_2O_3$ 中的 $x = 1$,$y = 5$,远离低熔点液相区。夹杂物的主要类型是 Al_2O_3-CaO-CaS,其中 Al_2O_3 的含量相对较低,未检测到超大尺寸的夹杂物。将夹杂物按种类比例分类,如图 6-3 所示。试样中的主要夹杂物类型是钙铝酸盐与氧硫化物(CaO-CaS-MnS)。钙铝酸盐约占夹杂物的 50%,氧硫化物约占 30%。钙铝酸盐中 Al_2O_3-CaS-CaO 是主要的夹杂物类型,夹杂物中 MgO 的含量较

少。有一定比例的纯 CaO 夹杂物,推断是 Al 脱氧后钙处理过量导致的。将夹杂物按尺寸的数密度分布作图,如图 6-4 所示。夹杂物的总体数密度为 33.25 个/mm²,各个尺寸的夹杂物数密度不超过 10 个/mm²,试样中的夹杂物数密度随着尺寸的增大呈递减趋势,5μm 以下的夹杂物比例约占 85%,大型夹杂物的主要成分是 Al₂O₃-CaS-CaO,有少量的 CaO,大型夹杂物的尺寸在 10~20μm。检测到的最大夹杂物尺寸为 21μm。

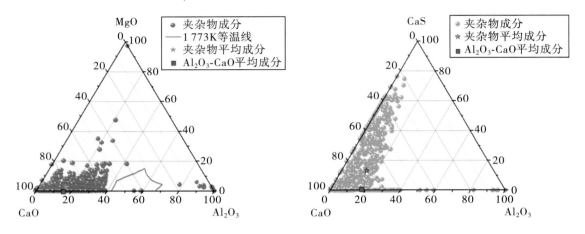

图 6-2　样品 A 管线钢中夹杂物的三元相图

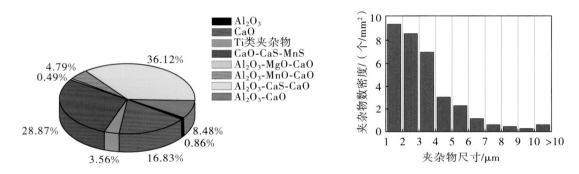

图 6-3　样品 A 管线钢中夹杂物比例分布　　图 6-4　样品 A 管线钢中夹杂物尺寸的数密度分布

总体而言,该 X90 螺旋缝埋弧焊管中含有较多 CaO-CaS 和 Al₂O₃-CaO-CaS 类型的夹杂物,夹杂物中 MgO 和 Al₂O₃ 的含量不高。若夹杂物的数量较多,大尺寸夹杂物的比例较低,则成分多为 Al₂O₃-CaS-CaO,表明夹杂物控制得较好,可以适当减少喂入的钙线量,以节约成本。

6.1.3　样品 B 中夹杂物的分布规律研究

样品 B 取自某厂家 X100 螺旋缝埋弧焊管。该样品典型夹杂物的 ASPEX 扫描电镜分析结果表明,钢样中的夹杂物尺寸普遍较小,但存在尺寸在 20μm 以上的夹杂物,其主要成分为 Al₂O₃-CaO-CaS。将夹杂物中的主要成分 Al₂O₃、CaO 和 CaS 按质量比做出的三元相图,如图 6-5 所示。夹杂物平均成分 xCaO-yAl₂O₃ 中的 $x=1$,$y=2$,在低熔点液相区附近,试样中的主要夹杂物类型是 Al₂O₃-CaS-CaO。夹杂物中含有一定量的 Al₂O₃,尺寸较小。大尺寸夹杂物成分为钙铝酸盐。将夹杂物按种类比例分类,如图 6-6 所示。试样中的主要夹杂物类型是钙铝酸盐与氧硫化物(CaO-CaS-MnS)。钙铝酸盐约占夹杂物的 50%,氧硫化物约占 45%。夹杂物中含有一定量的 MgO 和 Al₂O₃,但所占的比例不大,氧硫化物含量较高。Al₂O₃-CaS-CaO 和 CaO-CaS-MnS 是主要的夹杂物种类。将夹杂物按尺寸的数密度分布作图,如图 6-7 所示。夹杂物的总体数密度为 26.74 个/mm², 除尺寸为 1～3 μm 的夹杂物外,各个尺寸的夹杂物数密度不超过 3 个/mm²,试样中的夹杂物数密度随着尺寸的增大呈递减趋势,5 μm 以下的夹杂物约占 85%,1～3 μm 的夹杂物占主要比例。大型夹杂物的主要成分是 Al_2O_3-CaS-CaO,其尺寸在 10～25 μm。检测到的最大夹杂物尺寸为 23 μm。

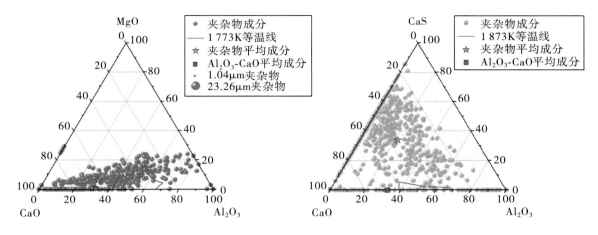

图 6-5　样品 B 管线钢中夹杂物的三元相图

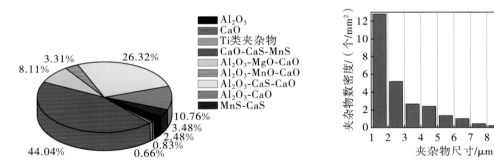

图 6-6　样品 B 管线钢中夹杂物比例分布

图 6-7　样品 B 管线钢中夹杂物尺寸的数密度分布

总体而言,该 X100 螺旋缝埋弧焊管产品的洁净度较好,夹杂物尺寸较小,大尺寸夹杂物所占比例较低,夹杂物的类型多为 Al_2O_3-CaS-CaO 和 CaO-CaS-MnS,夹杂物控制得较好。

6.1.4　样品 C 中夹杂物的分布规律研究

样品 C 取自某厂家 X100 热轧钢板板宽的 1/2 位置。该样品典型夹杂物的 ASPEX 扫描电镜结果表明,钢样中的夹杂物尺寸较小,多数在 10 μm 以下,夹杂物的主要成分为 Al_2O_3-CaO-CaS 和 MgO-Al_2O_3-CaO。将夹杂物中的主要成分 MgO、Al_2O_3、CaO 和 CaS 按质量比做出的三元相图,如图 6-8 所示。存在较大尺寸的夹杂物。夹杂物中含有一定量的 MgO,尺寸较小。大尺寸夹杂物的成分为钙铝酸盐。夹杂物平均成分 xCaO - $y$$Al_2O_3$ 中的 $x=1, y=2$,在低熔点液相区附近。但较大尺寸的钙铝酸盐对轧板质量不利,应当予以控制。将夹杂物按种类比例分类,如图 6-9 所示。试样中的主要夹杂物类型是钙铝酸盐与氧硫化物(CaO-CaS-MnS),钙铝酸盐约占夹杂物的 75%,氧硫化物约占 15%。钙铝酸盐中 Al_2O_3-CaS-CaO 是主要的夹杂物种类,约占 50%,氧硫化物含量较低。将夹杂物按尺寸的数密度分布作图,如图 6-10 所示。夹杂物总体数密度为 8.75 个/mm²,各个尺寸的夹杂物数密度不超过 3 个/mm²,试样的洁净度较高。试样中夹杂物的数密度随着尺寸的增大呈

递减趋势,5μm 以下的夹杂物约占 80%。大型夹杂物的主要成分是 Al_2O_3-CaO,其尺寸在 10～36μm。检测到的最大夹杂物尺寸达到 36μm。夹杂物的数密度虽小,但存在较大尺寸的钙铝酸盐夹杂物,对产品质量不利,应当予以控制。

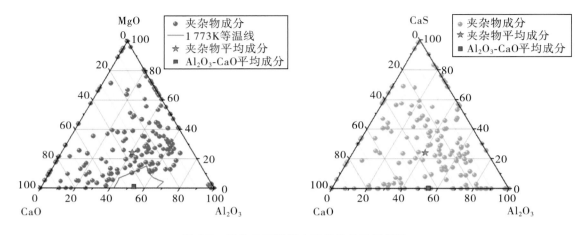

图 6-8 样品 C 管线钢中夹杂物的三元相图

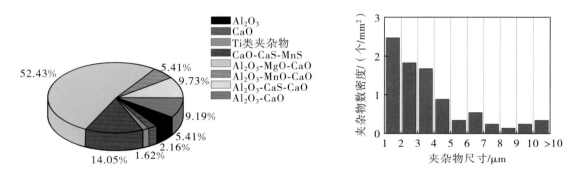

图 6-9 样品 C 管线钢中夹杂物比例分布   图 6-10 样品 C 管线钢中夹杂物尺寸的数密度分布

6.1.5 样品 D 中夹杂物的分布规律研究

样品 D 取自与样品 C 同厂家的 X100 热轧钢板板宽的 1/4 位置。该管线钢中典型夹杂物的 ASPEX扫描电镜结果表明,钢样中的夹杂物尺寸较小,多数在 10μm 以下,夹杂物的主要成分为 Al_2O_3-CaO-CaS 和 MgO-Al_2O_3-CaO。将夹杂物中的主要成分 MgO、Al_2O_3、CaO 和 CaS 按质量比做出的三元相图,如图 6-11 所示。存在较大尺寸的夹杂物。夹杂物中含有一定量的 MgO,尺寸较小。大尺寸夹杂物成分为钙铝酸盐和 MgO-Al_2O_3-CaO,夹杂物的平均成分 $xCaO-yAl_2O_3$ 中的 $x=3,y=2$,其成分在低熔点液相区附近。但较大尺寸的钙铝酸盐对轧板质量不利,应当予以控制。将夹杂物按种类比例分类,如图 6-12 所示。试样中的主要夹杂物类型是钙铝酸盐。钙铝酸盐约占夹杂物的 80%,氧硫化物约占 8%。钙铝酸盐中 Al_2O_3-CaS-CaO 是主要的夹杂物种类,约占 52%,氧硫化物含量较低。将夹杂物按尺寸的数密度分布作图,如图 6-13 所示。夹杂物的总体数密度为 7.65 个/mm²,各个尺寸的夹杂物数密度不超过 3 个/mm²,试样的洁净度较高。试样中夹杂物的数密度随着尺寸的增大呈递减趋势,5μm 以下的夹杂物约占 80%。大型夹杂物的主要成分是 Al_2O_3-CaO,其尺寸在 10～30μm。检测到的最大尺寸夹杂物达到 30μm。夹杂物的数密度虽小,但存在较大尺寸的钙铝酸盐夹杂物,对产品质量不利,应当予以控制。

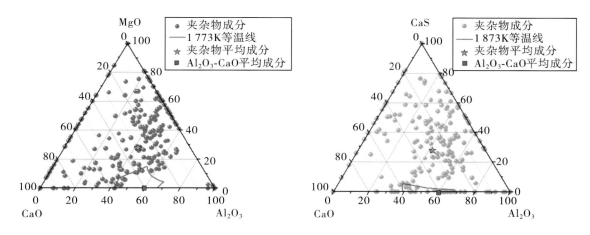

图 6-11　样品 D 管线钢中夹杂物的三元相图

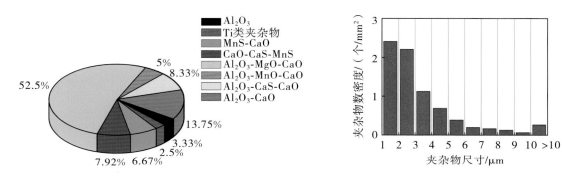

图 6-12　样品 D 管线钢中夹杂物比例分布　　图 6-13　样品 D 管线钢中夹杂物尺寸的数密度分布

总体而言,该 X100 热轧钢板 1/2 位置夹杂物的检查结果与 1/4 位置夹杂物的检查结果相类似,两者无太大差别。该轧板中存在较大尺寸的钙铝酸盐夹杂物,可以达到 36 μm,含有部分高 MgO 含量的夹杂物,同时大尺寸夹杂物的比例也较高。

6.1.6　样品 E 中夹杂物的分布规律研究

样品 E 取自某厂家 X100 热轧钢板板宽的 1/2 位置。管线钢中典型夹杂物的 ASPEX 扫描电镜结果表明,钢样中的夹杂物尺寸多在 10 μm 以下,夹杂物的主要成分为 Al_2O_3-CaO-CaS 和 Al_2O_3-CaO。将夹杂物中的主要成分 Al_2O_3、CaO 和 CaS 按质量比做出的三元相图,如图 6-14 所示。夹杂物平均成分 xCaO - $y$$Al_2O_3$ 中的 $x=1$,$y=2$,在低熔点液相区附近,试样中主要的夹杂物类型是 Al_2O_3-CaS-CaO。大尺寸夹杂物的成分为钙铝酸盐,对轧板质量不利,应当予以控制。将夹杂物按种类比例分类,如图 6-15 所示。试样中的主要夹杂物类型是钙铝酸盐与氧硫化物(CaO-CaS-MnS)。钙铝酸盐约占夹杂物的 70%,氧硫化物约占 25%。钙铝酸盐中 Al_2O_3-CaO 是主要的夹杂物类型,约占 36%。Al_2O_3-MgO-CaO 和 Al_2O_3-CaS-CaO 各约占 18%。含有一定比例的氧硫化物。将夹杂物按尺寸的数密度分布作图,如图 6-16 所示。夹杂物的总体数密度为 17.366 个/mm²,各个尺寸的夹杂物数密度不超过 4 个/mm²,试样的洁净度较高,大尺寸夹杂物的比例约达到 4%。试样中夹杂物的数密度随着尺寸的增大呈递减趋势,5 μm 以下的夹杂物约占 80%。大型夹杂物的主要成分是 Al_2O_3-CaO,其尺寸在 10~28 μm,最大夹杂物尺寸达到 28 μm。夹杂物的数密度处于中等水平,但存在较大尺寸的钙铝酸盐夹杂物,对产品质量不利,应当予以控制。

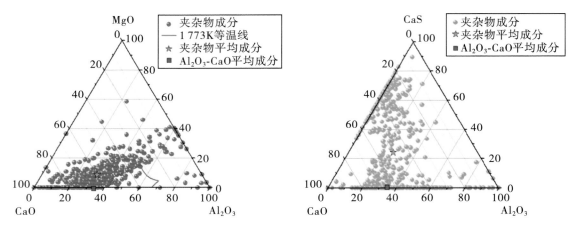

图 6-14　样品 E 管线钢中夹杂物的三元相图

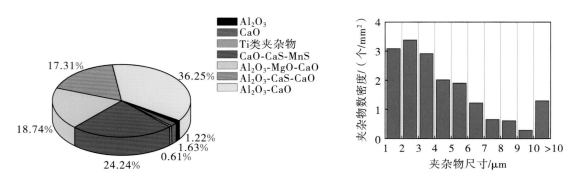

图 6-15　样品 E 管线钢中夹杂物比例分布　　图 6-16　样品 E 管线钢中夹杂物尺寸的数密度分布

6.1.7　样品 F 中夹杂物的分布规律研究

　　样品 F 取自与样品 E 同厂家的 X100 热轧钢板板宽的 1/4 位置。该管线钢中典型夹杂物的 ASPEX 扫描电镜结果表明，钢样中存在大尺寸的夹杂物多在 $50\,\mu m$ 以上，其主要成分为 Al_2O_3-CaO。将夹杂物中的主要成分 Al_2O_3、CaO 和 CaS 按质量比做出的三元相图，如图 6-17 所示。夹杂物平均成分 $xCaO-yAl_2O_3$ 中的 $x=4$，$y=9$，在低熔点液相区附近。试样中的主要夹杂物类型是 Al_2O_3-CaS-CaO。大尺寸夹杂物的成分为钙铝酸盐，对轧板质量不利，应当予以控制。将夹杂物按

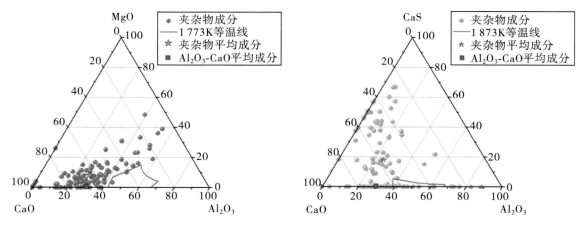

图 6-17　样品 F 管线钢中夹杂物的三元相图

种类比例分类,如图 6-18 所示。试样中主要的夹杂物类型是钙铝酸盐与氧硫化物(CaO-CaS-MnS)。钙铝酸盐约占夹杂物的 75%,氧硫化物约占 25%。钙铝酸盐中 Al_2O_3-CaO 是主要的夹杂物类型,约占 38%;Al_2O_3-MgO-CaO 占 20%;Al_2O_3-CaS-CaO 约占 16%,含有一定比例的氧硫化物。将夹杂物按尺寸的数密度分布作图,如图 6-19 所示。夹杂物的总体数密度为 11.04 个/mm²,各个尺寸的夹杂物数密度不超过 2 个/mm²,试样的洁净度较高,大尺寸夹杂物的比例约达 10%。试样中夹杂物的数密度在 3~7 μm,比例较高,呈正态分布趋势。大型夹杂物的主要成分是 Al_2O_3-CaO,含有少量的 CaO-CaS。大型夹杂物的尺寸在 10~60 μm,最大夹杂物尺寸达到 59 μm。夹杂物的数密度较低,但存在较大尺寸的钙铝酸盐夹杂物,对产品质量不利,应予以控制。

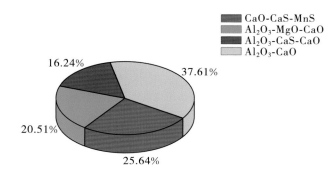

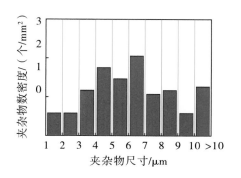

图 6-18　样品 F 管线钢中夹杂物比例分布　　图 6-19　样品 F 管线钢中夹杂物尺寸的数密度分布

6.1.8　样品 G 中夹杂物的分布规律研究

样品 G 取自某厂家 X90 直缝埋弧焊管距焊缝 90°位置。管线钢中典型夹杂物的 ASPEX 扫描电镜结果表明,钢样中的夹杂物尺寸较小,多数在 10 μm 以下。夹杂物的主要成分为 Al_2O_3-CaO-CaS,含有少量的 MgO。将夹杂物中的主要成分 MgO、Al_2O_3、CaO 和 CaS 按质量比做出的三元相图,如图 6-20 所示。夹杂物中含有一定量的 MgO,尺寸较小,夹杂物平均成分 $xCaO$-yAl_2O_3 中的 $x=5$,$y=4$,在低熔点液相区。将夹杂物按种类比例分类,如图 6-21 所示。试样中主要的夹杂物类型是钙铝酸盐与氧硫化物(CaO-CaS-MnS)。钙铝酸盐约占夹杂物的 65%,氧硫化物约占 15%。钙铝酸盐中 Al_2O_3-CaS-CaO 是主要的夹杂物种类,约占 40%;MgO-Al_2O_3-CaO 约占 10%;含有一定比例的纯 Al_2O_3。将夹杂物按尺寸的数密度分布作图,如图 6-22 所示。夹杂物的总体数密度为 42.79 个/mm²,各个尺寸的夹杂物数密度不超过 3 个/mm²,试样的洁净度较高。试样中夹杂物的

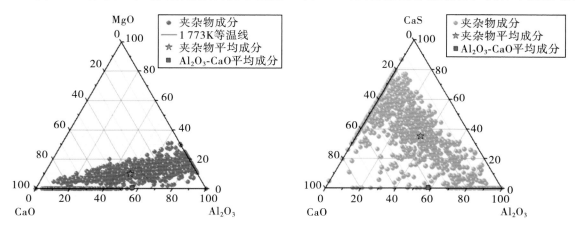

图 6-20　样品 G 管线钢中夹杂物的三元相图

数密度随着尺寸的增大呈递减趋势,除尺寸为 $1\sim3\mu m$ 的夹杂物外,其余尺寸的夹杂物的数密度不超过6个/mm^2,$5\mu m$ 以下的夹杂物约占85%。大型夹杂物的主要成分是 Al_2O_3-CaO-CaS 和 Al_2O_3-CaO,其尺寸在 $10\sim20\mu m$。检测到的最大夹杂物尺寸为 $16\mu m$。夹杂物的数量较大,但大尺寸夹杂物较少。

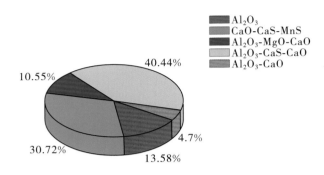

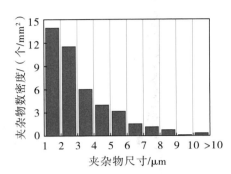

图 6-21　样品 G 管线钢中夹杂物比例分布　　　图 6-22　样品 G 管线钢中夹杂物尺寸的数密度分布

6.1.9　样品 H 中夹杂物的分布规律研究

样品 H 取自与样品 G 同厂家的 X90 直缝埋弧焊管距焊缝 180°位置。该管线钢中典型夹杂物的 ASPEX 扫描电镜结果表明,钢样中的夹杂物尺寸较小,多数在 $10\mu m$ 以下,夹杂物的主要成分为 Al_2O_3-CaO-CaS,含有少量的 MgO。将夹杂物中的主要成分 MgO、Al_2O_3、CaO 和 CaS 按质量比做出的三元相图,如图 6-23 所示。夹杂物中含有一定量的 MgO,尺寸较小,夹杂物平均成分 xCaO-yAl$_2$O$_3$ 中的 $x=5$,$y=4$,在低熔点液相区。将夹杂物按种类比例分类,如图 6-24 所示。试样中的主要夹杂物类型是钙铝酸盐与氧硫化物(CaO-CaS-MnS)。钙铝酸盐约占夹杂物的 50%,氧硫化物约占 25%,镁铝类夹杂物约占 27%。钙铝酸盐中 Al_2O_3-CaS-CaO 是主要的夹杂物种类,约占 40%,含有一定比例的镁铝类夹杂物和氧硫化物。将夹杂物按尺寸的数密度分布作图,如图 6-25 所示。夹杂物的总体数密度为 42.52 个/mm^2,各个尺寸的夹杂物数密度不超过 3 个/mm^2,试样的洁净度较高。试样中夹杂物的数密度随着尺寸的增大呈递减趋势,除尺寸为 $1\sim3\mu m$ 的夹杂物外,其余尺寸的夹杂物的数密度不超过 4 个/mm^2,$5\mu m$ 以下的夹杂物约占 90%。大型夹杂物的主要成分是 Al_2O_3-CaO-CaS 和 Al_2O_3-CaO,其尺寸在 $10\sim20\mu m$。检测到的最大夹杂物尺寸为 $12\mu m$,夹杂物的数量较大,但大尺寸夹杂物较少。

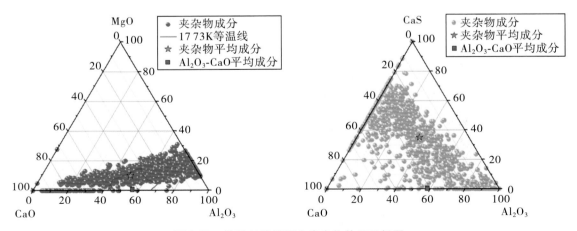

图 6-23　样品 H 管线钢中夹杂物的三元相图

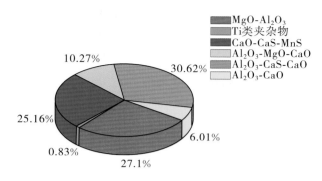

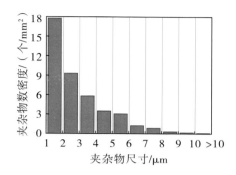

图 6-24　样品 H 管线钢中夹杂物比例分布　　　图 6-25　样品 H 管线钢中夹杂物尺寸的数密度分布

　　总体而言，X90 直缝埋弧焊管中夹杂物的主要类型为 Al_2O_3-CaO-CaS，含有少量的 MgO。夹杂物的数量较多，但大尺寸夹杂物的比例较低，主要成分为 Al_2O_3-CaO-CaS。在距焊缝 90°和 180°位置检测的结果相差不大。

6.1.10　超高钢级管线钢中大型夹杂物的金相对比分析

　　图 6-26 是根据 ASPEX 扫描电镜结果做出的 8 个试样中氧硫化物和氧化物的数密度分布图。对单位面积夹杂物的数量结果分析表明，A、B、G、H 4 个管线钢试样中夹杂物的数密度较大，均在 30 个/mm^2 以上，而且其氧硫化物含量较高；C、D、E、F 4 个试样中夹杂物单位面积上的数量较少，均在 20 个/mm^2 以下，洁净度较高。B、C、D、G、H 试样中氧化物的数量较少，多数是氧硫化物的复合夹杂物。

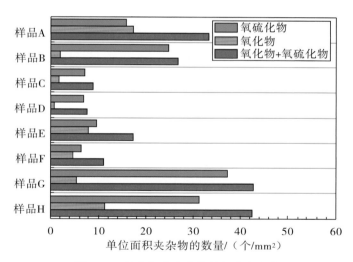

图 6-26　管线钢中夹杂物的数密度分布

　　图 6-27 是根据 ASPEX 扫描电镜结果做出的 8 个试样中氧硫化物和氧化物的面积百分率图。将各个钢厂试样中夹杂物的面积百分率进行对比，其中 E、F 管线钢试样中夹杂物的面积百分率较大，而且其氧化物的面积百分率较高，特别是在 F 试样中，存在尺寸达到 60 μm 的夹杂物。A、B、G、H 试样中夹杂物的数密度较高，但面积百分率不大，说明其中的夹杂物尺寸较小，大尺寸夹杂物的数量较少。C、D 试样中夹杂物的数密度和面积百分率均很小，说明其洁净度较高，同时大尺寸的夹杂物相对较少。

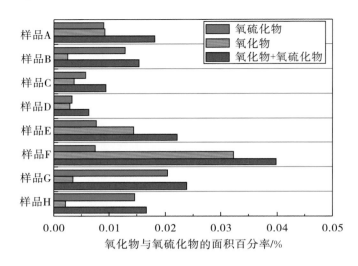

图 6-27　管线钢中夹杂物的面积百分率分布

图 6-28 是根据 ASPEX 扫描电镜结果做出的 8 个试样中夹杂物种类的比例对比图。将各个钢厂试样中的夹杂物种类进行对比,钙铝酸盐是重要的夹杂物类型,比例均在 50% 以上,其中 E、F 试样中的比例可以达到 80%,也是大尺寸夹杂物的主要类型。A、B 试样中含有一定比例纯的 Al_2O_3,E、F 试样中氧硫化物的含量较低。

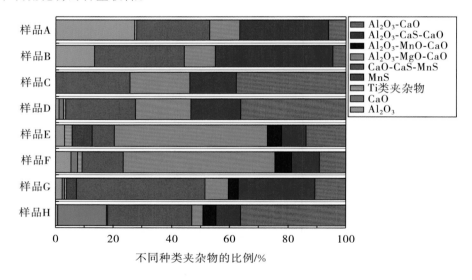

图 6-28　管线钢中夹杂物的种类比例

图 6-29 是根据 ASPEX 扫描电镜结果做出的 8 个试样中夹杂物的尺寸比例对比图。将各个钢厂试样中的夹杂物尺寸比例进行对比,其中 A、B、G、H 试样中尺寸在 $10\mu m$ 以上的夹杂物比例较低。G 和 F 试样中大尺寸夹杂物的数量较高,其特点是夹杂物的总体数量较少,但大尺寸夹杂物较多。C、D 试样中洁净度较高,含有一定比例的大尺寸夹杂物。

图 6-30 是根据 ASPEX 扫描电镜结果做出的 8 个试样中夹杂物不同尺寸的数密度对比图。将各个钢厂的试样中夹杂物尺寸的数密度进行对比,其中 A、B、G、H 试样中夹杂物的数量较多,但多数尺寸在 $5\mu m$ 以下,尺寸在 $10\mu m$ 以上的夹杂物比例较低。G 和 F 试样中大尺寸夹杂物的数量较大,其特点是洁净度较大,但大尺寸夹杂物较多。C、D 试样中夹杂物的数量较少,大尺寸夹杂物的

比例也较小,但其最大夹杂物的尺寸能够达到 $30\mu m$ 以上。大尺寸夹杂物的主要成分是钙铝酸盐和 Al_2O_3,其形貌呈球形或不规则块状,部分大尺寸夹杂物有轧制后延长的形貌。

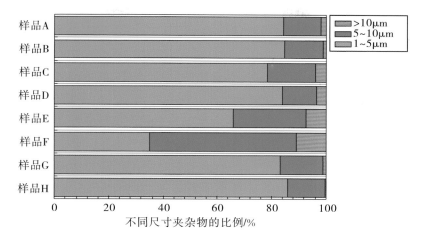

图 6-29　管线钢中夹杂物尺寸的比例对比

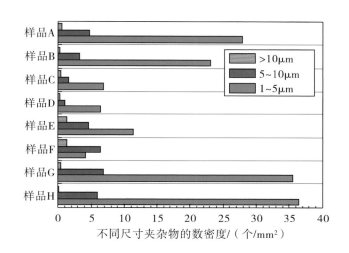

图 6-30　管线钢中夹杂物尺寸的数密度分布

根据 ASPEX 扫描电镜结果,对每个试样扫描至少 800 个夹杂物进行统计分析。对比相同钢厂不同取样位置的检测结果,可以得出以下结论:从夹杂物的数密度来看,轧板试样的 1/2 位置夹杂物的数量要略大于试样的 1/4 位置,1/2 位置氧化物的含量比例较高,1/4 位置氧硫化物含量的比例较高;从夹杂物的面积百分率来看,试样的 1/4 位置夹杂物的数量要大于试样的 1/2 位置,1/4 位置氧化物的面积百分率较大;从夹杂物尺寸的比例来看,试样的 1/4 位置大尺寸夹杂物的比例要大于试样的 1/2 位置,对于 $5\sim10\mu m$ 和 $10\mu m$ 以上尺寸的夹杂物都有类似的规律;从夹杂物的形貌与类型来看,试样的 1/2 位置和 1/4 位置相差不大;对于洁净度较高的钢种而言(C、D),1/2 位置和 1/4 位置夹杂物的数密度、面积百分率和尺寸比例均相差不大。因此,对于管线钢轧板的检测位置而言,在不同取样位置(轧板的 1/2 位置和 1/4 位置)检测的结果略有差异。为了准确地评估管线钢夹杂物的级别,在轧板试样的 1/4 位置进行检测能够更加真实地反映出夹杂物的尺寸情况,有利于揭示出大尺寸夹杂物的分布规律。

6.2 超高钢级管线钢中大型夹杂物的电解分析

6.2.1 非水溶液电解法概述

金相法能够简单、直观地观察钢样切面上夹杂物的形貌、大小、数量及其分布,以及夹杂物的物理化学特征,但是前提是必须在金相切面上暴露并寻找到夹杂物。由于钢中的夹杂物在三维基体中的分布是随机的,所以任意磨抛的金相面上夹杂物的呈现情况都带有随机性。此外,夹杂物在空间的取向不同,同一种夹杂物在金相面上也可能呈现不同的形貌和尺寸,因此金相法不能准确地显示夹杂物的三维形貌。对此,常常采用电解法,将夹杂物从钢中萃取出来,再联合显微镜、电镜、射线等方法进行分析。以往大部分研究工作采用的电解法为水溶液电解法,而水溶液电解时电解液呈酸性,会对夹杂物特别是细小的夹杂物造成破坏,较难得到完整的夹杂物。因此,本实验采用非水溶液电解法对管线钢轧板进行研究,即使用有机溶液作为电解液,无损伤地对夹杂物进行分析。

轧板样品板材的相同位置用线切割取尺寸为 10mm×15mm×45mm 的试样,用砂轮打磨至光亮,完全去除表面的铁锈,将需要电解的钢样作为阳极,不锈钢片作为阴极,配制有机溶液的电解液,保证阳极电流密度≤100mA/cm²,电解时间为 8h,在电解的过程中通氮气搅拌,以减少浓度极化效应,电解温度维持在 -5~5℃。实验过程主要是:钢样表面清洗→试样电解→超声波清洗阳极→磁选分离→淘洗→磁选分离→烘干→制样→SEM 观察。

6.2.2 样品 A 中电解夹杂物的形貌分析

通过对夹杂物进行 EDS 能谱分析和面扫描分析,能够获得样品 A 管线钢中典型夹杂物的形貌,同时能够确定夹杂物的成分分布情况,可以进一步深入地研究复合夹杂物的形成机理,从而对夹杂物的改性提供指导性意见。可以看出,样品 A 管线钢中主要的夹杂物是 TiN、CaS、钙铝酸盐和 Al-Ca-O-S 类夹杂物。

图 6-31 和图 6-32 均是通过非水溶液电解法提取出的夹杂物整体形貌扫描电镜结果。结果表明,非水溶液电解法能够全面准确地展示钢中夹杂物的情况。图中球状物多为 CaS 和 Al_2O_3-CaS 夹杂物,块状物多为 Al_2O_3-CaO 类夹杂物。

图 6-31 样品 A 管线钢中整体夹杂物的形貌

图 6-32　样品 A 管线钢中整体夹杂物的形貌

通过合理的制样手段,可以使夹杂物平整密集地分布在导电胶上,有利于在扫描电镜下进行成分分析、面扫描分析、成分与尺寸分布等的进一步分析。夹杂物整体的面扫描结果表明,夹杂物的主要成分是 Al-Ca-S-O,有部分夹杂物中含有 Ti 元素。夹杂物的形状为球状和块状,球状夹杂物多数为低熔点的钙铝酸盐和 CaS,块状夹杂物多数为钙铝酸盐和 Al_2O_3。夹杂物的尺寸较小,多数在 $10\,\mu m$ 以下。非水溶液电解法能够清晰地展示钢中夹杂物的三维形貌,并且可以全面地反映复合夹杂物中成分的分布。

样品 A 管线钢中的夹杂物主要是呈球状的低熔点的钙铝酸盐和 CaS,以及呈块状的钙铝酸盐和 Al_2O_3。夹杂物的尺寸较小,多数在 $10\,\mu m$ 以下,与金相法的检测结果一致。

6.2.3　样品 B 中电解夹杂物的形貌分析

通过对夹杂物进行 EDS 能谱分析和面扫描分析,能够获得样品 B 管线钢中典型夹杂物的形貌,同时能够确定夹杂物的成分分布情况,可以进一步深入地研究复合夹杂物的形成机理,从而对夹杂物的改性提供指导性的意见。

图 6-33、图 6-34 和图 6-35 均是通过非水溶液电解法提取出的夹杂物整体形貌扫描电镜结果。

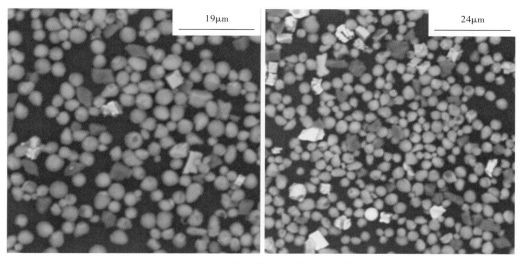

图 6-33　样品 B 管线钢中典型夹杂物的形貌

可以看出,样品 B 中的夹杂物主要由氧硫化物和 Al_2O_3-CaO 以及少量的 MgO 和 SiO_2 组成,氧硫化物的成分是 Al_2O_3-CaO-CaS。钢中存在少量的 TiN 夹杂物,氧硫化物的尺寸平均为 $3\sim4\mu m$;TiN 夹杂物的尺寸略大于氧硫化物,为 $5\sim10\mu m$;大尺寸的夹杂物较少,与金相法的检测结果一致。

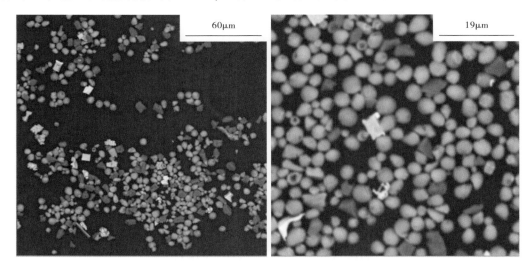

图 6-34　样品 B 管线钢中典型夹杂物的形貌

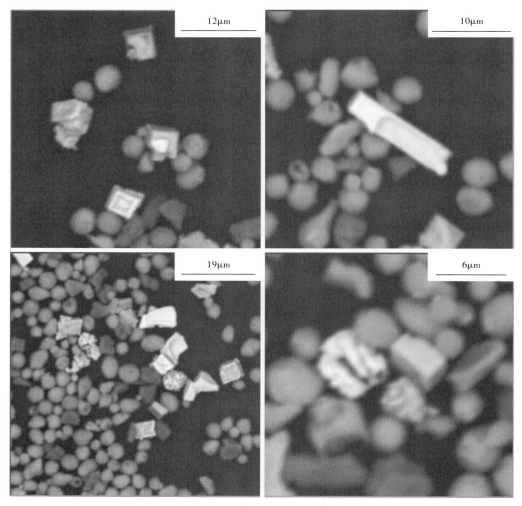

图 6-35　样品 B 管线钢中 TiN 夹杂物的形貌

6.2.4 样品 C 中电解夹杂物的形貌分析

通过对夹杂物进行 EDS 能谱分析和面扫描分析,能够获得样品 C 管线钢中典型夹杂物的形貌,同时能够确定夹杂物的成分分布情况,可以进一步深入地研究复合夹杂物的形成机理,从而对夹杂物的改性提供指导性的意见。可以看出,主要的夹杂物是钙铝酸盐和 Al-Ca-O-S 类夹杂物,其中 CaS 夹杂物多在球状的钙铝酸盐表面呈点状析出。

图 6-36 和图 6-37 均是通过非水溶液电解法提取出的夹杂物整体形貌扫描电镜结果。结果表明,非水溶液电解法能够全面准确地展示钢中夹杂物的情况。图中球状物多为 CaS 和 Al_2O_3-CaS 夹杂物,块状物多为 Al_2O_3-CaO 和 Al_2O_3-CaO-SiO_2 类夹杂物,尺寸能够达到 30μm 左右,这与 ASPEX扫描电镜结果能够相互验证。

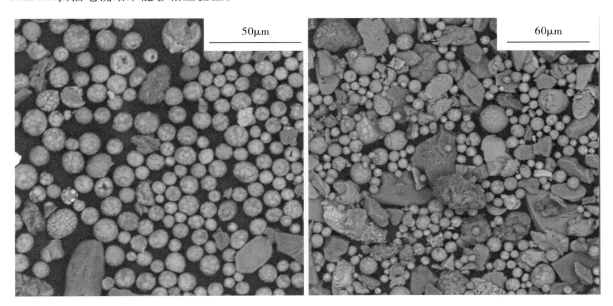

图 6-36 样品 C 管线钢中典型夹杂物的形貌

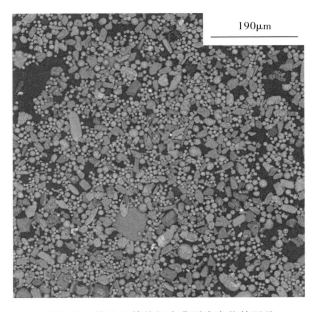

图 6-37 样品 C 管线钢中典型夹杂物的形貌

通过合理的制样手段,可以使夹杂物平整密集地分布在导电胶上,有利于在扫描电镜下进行成分分析、面扫描分析、成分与尺寸分布等的进一步分析。夹杂物的面扫描结果表明,夹杂物的主要成分是 Al-Ca-S-O。夹杂物的形状为球状,多数为低熔点的钙铝酸盐和 CaS。夹杂物的尺寸较小,多数在 $10\mu m$ 以下,与金相法的检测结果一致。

6.2.5 样品 D 中电解夹杂物的形貌分析

通过对夹杂物进行 EDS 能谱分析和面扫描分析,能够获得样品 D 管线钢中典型夹杂物的形貌,同时能够确定夹杂物的成分分布情况,可以进一步深入地研究复合夹杂物的形成机理,从而对夹杂物的改性提供指导性的意见。图 6-38 和图 6-39 均是通过非水溶液电解法提取出的夹杂物整体形貌扫描电镜结果。可以看出,主要的夹杂物是 Al-Ca-O-S 类夹杂物,其中 CaS 夹杂物多在球状的钙铝酸盐表面呈点状析出。结果表明,非水溶液电解法能够全面准确地展示钢中夹杂物的情况。图中呈球状的多为 CaS 和 Al_2O_3-CaS 夹杂物,呈块状的多为 Al_2O_3-CaO 类夹杂物。

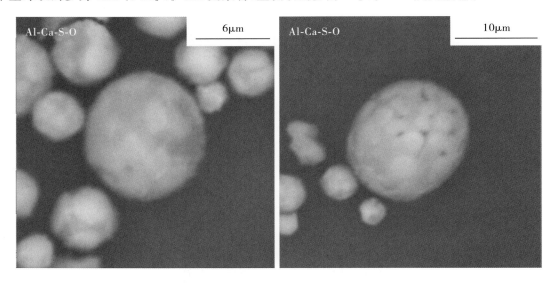

图 6-38　样品 D 管线钢中单个夹杂物的形貌

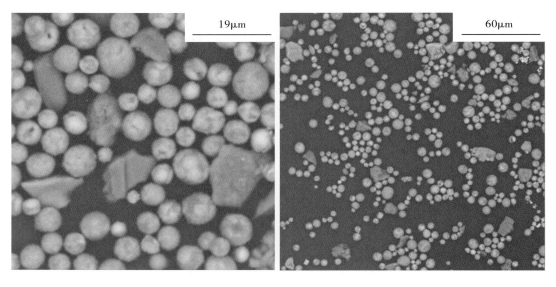

图 6-39　样品 D 管线钢中整体夹杂物的形貌

通过合理的制样手段,可以使夹杂物平整密集地分布在导电胶上,有利于在扫描电镜下进行成分分析、面扫描分析、成分与尺寸分布等的进一步分析。夹杂物的面扫描结果表明,夹杂物的主要成分是 Al-Ca-S-O。夹杂物的形状为球状,多数为低熔点的钙铝酸盐和 CaS,有部分块状的钙铝酸盐和 SiO_2 类夹杂物。夹杂物的尺寸较小,多数在 $10\,\mu m$ 以下,与金相法的检测结果一致。

6.2.6　样品 E 中电解夹杂物的形貌分析

通过对夹杂物进行 EDS 能谱分析和面扫描分析,能够获得样品 E 管线钢中典型夹杂物的形貌,同时能够确定夹杂物的成分分布情况,可以进一步深入地研究复合夹杂物的形成机理,从而对夹杂物的改性提供指导性的意见。通过非水溶液电解法提取出的夹杂物整体形貌扫描电镜结果表明,主要的夹杂物是块状的 Al_2O_3-SiO_2 类夹杂物、球状的 CaS 夹杂物,长方形的 TiN 夹杂物和不规则的 CaO-Al_2O_3-SiO_2 夹杂物。其中 Al_2O_3-SiO_2 类夹杂物的尺寸较大,能够达到 $50\,\mu m$ 以上;硫化物的尺寸较小,在 $5\,\mu m$ 左右;TiN 夹杂物的尺寸较小,在 $5\,\mu m$ 左右,呈长方体状;CaO-Al_2O_3-SiO_2 类夹杂物的形状不规则,尺寸范围在 $10\sim20\,\mu m$。图 6-40 是通过非水溶液电解法提取出的夹杂物整体形貌扫描电镜结果。结果表明,非水溶液电解法能够全面准确地展示钢中夹杂物的情况。图中呈球状的多为 CaS 和钙铝酸盐-CaS 类夹杂物,呈块状的多为 Al_2O_3-CaO 类夹杂物和含 SiO_2 类的钙铝酸盐。

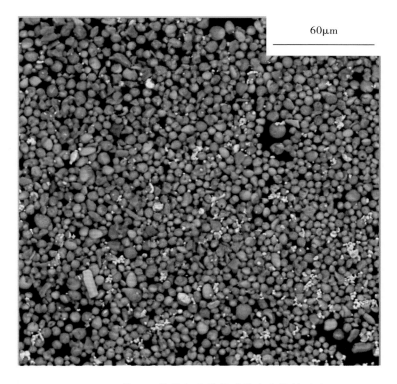

图 6-40　样品 E 管线钢中整体球状夹杂物的形貌

图 6-41～图 6-43 是夹杂物形貌放大图,能够清晰地观察到块状的夹杂物多数为氧化物,尺寸在 $10\sim15\,\mu m$;球状夹杂物多数为硫化物和低熔点的钙铝酸盐,尺寸在 $10\,\mu m$ 以下;在多数的球状夹杂物表面会附着析出硫化物,成为两相的复合夹杂物;块状的夹杂物形状不规则,棱角分明,成分是 Al-Ca-Mg-Si-O 类氧化物;球状的夹杂物成分为钙铝酸盐和硫化物,通过 EDS 能谱分析能够准确地得到夹杂物的具体成分。

图 6-41　样品 E 管线钢中球状夹杂物放大图

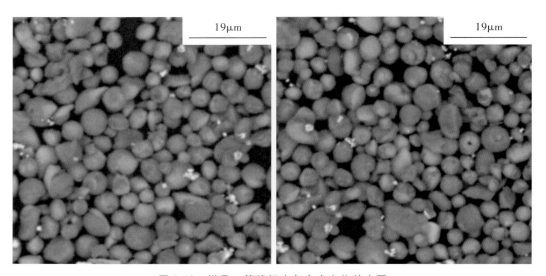

图 6-42　样品 E 管线钢中复合夹杂物放大图

图 6-43　样品 E 管线钢中块状与球状夹杂物放大图

通过合理的制样手段,可以使夹杂物平整密集地分布在导电胶上,有利于在扫描电镜下进行成分分析、面扫描分析、成分与尺寸分布等的进一步分析。夹杂物的面扫描结果显现典型的不规则形状的 CaS、Al_2O_3 和 $CaO-Al_2O_3-SiO_2$ 类夹杂物,块状的钙铝酸盐-SiO_2 类夹杂物,以及球状的钙铝酸盐与 CaS 夹杂物的形貌。氧化物多是不规则的块状,尺寸较大,多数在 $10\mu m$ 以上,少数可以达到数十微米;硫化物为较圆滑的球形或者椭球形,尺寸相对较小,多数在 $10\mu m$ 以下。部分含有 SiO_2 和 MgO 成分的钙铝酸盐夹杂物是不规则的块状,这一类夹杂物的尺寸较大;而球状的钙铝酸盐-CaS 类夹杂物的尺寸较小,多数在 $10\mu m$ 以下,是主要的夹杂物类型。同时含有一定量大尺寸的夹杂物,尺寸达到 $60\mu m$ 以上。

6.2.7　样品 F 中电解夹杂物的形貌分析

图 6-44 是样品 F 管线钢中典型夹杂物的形貌。通过对夹杂物进行 EDS 能谱分析和面扫描分析,能够确定夹杂物的成分分布情况,可以进一步深入地研究复合夹杂物的形成机理,从而对夹杂物的改性提供指导性的意见。可以看出,主要的夹杂物类型是球状的钙铝酸盐和钙铝酸盐-CaS 类复合夹杂物、块状的钙铝酸盐-SiO_2 类和镁铝尖晶石类夹杂物,少量的长方体 TiN 夹杂物。氧化物

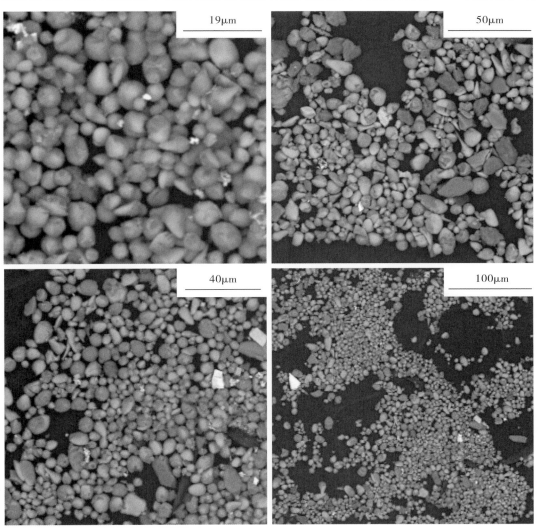

图 6-44　样品 F 管线钢中球状和块状夹杂物的整体形貌

多数呈不规则形状,成分为 Al_2O_3、Al_2O_3-MgO、Al_2O_3-CaO 以及 Al_2O_3-CaO-SiO_2,这类夹杂物是主要的大尺寸夹杂物,最大尺寸能够达到 $30\mu m$ 以上。硫化物的主要成分是 CaS;有部分的 MnS,尺寸较小,在 $5\mu m$ 以下。多数硫化物与钙铝酸盐类的氧化物形成复合类夹杂物,一般是硫化物包裹在氧化物外部,但并没有完整包裹,能够明显地看出两相的存在,其尺寸在 $5\sim10\mu m$。

图 6-45 是通过非水溶液电解法提取出的夹杂物单个形貌扫描电镜结果。图中呈球状的多为 CaS 和 Al_2O_3-CaO-CaS 类夹杂物,少数球状夹杂物为 Al-Ti-O 类夹杂物,尺寸较小,多数在 $10\mu m$ 以下;块状的为 Al_2O_3、CaO 以及 Al_2O_3-CaO 类夹杂物,尺寸较大,能够达到 $30\mu m$。

图 6-45　样品 F 管线钢中单个夹杂物的形貌

通过合理的制样手段,可以使夹杂物平整密集地分布在导电胶上,有利于在扫描电镜下进行成分分析、面扫描分析、成分与尺寸分布等的进一步分析。夹杂物的面扫描结果表明,夹杂物的主要成分是 Al-Ca-S-O、Al-Mg-Ca-S-O、Al-Mg-Ca-Si-S-O。多数夹杂物的形状呈球状,为低熔点的钙铝酸盐和 CaS,硫化物与氧化物的复合夹杂物能够明显地看出分开的两相,硫化物大多附着在氧化物的外部,有部分硫化物(CaS)均匀地包裹在钙铝酸盐外,夹杂物的尺寸较小,多数在 10μm 以下。不规则形状夹杂物的主要成分是 Al₂O₃-CaO、CaO、CaO-CaS 和 Al₂O₃-CaO-SiO₂。此类夹杂物多数是纯的氧化物,有少量不规则的 CaS 夹杂物。夹杂物的尺寸较大,均在 10～20μm。

面扫描结果显示,部分夹杂物中含有一定量的 MgO,以镁铝尖晶石和钙铝酸盐-MgO 复合类夹杂物的形式存在。这类夹杂物的尺寸较小,呈圆球状,多数被 CaS 所包裹。

6.2.8　样品 G 中电解夹杂物的形貌分析

图 6-46 是样品 G 管线钢中典型夹杂物的形貌。通过对夹杂物进行 EDS 能谱分析和面扫描分析,能够确定夹杂物的成分分布情况,可以进一步深入地研究复合夹杂物的形成机理,对夹杂物的改性提供指导性的意见。可以看出,夹杂物以球状为主,其成分主要是钙铝酸盐和钙铝酸盐-CaS,这类夹杂物的尺寸较小,多数在 10μm 以下。有部分块状的夹杂物存在,成分是钙铝酸盐-SiO₂ 和 Al₂O₃-MgO-CaO、MgO-CaO 和 Al₂O₃-SiO₂-CaO,尺寸较大,能够达到 20μm。

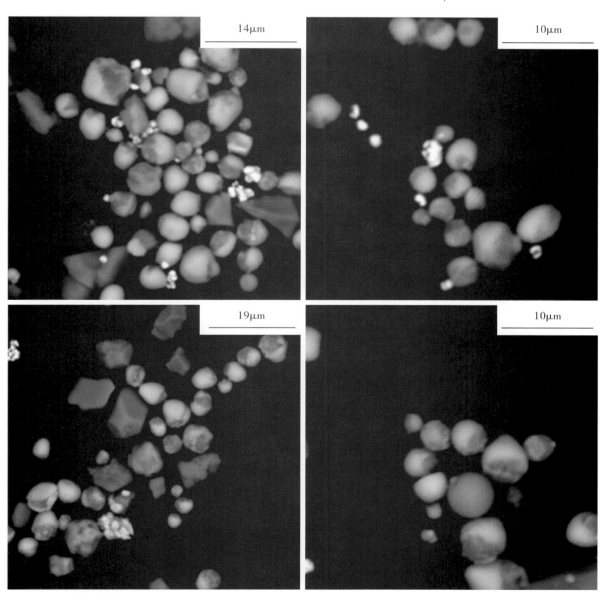

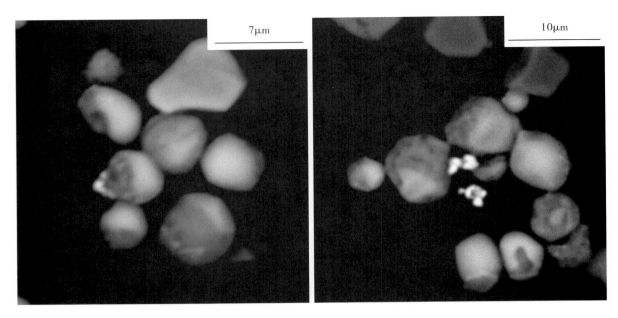

图 6-46　样品 G 管线钢中夹杂物的形貌

　　通过非水溶液电解法提取出样品 G 管线钢中的单个复合夹杂物的形貌和面扫描结果表明,夹杂物以钙铝酸盐为核心,在上面附着析出 CaS。复合夹杂物多数呈圆球形,硫化物均匀地包裹在钙铝酸盐的外部,尺寸较小;但是也存在部分不规则的钙铝酸盐类夹杂物,尺寸较大,硫化物没有完全包裹在外部,只是附着在钙铝酸盐的表面部分。这是 2 种常见的钙铝酸盐-CaS 夹杂物的形貌。低熔点的钙铝酸盐夹杂物多数呈球状,外面包裹着 CaS,尺寸较小。部分大尺寸未被改性的 Al_2O_3 和镁铝尖晶石类夹杂物的形状呈不规则的块状,棱角分明,尺寸较大,可达到 $20\mu m$,但比例较小。这与金相法的检测结果比较吻合。夹杂物中含有一定量的 MgO,小尺寸的夹杂物为球状的钙铝酸盐和 CaS,大尺寸的夹杂物为块状的 Al_2O_3、镁铝尖晶石和钙铝酸盐。

6.2.9　样品 H 中电解夹杂物的形貌分析

　　图 6-47 是样品 H 管线钢中典型夹杂物的形貌。通过对夹杂物进行 EDS 能谱分析和面扫描分

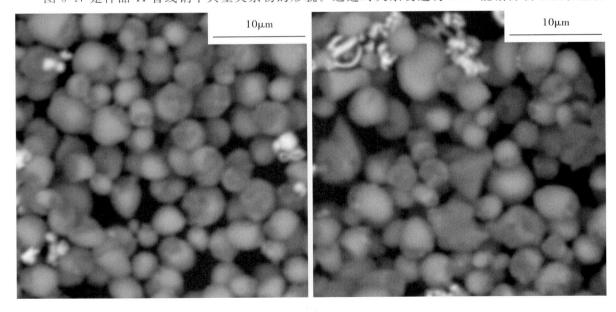

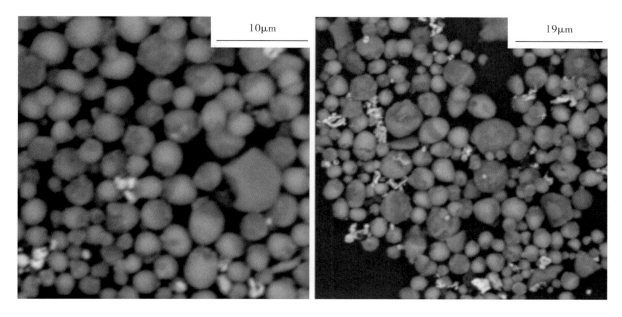

图 6-47　样品 H 管线钢中夹杂物的整体形貌

析,能够确定夹杂物的成分分布情况,可以进一步深入地研究复合夹杂物的形成机理,对夹杂物的改性提供指导性的意见。可以看出,主要的夹杂物是球状的 Al-Ca-O 类夹杂物与 CaS-钙铝酸盐复合夹杂物。多数夹杂物是氧化物-硫化物两相,硫化物包裹在氧化物的外部,总体尺寸较小,在 $10\,\mu m$ 以下。

通过对非水溶液电解法提取出的球形复合夹杂物形貌扫描放大,可以发现呈球状的夹杂物多为 CaS 和 Al_2O_3-CaS 夹杂物,在背散射扫描中,灰白色的是纯 CaS 类夹杂物,深灰色的是钙铝酸盐或者镁铝尖晶石,复合夹杂物由 CaS 部分包裹或者完全包裹在氧化物的外部。夹杂物的尺寸较小,在 $10\,\mu m$ 以下。同时,通过合理的制样手段,可以使夹杂物平整密集地分布在导电胶上,有利于在扫描电镜下进行成分分析、面扫描分析、成分与尺寸分布等的进一步分析。夹杂物的面扫描结果表明,夹杂物的总体尺寸较小,为 $5\sim10\,\mu m$,夹杂物的形貌以球形为主,主要成分是 Al-Ca-Mg-O 类夹杂物与 CaS-钙铝酸盐。部分不规则的块状夹杂物是 Al_2O_3-CaO-SiO_2 类夹杂物,尺寸较大,为 $10\sim15\,\mu m$。多数夹杂物是氧化物-硫化物两相,以镁铝尖晶石或钙铝酸盐为核心,外部包裹着 CaS。

6.2.10　金相法与电解法的比较

金相法能够简单、直观地观察钢样切面上夹杂物的形貌、大小、数量和分布,以及夹杂物的物理化学特征。对钢基体中的夹杂物进行分析,能够合理地反映钢的洁净度情况;对大量夹杂物的统计结果进行分析,能够提供夹杂物的定量数据结果。但是,金相法的前提是必须在金相切面上暴露并寻找到夹杂物。由于钢中的夹杂物在三维基体中的分布是随机的,任意磨抛的金相面上夹杂物的出现都带有随机性。此外,夹杂物在空间的取向不同,同一种夹杂物在金相面上也可能呈现不同的形貌和尺寸,因此金相法不能准确地显示夹杂物的三维形貌。

非水溶液电解法采用有机溶剂配制电解液,避免了传统的水溶液电解时电解液呈酸性而损伤提取的夹杂物,将夹杂物从钢中萃取出来,对夹杂物特别是细小的夹杂物可以完整地保存,真实地展现夹杂物的信息,无损伤地分析夹杂物。但是由于电解量较小,而且在提取的过程中夹杂物有一定程度的流失,因此尽管其定量值可以作为参考,但难以提供准确的数据。

电解法的检测结果表明,管线钢中主要的夹杂物是钙铝酸盐和CaS,部分试样中含有块状的Al_2O_3和钙铝酸盐-SiO_2以及镁铝尖晶石类夹杂物。电解法提取的夹杂物多数呈球状,尺寸为5~10μm,主要是钙铝酸盐和CaS两相复合的夹杂物。在金相法ASPEX扫描电镜检测到较多尺寸在5μm以下的夹杂物,采用电解法能够完全展示这类夹杂物的形貌;同时,对于金相法观测到的大尺寸的夹杂物,通过电解法也能体现其三维形貌,其尺寸大于金相法的检测结果,2种方法检测到的夹杂物类型相近。

电解法能够观察到夹杂物的真实形貌,能够揭示不同的硫化物的析出情况(点状析出、包裹在氧化物外部析出、附着在氧化物表面析出等),可以作为一种辅助方法来检测夹杂物,并深入地研究夹杂物的形成机理。电解法与金相法可以结合使用,通过金相法ASPEX分析得到夹杂物的统计结果,再辅以电解法展示夹杂物的成分信息,从而能更加完整准确地评估钢的洁净度和夹杂物的类型。

6.3　大型夹杂物对超高钢级管线钢性能影响的研究

大型夹杂物通常会恶化高钢级管线钢的力学性能,并且大型夹杂物不规则的外形还会导致管线钢力学性能的各向异性。夹杂物的许多属性都会通过改变夹杂物周围的应力分布状态等参数而对材料的疲劳性能产生影响。其中,夹杂物的尺寸对疲劳特性的影响最为显著,一般认为当金属中夹杂物的尺寸达到某一特定值时,材料的疲劳强度与其硬度之间的线性关系则不复存在,研究表明,夹杂物的这一特定尺寸通常与金属的强度等属性有关。由夹杂物尺寸的相关常数与钢样维氏硬度以及疲劳寿命的关系不难发现,随着钢样强度的增加,其所对应的产生疲劳裂纹的临界夹杂物的尺寸会减小,因此大型夹杂物的存在会导致钢样夹杂物开裂的可能性增加。

6.3.1　X90/X100管线钢超声疲劳测试与断口分析

超声疲劳试验技术与传统疲劳试验技术不同。超声疲劳试验试样一端自由,另一端与位移放大器相连接,在位移放大器的激励下发生谐振,并在试样中生成谐振波。因此,超声疲劳试验试样的设计必须满足试验系统的谐振条件。超声疲劳试验样品简图如图6-48所示。

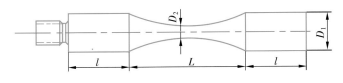

图6-48　圆形超声疲劳试验试样

超声疲劳研究具有独特的优点:由于其频率高,缩短试验时间至数百分之一乃至数千分之一,因而适用于循环周次极高的寿命试验和极低裂纹扩展速率的研究,尤其适合对疲劳极限和裂纹扩展门槛值的研究;节省时间,可做更多的试验,获得更多的结果等。

超声疲劳试验已经在航天、航空等领域大量应用并取得了大量的研究成果,但在管线钢领域还很少见到相关报道,尤其是关于夹杂物对管线钢超声疲劳行为影响的研究则更少。据报道,与低周疲劳和高周疲劳中裂纹大多出现在材料的表面相比,超高周疲劳的裂纹倾向起始于材料的内部缺陷或夹杂物,如图6-49所示。

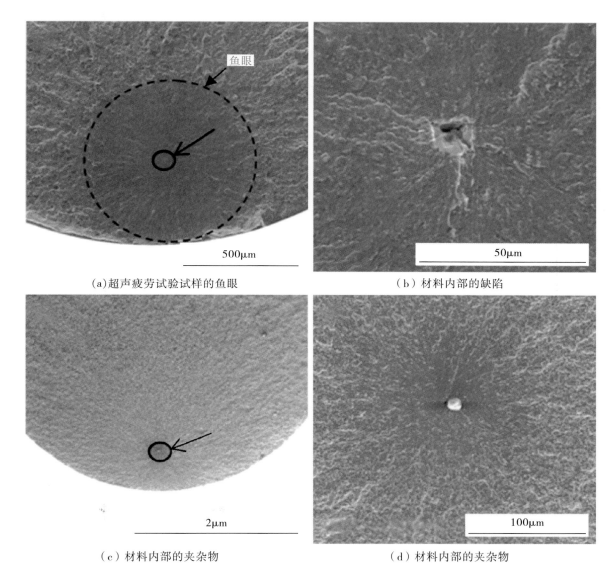

图 6-49　典型超高周超声疲劳断口

图 6-50 给出了某 X90 螺旋缝埋弧焊管试验样品的宏观图像，分别标记为 1#、2# 和 3#，该 X90 螺旋缝埋弧焊管试验样品的超声疲劳测试参数及其结果参见表 6-2。

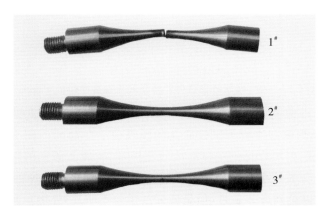

图 6-50　X90 螺旋缝埋弧焊管试验样品超声疲劳测试后的宏观图像

表 6-2　X90 螺旋缝埋弧焊管试验样品的超声疲劳测试参数及其结果

参　数	样品编号		
	1#	2#	3#
弹性模量/MPa	210 000	210 000	210 000
密度/(g/cm³)	7.8	7.8	7.8
最大半径/mm	10	10	10
最小半径/mm	3	3	3
弦长/mm	40	40	40
TP 肩长/mm	10.21	10.21	10.21
应力转换因子/(MPa/μm)	20.657	20.657	20.657
震荡时间/ms	150	150	150
停止时间/ms	150	3 000	3 000
频率/kHz	19.9	19.9	19.9
应力/MPa	300	380	380
周次/次	1.5×10^9	25.3×10^6	259×10^6

　　测试结果表明,当外加最大应力为 380MPa 时,对应的循环周次分别为 25.3×10^6 次和 259×10^6 次,这说明对于该样品,疲劳数据的分散性较大。图 6-51 给出了该组样品的超声疲劳断口的宏观图像。图 6-51(a)中样品的断口有明显发热烧伤的发蓝特征。图 6-51 中所示的所有断口均可以分为 3 个典型区域:裂纹源区、裂纹扩展区和瞬断区,同时在断口上还能观察到明显的疲劳弧线。

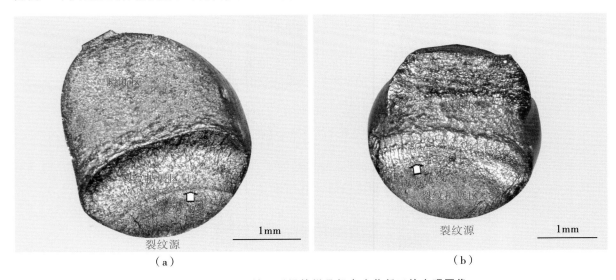

图 6-51　X90 螺旋缝埋弧焊管样品超声疲劳断口的宏观图像

　　图 6-52 给出了该 X90 螺旋缝埋弧焊管样品超声疲劳断口的扫描电镜二次电子像。如图 6-52 所示,该 X90 螺旋缝埋弧焊管超声疲劳试验样品的裂纹位于样品的一侧,裂纹萌生于样品的表面,未见到明显的"鱼眼"特征,但可以见到明显的放射花样,同时疲劳源区的断口较为平坦。将断口放大到 200 倍以上,可在疲劳裂纹扩展区见到少量的韧窝,在韧窝里可以见到第二相颗粒;将样品断口放大到 1 000 倍以上,可以见到疲劳条带,但是疲劳条带并不明显,还能观察到一些较小的二次裂纹。图 6-52 (a)中的宏观断口可分为 3 个典型的区域:裂纹萌生区、裂纹扩展区和瞬断区。裂纹萌生于样品

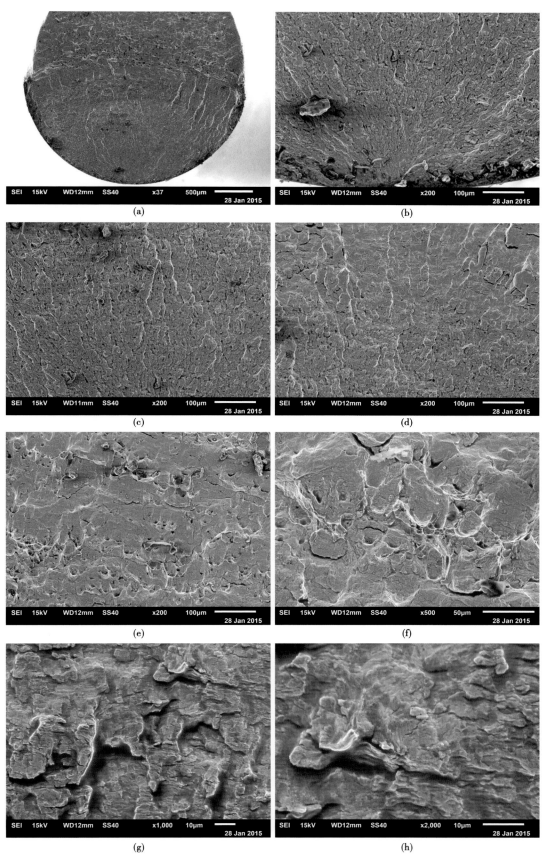

图 6-52　X90 螺旋缝埋弧焊管样品超声疲劳断口的扫描电镜二次电子像

的边缘,疲劳裂纹源区和扩展区的断面非常平坦。同时,在裂纹扩展区内可见到明显的疲劳弧线,它是金属疲劳断口的宏观特征。对断口进一步放大,在图 6-52(c)和(d)中可见到棘轮花样,它也是疲劳断口的宏观特征之一;再次放大以后,在图 6-52(e)和(f)中,疲劳裂纹的扩展区可见到一些韧窝特征,在韧窝中可见到一些第二相粒子,说明该断口为韧性疲劳断口;进一步放大以后,在图 6-52(g)和(h)中可见到大量相互平行的疲劳裂纹,它是疲劳断口的微观特征。

本试验对超声疲劳断口进行了扫描电镜观察,结果表明,裂纹萌生于样品表面,说明管线钢材料较容易通过塑性变形来消耗夹杂物引起的应力集中,所以不容易从夹杂物处萌生疲劳裂纹;对于高强度材料,不容易通过塑性变形来消耗夹杂物引起的应力集中,夹杂物的强度本身低于基体,所以容易在夹杂物处萌生疲劳裂纹并最终导致疲劳裂纹的产生。此外,管线钢材料疲劳断口在超声疲劳试验过程中因散热状况较差,而导致的局部发热也可能是引起超声疲劳断口在试样表面萌生的重要因素。

6.3.2 大型夹杂物对超高钢级管线钢塑性的影响

集中塑性变形的微观机制为微孔洞的演化。而在管线钢试样的拉伸过程中,夹杂物对于微孔洞的形核、长大和聚合等过程均有一定的影响,因此管线钢的塑性与大型夹杂物之间存在着密切的联系。微孔洞的聚合是管线钢塑性断裂过程的最后阶段,因此大型夹杂物对管线钢塑性断裂的影响集中表现在微孔洞的聚合阶段。在拉伸试样中,相邻的微孔洞可以通过内颈缩与局部剪切 2 种方式进行聚合。

当微孔洞(夹杂物)的长轴与拉伸应力轴平行,且与夹杂物之间的距离足够近时,微孔洞的聚合通过管线钢的基体内颈缩完成;而当微孔洞(夹杂物)的长轴与拉应力轴垂直或与夹杂物之间的距离较远时,微孔洞的聚合则主要通过局部剪切的方式完成。剪切带扩展条件的不等式可以定量地描述夹杂物特征参数对局部剪切的作用:

$$\frac{1}{\sigma}\frac{\mathrm{d}\sigma}{\mathrm{d}\varepsilon} < LF^2 \left(\frac{f}{1-f}\right)^2 \sqrt{r^2+1} \tag{6-1}$$

式中,σ 为真应力,$\dfrac{\mathrm{d}\sigma}{\mathrm{d}\varepsilon}$ 为形变硬化率,L 为常数,F 为微孔洞长大因子,f 为夹杂物体积分数,r 为夹杂物的横纵比。

不难发现,钢材的断面收缩率等塑性指标与试样中夹杂物的尺寸、分布、体积分数、横纵比等参数关系密切。一般而言,夹杂物尺寸的增加、体积分数的增大(分布间距减小)、横纵比的提高均有利于钢样中微孔洞的聚合,从而导致钢样的塑性指标下降[1-3]。

6.3.3 大型夹杂物对超高钢级管线钢耐腐蚀性能的影响

高钢级管线钢的腐蚀与氢原子行为关系密切,而氢原子通常倾向聚集在夹杂物的周围,特别是在条状 MnS 夹杂物的尖端处,并结合成氢分子,进而引起夹杂物附近较大的应力集中,导致夹杂物与基体之间产生裂纹。因此,高钢级管线钢中的氢致开裂一般都是从大型夹杂物处萌生扩展并互相交叉连接,最终对材料的耐腐蚀性能带来不利的影响。夹杂物的长度因子 LSC 与氢致裂纹长度 CLR 之间存在着一定的线性关系,表明大型夹杂物的存在会对高钢级管线钢的耐腐蚀性能产生不利的影响[4-7]。为了进一步试验验证管线钢的洁净程度对耐腐蚀性能的影响,对检测结果反映夹杂物控制水平差异明显的 X90/X100 管线钢开展了 HIC 试验测试。

对 3 组 9 件某夹杂物控制水平一般的 X90 直缝埋弧焊管试样进行 HIC 试验。试验按照 NACE TM0284 标准进行,经过 96h H_2S 饱和溶液(B 溶液)浸泡,母材 90°试样和母材 180°试样表面有氢鼓泡,其余试样表面无氢鼓泡,剖面金相观察母材 180°试样有裂纹,试验结果如表 6-3 和图 6-53、图 6-54、图 6-55 所示。

表 6-3　X90 直缝埋弧焊管试样内部剖面 HIC 裂纹率测量分析结果

试样编号		剖面编号								平均值		
		Ⅰ			Ⅱ			Ⅲ				
		CLR /%	CTR /%	CSR /%	CLR /%	CTR /%	CSR /%	CLR /%	CTR /%	CSR /%	CLR /%	CTR /%	CSR /%
母材 90°试样	1#	0	0	0	0	0	0	0	0	0	0	0	0
	2#	0	0	0	0	0	0	0	0	0	0	0	0
	3#	0	0	0	0	0	0	0	0	0	0	0	0
母材 180°试样	1#	0	0	0	0	0	0	0	0	0	0	0	0
	2#	0	0	0	14.0	1.33	0.19	0	0	0	4.67	0.44	0.06
	3#	0	0	0	0	0	0	0	0	0	0	0	0
焊缝试样	1#	0	0	0	0	0	0	0	0	0	0	0	0
	2#	0	0	0	0	0	0	0	0	0	0	0	0
	3#	0	0	0	0	0	0	0	0	0	0	0	0

图 6-53　X90 直缝埋弧焊管母材 90°试样 96h 腐蚀试验后表面的宏观照片

图 6-54　X90 直缝埋弧焊管母材 180°试样 96h 腐蚀试验后表面的宏观照片

图 6-55　X90 直缝埋弧焊管焊缝试样 96h 腐蚀试验后表面的宏观照片

　　对 2 组 6 件某夹杂物控制水平较好的 X100 直缝埋弧焊管试样进行 HIC 试验。试验按照 NACE TM0284 标准进行,经过 96h H$_2$S 饱和溶液(B 溶液)浸泡,试样表面无氢鼓泡,剖面金相观察无裂纹,试验结果如表 6-4 和图 6-56、图 6-57 所示。

表 6-4　X100 直缝埋弧焊管试样内部剖面 HIC 裂纹率测量分析结果

试样编号		剖面编号									平均值		
		Ⅰ			Ⅱ			Ⅲ					
		CLR /%	CTR /%	CSR /%	CLR /%	CTR /%	CSR /%	CLR /%	CTR /%	CSR /%	CLR /%	CTR /%	CSR /%
母材 90°试样	1#	0	0	0	0	0	0	0	0	0	0	0	0
	2#	0	0	0	0	0	0	0	0	0	0	0	0
	3#	0	0	0	0	0	0	0	0	0	0	0	0
母材 180°试样	1#	0	0	0	0	0	0	0	0	0	0	0	0
	2#	0	0	0	0	0	0	0	0	0	0	0	0
	3#	0	0	0	0	0	0	0	0	0	0	0	0

图 6-56　X100 直缝埋弧焊管母材 90°试样 96h 腐蚀试验后表面的宏观照片

图 6-57　X100 直缝埋弧焊管母材 180°试样 96h 腐蚀试验后表面的宏观照片

对 3 组 9 件夹杂物控制水平较差的 Φ1 219mm×16.3mm X90 螺旋缝埋弧焊管试样进行 HIC 试验。试验按照 NACE TM0284 标准进行,经过 96h H_2S 饱和溶液(B 溶液)浸泡,试样表面有氢鼓泡,剖面金相观察有裂纹,试验结果如表 6-5 和图 6-58、图 6-59、图 6-60 所示。

表 6-5　X90 螺旋缝埋弧焊管试样内部剖面 HIC 裂纹率测量分析结果

试样编号		剖面编号									平均值		
		I			II			III					
		CLR /%	CTR /%	CSR /%	CLR /%	CTR /%	CSR /%	CLR /%	CTR /%	CSR /%	CLR /%	CTR /%	CSR /%
母材 90°试样	1#	0	0	0	0	0	0	0	0	0	0	0	0
	2#	52.70	7.19	3.79	0	0	0	27.40	1.69	0.46	26.70	2.96	1.42
	3#	0	0	0	0	0	0	1.75	0.85	0.01	0.58	0.28	0.00
母材 180°试样	1#	45.10	5.10	2.30	0	0	0	0	0	0	15.03	1.70	0.77
	2#	25.15	2.72	0.68	0	0	0	51.35	7.06	3.62	25.50	3.26	1.43
	3#	0	0	0	0	0	0	0	0	0	0	0	0
焊缝试样	1#	0	0	0	0	0	0	0	0	0	0	0	0
	2#	0	0	0	0	0	0	0	0	0	0	0	0
	3#	0	0	0	0	0	0	0	0	0	0	0	0

图 6-58　X90 螺旋缝埋弧焊管母材 90°试样 96h 腐蚀试验后表面的宏观照片

图 6-59　X90 螺旋缝埋弧焊管母材 180°试样 96h 腐蚀试验后表面的宏观照片

图 6-60　X90 螺旋缝埋弧焊管焊缝试样 96h 腐蚀试验后表面的宏观照片

参 考 文 献

[1] Murakami Y，Nomoto T，Ueda T．Factors influencing the mechanism of superlong fatigue failure in steels[J]. Fatigue and Fracture of Engineering Materials and Structures，1999，22(7):581-590.

[2] 李晓源，时捷，董瀚．夹杂物特征参数对 40CrNi2Mo 钢塑性的影响[J]．材料研究学报，2010，24(1):91-96.

[3] Wilson A D．Proceedings of the 1998 Symposium on Advances in the Production and Use Steel with Improved Internal Cleanliness [C]．Atlanta：ASTM Special Technical Publication，1999.

[4] 战东平，张慧书．超低硫 X65 管线钢中非金属夹杂物研究[J]．铸造技术，2006，27(9):906-909.

[5] 苏晓峰，陈伟庆．X70 管线钢中夹杂物控制研究[J]．河南冶金，2009，17(1):14-16.

[6] 吴雨晨，李俊国．X70 管线钢铸坯中非金属夹杂物的研究[J]．钢铁钒钛，2009，30(3):44-49.

[7] 常桂华，栗红．管线钢冶炼过程夹杂物行为研究[J]．冶金丛刊，2009(2):5-7.

第 7 章
超高钢级管线管的常规力学性能研究

7.1　常规力学性能的分类及标准要求

7.1.1　常规力学性能的分类

油气输送用管线管属于特种设备下的压力管道元件，从服役安全角度出发，对管线管的力学性能提出了具体要求。对于超高钢级管线管，多采用埋弧焊管，管型分为直缝埋弧焊管和螺旋缝埋弧焊管 2 种，其常规力学性能主要包括拉伸性能、夏比冲击性能、DWTT 性能、硬度和导向弯曲试验性能。

（1）拉伸性能

钢管的拉伸性能是管道承压设计的重要指标，包括管体拉伸性能和焊接接头拉伸性能。对于管体，需测试横向屈服强度、抗拉强度、屈强比和伸长率等指标；对于钢管焊接接头，需测试抗拉强度，并报告断裂位置。为保证管道环焊接头的性能，也需要考虑钢管的纵向拉伸性能。

对于 X80 及以上强度管线管，管体的横向拉伸试样一般取圆棒试样，管体纵向拉伸试样和焊接接头试样一般取矩形试样，取样通常在常温下进行。

（2）夏比冲击性能

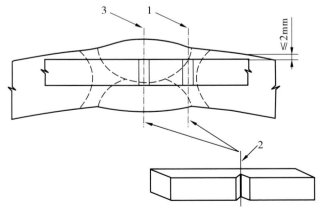

图 7-1　焊缝中心和热影响区取样位置

1.热影响区冲击试样缺口位置——试样上表面与外焊道熔合线交界处；2.夏比冲击试样缺口中心线；
3.焊缝金属冲击试样缺口位置——外焊道中心

钢管的夏比冲击性能是重要的断裂韧性指标，对于管体，需达到管道延性止裂要求；对于焊缝，需满足防止管道起裂的要求。测试的指标包括夏比冲击功、剪切面积、韧脆转变温度等。

夏比冲击韧性试样按相关试验标准制备，对于管体试样，缺口轴线应垂直于钢管表面。钢管焊缝和热影响区试样在加工刻槽前均应进行酸蚀，以确定适当的刻槽位置，焊缝试样的刻槽轴线应位于外焊道中心线上或尽可能地靠近该中心线；热影响区试样的刻槽轴线如图 7-1 所示，应尽可能地靠近外焊道边缘。

夏比冲击试验的温度与管道设计的温度有关,一般低于设计温度。当夏比冲击试样断口出现了垂直于主断口方向的分离裂纹时,需做进一步的分析。

(3)DWTT 性能

钢管的 DWTT 性能是另一重要的断裂韧性指标,主要用于评价脆性断裂止裂性能。测试和研究的指标主要包括剪切面积、韧脆转变温度、异常断口情况等。

DWTT 试验按相关试验标准制备样品并进行试验,适宜使用的试验温度一般不高于设计温度。

(4)硬度

硬度是研究或测试材料的一个通用指标,其往往与材料的强韧性存在一定的关系。对于管线钢,硬度是一个控制上限的指标。硬度的单位有维氏硬度、布氏硬度、洛氏硬度等多种。

硬度试样按照相关标准制备并经过抛光处理,焊接接头试样还需进行侵蚀处理,硬度的测试位置如图 7-2 所示,14 个测试点分布在母材、焊缝和热影响区。

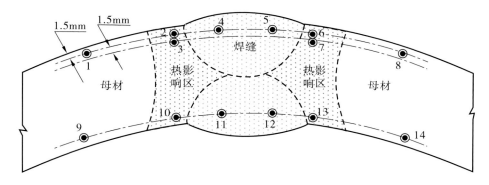

图 7-2　硬度测量位置

(5)导向弯曲试验性能

导向弯曲试验主要是测试焊缝的工艺性能,其试样垂直于管体焊缝,试样的中心为焊缝,如图7-3 所示。试验时,在弯模直接作用下内弯曲到 180°。

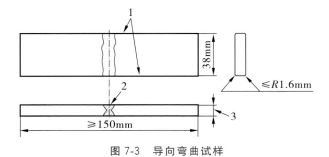

图 7-3　导向弯曲试样
1.机加工或氧气切割,或 2 种加工方法加工的长边;2.焊缝;3.壁厚

7.1.2　不同标准对管线管性能的要求

目前,国际上主要应用的管线钢管标准有美国石油学会编制的 API 5L《管线钢管规范》和国际标准化组织发布的 ISO 3183《石油和天然气工业管线输送系统用钢管》。我国修改采用 ISO 3183,发布了国标 GB/T 9711。在国际标准和国标中,规定了 X120 以下所有钢级管线管的性能要求。

在国内天然气管道工程中,对于 X70 以下钢级的管道工程,部分采用了国标,也有一部分专门制定了工程标准。对于 X80 钢级的管道工程,专门编制发布了企业标准。对于 X90 和 X100 钢级的管线管,国内中国石油集团进行过专项研究,其中包括材料的关键技术指标和技术条件,其成果之一就是由石油管工程技术研究院编制发布的 X90 和 X100 管线管系列产品技术标准。

下面针对国际标准 API 5L,ISO 3183 和国内工程标准,分别介绍不同标准对 X80、X90 和 X100 管线管力学性能的要求。

(1)API 5L 标准要求[1]

API 5L 标准目前在用的版本是于 2013 年 7 月 1 日实施的第 45 版。第 46 版已于 2018 年 4 月发布,于 2019 年 5 月 1 日开始实施。从常规力学性能的要求上看,API 5L 第 45 版和第 46 版没有明显的差异。基于此,本书将按照第 45 版的内容进行介绍。

1)拉伸性能。API 5L 对 3 种钢级管线管的拉伸性能的要求如表 7-1 所示。表 7-1 主要列出了屈服强度、抗拉强度和屈强比的要求。由于 API 5L 标准是一个通用技术条件,因而对性能指标的要求较为宽泛。其强度最小值代表具体的钢级,最大值则代表要求的控制水平。

表 7-1 API 5L 对管线管拉伸性能的要求

钢 级	屈服强度 $R_{t0.5}$ /MPa		抗拉强度 R_m /MPa		屈强比 $\dfrac{R_{t0.5}}{R_m}$
	最小值	最大值	最小值	最大值	最大值
X80	555	705	625	825	0.93
X90	625	775	695	915	0.95
X100	690	840	760	990	0.97

2)夏比冲击性能。API 5L 标准规定了管径>508mm、0℃试验温度下钢管管体的 CVN 冲击功要求,具体如表 7-2 所示。每个试样的最小平均剪切面积百分数为 85%。对于焊缝和热影响区,规定如下:

a. 管径<1 422mm 且钢级≤X80 的钢管,焊缝和热影响区的最小平均冲击功为 27J;

b. 管径≥1 422mm 的钢管,焊缝和热影响区的最小平均冲击功为 40J;

c. 钢级>X80 的钢管,焊缝和热影响区的最小平均冲击功为 40J。

以上夏比冲击性能的规定,主要是为了防止钢管脆性断裂。对于 X80 及以上钢级强度的高压输送管道,还要考虑延性断裂止裂问题,需在此基础上,对夏比冲击功做出进一步的要求。

表 7-2 API 5L 对管线钢管夏比冲击功的要求(0℃)

管径/mm	夏比冲击功最小平均值/J		
	X80	X90	X100
508 及以下	40	40	40
508～762	40	40	40
762～914	40	40	54
914～1 219	40	40	54
1 219～1 422	54	54	68
1 422～2 134	68	81	95

3)DWTT 性能。API 5L 规定了在 0℃ 试验温度时,每个试验(同一组有 2 个试样)的平均剪切面积百分数应≥85%,如果有协议,也可在较低温度下进行试验。这样测得的剪切面积既能保证有

足够的延性断口,也能避免管道的脆性断裂。

4)硬度试验。对于普通环境用钢管,API 5L 标准没有规定要进行破坏性的硬度试验,但是规定了要采用便携式硬度计来检测硬块,如果硬块的硬度值超过 35HRC、345HV10 或 327HBW,即判定为缺陷。对于酸性服役环境用钢管,则规定要进行破坏性取样硬度试验,硬度值应≤250HV10 或≤22HRC。

5)导向弯曲试验性能。导向弯曲试验结果受弯模直径大小的影响,API 5L 标准采用专门的公式,计算得出不同规格、不同强度的管材弯曲试验用弯模直径。对于 X80 及以上钢级强度的钢管,通常钢管的直径均在 1 016mm 以上,其试验用弯模的直径是钢管壁厚的 10 多倍。

导向弯曲试验结果的判定,主要是考虑弯曲试验后试样不应存在下列情况:

a. 完全断裂;

b. 在焊缝金属处出现任何长度>3.2mm 的裂纹或断裂,无论深度如何;

c. 在母材金属、热影响区或熔合线处出现任何长度>3.2mm 或深度大于规定壁厚的 12.5% 的裂纹或断裂;

d. 在试验过程中试样边缘出现的裂纹,其长度超过 6.4mm。

(2)ISO 3183 和 GB/T 9711 标准要求[2-3]

ISO 3183 目前在用的是于 2012 年发布的版本;GB/T 9711 目前在用的是 2017 年的版本,采标自 ISO 3183—2012。对 5 项常规力学性能的规定,这 2 个标准均与 API 5L 相同,在此不再赘述。

(3)国内企业标准要求

国内从 2007 年西气东输二线工程开始大规模使用 X80 管线管,X80 管材的企业标准也从西气东输二线工程开始逐步成熟,历经 10 多年的发展,X80 管材标准一直在不断地完善,围绕 5 个常规力学性能开展了大量的研究工作,编制了不同规格和服役条件下 X80 管材标准。目前,2016 年发布的中国石油集团中俄东线工程用 X80 管材技术标准吸收了近年来的研究成果。对于 X90/X100 管线管,中国石油集团于 2012—2017 年设立重大科技专项进行系统研究,其间编制发布了 X90/X100 管材系列产品技术标准,也开发了相应的产品并完成了大量的研究工作。

以下对中俄东线工程 X80 管线管标准[4]和中国石油 X90/X100 管线管标准[5-6]中涉及的常规力学性能进行介绍。

1)拉伸性能。如前所述,管线管的最小强度代表了钢级,最大强度则是要求了强度波动范围。国内企业标准对 X80 管线管拉伸性能的要求同样是缩小了同一钢级产品的强度范围。由于没有实际工程,X90/X100 管线管的拉伸强度要求基本与 API 保持一致,仅对 X100 管材的屈强比做了进一步的限定。另外,为了保证管道对焊接接头的强度要求,比 API 5L 等国际标准增加了 X80 管线管纵向拉伸性能的要求。国内标准对管线管拉伸性能的要求如表 7-3 所示。

表 7-3　国内企业标准对管线管拉伸性能的要求

钢　级	来　源	屈服强度 $R_{t0.5}$/MPa		抗拉强度 R_m/MPa		屈强比 $\dfrac{R_{t0.5}}{R_m}$
		最小值	最大值	最小值	最大值	最大值
X80	中俄东线工程标准	555	690	625	780	0.93
X90	中国石油企业标准	625	775	695	915	0.95
X100	中国石油企业标准	690	840	760	990	0.96

注:纵向强度不低于横向最小强度的 95%。

2）夏比冲击性能。表 7-4 分别列出了不同规格、不同强度等级的几种管线管夏比冲击性能的要求。相比 API 5L 标准，几种高钢级管线管的夏比冲击功要求均有了进一步的提高。其中 X80/X90 夏比冲击功的要求是基于管道延性断裂自身止裂的指标。由于 X100 管线管难以依靠自身韧性达到延性断裂止裂，另外考虑到生产成本，因而暂时将表 7-4 中特定规格的 X100 管线管夏比冲击功要求确定为 260J。管体试样最小平均剪切面积百分数为 85％。对于焊缝和热影响区，最小平均冲击功要求为 80J。

表 7-4　国内企业标准对管线钢管横向夏比冲击功的要求（－10℃）

管径×壁厚 /mm	钢级	来源	夏比冲击功最小 平均值 Kv/J	剪切面积最小 平均值 SA/％
1 422×21.4	X80	中俄东线工程标准	245	85
1 422×25.7	X80	中俄东线工程标准	180	85
1 219×16.3	X90	中国石油企业标准	265	85
1 219×17.8	X100	中国石油企业标准	260	85

对于试验温度，考虑到标准的夏比冲击试样与实际钢管的壁厚存在尺寸效应，因而将试验温度降低了 10℃；如果在 0℃ 以上的环境中服役使用，则将试验温度确定为 －10℃。

3）DWTT 性能。与 API 5L 标准中的规定相同，每个试验（同一组有 2 个试样）的平均剪切面积百分数应≥85％，只是对于不同的工程，可能会采用较低的温度试验。

随着材料钢级、厚度的不断增大，对于剪切面积百分数＜85％是否可以满足延性断裂的研究正在开展，以期提出更加科学、适用的指标。

4）硬度试验。国内企业标准对高钢级管线管的硬度提高了要求，在非酸性服役环境下，同样需要取样进行硬度试验，对 X80、X90 和 X00 管线管，要求的最大硬度值分别为 280HV10、295HV10 和 300HV10。

5）导向弯曲试验性能。导向弯曲试验结果判定与 API 5L 标准相同，但试验中对采用的弯模直径要求比较苛刻，规定其直径一般不大于钢管壁厚的 10 倍，这就意味着对焊接工艺性能的要求提高了。

7.2　拉伸性能研究

7.2.1　高钢级管线钢材料拉伸性能测试的影响因素分析

材料性能需要通过试验表征，在试验和结果分析过程中，存在一些影响因素，最终会带来测试的误差。影响高钢级管线管拉伸性能测试的因素主要包括试样形式、试样大小、强度表征参数等。对于试样形式，众多试验标准都有介绍，拉伸试样形式主要包括矩形试样和圆棒试样 2 种，也有多种不同规格的试样可供选择。对于材料的屈服强度，则可根据材料应力-应变曲线的特点，选择最合适的参数作为强度表征。如 API 5L 标准中介绍，对于 X100 以下强度钢级的管线管，采用 $R_{t0.5}$ 表征屈服强度；对于 X100 及以上强度钢级的管线管，则采用 $R_{p0.2}$ 作为屈服强度。

为了深入分析高钢级管线钢材料拉伸性能测试的影响因素，本节采用 X80、X100 和 X120 这 3 种直缝埋弧焊管材料进行试验分析。

相对焊缝 180°位置沿钢管的横向及 90°位置沿钢管的纵向截取拉伸试样，试样形式采用矩形试样和圆棒试样 2 种。其中矩形试样标距内的宽度为 38.1mm,厚度为钢管的原壁厚;圆棒试样标距内的直径包括 12.7mm、10mm、8.9mm 及 6.25mm 这 4 种。拉伸试验依据相关标准进行,试验采用载荷控制模式,拉伸速度为 0.03m/s。

（1）试验结果分析与讨论

1）试验采用的指标对拉伸性能测试结果的影响。图 7-4 给出了 X80、X100 及 X120 钢管的拉伸应力-应变曲线。拉伸试验采用钢管管体的横向圆棒试样。表 7-5 分别给出了 $R_{p0.2}$、$R_{t0.5}$ 及 $R_{t0.6}$ 的数值来表征材料的屈服强度。

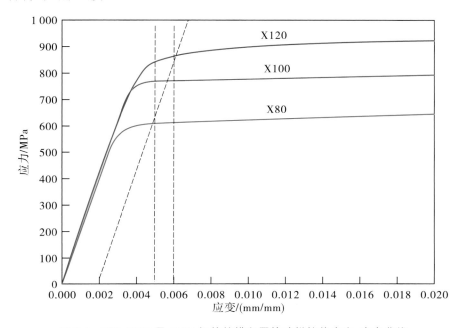

图 7-4　X80、X100 及 X120 钢管的横向圆棒试样拉伸应力-应变曲线

表 7-5　直缝埋弧焊管的拉伸试验结果

钢　　级	钢管尺寸/mm	$R_{t0.5}$ /MPa	$R_{p0.2}$ /MPa	$R_{t0.6}$ /MPa	R_m /MPa	总伸长率为 0.2% 时的非比例伸长率/%	UEL/%
X80	1 219×22.0	610	609	613	700	0.49	8.077
X100	1 016×20.6	761	764	764	819	0.58	5.197
X120	914×16.0	844	864	862	926	0.61	3.55

在图 7-4 的应力-应变曲线上画一条平行于纵坐标并与纵坐标的距离分别等效于规定总伸长率为 0.5% 和 0.6% 的平行线。可以看出,X80 钢级管线钢的 $R_{t0.5}$ 值和 $R_{t0.6}$ 值均在 $R_{p0.2}$ 值的右侧。随着钢级的提高,管线钢拉伸曲线弹性段向上延伸,使曲线的屈服部分和其后的均匀延伸部分较 X80 管线钢的拉伸曲线上升,而同为钢铁材料的 2 种钢级弹性阶段的直线斜率即弹性模量（E）不变,所以 $R_{t0.5}$ 值和 $R_{t0.6}$ 值均逐渐向 $R_{p0.2}$ 值的左侧移动。X100 级管线钢的 $R_{p0.2}$ 值落在 $R_{t0.5}$ 和 $R_{t0.6}$ 之间,而 X120 级管线钢的 $R_{t0.5}$ 值和 $R_{t0.6}$ 值均落在 $R_{p0.2}$ 值的左侧。在应力-应变曲线上,从 X80～X100 钢级,$R_{t0.5}$ 相对于 $R_{p0.2}$ 的位置由基本重合变得差距越来越大,从而使规定通过测量总伸长率为 0.5% 时的应力来确定 X80 级管线钢材料屈服强度的方法不再适用于 X100 钢级以上的管线钢。由于管线钢的应力-应变曲线具有连续屈服行为（为拱顶形曲线）,没有明显的屈服平台,因此建议测定管线钢材料的规定非比例延伸强度 $R_{p0.2}$,从而使测量出的管线钢材料屈服强度更富有实际工程应用意义。

从表 7-5 中可以看出，对于 X80 级管线钢，$R_{t0.5}$ 比 $R_{p0.2}$ 高 1MPa，$R_{t0.6}$ 比 $R_{p0.2}$ 高 4MPa；对于 X100 级管线钢，$R_{t0.5}$ 比 $R_{p0.2}$ 低 3MPa，$R_{t0.6}$ 与 $R_{p0.2}$ 刚好相等；而对于 X120 级管线钢，$R_{t0.5}$ 比 $R_{p0.2}$ 低 20MPa，$R_{t0.6}$ 比 $R_{p0.2}$ 低 2MPa。进一步对 X100 级管线钢进行研究，结果发现，规定非比例伸长率为 0.2% 时对应的总伸长率平均值为 0.57%（见表 7-6）。从图 7-5 中对 X100 管线钢的 $R_{t0.5}$、$R_{t0.6}$ 和 $R_{p0.2}$ 进行的比较可以看出，$R_{t0.5}$ 和 $R_{p0.2}$ 数值的差距较大，$R_{t0.6}$ 和 $R_{p0.2}$ 的数值基本重合，这表明对于 X100 及以上钢级的管线钢来说，总伸长率为 0.6% 时的应力 $R_{t0.6}$ 更接近规定非比例延伸强度 $R_{p0.2}$。因此，为了更准确地测定 X100 及以上钢级管线钢材料的屈服强度，使用规定总延伸强度方法测量时应提高规定的总伸长率值，这一数值规定在 0.6% 比较合理。

表 7-6　X100 直缝埋弧焊管的拉伸试验结果

编号	钢级	$R_{t0.5}$ /MPa	$R_{p0.2}$ /MPa	$R_{t0.6}$ /MPa	总伸长率为 0.2% 时的非比例伸长率 /%
1	X100	807	809	809	0.56
2	X100	797	798	798	0.56
3	X100	800	800	800	0.56
4	X100	815	817	817	0.57
5	X100	805	808	809	0.56
6	X100	802	805	806	0.56
7	X100	802	808	809	0.57
8	X100	770	771	771	0.56
9	X100	769	770	770	0.57
10	X100	761	764	764	0.58
总伸长率为 0.2% 时的非比例伸长率平均值					0.57

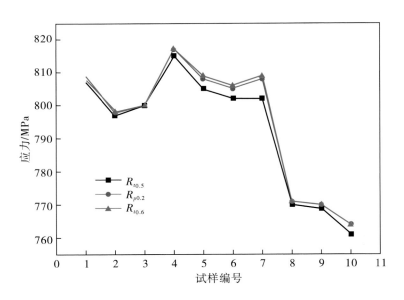

图 7-5　X100 管线钢管的屈服强度

2）试样尺寸对拉伸性能测试结果的影响。为了对比试样尺寸对拉伸性能测试结果的影响,取不同横截面积的试样进行拉伸试验。图 7-6 和图 7-7 给出了同一根 X100 钢管纵向和横向拉伸试样的拉伸曲线。纵向拉伸试样取全壁厚矩形试样及平行段长度直径分别为 10mm、8.9mm 和 6.25mm 的圆棒试样。横向拉伸试样考虑到展平矩形试样的包申格效应的影响,仅取平行段长度直径分别为 10mm、8.9mm 和 6.25mm 的圆棒试样。可以看出,无论是纵向还是横向,拉伸试样的直径(横截面积)越大,$R_{t0.5}$、$R_{p0.02}$ 和 $R_{t0.6}$ 的数值及抗拉强度就越高。沿钢管壁厚方向分析其金相组织,可以看出,壁厚中心处的组织相对粗大,而越靠近钢管壁厚的表面,其金相组织越细小,且 B 粒及 M-A 岛组织的含量增加,如图 7-8、图 7-9 和图 7-10 所示。圆棒拉伸试样通常从钢管壁厚的中心区取样,试样的直径越大,试样中包含的高强度细晶越多,拉伸试验结果的强度就越高,直至圆棒试样包含了壁厚方向所有的细晶。因此,试样的直径(横截面积)越大就越能真实地反映出钢管的强度情况。

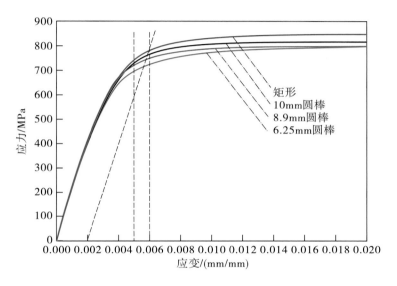

图 7-6　钢管纵向不同尺寸的拉伸试样的应力–应变曲线

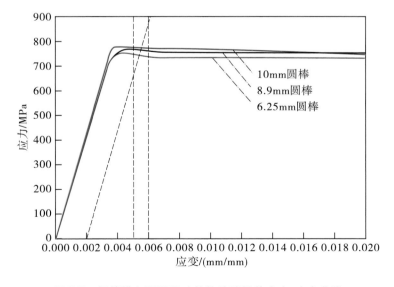

图 7-7　钢管横向不同尺寸的拉伸试样的应力–应变曲线

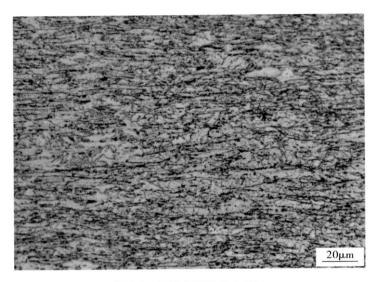

图 7-8　钢管表面附近的组织

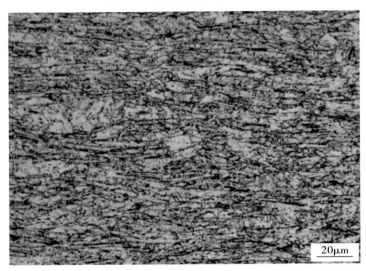

图 7-9　钢管壁厚 1/4 厚度位置的组织

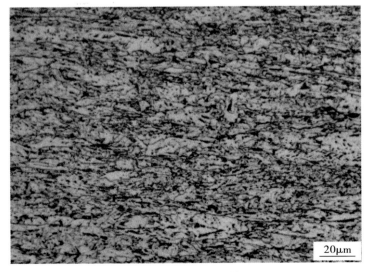

图 7-10　钢管壁厚中心的组织

3)试样的几何形状对拉伸性能测试结果的影响。拉伸试验的结果不仅受试样尺寸的影响,同时也受试样形状的影响。对 X80 钢级以下强度较低的管线钢,钢管横向拉伸试验通常采用展平的矩形试样。然而由于包申格效应,在试样展平的过程中会造成一部分强度损失。一般认为,钢管的钢级越高,这种包申格效应带来的强度损失越大。为了对比试样的几何形状对拉伸试验结果的影响,现用一系列的圆棒试样和矩形试样做拉伸试验对比,结果如表 7-7 和图 7-11 所示。

从表 7-7 和图 7-11 可以看出,X80、X100 和 X120 这 3 种钢级管线钢,由于展平过程中发生了包申格效应,展平矩形拉伸试样的屈服强度均明显低于圆棒拉伸试样的屈服强度。对于 X80 级管线钢的圆棒和矩形拉伸试样,屈服强度应力值之差 $\Delta R_{p0.2}$ 比 $\Delta R_{t0.5}$ 和 $\Delta R_{t0.6}$ 稍大,$\Delta R_{p0.2}$ 最大为 69MPa,$\Delta R_{t0.5}$ 为 62MPa。随着钢级的升高,$\Delta R_{p0.2}$ 变得低于 $\Delta R_{t0.5}$,即 $R_{p0.2}$ 受包申格效应的影响变小。对于 X100 钢级,$\Delta R_{p0.2}$ 低于 $\Delta R_{t0.5}$,但高于 $\Delta R_{t0.6}$,$R_{t0.6}$ 受包申格效应的影响最小。对于 X120 钢级,$\Delta R_{p0.2}$ 比 $\Delta R_{t0.5}$ 和 $\Delta R_{t0.6}$ 均低,$\Delta R_{p0.2}$ 最大为 5MPa,即 $R_{p0.2}$ 受包申格效应的影响最小。X80 钢级的矩形试样的抗拉强度稍低于圆棒试样的抗拉强度 R_m,差值最大为 7MPa。随着钢级的升高,矩形试样的抗拉强度逐渐高于圆棒试样的抗拉强度 R_m,X100 钢级的 R_m 差值最大为 24MPa,X120 钢级的 R_m 差值最大为 25MPa。这表明随着钢级的升高,抗拉强度 R_m 受试样尺寸和包申格效应的影响越来越大。

表 7-7　不同形状横向试样的拉伸试验结果

钢级	试样形状	试样尺寸 /mm	试验结果				圆棒试样和矩形试样应力差值			
			R_m /MPa	$R_{t0.5}$ /MPa	$R_{p0.2}$ /MPa	$R_{t0.6}$ /MPa	ΔR_m /MPa	$\Delta R_{t0.5}$ /MPa	$\Delta R_{p0.2}$ /MPa	$\Delta R_{t0.6}$ /MPa
X80	矩形	38.1×50	687	541	533	560	7	62	69	48
X80	圆棒	Φ12.7×50	694	603	602	608				
X100	矩形	38.1×50	843	660	666	708	−24	101	98	56
X100	圆棒	Φ12.7×50	819	761	764	764				
X120	矩形	38.1×50	951	786	861	848	−25	58	5	14
X120	圆棒	Φ10×50	926	844	866	862				

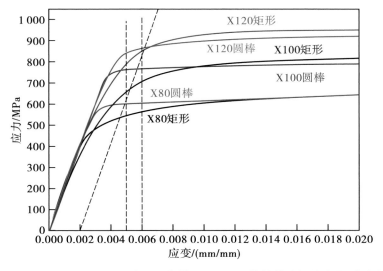

图 7-11　X80、X100 及 X120 管线钢管横向矩形和圆棒拉伸试样的应力-应变曲线

在本次试验中,X80 管线钢采用 $R_{t0.5}$ 作为屈服强度指标,矩形试样比圆棒试样的屈服强度低 62MPa,而抗拉强度的差异较小。X100 管线钢无论是用 $R_{p0.2}$ 还是用 $R_{t0.6}$ 作为其屈服强度的指标,矩形试样都比圆棒试样的屈服强度分别低 98MPa 和 56MPa,抗拉强度高 24MPa。X120 管线钢用 $R_{p0.2}$ 或 $R_{t0.6}$ 作为其屈服强度指标时,矩形试样和圆棒试样的屈服强度差异较小,仅分别为 5MPa 和 14MPa,而抗拉强度有较大的差异。由于圆棒拉伸试样比矩形拉伸试样的拉伸曲线的屈服段变化平缓,因此,采用圆棒拉伸试样有利于降低 $R_{t0.5}$ 和 $R_{p0.2}$、$R_{p0.2}$ 和 $R_{t0.6}$ 之间的误差。综合考虑屈服强度和抗拉强度指标,X80 和 X100 级管线钢选用圆棒拉伸试样较为合理;对于 X120 级管线钢,尤其是管壁较薄、管径较小时,圆棒拉伸试样的直径较小,而用 $R_{p0.2}$ 作为其屈服强度指标,并采用矩形试样则更为合理。

(2)结论

1)对于 X100 以上钢级的管线钢,使用 $R_{p0.2}$ 值作为材料的屈服强度更为合理。使用规定总延伸强度方法测量材料的屈服强度时,应适当提高规定总伸长率的数值,这一数值规定在 0.6% 比较合理。

2)圆棒试样的直径越小,机加工损失的壁厚表面附近的细晶材料越多,拉伸试验测定的 $R_{t0.5}$、$R_{p0.2}$ 和 $R_{t0.6}$ 及抗拉强度也就越低。

3)由于包申格效应的影响,X80 和 X100 钢管的横向展平矩形试样的屈服强度比圆棒试样明显降低。圆棒拉伸试样比矩形拉伸试样的拉伸曲线屈服段变化平缓,因此,采用圆棒拉伸试样有利于降低 $R_{t0.5}$ 和 $R_{p0.2}$、$R_{p0.2}$ 和 $R_{t0.6}$ 之间的误差。

4)X120 管线钢用 $R_{p0.2}$ 或 $R_{t0.6}$ 作为其屈服强度指标,矩形试样和圆棒试样的屈服强度差异即较小。当管壁较薄、管径较小时,圆棒拉伸试样的直径较小,而用 $R_{p0.2}$ 作为其屈服强度指标,采用矩形试样更为合理。

7.2.2　X80 管线管的拉伸性能

(1)X80 管线管拉伸强度控制范围分析

在大批量生产中,为了保证管线管性能的合格率,生产厂家对于既定强度的管线管产品会设定内控指标。以 X80 级钢为例,其最小规定屈服强度为 555MPa,但在大批量生产中,考虑到产品性能的波动,必然要将产品屈服强度的目标值提高。下面以 2010 年前国内某工程用 X80 管道工程为例,分析产品拉伸强度的实际波动范围,并与同期国际上其他厂家的产品进行对比。

1)X80 螺旋缝埋弧焊管。X80 螺旋缝埋弧焊管共有样本数 9 351 个,均来自国内 8 家钢管制造企业,钢管的规格均为 Φ1 219mm×18.4mm,这些样品包括不合格产品。经计算,X80 螺旋缝埋弧焊管的屈服强度均值为 604MPa,为最小要求屈服强度 555MPa 的 1.09 倍。

进一步分析 X80 螺旋缝埋弧焊管的 9 351 个样本的具体值,可知样本的最小值为 477MPa,最大值为 771MPa,均值为 604MPa。以 555MPa 规定强度为标准单位,则样品的最小值、最大值、平均值分别为规定最小屈服强度 SMYS80 的 0.86 倍、1.39 倍、1.09 倍。样本的分布如图 7-12 所示,样本中小于 SMYS80 的有 46 个,占样本总数的 0.5%。

2)X80 直缝埋弧焊管。X80 直缝埋弧焊管共有样本数 3 059 个,同样包括不合格产品。钢管的规格包括 Φ1 219mm×22mm、Φ1 219mm×26.4mm 等 4 种产品。经计算,X80 直缝埋弧焊管的屈服强度均值为 628MPa,为规定最小屈服强度 555MPa 的 1.13 倍。

在 X80 直缝埋弧焊管的 3 059 个样本中,最小值为 557MPa,最大值为 755MPa,均值为 629MPa,分别为规定最小屈服强度的 1.00 倍、1.36 倍、1.13 倍。样本的分布如图 7-13 所示。

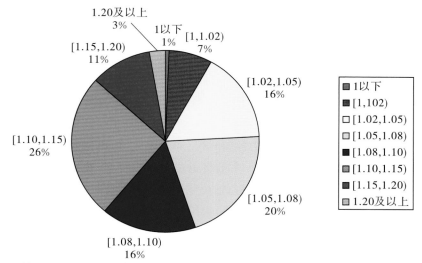

图 7-12　某工程用 X80 螺旋缝埋弧焊管样本的百分比分布图（按样本值与 SMYS80 比值分布）

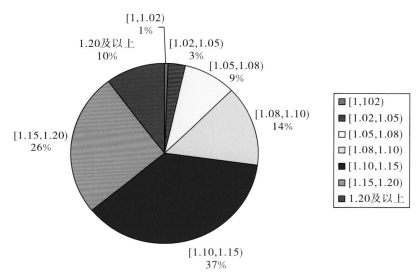

图 7-13　某工程用 X80 直缝埋弧焊管样本的百分比分布图（按样本值与 SMYS80 比值分布）

将以上直缝埋弧焊管的统计结果与国外 3 家制管企业的产品进行对比,如表 7-8 所示。国产直缝埋弧焊管母材的屈服强度均值比国外 3 家企业的产品分别高 9MPa、8MPa 和 11MPa,也就是说国产产品的控制水平不及国外企业的产品。但从另一个方面讲,国外产品的样本数较少,没有包括不合格产品,这也是造成差异的原因之一。

表 7-8　国内外 X80 管材屈服强度的对比

项　　目	样本个数	最大值 /MPa	最小值 /MPa	平均值 /MPa	标准要求 /MPa
国内企业	3 059	755	557	629	
国外企业 1	151	684	566	620	555～690
国外企业 2	225	689	582	621	
国外企业 3	287	688	558	608	

3）小结。从大量产品数据的统计分析结果可以看出,为保证产品的合格率,X80 管线管的实际屈服强度平均值要在 600MPa 以上。从国内外产品的对比结果可以看出,国内生产的 X80 管线管

的强度控制水平较国外略差;另外,X80 管线管屈服强度为 555~690MPa 的指标是一个比较严格的指标,如果想进一步缩小产品屈服强度的波动范围,还需要钢铁行业进一步提高在冶金、轧制等方面的技术水平。

(2)Φ1 422mm X80 管线管的拉伸性能

截至目前,Φ1 422mm X80 管线管是工程中应用最大规格的 X80 管材产品,其制造难度和技术特点具有一定的代表性。如前所述,试样形式对管线管拉伸性能会产生一定的影响;另外,在钢板(板卷)和钢管的生产过程中,由于成型方式、材料的各向异性、加工硬化、包申格效应等因素的影响,使得钢管材料的拉伸性能测试结果存在一定的差异,本节将通过对不同管型(螺旋缝与直缝)、不同规格厚度Φ1 422mm X80 板材及管材的研究,分析成型方式、拉伸试样形式等因素对强度测试的影响。

1)试验材料和样品的制备。试验材料为不同钢厂和管厂生产的 Φ1 422 mm X80 板材及管材,包括板卷、钢板、螺旋缝埋弧焊管、直缝埋弧焊管等,试验材料概况如表 7-9 所示。

表 7-9 试验材料概况

编号	样品类型	板宽/管径/mm	壁厚/mm
1#	板卷/螺旋缝埋弧焊管	1 600/1 422	21.4
2#	板卷/螺旋缝埋弧焊管	1 600/1 422	21.4
3#	板卷/螺旋缝埋弧焊管	1 600/1 422	21.4
4#	板卷/螺旋缝埋弧焊管	1 600/1 422	21.4
5#	板卷/螺旋缝埋弧焊管	1 600/1 422	21.4
6#	板卷/螺旋缝埋弧焊管	1 600/1 422	21.4
7#	板卷/螺旋缝埋弧焊管	1 650/1 422	21.4
8#	板卷/螺旋缝埋弧焊管	1 650/1 422	21.4
9#	板卷/螺旋缝埋弧焊管	1 550/1 422	21.4
10#	板卷/螺旋缝埋弧焊管	1 600/1 422	21.4
11#	板卷/螺旋缝埋弧焊管	1 600/1 422	21.4
12#	板卷/螺旋缝埋弧焊管	1 600/1 422	21.4
13#	板卷/螺旋缝埋弧焊管	1 600/1 422	21.4
14#	钢板/直缝埋弧焊管	4 410/1 422	21.4
15#	钢板/直缝埋弧焊管	4 410/1 422	25.7
16#	钢板/直缝埋弧焊管	4 410/1 422	30.8
17#	钢板/直缝埋弧焊管	4 410/1 422	21.4
18#	钢板/直缝埋弧焊管	4 410/1 422	25.7
19#	钢板/直缝埋弧焊管	4 410/1 422	30.8
20#	钢板/直缝埋弧焊管	4 410/1 422	21.4
21#	钢板/直缝埋弧焊管	4 410/1 422	25.7
22#	钢板/直缝埋弧焊管	4 410/1 422	30.8
23#	钢板/直缝埋弧焊管	4 410/1 422	21.4
24#	钢板/直缝埋弧焊管	4 410/1 422	25.7
25#	钢板/直缝埋弧焊管	4 410/1 422	30.8
26#	钢板/直缝埋弧焊管	4 410/1 422	21.4
27#	钢板/直缝埋弧焊管	4 410/1 422	25.7
28#	钢板/直缝埋弧焊管	4 410/1 422	30.8

钢板的拉伸试样取样有 2 个方向,分别为轧制方向(纵向)和与轧制方向垂直的方向(横向);板卷的拉伸试样方向为与轧制方向垂直(横向)和与轧制方向成 20°夹角的方向;直缝埋弧焊管和螺旋缝埋弧焊管的拉伸方向分别为管体纵向和管体横向的方向。

在钢板样品板宽 1/2 位置和 1/4 位置取横向、纵向拉伸试样。在钢管对应位置取横向、纵向拉伸试样。先采用火焰切割方式从钢板截取尺寸为 300mm×300mm 的大块试样,然后利用机械加工方法再加工成标准拉伸试样。

拉伸试样的形式包括矩形试样和圆棒试样 2 种。矩形试样为标距内长 50mm、宽 38.1mm 的全壁厚试样,圆棒拉伸试样为标距内长 50mm、直径为 12.7mm 的拉伸试样。

2)试验结果及分析。试验结果如图 7-14~图 7-16 所示。由图 7-14 可以看出,在制管之前,对于钢板和板卷,矩形试样和圆棒试样的屈服强度没有太大的差别;而在制管之后,由于焊管的成型方式不同,检验时矩形试样和圆棒试样的屈服强度存在很大的差别,如图 7-15 所示。

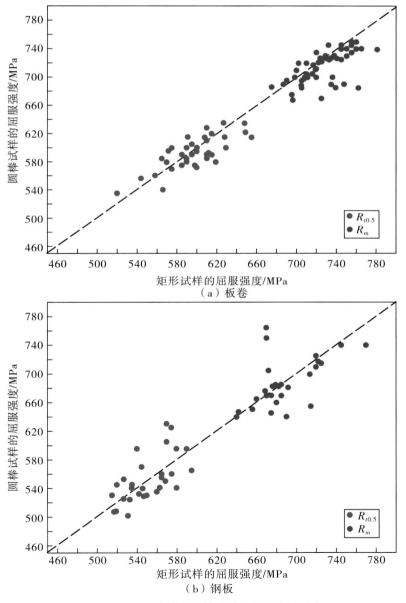

图 7-14　矩形试样和圆棒试样屈服强度的对比

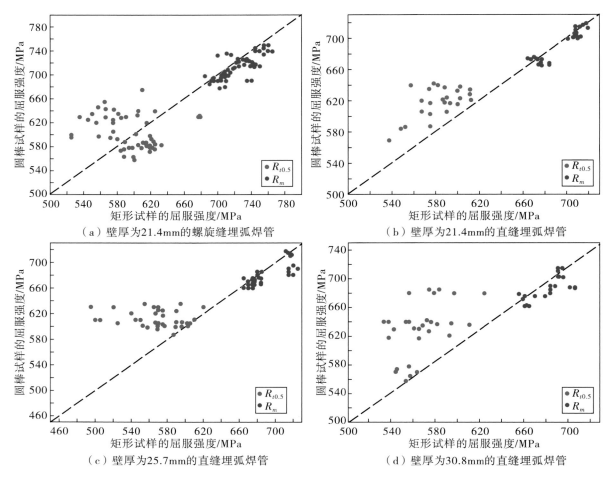

（a）壁厚为21.4mm的螺旋缝埋弧焊管 （b）壁厚为21.4mm的直缝埋弧焊管

（c）壁厚为25.7mm的直缝埋弧焊管 （d）壁厚为30.8mm的直缝埋弧焊管

图 7-15　钢管矩形试样和圆棒试样屈服强度的对比

在制造螺旋缝埋弧焊管时,板卷在开卷过程中发生了加工硬化;在随后的成型过程中因受包申格效应的影响,又抵消了部分加工硬化;在检验过程中,矩形试样的展平又同时受到加工硬化和包申格效应的影响,生产检验过程中强度的增加和损失均受到各环节成型工艺参数的影响较大。螺旋缝埋弧焊管成型过程中的弯曲,会导致钢管外表面产生拉伸变形,内表面产生一定量的压缩变形。横向矩形试样的冷展平使钢管壁厚内外表面的应变方向发生了变化(钢管外表面发生压缩变形,内表面发生拉伸变形),由于包申格效应,反方向的流变应力比开始时的流变应力有所降低。拉伸试验对试样的两面都施加了一个拉应变,这就增加了钢管内表面的拉应变,从而导致应变硬化;而钢管外表面反方向的应变增加,导致了流变应力的进一步降低。由于整体屈服强度是沿壁厚变化应力的平均值,所以由横向展平矩形试样测得的钢管屈服强度,依据各环节加工硬化和包申格效应大小的不同,可能比板卷的屈服强度低或高,也就没有绝对的规律,如图 7-15(a)所示。

直缝埋弧焊管的生产过程包括弯曲成型和扩径过程(整体拉伸),尤其是在冷扩径时应变比较大,可导致钢管屈服强度整体的增加,这取决于扩径量和材料的加工硬化性能。在检验过程中,矩形试样的展平使得包申格效应特别明显,其屈服强度比圆棒试样的屈服强度显著降低。由图 7-15(b)(c)(d)可以看出,矩形试样的屈服强度明显低于圆棒试样的屈服强度,而抗拉强度的差别不大。壁厚为21.4mm 的直缝埋弧焊管矩形试样的屈服强度比圆棒试样的屈服强度低 20～80MPa,均值低 40MPa;壁厚为 25.7mm 的直缝埋弧焊管矩形试样的屈服强度比圆棒试样的屈服强度低 0～130MPa,均值低

50MPa;壁厚为 30.8mm 的直缝埋弧焊管矩形试样的屈服强度比圆棒试样的屈服强度低 0～140MPa,均值低 60MPa。随着壁厚的增加,矩形试样屈服强度的波动范围增加,降低幅度的均值增加。

对于钢管来说,由于采用圆棒试样可避免试样加工过程中形变对强度的影响,所以宜采用圆棒试样。但是,当材料的金相组织沿厚度方向分布不均匀时,可能与全壁厚试样亦即产品的实际性能产生差异,因而在具体的研究或产品检测过程中,应考虑更多的因素。

图 7-16 给出了制管前后管材强度的变化情况,可以看出制管前后螺旋缝埋弧焊管的屈服强度和抗拉强度基本在 1:1 线两侧均匀分布,即制管前后板卷的强度无明显的变化规律。

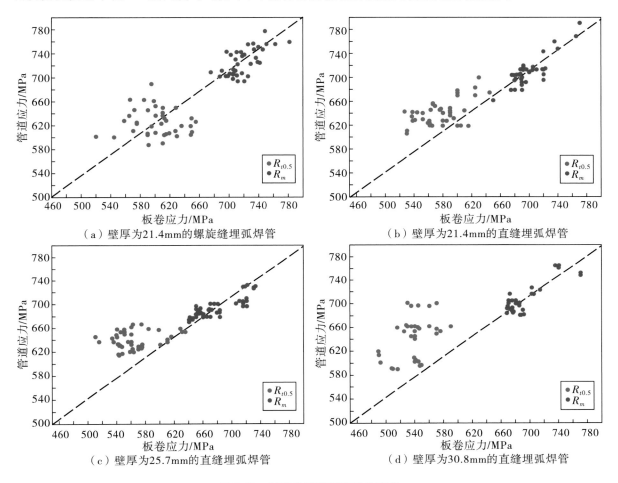

图 7-16　制管前后管材强度的变化

直缝埋弧焊管抗拉强度在 1:1 线两侧均匀分布,壁厚为 21.4mm、25.7mm、30.8mm 这 3 个规格钢管的屈服强度在制管后都有不同程度的增加,且随着壁厚的增加制管后的钢管屈服强度有升高的趋势。壁厚为 21.4mm 的钢管制管后的屈服强度比钢板的均值升高了 40MPa,波动范围为 −20～90MPa;壁厚为 25.7mm 的钢管制管后的屈服强度比钢板的均值升高了 50MPa,波动范围为 −5～100MPa;壁厚 30.8mm 的钢管制管后的屈服强度比钢板的均值升高了 60MPa,波动范围为 10～140MPa。

如前所述,综合考虑制管过程中的加工硬化和试验过程中矩形试样展平引起的包申格效应的影响,制管后钢管矩形试样的屈服强度与钢板矩形试样的屈服强度相比,随着壁厚的增加钢板均值升高的趋势越来越明显。

制管前后拉伸试验的数据表明,直缝埋弧焊管管体的横向屈服强度高于钢板,而抗拉强度的变化不大。这说明经过成型之后,管体的局部位置由于位错增殖而产生加工硬化,使金属材料的屈服强度提高,之后再经过扩径,局部位置的残余应力有所缓解,但并未完全消除,屈服强度相对于钢板来说增大了。由于抗拉强度取决于材料内部裂纹的形成和扩展过程,故塑性变形对其影响较小。

与壁厚为 21.4mm 的钢管比较,壁厚为 30.8mm 的钢管经过制管之后,屈服强度增加的幅度较大。这是由于在成型和扩径过程中发生了塑性变形,一方面由于存在大量的初始位错,使位错密度在变形过程中快速增加;另一方面,由于壁厚为 30.8mm 的钢组织以块状铁素体为主,且组织不均匀,塑性变形能力较差,所以在经历了较大的塑性变形后,屈服强度增加明显。与此相反,壁厚为 21.4mm 的钢组织初始屈服强度较高,其组织以粒状铁素体为主,且分布均匀,塑性变形能力好,因此,在经历了塑性变形之后,屈服强度增加的幅度较小。壁厚为 21.4mm 的直缝埋弧焊管的金相组织如图 7-17 所示,壁厚为 30.8mm 的直缝埋弧焊管的金相组织如图 7-18 所示。

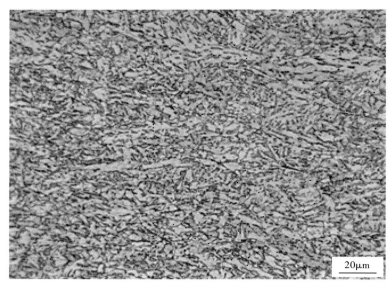

图 7-17　壁厚为 21.4mm 的直缝埋弧焊管的金相组织

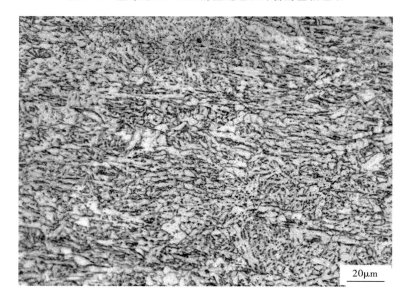

图 7-18　壁厚为 30.8mm 的直缝埋弧焊管的金相组织

3）小结。对 Φ1 422mm X80 管线管进行试验研究,可以得出如下结论:

a. 对于板卷和钢管,试样加工形式对其拉伸性能的影响不大,或者说没有明显的规律。

b. 对于螺旋缝埋弧焊管,试样加工的形式对其拉伸性能没有明显的影响规律;对于直缝埋弧焊管,圆棒试样和矩形试样的拉伸性能存在较大的差异,圆棒试样相对地更能反映钢管实际的强度水平。

c. 制管过程对直缝埋弧焊管拉伸性能的影响更为明显,同时受壁厚因素的影响。

7.2.3　X90/X100 管线管的拉伸性能

X90/X100 管线管拉伸性能的影响因素与 X80 管线管的情况类似,受成分、组织、试样形式、形变硬化等因素的影响。本节将主要概括地介绍前期试制的 X90/X100 管线管的拉伸性能。

（1）X90 管线管的拉伸性能

统计样本为 Φ1 219mm×16.3mm X90 螺旋缝埋弧焊管和直缝埋弧焊管,其中螺旋缝埋弧焊管共 304 根,直缝埋弧焊管共 262 根。2 种管型的焊管均由 4 个不同的钢厂和管厂生产,样本具有一定的代表性。

批量生产的 X90 管线管的拉伸强度性能如表 7-10 和表 7-11 所示,样品中存在部分不合格品。从强度的平均值可以看出,与 X80 管线管类似,螺旋缝埋弧焊管的屈服强度较直缝埋弧焊管略低;为保证产品的合格率,需有一定的强度富裕量,平均屈服强度较规定最小屈服强度高 40～70MPa。另外,在管材强度不断提高的情况下,为了保证材料的塑性,要求材料具有一定的均匀伸长率,故在表中列出了 X90 管材的均匀伸长率性能。

表 7-10　试制的 Φ1 219mm×16.3mm X90 螺旋缝埋弧焊管的拉伸强度

序号	项　目	分布范围	平均值	标准偏差
1	管体横向屈服强度/MPa	570～785	664	35
2	管体横向抗拉强度/MPa	690～860	784	33
3	管体横向均匀伸长率/%	2.9～8	5.7	0.9

表 7-11　试制的 Φ1 219mm×16.3mm X90 直缝埋弧焊管的拉伸性能

序号	项　目	分布范围	平均值	标准偏差
1	管体横向屈服强度/MPa	650～735	687	20
2	管体横向抗拉强度/MPa	690～810	771	19
3	管体横向均匀伸长率/%	4.5～7	6	0.6

（2）X100 管线管的拉伸性能

统计样本为 Φ1 219mm×14.8mm X100 螺旋缝埋弧焊管,以及 Φ1 219mm 且壁厚分别为 14.8mm 和 17.8mm 的 2 种直缝埋弧焊管,样管共计 29 套。拉伸试验结果有近 200 组。

X100 管线管样本拉伸试验结果如表 7-12、图 7-19～图 7-22 所示,样本中存在部分不合格品。从

表 7-12　X100 钢管的拉伸性能

序号	项　目	分布范围	平均值	标准偏差
1	管体横向屈服强度/MPa	631～828	724	37
2	管体横向抗拉强度/MPa	724～919	815	45
3	管体横向屈强比	0.74～0.98	0.89	0.05
4	管体横向均匀伸长率/%	0.4～8.4	5.5%	1.46

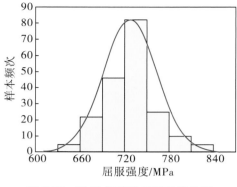

图 7-19　X100 钢管的屈服强度分布

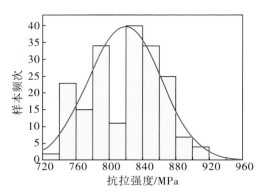

图 7-20　X100 钢管的抗拉强度分布

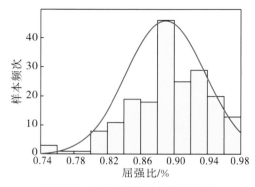

图 7-21　X100 钢管的屈强比分布

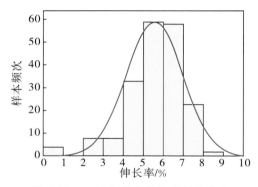

图 7-22　X100 钢管的均匀伸长率分布

强度的平均值可以看出,比 X100 强度下限值超出了 34MPa,幅度相对较小,但这并不是主动控制的性能。产生此情况的主要原因有 2 个:其一是 X100 强度很高,在限定材料化学成分并兼顾材料其他性能的情况下,依靠轧制工艺提升强度的难度增加;其二是 X100 产品属于超前研发,钢铁企业还没有积累太多此方面的技术和经验。

7.3　夏比冲击试验性能和管道断裂控制方案

如前所述,管线管的夏比冲击试验性能是重要的断裂韧性指标,关系到管道断裂控制方案的制定。以下将分别就 X80、X90 和 X100 管线管的夏比冲击试验性能指标的提出及管道断裂控制方案进行介绍。

7.3.1　Φ1 422mm X80 管线管的断裂韧性指标

以输气压力为 12MPa 的 Φ1 422mm X80 管道为例,介绍 X80 管道的断裂控制方案。X80 管道的断裂韧性指标包括起裂韧性指标和延性断裂止裂韧性指标 2 种。

（1）X80 管线管的起裂韧性指标

对管道起裂的要求主要体现在钢管的焊接接头上,采用 ASME 标准中标注规定的深度为 $t/4$（t 为壁厚）的表面裂纹类缺陷尺寸来评判钢管防止起裂的能力,其评价结果是偏于安全的。分析计算采用 API 579—2007《适用性评价》中推荐的二级评价方法,其核心是以弹塑性断裂力学为基础的失效评定图（FAD）技术。

计算参数为:钢管的外径为 1 422mm,壁厚为 21.4mm,输送压力为 12MPa,钢级为 X80,钢管管体的屈服强度、抗拉强度以及焊缝抗拉强度均设定为标准要求的最小值。在设定表面缺陷深度为

$t/4$(即 5.35mm)后,进行在不同裂纹长 $2c$ 下的敏感性分析。缺陷类型分为半椭圆状轴向外表面裂纹、半椭圆状轴向内表面裂纹、轴向外表面长裂纹、轴向内表面长裂纹 4 类。通过计算,得到不同裂纹长度下防止起裂的 CVN 冲击功,如图 7-23 所示。

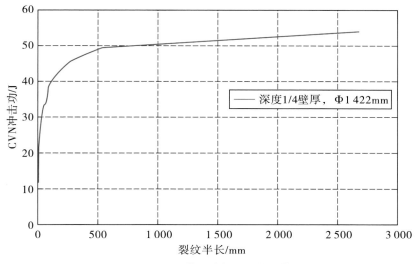

图 7-23　X80 管材的起裂韧性计算图

计算得到的起裂韧性为 54J。从安全裕量角度考虑,将焊缝和热影响区免于起裂冲击功的单个最小值确定为 60J。输送压力为 12MPa 的 $\Phi1\ 422$mm×21.4mm X80 管道的部分焊缝和热影响区防止起裂的冲击韧性要求是:冲击功的单个最小值为 60J,冲击功的平均最小值为 80J。

(2)X80 管线管的延性断裂控制方案

1)延性断裂止裂韧性计算方法。API 5L 和 ISO 3183 标准中规定了计算钢管延性断裂止裂韧性的 4 种方法,如表 7-13 所示,包括方法 1——EPRG(欧洲钢管研究机构)准则,方法 2——Battelle 简化公式,方法 3——Battelle 双曲线法(即 BTC 模型),方法 4——AISI 法。从表 7-13 可知,当管道压力达到 12 MPa、钢级达到 X80 时,只有 BTC 模型适用,但是当 BTC 的计算值超过 100J 时,需要对止裂韧性计算结果进行修正。

表 7-13　API 5L 与 ISO 3183 规定的止裂韧性计算方法

序号	方　法	适用范围
1	EPRG 准则	$P\leqslant8$MPa,$D\leqslant1430$,$t\leqslant25.4$,钢级≤X80,贫气
2	Battelle 简化公式	$P\leqslant7$MPa,$40<D/t<115$,钢级≤X80,贫气 预测 CVN 冲击功>100J 需修正
3	Battelle 双曲线法	$P\leqslant12$MPa,$40<D/t<115$,钢级≤X80,贫气/富气 预测 CVN 冲击功>100J 需修正
4	AISI 法	$D\leqslant1219$,$t\leqslant18.3$,钢级≤X70,贫气 预测 CVN 冲击功>100J 需修正

因此,对于 $\Phi1\ 422$mm X80 管道,实际使用的压力为 12MPa 时,只能采用对 BTC 模型进行修正的方法来计算止裂韧性。

2)BTC 模型及其发展。BTC 模型即 Battelle 双曲线法,原理是通过比较材料阻力曲线(J 曲线)和气体减压波曲线来确定止裂韧性。如图 7-24 所示,当这两条曲线相切时,代表在某一压力下裂纹扩展的速率与气体减压波的速率相同,达到了止裂的临界条件,与此条件相对应的韧性(夏比冲击功)即为 Battelle 双曲线法确定的止裂韧性。如果材料的阻力曲线和气体减压波曲线没有交点,则在任何条件下减压波的速率都大于裂纹扩展的速率,裂纹尖端的压力将一直下降至零,随着驱动力的逐渐下降(裂纹尖端压力),裂纹将最终停止扩展。

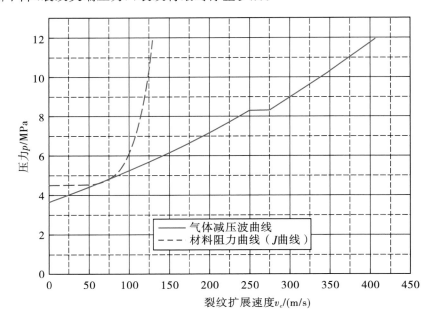

图 7-24　BTC 模型示意图

BTC 模型中用来计算材料阻力曲线的基本公式如下:

$$v_c = c \cdot \frac{\sigma_{\text{flow}}}{\sqrt{R}} \cdot \left(\frac{P_d}{P_a} - 1\right)^m \tag{7-1}$$

$$P_a = \frac{4}{\pi M_T} \cdot \frac{t}{D} \cdot \sigma_{\text{flow}} \cdot \cos^{-1} \exp\left(\frac{-10^3 \pi ER}{8C_{\text{eff}} \cdot \sigma_{\text{flow}}^2}\right) \tag{7-2}$$

式中,v_c 为裂纹扩展速度,m/s;R 为能量密度,J/cm²;σ_{flow} 为流变应力;P_d 为裂纹尖端动态压力,MPa;P_a 为止裂压力,MPa;c,m 为回填常数;t 为钢管的壁厚,mm;D 为钢管的外径,mm;M_T 为膨胀因子;E 为钢管的弹性模量;C_{eff} 为有效裂纹长度,mm。

BTC 模型在 X70 及以下级别低韧性管线钢的止裂韧性预测方面获得了巨大的成功,得到了最广泛的使用。然而,随着管线钢钢级(X80 及以上)及韧性(100J 以上)的提高,BTC 模型预测的准确性开始下降。与之相关的原因可能是材料的流变应力、断裂阻力等参数的适用性随着材料强度的增大而降低,最终导致 BTC 模型准确性降低。

国内外众多研究机构或学者提出了对 BTC 模型的修正方法,包括 Leis 修正、Eiber 修正、Wilkowski 修正等。从西气东输二线工程大规模应用 X80 管材开始,石油管工程技术研究院对 BTC 模型修正进行了大量的研究工作,在高强度管材止裂韧性计算方面提出了修正公式。对于国内 Φ1 422mm X80 管道,提出了在 BTC 模型计算基础上,采用 1.46 的修正系数。

全尺寸气爆试验是研究和验证管材止裂韧性的重要方法。图 7-25 是对世界上大部分 X80 管材全尺寸气爆试验结果的统计分析。从图中可以看出,1.46 倍的修正系数可以较好地将 X80 管道气体爆破扩展和止裂点分开。

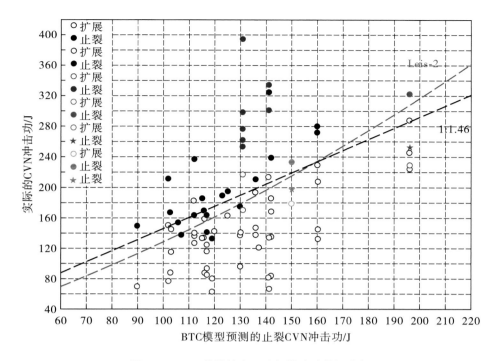

图 7-25　X80 管材的全尺寸气爆试验数据分析

3）Φ1 422mm X80 管线管的止裂韧性计算。管道一类地区的设计参数如表 7-14 所示。采用中俄东线工程富气气体组分，在此基础上，进行止裂韧性计算。图 7-26 为采用 BTC 模型的计算结果，可见中俄东线气体组分存在明显的减压波平台，CVN 止裂韧性计算值为 167.97J，由于 BTC 模型止裂韧性计算值超过 100J，因此必须进行修正。表 7-15 为经不同方法修正后得到的止裂韧性，其中 Leis-2 修正、Eiber 修正和 1.46 倍修正的结果基本一致。考虑到 1.46 倍修正可以较好地将全尺寸气体爆破试验数据库中的裂纹扩展点和止裂点分开

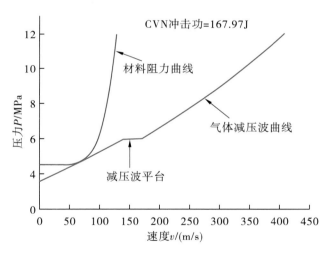

图 7-26　Φ1 422mm X80 管线管的 BTC 模型计算结果

（如图 7-25 所示），因而最终将止裂韧性指标确定为 245J（3 个试样的最小平均值）。

表 7-14　中俄东线工程管道一类地区设计参数

钢　级	管径/mm	压力/MPa	壁厚/mm	设计系数
X80	1 422	12	21.4	0.72

表 7-15　Φ1 422mm X80 管线管止裂韧性预测结果

预测方法	BTC 模型预测值/J	1.46 倍修正/J	Leis-2 修正/J	Eiber 修正/J	Wilkowski 修正/J
预测值	167.97	245	250	251	286

4）全尺寸气体爆破试验验证。2015年12月30日，在新疆哈密断裂控制试验场进行了首次Φ1 422mm X80、输送压力为12MPa的全尺寸气体爆破试验。试验管规格为Φ1 422mm×21.4mm X80直缝埋弧焊管，试验压力为12.05MPa，试验时钢管内部气体的温度为13.8℃，钢管表面的温度为13.1℃。试验气源来自西气东输二线工程。

试验段由11根试验管组成，中间1根为起裂管，起裂管两侧各有5根钢管。起爆后，裂纹由起裂管中心向南北两侧扩展，并在南1管和北1管止裂，如图7-27所示。在南侧，裂纹穿过起裂管后，在南1管内扩展了9.10m后止裂，南侧裂纹扩展的总距离为13.965m，从起裂到止裂共耗时142.6ms。在北侧，裂纹穿过起裂管后，在北1管内扩展了8.15m后止裂，北侧裂纹扩展的总距离为13.015m，从起裂到止裂共耗时133.3ms。

图 7-27　试验段爆破断口照片

爆破过程中的裂纹扩展速度如图7-28所示。起爆后在起裂管南北两侧，裂纹都呈现出加速扩展的趋势。在南侧，裂纹的扩展速度在起裂管末端达到峰值（超过300m/s）。裂纹进入南1管后在2.5m距离内扩展速度迅速由超过300m/s下降至150m/s，其后下降速度明显变缓，扩展约5m后断裂速度下降到100m/s以下并迅速止裂，裂纹在整个南1管中扩展了9.1m。在北侧，裂纹的扩展速度在起裂管末端达到峰值(接近 300m/s)。裂纹进入北 1 管后在 1.5m 距离内扩展速度迅速由接近 300m/s 下降至 120m/s 左右,然后以平均速度 110m/s 稳态扩展约 4m 后,断裂速度下降至 100m/s 并迅速止裂,裂纹在整个北 1 管中扩展了 8.15m。

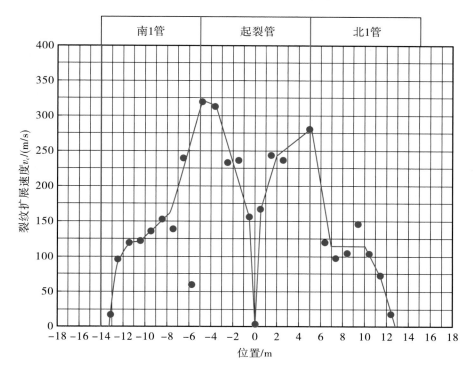

图 7-28　裂纹扩展速度

起裂管的 CVN 冲击功为 229J,南 1 止裂管的 CVN 冲击功为 253J。因此,由全尺寸爆破试验验证了止裂韧性值应小于 253J。

7.3.2　X90/X100 管线管的断裂韧性指标

以输气压力为 12MPa 的 Φ1 219mm 管道为例,基于失效评估图技术,在考虑安全裕量的情况下,确定 X90/X100 管线管防起裂韧性最小值为 60J,平均值为 80J。

以下主要介绍 X90/X100 管线管断裂止裂方案。

(1)X90 管线管延性断裂的控制方案

对于 X90 管线管断裂的控制方案,国际上没有进行过相关的研究,因此没有可供直接借鉴的经验。

1)止裂韧性预测。参考国内外多处气源的气体组分,拟定采用重烃含量相对较高的气体组分,记为 G3 气,如表 7-16 所示,作为计算气体组分。G3 气对应的重烃成分较一般商用天然气偏高,可以保证止裂韧性的计算结果相对保守。通过研究,选定 1.65 作为采用 BTC 模型计算 X90 管线管止裂韧性的修正系数。

表 7-16　X90 管线管止裂韧性预测所用气体组分(G3 气)

气体组分	C1	C2	C3	iC4	nC4	iC5	nC5	C6	C7	CO_2	N_2
G3	92	4.5	1.5	0.4	0.4	0.2	0.2	0.2	/	0.1	0.5

经计算,初步确定管道设计系数为0.72,输送G3气体组分时,输送压力为12MPa的Φ1 219mm×16.3mm X90管线管止裂韧性BTC模型的计算值为184.5J,1.65倍修正后为305J,如表7-17所示。

表7-17　X90管线管止裂韧性预测结果

钢级	管径 /mm	壁厚 /mm	压力 /MPa	设计系数	温度 /℃	BTC预测值 /J	1.65倍修正 /J
X90	1 219	16.3	12	0.72	10	184.5	305

2)止裂概率研究。对于前述的X80管线管,采用的断裂控制方案是单管止裂,其止裂概率为100%。对于X90管线管,在材料等级提高、钢管壁厚减薄的情况下,预测止裂功值提高,但305J的指标对工程生产而言难度较大。因而,在综合研究的基础上,可提出一个适合的止裂概率。

输气管道破裂后,一旦裂纹通过起裂管并开始扩展,其裂纹的扩展长度取决于输气管道的止裂韧性和管道钢管的分布特征,需要通过统计分析的方法来确定裂纹的扩展长度及对应的止裂概率。在进行止裂概率计算分析时,需满足以下条件:①假设1条管道上所有炉批次钢管的断裂韧性服从正态分布。②假设不同韧性的钢管在管道上随机排布。③假设在钢管韧性大于止裂韧性的情况下,单根钢管100%止裂;而在钢管韧性低于止裂韧性的情况下,单根钢管100%扩展。④假设管道为无限长。条件①和②定义了管道的统计分布特征,每一根钢管其相邻钢管都有可能是扩展管/止裂管,最大的裂纹扩展长度由管道中钢管的数量和止裂管与扩展管的比例决定。条件③将管道钢管的构成定义为止裂管和扩展管2种,当钢管的韧性高于管道止裂韧性时即为止裂管,反之则为扩展管。条件④决定了裂纹扩展的最远距离。

进行输气管道的止裂概率计算分析,首先应计算管道的止裂韧性,其次需要统计管道的正态分布特征。通过止裂韧性和管道的正态分布特征可以计算得到止裂钢管的百分率(P_A)和扩展钢管的百分率($1-P_A$),在此基础上可以进行裂纹的扩展长度及对应的止裂概率的计算。

实际管道可允许的裂纹扩展距离取决于管道断裂对环境及人身安全的影响、维修成本以及风险和损失的可接受范围。美国DOT 49 CFR Part 192规定:允许裂纹在5~8根钢管范围内止裂,对应的止裂概率分别在90%和99%以上。因此,可以综合考虑止裂距离和生产的可行性,在止裂距离可控的条件下确定止裂韧性指标。

在单管止裂的情况下,需要将CVN冲击功的最小值规定为305J,这会显著地增加制造的成本。在5~8根内止裂的情况下,可考虑将X90管线管批量产品(炉)的CVN冲击功平均值规定为305J,如图7-29所示,止裂钢管的百分率不受标准差的影响,为50%。在$P_A=50\%$时,计算得到的8根钢管内的止裂概率为99.02%,5根钢管内的止裂概率为94.53%,满足DOT 49 CFR Part 192规定的止裂概率要求。

为了进一步保证批量产品质量的可靠性,假设在实际生产水平下的标准差为20J(一般情况下钢管批量生产的最小可控标准差),当CVN冲击功的最小值为265J时,考虑3σ的置信区间,则批量产品的CVN冲击功的平均值为$265+3\sigma=325$J,对应的止裂钢管的百分率P_A为84.13%,如图7-30所示。在$P_A=84.13\%$时,计算得到的8根钢管内的止裂概率为100%,5根钢管内的止裂概率为99.88%,可以确保实现概率止裂目标。

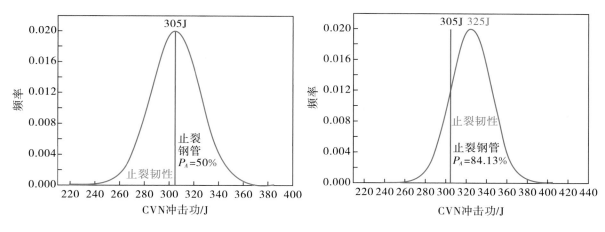

图 7-29　炉平均值为 305J 时止裂钢管的百分率　　图 7-30　炉平均值为 325J 时止裂钢管的百分率

3)断裂控制方案。通过止裂概率计算,批量产品 CVN 冲击功的炉平均值为 305J、管线管最小平均值为 265J 的技术指标可以实现 X90 管道 5～8 根钢管内止裂的要求。

基于以上研究,确定 X90 管道采用概率止裂控制方案,目标是 8 根钢管内的止裂概率为 100%。为达到此目标,规定 Φ1 219mm×16.3mm X90 管线管产品 CVN 冲击功的最小平均值为 265J。

4)全尺寸气体爆破试验。试验参数如表 7-18 所示,试验钢管规格为 Φ1 219mm×16.3mm X90 螺旋缝埋弧焊管及直缝埋弧焊管,试验压力为 12MPa,试验时钢管内部气体的温度为 14.77℃,钢管表面温度为 14.60℃。

表 7-18　全尺寸气体爆破试验参数

试验钢管规格	Φ1 219mm×16.3mm X90 螺旋缝埋弧焊管及直缝埋弧焊管
试验压力/MPa	12
气体组分	西气东输二线工程天然气
钢管内气体温度/℃	14.77
钢管表面温度/℃	14.60
回填土深度/m	距离钢管顶部 1.2

试验用气来自西气东输二线工程,在将试验管线充压至 12MPa 后取气进行气体组分分析。气体组分分析结果如表 7-19 所示。试验气体主要由甲烷构成,含量达到 95.24mol%,属于贫气范畴,这与预测止裂时采用的气体组分不同。

表 7-19　试验气体组分

组　分	甲烷	乙烷	丙烷	异丁烷	正丁烷
含量/(mol%)	95.24	2.39	0.4	0.061	0.084
组　分	新戊烷	异戊烷	正戊烷	二氧化碳	氮气
含量/(mol%)	<0.000 04	0.022	<0.000 04	1	0.78
组　分	氦气	氢气	氧气		
含量/(mol%)	0.003 6	0.013	0.006 0		

在输送压力为 12MPa、温度为 15℃的条件下进行止裂韧性计算,结果如表 7-20 所示,修正后的止裂韧性预测范围为 241～300J。

表 7-20　12MPa(0.72 设计系数)压力、15℃条件下的止裂韧性预测值

	BTC/J	1.46 倍修正/J	1.65 倍修正/J
低约束情况	165	241	273
无约束情况	182	266	300

试验段由 11 根试验管组成,中间 1 根为起裂管,起裂管两侧各有 5 根钢管,起裂管的 CVN 冲击功为 229J。

起爆后,裂纹由起裂管中心向南北两侧扩展,并在南 1 管和北 1 管止裂,如图 7-31 所示。在试验过程中对天然气减压波进行了采集,试验得到的减压波与计算值一致,如图 7-32 所示。起裂管、北 1 管和南 1 管的断口形貌分别如图 7-33、图 7-34 和图 7-35 所示,断口形貌都表现出了 45°角剪切韧性断裂特征。

图 7-31　爆破后的试验段

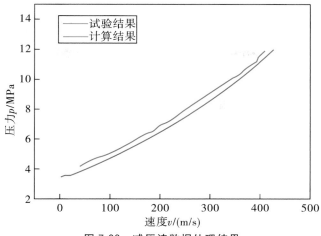

图 7-32　减压波数据处理结果

图 7-33　起裂管断口

图 7-34　北 1 管断口

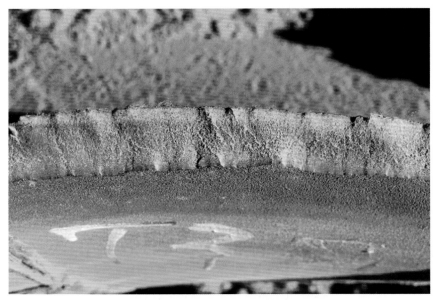

图 7-35　南 1 管断口

　　爆破过程中裂纹扩展速度如图 7-36 所示。起爆后在距起裂中心南北两侧 2m 的距离内,裂纹初始速度快速升至 240m/s 左右,随后裂纹的扩展速度开始下降,起裂管南侧裂纹的下降速度要高于起裂管北侧裂纹的下降速度。裂纹进入南 1 管时的扩展速度约为 155m/s,进入南 1 管后裂纹的扩展速度急剧下降,在南 1 管内扩展了 2.95m 后止裂。南侧裂纹扩展的总距离为 7.30m(包括起裂管),从起裂到止裂共耗时 57.8ms。裂纹进入北 1 管时的扩展速度约为 175m/s,进入北 1 管后裂纹的扩展速度逐渐下降,在北 1 管内扩展了 5.46m 后止裂。北侧裂纹扩展的总距离为 10.13m(包括起裂管),从起裂到止裂共耗时 75.3ms。起裂管南北两侧最终的速度差异(起裂管南侧为 155m/s,北侧为 175m/s)与起裂管南北两侧的韧性差异相对应(起裂管南侧为 254J,起裂管北侧为 236J)。南 1 管与北 1 管的止裂距离(南 1 管为 2.95m,北 1 管为 5.46m)也与南 1 管与北 1 管的 CVN 韧性相对应(南 1 管北侧为 281J,北 1 管南侧为 276J)。

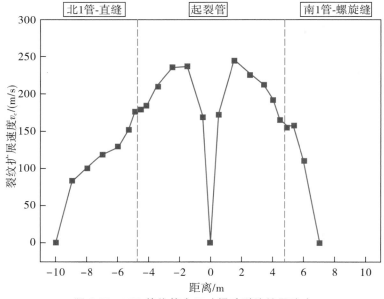

图 7-36　X90 管线管全尺寸爆破裂纹扩展速度

根据全尺寸爆破试验结果,Φ1 219mm×16.3mm X90 管线管在 12MPa 压力下,实际的止裂韧性处于 254~276J,符合之前 241~300J 的预测结果,即证明了 X90 管线管的断裂控制方案是可行的。

(2)X100 管线管延性断裂的控制方案

1)止裂韧性预测。在确定 X100 管道的断裂控制方案时,首先要计算 X100 管道的止裂韧性。在进行 X100 管道的止裂韧性计算时,必须参考现有的 X100 管道全尺寸爆破试验结果。

搜集国外进行的 9 次 X100 和 1 次 X120 钢级管线管的全尺寸气体爆破试验,其中公开发表的有 6 次,如表 7-21 所示。X100 管线管全尺寸气体爆破试验的参数范围如表 7-22 所示。

表 7-21　X100 管线管全尺寸气体爆破试验数据

序号	项目标识	钢级	外径 /mm	壁厚 /mm	设计 系数	介质	温度 /℃	压力 /MPa	管型	试验场	年份
1	ECSC1	X100	1 422	19.1	0.68	空气	20	12.6	直缝	CSM	1998
2	ECSC2	X100	914	16	0.75	空气	15	18.1	直缝	CSM	2000
3	Advantica JIP1	X100	914	13	0.69	贫气 $C_1=96\%$	8.5	13.6	直缝	Advantica	2001
4	Advantica JIP2	X100	914	15	0.8	贫气 $C_1=96\%$	15	18	直缝	Advantica	2001
5	DemoPipe1	X100	914	16	0.80	贫气 $C_1>98\%$	14	19.3	直缝	CSM	2002
6	DemoPipe2	X100	914	20	0.75	贫气 $C_1>98\%$	14	22.6	直缝	CSM	2003
7	ENI	X100	1 219	18.4	0.72			15	直缝	CSM	2007
8	Sumitomo	X100	914	19	0.77			22.1	直缝	CSM	2008
9	BP	X100							直缝	Advantica	2003
10	Exxonmobil	X120	914	16	0.72	贫气 $C_1=98\%$	12.7	20.85	直缝	Advantica	2000

表 7-22　X100 管线管全尺寸气体爆破试验数据参数范围

X100	直径/mm	壁厚/mm	CVN 冲击功/J	压力/MPa	设计系数	温度/℃
最小值	914	13	126	12.6	0.68	8.5
最大值	1 422	20	355	22.6	0.80	20

在 X100 管线管气爆试验得到的 12 组数据中:

a. 有 2 组由于裂纹穿越环焊缝时分裂为 2 条独立的裂纹,造成环切并使焊管分离,使数据无效,包括第 1 次 ECSC 试验的西侧、第 2 次 Advantica JIP2 试验的西侧。

b. 有 3 组不能依靠自身的韧性止裂,包括第 1 次 DemoPipe 试验的东西两侧,第 2 次 DemoPipe 试验的东侧。

c. 有 7 组有效止裂数据点,包括第 1 次 ECSC 试验的东侧,第 2 次 ECSC 试验的东西两侧,第 1 次 Advantica JIP2 试验的东西两侧,第 2 次 Advantica JIP2 试验的东侧,第 2 次 DemoPipe 试验的西侧。在 X120 管线管的气爆试验中,焊管无法依靠自身的韧性进行止裂。

图 7-37 描述了公开发表的 6 次 X100 气爆试验中,扩展点与止裂点的 BTC 模型的预测值与实测值之间的关系。图中空心点为裂纹的扩展点,实心点为裂纹的止裂点,可见很难找到恰当的修正系数将裂纹扩展点与止裂点分开。国际上的一些专家学者认为,对于 X100 管道,其很难依靠自身的韧性实现止裂。

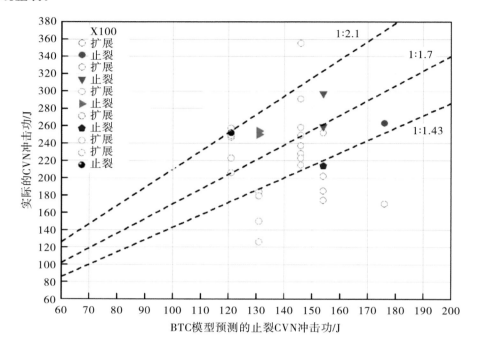

图 7-37　X100 管线管全尺寸气体爆破试验

考虑到在 2.1 倍修正系数下,X100 管道在大部分试验中实现了止裂,因此暂时采用 2.1 倍修正系数,对 Φ1 219mm×14.8mm、12MPa 输送压力的 X100 管线管的止裂韧性进行计算。计算结果如表 7-23 所示,其止裂韧性高达 454J,现在的工业生产水平无法满足此技术指标的要求。

表 7-23　X100 管道的止裂韧性预测

钢级	管径 /mm	SMYS /MPa	壁厚 /mm	压力 /MPa	设计系数	温度 /℃	BTC /J	2.1倍修正 /J	TGRC-1 /J	TGRC-2 /J	M参数 /J
X100	1 219	690	14.8	12/15	0.72	10	216.05	454	259	335.3	322.3

2)断裂控制方案。由于 X100 钢管难以自身止裂,因此在 X100 管道断裂控制方案中推荐采用止裂器止裂的技术方案,可采用整体止裂器或者外部止裂器来实现 8 根钢管内的止裂。

对于整体止裂器,参照 DOT 49 CFR Part 192 中的规定,在 X100 管道中,按照 8 根钢管内止裂的要求进行止裂器的布置,如图 7-38 所示。可每隔 7 根钢管安装 1 个整体止裂器。整体止裂器就是选用能止裂的低钢级管线管作为止裂器,在输送压力为 12MPa 条件下 X100 管道整体止裂器的设计参数如表 7-24 所示。

图 7-38　X100 管道断裂控制方案示意图

表 7-24　在输送压力为 12MPa 条件下 X100 管道的整体止裂器设计参数

	管径 /mm	壁厚 /mm	壁厚差 /mm	压力 /MPa	设计系数	BTC /J	修正系数	韧性值 /J
X100（主管线）	1 219	14.8	—	12	0.72			220
X90（止裂器）	1 219	16.3	1.5	12	0.72	183.5	1.65	303
X80（止裂器）	1 219	18.4	3.5	12	0.72	152.5	1.46	223
X70（止裂器）	1 219	21.0	6.1	12	0.72	123.5	Leis1	139

对于外部止裂器，可采用 2 种方式，一种是钢套筒外部止裂器，一种是复合材料外部止裂器。2 种外部止裂器的工作原理相同，均是在 X100 主管道的外部安装，通过给 X100 管道增加约束，降低裂纹的扩展速度，从而达到止裂的目的。止裂器的设计、选用和安装需根据实际管道的性能和止裂需求进行专门的研究开发。

7.3.3　不同钢级管线管的夏比冲击性能

本节主要对 X80 及以上钢级管线管的夏比冲击性能进行统计分析，一方面是为了研究、分析管道实现延性断裂止裂的能力；另一方面也可初步得出随着材料强度的升高，夏比冲击性能的变化趋势。

（1）X80 管线管的夏比冲击性能

以国内某工程用 X80 管道工程为例，收集 Φ1 219mm×18.4mm 螺旋缝埋弧焊管夏比冲击性能合格的数据。其中，管体夏比冲击试验样本有 9 067 个，焊缝夏比冲击试验样本有 9 139 个。管体和焊缝的 CVN 冲击功分布如图 7-39 和图 7-40 所示，呈现正态分布特征。

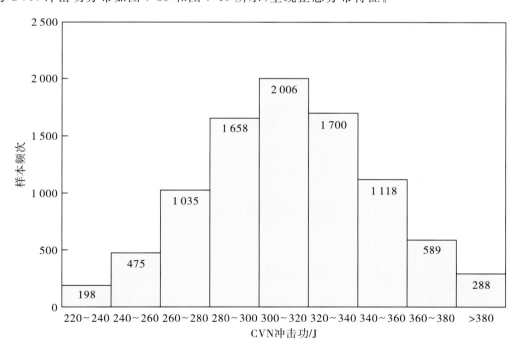

图 7-39　X80 管体－10℃时 CVN 冲击功分布

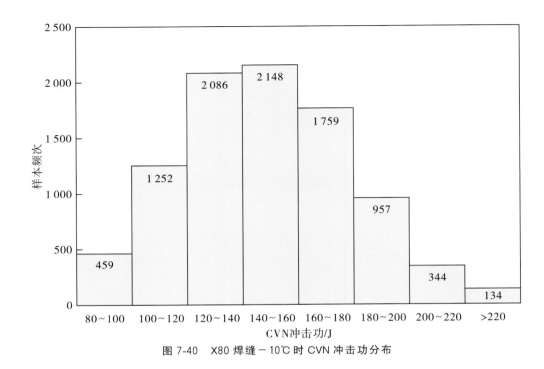

图 7-40 X80 焊缝－10℃时 CVN 冲击功分布

管体－10℃时冲击功的最小值为 220J,最大值为 411J,平均值为 312.7J。从图 7-39 中可以看出,冲击功在 280～340J 范围内的数据最多。焊缝冲击功的最小值为 80J,最大值为 361J,平均值为 149J。从图 7-40 中可以看出,更多的数据集中在 100～200J。输送压力为 12MPa 时 Φ1 219mm×18.4mm X80 管道的止裂韧性要求为 220MPa,起裂韧性要求为 80J。从统计结果可知,批量生产的 X80 管线管的实际性能水平可以实现延性止裂。

(2)X90 管线管的夏比冲击性能

同拉伸性能统计试验相同,样本为 Φ1 219mm×16.3mm X90 螺旋缝埋弧焊管和直缝埋弧焊管,其中螺旋缝埋弧焊管有 304 根,直缝埋弧焊管有 262 根。

X90 管线管－10℃时的夏比冲击性能统计数据如表 7-25 和表 7-26 所示,存在部分不合格品,从不合格率来看,直缝埋弧焊管略好于螺旋缝埋弧焊管。对比螺旋缝埋弧焊管和直缝埋弧焊管可知,直缝埋弧焊管管体的冲击功略高于螺旋缝埋弧焊管,2 种管型焊缝的冲击功相当。与壁厚为 18.4mm 的 X80 螺旋缝埋弧焊管的 CVN 冲击功相比,X90 螺旋缝埋弧焊管的性能稍好。

表 7-25 小批量试制的 X90 螺旋缝埋弧焊管－10℃时的夏比冲击性能

序号	项　目	分布范围/J	平均值/J	指标不合格率/%
1	管体横向 CVN 冲击功	153～414	325	11.26
2	焊缝 CVN 冲击功	26～363	165	2.22
3	热影响区 CVN 冲击功	62～358	231	0.89

表 7-26 小批量试制的 X90 直缝埋弧焊管－10℃时的夏比冲击性能

序号	项　目	分布范围/J	平均值/J	指标不合格率/%
1	管体横向 CVN 冲击功	273～507	351	4.35
2	焊缝 CVN 冲击功	63～219	168	3.48
3	热影响区 CVN 冲击功	40～469	270	1.74

在以上试验中,X90 焊管的样本较少,在大批量生产中有可能会进一步优化性能。从目前 X90 管线管的冲击性能来看,具备实现 X90 管线 5~8 根钢管内止裂的条件。

（3）X100 管线管的夏比冲击性能

统计样本为 Φ1 219mm×14.8mm X100 螺旋缝埋弧焊管,以及 Φ1 219mm 且壁厚分别为 14.8mm 和 17.8mm 的 2 种直缝埋弧焊管,样管共计 29 套。

X100 管线管样本－10℃时的夏比冲击试验结果如图 7-41、图 7-42 和图 7-43 所示。壁厚为 14.8mm 的螺旋缝埋弧焊管的 CVN 冲击功平均值为 309J,壁厚为 14.8mm 的直缝埋弧焊管的 CVN 冲击功平均值为 283J,壁厚为 17.8mm 的直缝埋弧焊管的 CVN 冲击功平均值为 311J。与 X90 管线管的批量结果相比,X100 管线管的夏比冲击性能略低。这一方面是因为材料的强度提高, 韧性略有下降;另一方面,也是因为 X100 产品的研发和制造过程还有待优化稳定,各方面的性能还 有上升的空间。但由结果可初步证明,X100 管线管很难以自身性能实现延性断裂止裂,这也验证了 前述对 X100 管线管的断裂控制方案的分析。

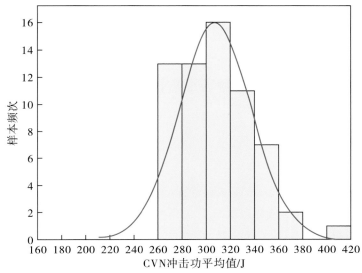

图 7-41 壁厚为 14.8mm 的 X100 螺旋缝埋弧焊管－10℃时管体的 CVN 冲击功

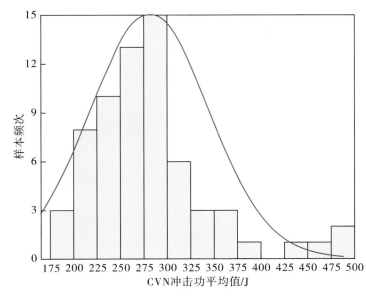

图 7-42 壁厚为 14.8mm 的 X100 直缝埋弧焊管－10℃时管体的 CVN 冲击功

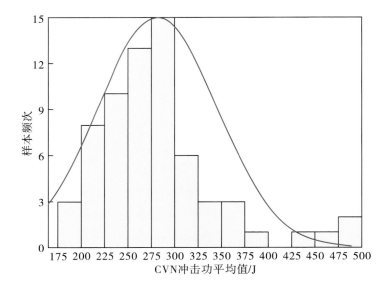

图 7-43　壁厚为 17.8mm 的 X100 直缝埋弧焊管－10℃时管体的 CVN 冲击功

7.4　DWTT 试验研究

7.4.1　DWTT 试样缺口

（1）不同形式的缺口

DWTT 试样的标准尺寸为 300mm× 76mm × 厚度。其中，厚度可以是材料的实际壁厚，也可以根据试验的需要减薄。DWTT 试样的缺口形式分为标准压制 V 形缺口（PN）、人字形缺口（CN）、焊珠缺口（WN）和预制裂纹缺口（SPCN）4 种。

参考 API RP5L3—2014 标准中的规定，压制缺口试样（PN-DWTT）和人字形缺口试样如图 7-44、图 7-45 所示。

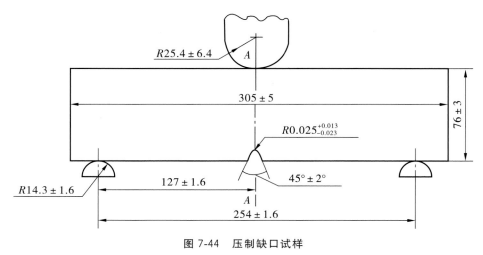

图 7-44　压制缺口试样

单位:mm

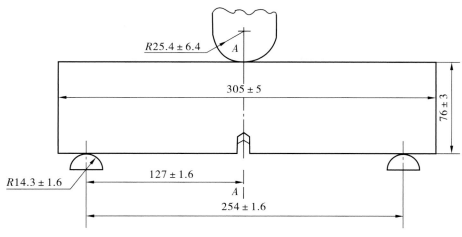

图 7-45　人字形缺口试样

单位:mm

焊珠缺口试样(WN-DWTT)的加工方法如下:首先对普通 DWTT 试样按如图 7-46 所示的尺寸及位置加工出沟槽,然后采用合适的焊接参数进行焊接,焊接完成后,对缺口进行打磨,之后采用线切割方法加工 5mm 深的缺口,最终的缺口形貌如图 7-47 所示。

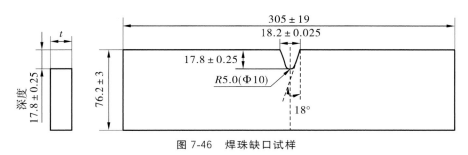

图 7-46　焊珠缺口试样

单位:mm

图 7-47　焊珠缺口试样形貌

预制裂纹试样(SPCN-DWTT)的加工方法如下:首先加工出压制缺口试样,然后在试验机上通过三点弯曲加载预制裂纹,当超过最大载荷后降低 1.25% 左右,DWTT 试样预制裂纹加载曲线如图 7-48 所示,试样如图 7-49 所示。

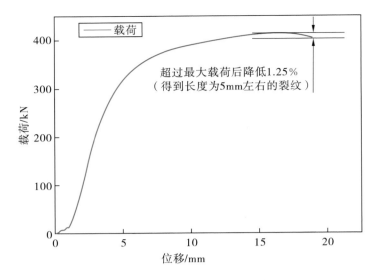

图 7-48　DWTT 试样预制裂纹加载曲线

图 7-49　预制裂纹 DWTT 试样

（2）不同形式缺口的试验结果

采用某一规格的 X80 管线管，加工 4 种不同形式缺口的 DWTT 试样，进行不同温度条件下的 DWTT 试验，结果如图 7-50 所示。从结果可以看出，压制缺口试样的韧脆转变温度相对较低，人字形缺口试样的韧脆转变温度相对较弱。

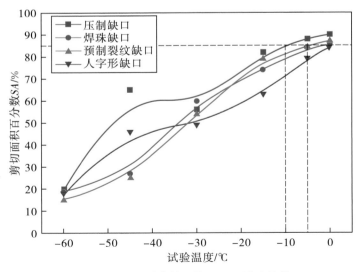

图 7-50　不同形式缺口的 DWTT 试验结果

需要指出的是,这仅仅是一组试验的结果,存在偶然性或试验误差,并不能完全代表不同形式缺口的 DWTT 试验行为。要确定不同形式缺口对 DWTT 试验的影响,还需进一步研究。

7.4.2　不同壁厚管线管的 DWTT 性能研究

对于一种材料,其成分、组织和性能之间具有一定的相关性。本节选用相同成分、不同厚度(不同微观组织)的 2 种材料,研究其组织对 DWTT 性能的影响。

选取壁厚分别为 21.4mm 和 30.8mm 的 X80 管线钢管材料,加工成 305mm×76mm×t(t 为材料原壁厚)的 DWTT 试样,进行不同温度下的 DWTT 试验。

(1)试验结果

试验温度与剪切面积的关系曲线如图 7-51 所示。可以看出,随着材料厚度的增加,韧脆转变温度升高,21.4mm 厚试样的剪切面积百分数 SA 为 85% 时的 FATT 为 -60 ℃,30.8mm 厚试样的 SA 为 85% 时的 FATT 为 -6 ℃。这 2 种材料的 DWTT 性能之所以有如此的差异,一方面是因为尺寸效应及材料厚度规格的影响;另一方面是因为厚度不同,导致了材料微观组织的不同,从而进一步影响了 DWTT 性能。下面着重分析 2 种材料组织及其对 DWTT 性能产生的影响。

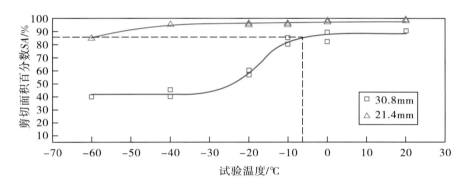

图 7-51　试验温度与剪切面积的关系曲线

(2)带状组织对 DWTT 性能的影响

不同厚度试样的带状组织如图 7-52 所示。从图中可以看出,2 个试样的组织特征为典型的铁素体+粒状贝氏体,虽然两者组织类型相同,但随着试样厚度的增大,钢板的带状组织显著,M-A 岛更加集中,且尺寸更大。分析认为,在高钢级管线钢中构成带状组织的多数是 M-A 岛。管线钢连续冷却转变时,在形成铁素体的过程中,C 在剩余的奥氏体内逐渐富集。由于相变温度高,相变驱动力小,转变不能进行彻底,少量的奥氏体残余下来,以岛的形式分布于板条间和晶界上。岛的成分中合金元素的含量与基体相近,主要是 C 的富集,但是岛内的富集程度还不足以析出碳化物,因此成为一些富碳的奥氏体岛。这些奥氏体岛在随后的冷却过程中由于成分、冷速不同而转变为不同的产物,大部分转变为岛状 M-A 组元。当钢中的成分偏析达到一定程度时,这些岛状 M-A 组元就会分布成条带状,形成带状组织[7],一般钢板的厚度越大,C 偏析越明显,带状组织越严重。M-A 组元中由于 C 和合金元素的含量高,其强度、硬度一般往往高于基体,当材料发生变形时,由于带状组织和基体变形不同步,其相交界面容易产生脆性裂纹,随后沿着软质相和硬质相之间的分界面扩展,宏观表现为产生断口分离,对材料的动态止裂韧性非常不利[8-9]。图 7-53 给出了 0 ℃时 DWTT 试样宏观断口的形貌,可以看出较厚试样的带状组织也较严重,试验后其断口分离程度明显增加。

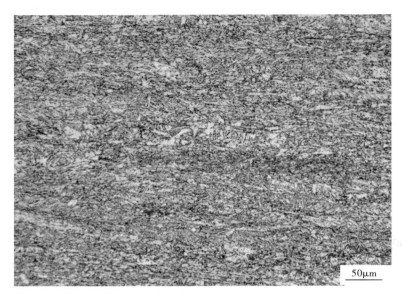

（a）厚度为21.4 mm

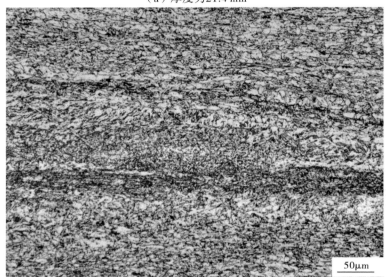

（b）厚度为30.8 mm

图 7-52　不同厚度试样的带状组织对比

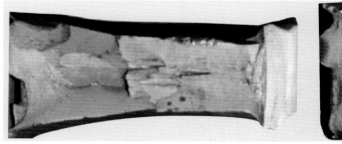

（a）厚度为21.4 mm　　　　　　　　　　　（b）厚度为30.8 mm

图 7-53　0 ℃时 DWTT 试样的宏观断口形貌对比

此外,带状组织中往往伴随着非金属夹杂物。随着钢板厚度的增加,轧制压力难以渗透到钢板的中心位置,对夹杂物危害的消除作用减弱[10],而夹杂物与基体结合的界面是材料止裂部位最弱的位置,当受到外力载荷作用之后,将产生应力集中,裂纹会在试样厚度中心附近带状组织的薄弱界面处率先萌生,导致 DWTT 低温止裂性能变差[11]。

(3)组织类型及均匀性对 DWTT 性能的影响

图 7-54 和图 7-55 分别给出了厚度为 21.4mm 和 30.8mm 试样的金相组织照片。对比后可以发现,两者的组织类型均为铁素体+粒状贝氏体,但厚度为 21.4mm 试样的显微组织从边部到中心位置晶粒的尺寸和类型基本没有变化,多为粒状贝氏体组织,且其整体均匀性较好,M-A 组织尺寸较小且弥散分布,试样的有效晶粒参与变形的协同性好,不易产生应力集中和形成裂纹。而厚度为 30.8mm 的试样中心位置多为铁素体组织且较粗大,M-A 组织的尺寸较大且聚集成了 M-A 链。

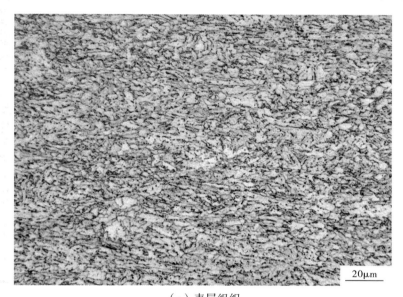

(a)表层组织

(b)壁厚中心位置的组织

图 7-54　厚度为 21.4 mm 试样的金相组织

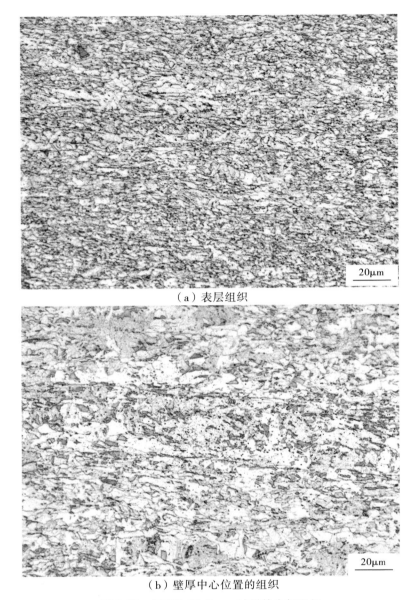

（a）表层组织

（b）壁厚中心位置的组织

图 7-55　厚度为 30.8 mm 试样的金相组织

　　由于试样较薄，显微组织的整体均匀性较好，且试样中晶粒的尺寸细小，因此当材料受到外力作用而发生变形时，试样中的晶粒参与变形的同步性好，不容易由于变形不均匀而产生应力集中和形成裂纹，同时晶粒细小意味着单位体积内有更多的晶界面积，而晶界特别是大角度晶界有利于阻止裂纹的扩展。另外，粒状贝氏体中的 M-A 岛弥散细小时，不易激发裂纹，且常成为裂纹扩展的障碍，对试样的 DWTT 性能有利[12]。若粒状贝氏体中的 M-A 岛粗大聚集，将增大软质相、硬质相界面的面积，当材料发生变形时，由于软质相、硬质相的变形不同步，其相交界面容易产生脆性裂纹，并沿着软质相和硬质相之间的分界面扩展，从而降低了试样的 DWTT 性能。M-A 岛组织的形貌如图 7-56 所示。

　　粒状贝氏体组织内部位错分布的情况如图 7-57 所示。从图中可以发现，粒状贝氏体组织内部存在大量的位错，在受到冲击时位错相互缠绕，与碳化物相互钉扎，使裂纹扩展到此处后很难通过，宏观表现为具有较好的止裂性。粒状贝氏体内部是无方向性的板条束，板条间为小角度晶界，板条束间为大角度晶界,裂纹扩展时要受到大量晶界的阻碍,这就使裂纹沿晶界、晶内都不易扩展,最终表现为好的 DWTT 性能。铁素体内部没有明显的亚结构,位错密度也相对较低,无法阻挡裂纹的迅速扩展,对 DWTT 性能不利。

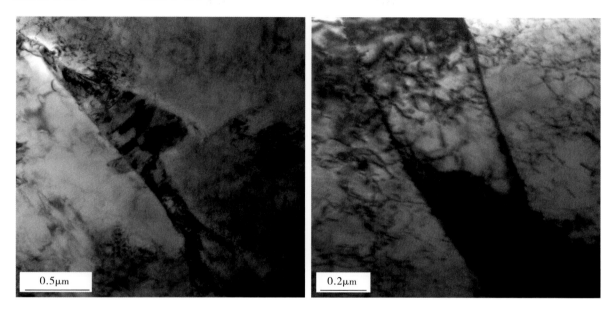

图 7-56　M-A 岛组织形貌　　　　　图 7-57　粒状贝氏体中的板条束及位错分布

体心立方金属中位错运动的阻力对温度的变化非常敏感,位错运动的阻力随着温度的下降而增加。当试验温度降低时,位错运动的速度降低[13],在相同冲击速度和外力的作用下,更易产生应力集中,形成裂纹。由于铁素体组织中的位错密度低,晶粒较粗大,裂纹扩展阻力小,因此裂纹的扩展速度更快,宏观上表现为在韧脆转变温度区厚壁试样的 DWTT 性能降低较明显。

7.4.3　厚壁管材减薄对 DWTT 试验结果的影响

DWTT 试验的相关标准规定,对于原始壁厚≤19.0 mm 的钢管或钢板,应采用钢管或钢板的全壁厚试样。原始壁厚>19.0 mm 的钢管或钢板,在钢板或钢管上截取的试样应为全壁厚试样或壁厚减薄试样。减薄时可从试样的 1 个或 2 个表面进行加工,将厚度减薄至 19.0 mm。壁厚减薄试样的实际试验温度应低于规定的试验温度,API RP 5L3 标准中规定的 DWTT 试验减薄试样试验温度降低量如表 7-27 所示。

表 7-27　API RP 5L3 规定的试验温度降低量(试样减薄至 19mm)

原始壁厚 t/mm	试验温度降低量/℃
19.0～22.2	6
22.2～28.6	11
28.6～39.7	17

本节对不同壁厚 X80 管线管的 DWTT 试验试样进行减薄,研究其韧脆转变温度,从而可以分析壁厚减薄对试验温度的影响。壁厚为 21.4mm、22mm、25.7mm 和 30.8mm 的管线管的 DWTT 试样减薄前后的剪切面积百分数 SA 如图 7-58 所示。从结果可以看出,随着壁厚的增加,其试样减

薄后,韧脆转变温度的降低量增加,即 DWTT 试验温度的降低量增加;另外,试验得到的降低量大多比 API RP 5L3 标准中要求的更低,其原因一方面是试验具有一定的偶然性,文中的试验量还不足以支撑确定的结果;另一方面,标准中的规定较为宽泛,尤其是对于壁厚 28.6~39.7mm 的材料,试验温度的降低量尚有进一步研究优化的空间。

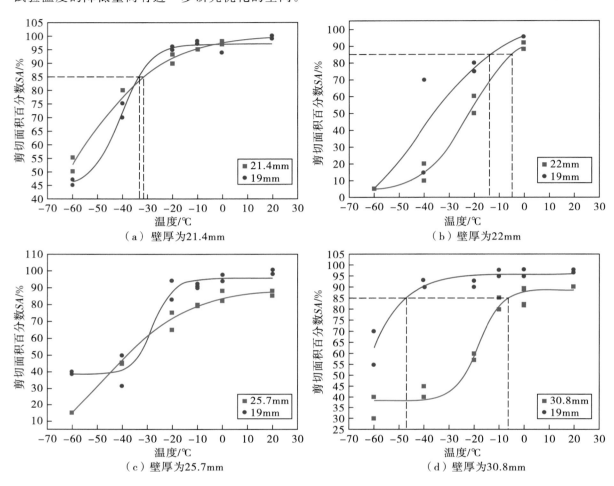

图 7-58　DWTT 试样减薄前后剪切面积的变化

7.5　小结

1)本章明确了 X80 及以上钢级埋弧焊管要求的拉伸性能、夏比冲击性能、DWTT 性能、硬度和导向弯曲性能这 5 项常规力学性能,介绍了 API、ISO、国内工程和企业等不同标准对此 5 项性能的要求。

2)本章针对 X80、X90 和 X100 管线管的应用技术,着重介绍了拉伸性能、夏比冲击性能和 DWTT 性能的研究方向和成果。

3)对于硬度和导向弯曲性能,目前未进行太多的研究,故在本章未专门介绍。

参　考　文　献

[1] American Petroleum Institute. API 5L Specification for Line Pipe[S]. Washington：American Petroleum Institu-

te，2012.

［2］International Standard Organization. ISO 3183 Petroleum and natural gas industries —Steel pipe for pipeline transportation systems［S］. International Standard Organization，2012.

［3］中华人民共和国国家标准化管理委员会.GB/T 9711 石油天然气工业 管线输送系统用钢管［S］.北京:中华人民共和国国家标准化管理委员会，2017.

［4］中国石油天然气股份有限公司管道分公司.Q/SY GD 0503.4 中俄东线天然气管道工程技术规范 第 4 部分：X80 级直缝埋弧焊管技术条件［S］.北京:中国石油天然气股份有限公司，2016.

［5］中国石油天然气股份有限公司管道建设项目经理部.Q/SY GJX 122 天然气输送管道用 X90 钢级直缝埋弧焊管技术条件［S］.北京:中国石油管道建设项目经理部，2013.

［6］中国石油集团石油管工程技术研究院.Q/SY-TGRC 130 天然气输送管道用 X100 钢级直缝埋弧焊管技术条件［S］.西安:中国石油集团石油管工程技术研究院，2016.

［7］张继明,吉玲康,霍春勇,等.X90/X100 管线钢与钢管显微组织鉴定图谱［M］.西安:陕西科学技术出版社,2017.

［8］贾书君,刘清友,段琳娜.X100 热轧钢带的组织与性能［J］.材料热处理学报,2014,35(6):77-82.

［9］Sha Qingyun，Li Dahang，Huang Guojian,et al. Separation occurring during the drop weight tear test of thick-walled X80 pipeline steels［J］. International Journal of Minerals，Metallurgy and Materials,2013,20(8):741-747.

［10］郑东升,朱伏先,李艳梅,等. 含 Nb 热轧多相钢板厚度方向显微组织的研究［J］.轧钢,2010,27(4):1-5.

［11］安守勇. 管线钢 DWTT 性能厚度效应的影响因素分析［J］.宽厚板,2011,11(4):8-11.

［12］Duan Linna，Chen Yu，Liu Qingyou,et al. Microstructures and mechanical properties of X100 pipeline steel strip［J］. Journal of Chen Iron and Steel Research，International,2014,21(2):227-232.

［13］刘萍,陈忠家. 塑性变形中的位错动力学研究［J］.合肥工业大学学报,2011,34(3):341-345.

第 **8** 章
超高钢级管线钢的时效行为研究

8.1 应变时效机理概述

良好的焊管服役性能是管道系统安全运行的保证。焊管在铺设之前的防腐过程中通常要经历热涂覆过程，而热涂覆过程通常会对焊管的屈强比等性能指标带来一定程度的不利影响。另外，管线长期的服役过程也是一个自然时效的过程，轧制态的管线钢在长期的自然条件下服役时倾向于析出 C、N 等间隙固溶物质，从而对其力学性能产生明显的强化作用。同时，焊接预热也会对管线管产生热时效作用，而热时效的影响主要取决于钢级和焊接行为。因此，为了保证微合金管线钢管在应变时效后的力学性能满足安全服役的要求，相关技术人员需要研究热涂覆过程对焊管性能指标带来不利影响的程度及机理。同时，许多重大管道工程的焊管技术条件（如《中缅天然气管道工程基于应变设计地区用直缝埋弧焊管技术条件（国内段）》）中也对钢管试样人工时效过程中的温度、时间等参数提出了具体而严格的要求。本章将重点通过对超高钢级管线钢进行人工时效处理的试验，研究时效条件对管材力学性能的影响。

管线用低合金钢材料不是真正的平衡态，冷却不能完全满足相平衡的要求。自然放置一段时间或在某一特定温度下保持一段时间后就会产生应变时效作用，其直接的表现就是力学性能的变化。发生应变时效的材料，其光学显微组织是基本稳定的，不会随时效的过程发生明显的变化。管线钢时效的主要机理是 C、N 等溶质原子与 α-Fe 晶体缺陷的相互作用，由畸变能驱动，形成 C、N 原子位错气团，从而对位错的滑移起到钉扎作用，引起材料力学性能的变化[1]。热时效具有 2 个特征：①试样上产生了不均匀的变形，称为吕德斯拉伸，这种变形产生了拉伸平台；②力学性能的变化反映为钢的强度的升高，如硬度的升高、抗拉强度的升高、均匀伸长率的下降等。图 8-1 示出了热时效带来强度的升高。

C 在 α-Fe 中的溶解度，在 A_1 相变温度时为 0.021 8%，室温时降到了 0.000 1% 以下。按照管线钢通常冷却工艺的速度，铁素体在室温下是过饱和固溶体。钢中的 N 含量通常情况下可达到 0.01% 左右，经过真空除气，可以达到 0.005% 以下。N 在 α-Fe 中的许多行为都与 C 相似，如间隙式固溶，在 200℃、100℃ 时的溶解度分别为 0.005% 和 0.001%，室温下平衡态的溶解度极其微小。N 原子的直径较小（N 原子为 0.101nm，C 原子直径为 0.154nm），这就导致了 N 在 α-Fe 中的极限溶解度较大，590℃时可达到 0.1%（C 原子 600℃时在 α-Fe 中的溶解度为 0.008%）。N 在 α-Fe 中的扩散能力也高于 C。因此，钢中游离 N 引起的时效比 C 更为严重。有文献研究得出的结论是，0.000 1%～0.001% 的 N 以及 C 就足以引起明显的应变时效。温度在 100℃ 以下的时效，包括自然时效，主要是自由 N 原子在起作用,而温度在 $100\sim300$ ℃时则还有 C 原子在起作用。对管线钢来说,在通常热轧后的冷却条件下,C 元素都会有一定的过饱和。C 原子与一部分 V、Ti 原子结合,较高的 C 含量可能引起管线钢应变时效敏感性的增高。N 原子虽然容易引起更严重的应变时效的产生,但试验表明,钢中加入 $7\sim9$ 倍 N 含量的 V 或者 4 倍 N 含量以上的 Ti,就可以完全抑制 N 引起的应变时效[2]。

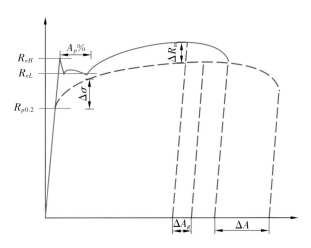

图 8-1　热时效带来强度的升高

8.2　X80 管线钢的应变时效试验研究

X80 管线钢在其轧制、制管尤其是扩径的过程中,经历了大量的变形过程,形变硬化已经非常明显。大量的位错缺陷容易引发时效应变对力学性能的影响,尤其是严重地降低了高钢级管线钢的塑性和韧性。

8.2.1　热时效处理方法概述

试验研究中,进行时效处理的主要手段有盐浴、感应加热、电炉加热、油浴、模拟热涂敷等。

1)盐浴。在日本 JFE 钢铁株式会社,采用了盐浴加热作为热时效手段,同时在试样上焊接热电偶进行温度的测量,盐浴及温度测量方式如图 8-2 和图 8-3 所示。

2)感应加热。新日本制铁株式会社的研究项目,使用感应加热作为热时效的加热手段之一,利用现有生产线上的感应加热线圈设备,进行时效处理和温度控制。

图 8-2　使用盐浴炉进行的人工热时效

3)电炉加热。新日本制铁株式会社的研究项目,使用电炉加热作为热时效的加热手段之一,进行时效处理和温度控制。

4)油浴。由中国石油集团石油管工程技术研究院自行完成样品的热时效,一般使用油浴炉作为加热手段,具有试验成本低、加热速度快、操作简单等优点,如图 8-4 所示。在试样心部达到规定的时效温度后开始计时,此后为时效时间,加热曲线如图 8-5 所示。

图 8-3　盐浴处理时试样表面焊接热电偶测量温度

图 8-4　使用油浴炉进行人工热时效

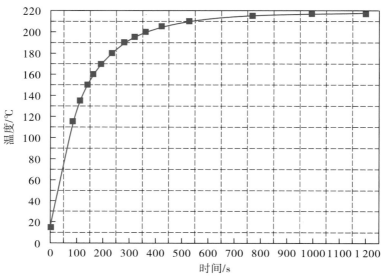

图 8-5　油浴加热的时间-温度曲线

8.2.2　试验方法概述

（1）试样的制备

按照 API SPEC 5L 标准要求制备拉伸试样和冲击试样。其中，纵向采用矩形试样，横向采用圆棒试样，时效处理后进行预拉伸或拉伸试验。做冲击试样则先截取样品块，将每块样品分别进行预拉伸（如果需要的话），然后进行时效处理，最后制备夏比冲击试样进行冲击试验。

（2）试验方法及其种类

在工厂进行的试验，按照《西气东输二线管道工程基于应变设计地区使用的直缝埋弧焊管补充技术条件》在 200℃±5℃ 条件下保温 5min 的时效处理后进行纵向拉伸试验，或者分别在有无 2% 的预拉伸后，在 250℃ 条件下时效处理 1h 后进行拉伸试验和夏比冲击试验。详细的时效试验条件如表 8-1 所示。试验的种类主要分为横向拉伸试验、纵向拉伸试验以及夏比冲击试验。试验对象分为 LSAW 钢管（包括 UOE 和 JCOE 成型钢管）、SSAW 钢管。

表 8-1　X80 应变时效研究的主要数据来源及时效条件

序号	规　格	产品数量	时效条件	时效温度	时效时间	试样形式
1	Φ1 219mm×22.0mm	1 000t 试制 LSAW	盐浴	200℃	5min	纵向矩形
	Φ1 219mm×22.0mm	1 000t 试制 复验 LSAW	盐浴	200℃	5min	纵向矩形
2	Φ914.4mm×19.8mm	样管 LSAW	感应加热＋电炉加热	系列	7min/20min	纵向矩形
	Φ1 219mm×22.0mm	样管 LSAW	感应加热＋电炉加热	系列	7min/20min	纵向矩形
	Φ1 219mm×22.0mm	样管 LSAW	感应加热＋电炉加热	系列	7min/20min	纵向矩形
3	Φ1 219mm×22.0mm	样管 LSAW	油浴	系列	5min/1h/3h	纵向矩形＋横向圆棒＋全焊缝纵向圆棒＋横向冲击
4	Φ1 219mm×26.4mm	样管 LSAW	油浴	系列	5min/1h/3h	纵向矩形＋横向圆棒＋全焊缝纵向圆棒＋横向冲击
5	Φ1 219mm×22.0mm	样管 LSAW	模拟热涂敷	系列	涂敷时间	纵向矩形＋横向圆棒＋横向冲击
6	Φ1 219mm×22.0mm	样管 LSAW	模拟热涂敷	系列	涂敷时间	纵向矩形＋横向圆棒
7	Φ1 219mm×22.0mm	样管 LSAW	模拟热涂敷	系列	涂敷时间	纵向矩形＋横向圆棒
8	Φ1 219mm×22.0mm	样管 LSAW	油浴	系列	5min/1h/3h	纵向矩形＋全焊缝横向冲击
9	Φ1 219mm×22.0mm	样管 LSAW/SSAW	油浴	系列	5min	横向圆棒
10	Φ1 219mm×18.4mm	样管 SSAW	油浴	系列	5min	横向圆棒＋横向冲击

8.2.3　横向圆棒试样的拉伸性能试验数据及结果分析(LSAW 钢管)

通过图 8-6～图 8-9 显示的时效试验结果,可以看出以下规律:

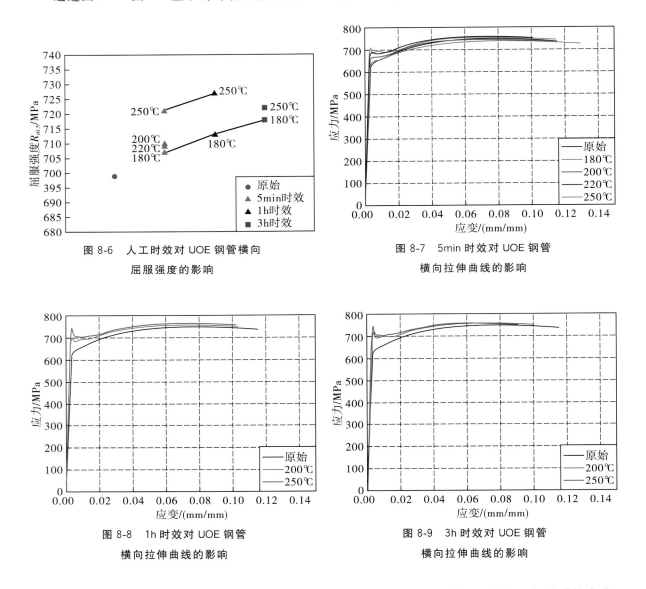

图 8-6　人工时效对 UOE 钢管横向
屈服强度的影响

图 8-7　5min 时效对 UOE 钢管
横向拉伸曲线的影响

图 8-8　1h 时效对 UOE 钢管
横向拉伸曲线的影响

图 8-9　3h 时效对 UOE 钢管
横向拉伸曲线的影响

1)屈服强度。5min 时效后的屈服强度,除 250℃后明显升高外,其余温度均没有剧烈的变化。而 180℃的各时间下时效处理后试样的屈服强度升高也不剧烈。

2)拉伸曲线形状。5min 时效,200℃拉伸曲线形状的变化不明显,而超过 200℃以后拉伸曲线出现明显的屈服平台。时效时间为 1h 和 3h 时,拉伸曲线出现明显的屈服平台。

3)对屈强比的影响。如表 8-2 所示,由多组实验数据可以看出,220℃及以下温度的 5min 时效或涂敷,可以使横向圆棒试样的屈强比提升最高达到 3～4 个百分点;同时也可以看出,具有相对较低屈强比的管线钢材料,时效后的屈强比性能一般均能满足技术条件的要求。时效结果中,有个别厂家的产品会有部分试样超过技术条件规定的最大值,但考虑到实验室油浴的条件往往比工厂涂敷的条件苛刻,可以认为,200℃左右的涂敷温度不会给普通 LSAW 钢管的性能带来破坏性的影响。但在实际生产中,仍需尽量控制产品的屈强比和涂敷处理温度,以满足时效后的性能要求。

表 8-2　时效对横向圆棒试样拉伸屈强比的影响(LSAW 钢管)

来　源	试样形式	时效温度 /℃	时效时间 /min	R_m /MPa	$R_{t0.5}$ /MPa	$\dfrac{R_{t0.5}}{R_m}$
厂家 1 Φ1 219mm×22.0mm （大变形管）	母材横 向圆棒	180 200 220 250	5 5 5 5	699 707 710 709 721	578 609 619 615 645	0.83 0.86 0.87 0.87 0.89
厂家 2 Φ1 219mm×26.4mm （大变形管）	母材横 向圆棒	180 200 220 250	5 5 5 5	699 707 710 761 756	578 609 619 685 689	0.86 0.88 0.89 0.90 0.91
厂家 3 Φ1 219mm×22.0mm （大变形管）	母材横 向圆棒	185～195 200 220 225～230	实际涂敷 条件	683 666 677 665 673	605 612 630 619 642	0.89 0.92 0.93 0.93 0.95
厂家 4 Φ1 219mm×22.0mm X80 LSAW 钢管	母材横 向圆棒	200 200 200	5 5 5	660 683 683 686	619 655 651 655	0.94 0.96 * 0.95 0.95
厂家 5 Φ1 219mm×22.0mm X80 LSAW 钢管	母材横 向圆棒	200 200 200	5 5 5	688 697 701 702	649 641 651 680	0.94 0.92 0.93 0.97 *
厂家 6 Φ1 016mm×18.4mm X80 LSAW 钢管	母材横 向圆棒	200 200 200	5 5 5	684 729 726 701	617 649 678 678	0.90 0.89 0.93 0.97 *
厂家 7 Φ1 219mm×27.5mm X80 LSAW 钢管	母材横 向圆棒	200 200 200	5 5 5	640 647 647 648	591 618 617 616	0.92 0.96 * 0.95 0.95
相关技术条件要求	母材横 向圆棒			625～825	555～690	≤0.95

注：* 对于壁厚≥22mm 的钢管,允许 5％的批次屈强比最大达到 0.96。

8.2.4 纵向矩形试样的拉伸性能试验数据及结果分析（LSAW 钢管）

通过图 8-10～图 8-13 显示的时效试验结果，可以看出以下规律：

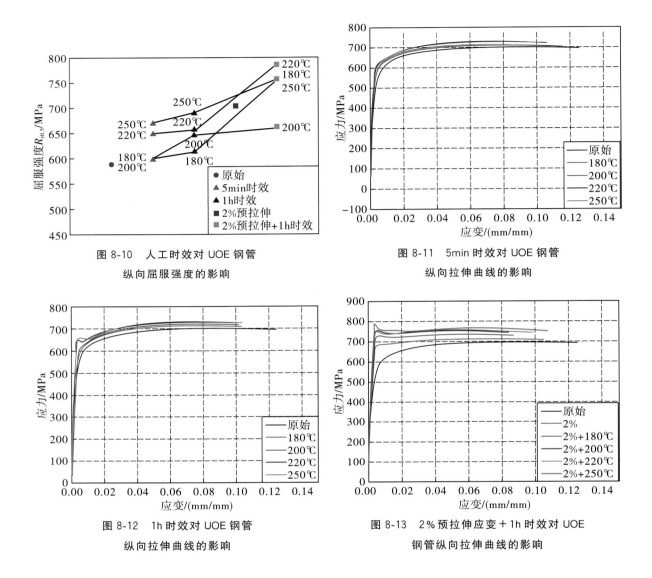

图 8-10　人工时效对 UOE 钢管
纵向屈服强度的影响

图 8-11　5min 时效对 UOE 钢管
纵向拉伸曲线的影响

图 8-12　1h 时效对 UOE 钢管
纵向拉伸曲线的影响

图 8-13　2％预拉伸应变＋1h 时效对 UOE
钢管纵向拉伸曲线的影响

1）屈服强度。经过 5min 时长的时效处理，200℃以下对屈服强度没有明显的影响，自 220℃ 开始屈服强度开始有明显的升高。经过 1h 时长的时效，屈服强度开始明显升高的温度变为 200℃ 左右。而对于有预拉伸的时效处理，各温度条件下的屈服强度升高的幅度非常明显。

2）拉伸曲线形状。经过 5min 时长的时效，在各个温度下，纵向试样拉伸曲线变化都不明显。经过 1h 时长的时效，自 220℃ 开始出现明显的不连续屈服。若施加 2％ 的预应变，即使没有进行人工时效处理，拉伸曲线也会变得平直，强化趋势不连续；如果再进行时效处理，各个温度下的曲线都会发生剧烈的变化。

3）对屈强比的影响。如表 8-3 所示，由所完成的多组试验数据可以看出，经过 200℃ 及以下温度的 5min 人工油浴时效，可以使钢管纵向矩形试样的屈强比有所升高（小于 4 个百分点）。而工厂的涂敷处理，由于温度的控制不如油浴时效精确，所以对纵向拉伸性能的影响规律难以量化，总体而言,影响的幅度低于相同温度下的 5min 油浴处理。根据表 8-3 中的数据可以认为,200℃左右的涂敷温度,会对管线钢管的总线拉伸屈强比和应力比造成一定的影响,但一般不会带来破坏性的影响。但在实际生产中,仍需尽量控制原始状态产品的屈强比和涂敷处理温度(推荐 200℃以下),以满足时效处理后的性能要求。

表 8-3　时效对纵向矩形试样拉伸屈强比的影响(LSAW 钢管)

规格 /mm	来源	时效温度 /℃	时效时间 /min	R_m /MPa	$R_{t0.5}$ /MPa	$\dfrac{R_{t0.5}}{R_m}$	$\dfrac{R_{t1.5}}{R_{t0.5}}$	$\dfrac{R_{t2.0}}{R_{t1.0}}$
Φ1 219×22.0	A 公司	原始		730	602	0.82	1.130	1.052
		180	5	724	612	0.85	1.098	1.047
		200	5	731	630	0.86	1.079	1.042
		220	5	725	631	0.87	1.076	1.044
		250	5	746	651	0.87	1.051	1.046
Φ1 219×22.0	B 公司	原始		700	588	0.84	1.153	1.039
		180	5	708	599	0.85	1.135	1.039
		200	5	723	598	0.83	1.156	1.043
		220	5	728	649	0.89	1.065	1.035
		250	5	741	670	0.90	1.037	1.035
Φ1 219×26.4	C 公司	原始		700	559	0.80	1.150	1.061
		180	5	708	604	0.85	1.098	1.047
		200	5	708	601	0.85	1.092	1.052
		220	5	726	622	0.86	1.077	1.049
		250	5	731	628	0.86	1.068	1.051
Φ1 219×22.0	D 公司	原始	涂敷	654	572	0.87	1.076	1.028
				654	581	0.89	1.053	1.027
				654	573	0.88	1.070	1.028
		185~195		669	583	0.87	1.070	1.030
				659	584	0.89	1.058	1.031
				669	589	0.88	1.061	1.030
		200		659	593	0.90	1.041	1.027
				672	563	0.84	1.126	1.027
				657	581	0.88	1.056	1.029
		220		671	583	0.87	1.074	1.028
				676	611	0.90	1.034	1.026
				678	601	0.89	1.053	1.028
		225~230		673	604	0.90	1.043	1.028
				670	578	0.86	1.076	1.035
				679	608	0.90	1.042	1.029

续表

规格 /mm	来源	时效温度 /℃	时效时间 /min	R_m /MPa	$R_{t0.5}$ /MPa	$\dfrac{R_{t0.5}}{R_m}$	$\dfrac{R_{t1.5}}{R_{t0.5}}$	$\dfrac{R_{t2.0}}{R_{t1.0}}$
				709	601	0.85	1.124	1.043
		180±5		707	617	0.85	1.081	1.038
				711	617	0.87	1.105	1.040
				705	626	0.89	1.074	1.036
		200±5		707	612	0.87	1.102	1.040
Φ1 219×22.0	E公司		涂敷	708	617	0.87	1.101	1.038
				743	636	0.86	1.119	1.040
		220±5		747	632	0.85	1.129	1.043
				744	593	0.80	1.200	1.047
				713	593	0.83	1.146	1.043
		/		713	603	0.85	1.132	1.035
				712	608	0.85	1.126	1.039

8.2.5 夏比冲击试验数据及结果分析(LSAW 钢管)

通过图 8-14 显示的时效试验结果,可以看出以下规律:在各个时长、各个时效处理温度后的夏比冲击试验中,钢管的冲击韧性均有所下降,但是不同温度和不同时长之间的冲击韧性的差异不明显,只是在施加 2% 的预应变后,冲击韧性约有 20J 的下降幅度。

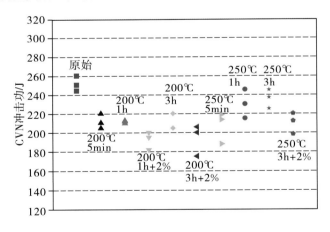

图 8-14 时效对 UOE 钢管纵向冲击韧性的影响

8.2.6 横向圆棒试样的拉伸性能试验数据及结果分析(SSAW 钢管)

通过图 8-15～图 8-18 显示的时效试验结果,可以看出以下规律:

1)对屈服强度的影响。由图 8-15 可以看出,3 种应变水平的试样时效处理后的屈服强度在 3 个应变水平下随时效温度呈现递增的分布,说明预应变对屈服强度的增长起着最重要的作用;而在每个应变水平下,屈服强度又随时效温度的升高而升高。

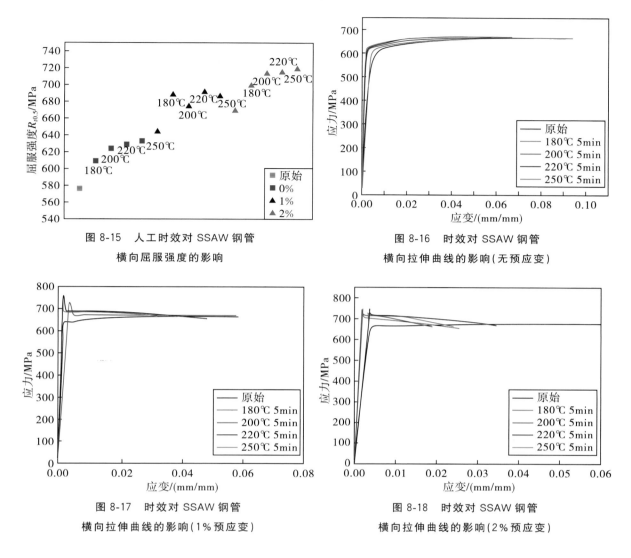

图 8-15　人工时效对 SSAW 钢管
横向屈服强度的影响

图 8-16　时效对 SSAW 钢管
横向拉伸曲线的影响(无预应变)

图 8-17　时效对 SSAW 钢管
横向拉伸曲线的影响(1% 预应变)

图 8-18　时效对 SSAW 钢管
横向拉伸曲线的影响(2% 预应变)

2)对拉伸曲线形状的影响。没有预应变时,各温度时效后的拉伸应力-应变曲线会有不同程度的升高,但程度较为轻微。当预应变分别为 1% 和 2% 时,各温度下的拉伸应力-应变曲线的升高均非常明显,并且应力-应变曲线出现了尖峰。

3)对屈强比的影响。如表 8-4 所示,由所完成的 2 组实验数据可以看出,200℃ 下 5min 的人工油浴时效处理,会显著地降低 SSAW 管线管横向圆棒试样的屈强比,但是所有升高后的屈强比均未

表 8-4　时效对横向圆棒试样拉伸屈强比的影响(SSAW 钢管)

来　源	位　置	时效温度 /℃	时效时间 /min	R_m /MPa	$R_{t0.5}$ /MPa	$\dfrac{R_{t0.5}}{R_m}$
厂家 8 Φ1 219mm×18.4mm X80	母材横向	原始		666	576	0.87
		180	5	669	609	0.91
		200	5	666	624	0.94
		220	5	671	629	0.94
		250	5	673	633	0.94

续表

来　源	位　置	时效温度 /℃	时效时间 /min	R_m /MPa	$R_{t0.5}$ /MPa	$\dfrac{R_{t0.5}}{R_m}$
厂家9 Φ1 219mm×18.4mm X80	母材横向	原始		674	594	0.88
		200	5	675	634	0.94
		200	5	685	637	0.93
		200	5	673	621	0.92
Q/SY GJX 0102—2007 要求	母材横向			625～825	555～690	≤0.94

超过技术条件规定的最大值。这说明,在现有生产水平下生产出的 SSAW 钢管,只要适当地控制其原始状态的拉伸性能,其屈强比在时效后就可以满足技术条件的要求。

8.2.7　纵向矩形试样的拉伸性能试验数据及结果分析(SSAW 钢管)

通过图 8-19～图 8-22 显示的时效试验结果,可以看出以下规律:

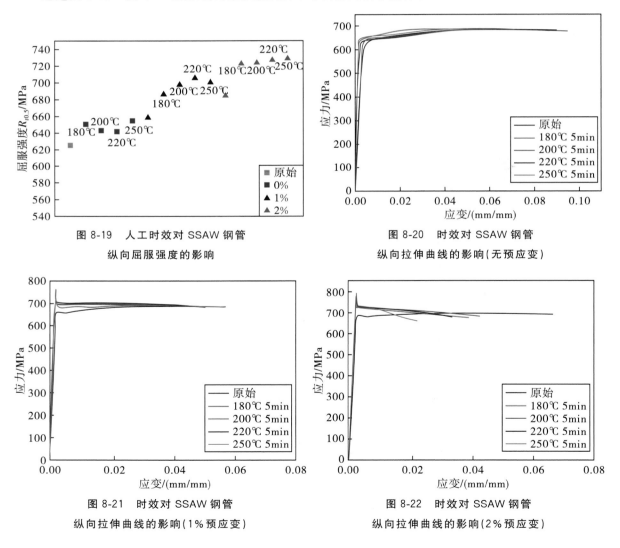

图 8-19　人工时效对 SSAW 钢管
纵向屈服强度的影响

图 8-20　时效对 SSAW 钢管
纵向拉伸曲线的影响(无预应变)

图 8-21　时效对 SSAW 钢管
纵向拉伸曲线的影响(1%预应变)

图 8-22　时效对 SSAW 钢管
纵向拉伸曲线的影响(2%预应变)

1)屈服强度。在没有预应变的情况下,各时效温度下屈服强度的升高幅度类似。而在预应变分别为 1% 和 2% 的情况下,时效处理后屈服强度上升的幅度呈现出 2 个水平,这说明预应变仍然是影响时效处理效果的主要因素。

2)拉伸曲线形状。没有预应变时,各温度时效后的拉伸应力-应变曲线会有不同程度的升高,但是程度较为轻微。当预应变分别为 1% 和 2% 时,各温度下的拉伸应力-应变曲线的升高均非常明显,同时形状发生了明显的变化,出现了明显的尖峰,与横向试样的拉伸应力-应变曲线的变化类似。

3)对屈强比的影响。如表 8-5 所示,由所完成的试验数据可以看出,200℃时 5min 的人工油浴时效处理,会显著地升高 SSAW 管线管的纵向矩形试样屈强比,升高的幅度和横向试样类似。因此,对于 SSAW 焊管来说,纵、横向的时效行为具有一定的类似性。

表 8-5　时效对纵向矩形试样拉伸屈强比的影响(SSAW 钢管)

来　源	位　置	时效温度 /℃	时效时间 /min	R_m /MPa	$R_{t0.5}$ /MPa	$\dfrac{R_{t0.5}}{R_m}$
厂家 10 Φ1 219mm×18.4mm	母材横向	原始		687	626	0.91
		180	5	690	651	0.94
		200	5	689	643	0.93
		220	5	688	642	0.93
		250	5	691	655	0.95

8.2.8　夏比冲击试验数据及结果分析(SSAW 钢管)

通过图 8-23 显示的时效试验结果,可以看出以下规律:在各个时长、各个时效处理温度后的夏比冲击试验中,冲击韧性均有所下降,但是不同温度和不同时长之间的冲击韧性值的差异不明显,只是在施加了 2% 的预应变后,冲击韧性值有 20～50J 的下降幅度。

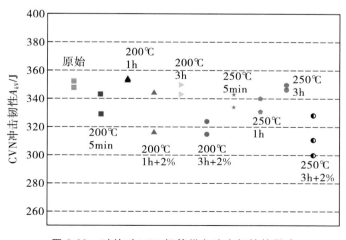

图 8-23　时效对 UOE 钢管纵向冲击韧性的影响

8.2.9 应变时效对 X80 管线管应用的影响

管线管在铺设前及使用过程中都会受到时效的影响。

(1)应变时效对管线管承压能力的影响

应变时效对管线管的横向拉伸性能可以产生硬化作用,使其应力-应变曲线抬升,表现为屈服强度和抗拉强度升高,而屈服强度的升高更为明显,因此屈强比会显著地上升,材料的形变强化能力明显地下降。对于无缺陷的管线管,会引起环向变形能力下降。在钢管存在缺陷的情况下,过高的屈强比可能使缺陷处的净截面强化能力下降,使缺陷处更容易出现塑性垮塌,降低钢管承压后的失效应变。因此,在使用上不仅需要控制应变时效对钢管纵向性能的影响,也要注意其对横向性能的强化作用,以保证时效后的钢管具有足够的环向应变容量。

(2)应变时效对管线管变形能力的影响

经过大量实物试验的数据积累和计算分析,得知管线管的变形能力,尤其是临界压缩屈曲应变与管线管的 D/t、应力比、弹性模量、初始几何缺陷、材料拉伸曲线形状、各向异性、内压大小等因素密切相关。其中应力比、弹性模量、拉伸曲线形状、各向异性都是材料力学性能因素。应力比反映了目标应变范围的材料形变强化能力,弹性模量反映了弹性阶段材料线性变形的强化能力,如规定拉伸曲线形状为 Round-House 型,则保证了材料的连续强化能力。而经过应变时效的管线管材料,其材料参数均有可能发生明显的改变。随着热时效温度的上升和时效时间的延长,甚至可能出现拉伸曲线的不连续屈服以及应力比的大幅下降,这样会严重地降低管线管的临界压缩屈曲应变,使临界屈曲应变下降。

此外,在管线(尤其是基于应变设计地区使用的高应变能力管线管)服役期间,当受到自然灾害等造成的外力作用时,可能承受明显的塑性变形,而变形产生的位错不但会引起材料的硬化,还可能使自然时效的作用加速进行,使材料的形变强化能力降低。因此,要保证管线的安全,不但要保证管线管在涂敷后依然满足各种技术条件要求,还要求管线管具有很低的应变时效敏感性,以保证不会在服役期间因为塑性变形而加速管线的时效过程。

(3)应变时效对环焊缝匹配的影响

为了保证服役的安全性,现代高强度的管线需要设计环焊缝的过强匹配,这就要求管线管的纵向拉伸屈服强度低于焊缝的屈服强度。经历防腐热涂敷的管线管,如果工艺不当,其屈服强度可能会有明显的升高,这样会使环焊缝设计的过强匹配,在使用时成为等强度甚至低强度的匹配,使应变集中于焊缝,降低焊缝的变形能力和缺陷规格的接受度。

应变时效后的管线管纵向拉伸曲线形状的改变,也有可能使基于应变设计的母材拉伸曲线对焊缝拉伸曲线的强匹配,成为在某种特定应变范围时的低匹配。在一些情况下,这种情况比简单的屈服强度的低匹配更容易出现,也影响了基于应变设计的管线的安全性和拉伸应变极限。此外,还需要注意的是,环焊缝强匹配的管线,如果没有考虑应变时效的影响,就有可能在服役后,由于应变时效的影响,使原本强匹配的焊缝成为低匹配。

(4)应变时效对不同管型管线管的影响

长距离高压输气管线,常使用的钢管类型为直缝埋弧焊管与螺旋缝埋弧焊管。其中,直缝埋弧焊管又分为 UOE 成型、JCOE 成型方法。这 2 种钢管的成型工艺有很大的差别,完成的试验研究包括常见的 UOE 成型、JCOE 成型的直缝埋弧焊管以及普通的螺旋缝埋弧焊管。可以看出,由于在成型过程中经受的应变水平不同,这 2 种钢管时效处理后的力学性能变化特点也有很大的差别。

由试验结果可以看出,对于经历了扩径过程的直缝埋弧焊管来说,200℃时 5min 的油浴人工时效处理,即有可能使屈强比处于临界水平,让材料横向拉伸性能发生明显的变化,同时纵向性能的变化要明显弱于横向性能的变化。由于没有类似于直缝埋弧焊管的冷扩径过程,螺旋缝埋弧焊管时效处理后的纵、横向力学性能变化的差别不明显。

现代高强度管线钢的制造工艺,越来越趋向于关注管线钢的强度,其中形变强化是主要手段之一,这就造成了管线钢材料中的位错密集。高位错密度使管线钢中自由 C、N 原子对位错的钉扎作用更为明显。尤其是在经过防腐热涂敷的过程后,应变时效能够明显地改变管线钢的拉伸应力-应变曲线。经过长期的研究以及大量的试验工作,针对 X80 级的高强度管线钢,可以得出如下结论:

1)管线钢的应变时效是一种复杂的脱溶现象,受到晶体缺陷、时效温度、时效时间、合金元素等多种因素的影响。

2)大量的试验结果显示,200℃左右的防腐热涂敷对钢管纵向拉伸屈服强度的影响一般不大于 4 个百分点,对横向拉伸屈服强度的影响小于 3～4 个百分点,但横向拉伸曲线形状受时效处理的影响要明显高于纵向拉伸曲线。结合防腐技术水平的现状,可以提出如下建议:LSAW 管线钢在进行防腐热涂敷时,涂敷的温度不宜超过 200℃。

3)由试验数据可以看出,涂敷温度在 250℃时,LSAW 钢管和 SSAW 钢管的纵、横向屈强比的上升幅度均有可能达到 6 个百分点的水平,因此应该严格地控制时效温度,使其不能超过 230℃。

4)对具有特殊变形能力要求的高应变管线钢管,为保证其形变强化能力,应进行 200℃或尽可能低温度下的防腐热涂敷。同时,若有条件,应尽可能对普通 LSAW 管线钢管涂敷后的性能进行评估。

5)管线钢管的时效敏感性,受到累积塑性应变的显著影响。因此,在成型过程中,主要经历横向应变的 LSAW 钢管,其纵向和横向拉伸性能受时效的影响差别非常明显,同时也与 SSAW 钢管受时效影响的趋势具有明显的差别,而螺旋缝埋弧焊管的纵、横向拉伸性能受时效影响的差别相对较小。因此,对于 LSAW 钢管,尤其是经时效处理后的 LSAW 钢管,在进行研究时,需要考虑纵、横向异性的影响。

6)在进行管线钢的成分设计时,须尽可能地考虑材料的抗时效敏感性能,控制材料中自由 C、N 原子的析出。由于自由 N 原子在自然时效和低温时效中具有远高于 C 原子的作用,因此添加固氮元素就是非常有效的抑制应变时效,尤其是低温应变时效和自然时效的手段。

7)在本研究涉及的各种条件的时效处理后,LSAW 钢管在施加 2%的预应变后其冲击韧性约有 20J 水平的下降,SSAW 钢管在施加 2%的预应变后其冲击韧性有 20～50J 水平的下降,其余各时效条件下冲击韧性的变化不是非常明显。

8)在管线钢的应变时效现象中,可能有多种影响因素同时在起作用。因此,对于自然时效和热时效这 2 种主要的应变时效现象,需要对其机理进行具体的研究,确认时效机制,甄别析出相及其形态、位置,才能更好地以对应的试验方法进行研究,解决其时效敏感性问题。

8.3　X90/X100 管线钢的应变时效试验研究

8.3.1　应变时效对 X90/X100 管线钢管应力应变行为的影响研究

为了保证管线运行的安全可靠,在 X90 及以上高钢级管线钢的应用过程中,除了需要考虑强度设计外,更需要注意韧性、塑性的平衡问题。截至目前,有关 X90/X100 超高钢级管线钢实际应用的经验非常有限。本节重点通过对 X90/X100 超高钢级管线钢进行人工时效处理的试验,研究时效条件对力学性能的影响。

（1）试验材料

本研究重点以 X90 螺旋缝埋弧焊管和直缝埋弧焊管试制产品试样为试验材料，选取不同的组织状态、不同壁厚的 X90/X100 直缝埋弧焊管和螺旋缝埋弧焊管作为研究对象，制备钢管母材的横向拉伸试样，试样不经过展平处理，拉伸试样为圆棒试样，试样尺寸为 Φ8.9mm×35mm；同时加工标准夏比冲击试样，试样尺寸为 10mm×10mm×55mm。

试验材料根据屈服强度、冲击韧性等综合力学性能的分布情况进行选取。螺旋缝埋弧焊管试样母管的综合力学性能如表 8-6 所示，直缝埋弧焊管试样母管的综合力学性能如表 8-7 所示，选取

表 8-6　螺旋缝埋弧焊管试样母管的综合力学性能

厂　家	位　置	直径×标距 /mm	抗拉强度 R_m /MPa	屈服强度 $R_{p0.2}$ /MPa	伸长率 /%	UEL /%	屈强比 $R_{p0.2}/R_m$	母材 CVN /J
厂家 A	头部横向	8.9×35	776	677	24	6.1	0.87	334
		8.9×35	781	715	25	5.6	0.92	375
		8.9×35	778	679	25	4.5	0.87	334
	中部横向	8.9×35	787	687	24	4.8	0.87	323
		8.9×35	820	734	21	3.8	0.9	266
		8.9×35	833	709	24	4.4	0.85	297
	尾部横向	8.9×35	772	672	24	6.3	0.87	302
		8.9×35	786	679	24	5.3	0.86	346
		8.9×35	780	685	25	6	0.88	315
厂家 B	头部横向	8.9×35	748	660	25	6.3	0.88	305
		8.9×35	741	654	25	8	0.88	300
		8.9×35	735	628	25	7.5	0.85	342
	中部横向	8.9×35	757	647	28	7.3	0.85	338
		8.9×35	745	636	27	7.7	0.85	316
		8.9×35	736	626	28	8.4	0.85	348
	尾部横向	8.9×35	738	638	28	8	0.86	334
		8.9×35	734	642	29	8.3	0.87	358
		8.9×35	757	661	27	6.7	0.87	328
厂家 C	头部横向	8.9×35	774	624	25	7	0.81	278
		8.9×35	772	615	26	8.1	0.80	269
		8.9×35	776	612	26	8.1	0.79	291
	中部横向	8.9×35	766	627	29	8.5	0.82	316
		8.9×35	779	618	25	7.6	0.79	284
		8.9×35	782	622	26	7.2	0.80	259
	尾部横向	8.9×35	759	632	26	7.2	0.83	261
		8.9×35	757	649	27	8.8	0.86	318
		8.9×35	751	642	28	9.2	0.85	275

的部分 X100 焊管试样综合信息汇总参见表 8-8。本研究利用油浴炉在 200～250℃对其进行不同时间的时效处理，以模拟涂层涂敷的热过程，重点研究其横向圆棒试样的拉伸性能和标准夏比冲击试样在－10℃下的夏比冲击性能的变化规律。

表 8-7　直缝埋弧焊管试样母管的综合力学性能

厂　家	位　置	直径×标距 /mm	抗拉强度 R_m /MPa	屈服强度 $R_{p0.2}$ /MPa	伸长率 /%	UEL /%	屈强比 $R_{p0.2}/R_m$	母材 CVN /J
厂家 D	头部横向	8.9×35	719	631	25	7.6	0.88	491
		8.9×35	724	641	25	7.3	0.89	483
		8.9×35	720	637	25	7.4	0.88	476
	尾部横向	8.9×35	710	617	27	7.3	0.87	492
		8.9×35	719	636	25	6.3	0.88	476
		8.9×35	713	631	25	6.7	0.88	491
厂家 E	头部横向	8.9×35	791	705	25	6.8	0.89	275
		8.9×35	791	705	25	6.7	0.89	318
		8.9×35	792	703	25	6.9	0.89	329
	尾部横向	8.9×35	802	727	23	5.0	0.91	295
		8.9×35	806	726	26	6.5	0.90	271
		8.9×35	801	724	24	5.7	0.90	289
厂家 F	头部横向	8.9×35	755	707	25	6.8	0.94	289
		8.9×35	760	699	22	4.7	0.92	280
		8.9×35	761	703	22	4.8	0.92	271
	尾部横向	8.9×35	750	713	25	5.5	0.95	284
		8.9×35	774	751	21	2.2	0.97	286
		8.9×35	778	747	21	3.6	0.96	303

表 8-8　选取的 X100 焊管试样综合信息

厂　家	规　格	钢　级	性能状况	拉伸试样	冲击试样
厂家 G	14.8mm 直缝埋弧焊管	X100	屈服强度：738.67MPa 抗拉强度：767.67MPa 屈强比：0.96 均匀变形伸长率：3% CVN 冲击功：366J	9	18
厂家 H	14.8mm 螺旋缝埋弧焊管	X100	屈服强度：714.67MPa 抗拉强度：822.33MPa 屈强比：0.87 均匀变形伸长率：6.97% CVN 冲击功：281J	9	18

续表

厂　家	规　格	钢　级	性能状况	拉伸试样	冲击试样
厂家 I	14.8mm 螺旋缝埋弧焊管	X100	屈服强度：707.67MPa 抗拉强度：850.00MPa 屈强比：0.83 均匀变形伸长率：4.20% CVN 冲击功：330J	9	18
厂家 J	14.8mm 直缝埋弧焊管	X100	屈服强度：752MPa 抗拉强度：849.67MPa 屈强比：0.89 均匀变形伸长率：6.97% CVN 冲击功：277J	9	18

（2）人工时效处理对 X90 管线钢抗拉强度影响的研究

X90 螺旋缝埋弧焊管和直缝埋弧焊管试制的产品试样分别在不经过人工时效处理、200℃下保温 5min 人工时效处理和 250℃下保温 1h 人工时效处理后抗拉强度的变化如图 8-24 所示。

从各厂家生产的 X90 焊管时效前后的抗拉强度变化规律来看，X90 焊管抗拉强度时效前后的变化幅度较小，上升或下降也未表现出统一的规律。

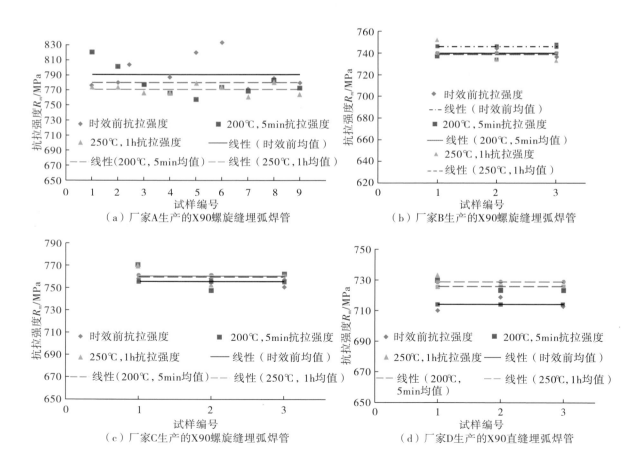

（a）厂家A生产的X90螺旋缝埋弧焊管

（b）厂家B生产的X90螺旋缝埋弧焊管

（c）厂家C生产的X90螺旋缝埋弧焊管

（d）厂家D生产的X90直缝埋弧焊管

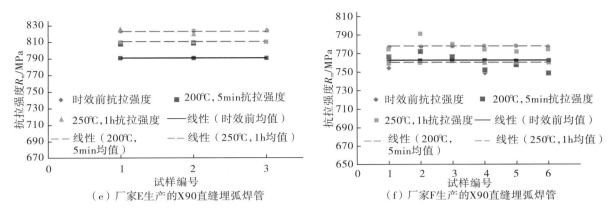

（e）厂家E生产的X90直缝埋弧焊管 （f）厂家F生产的X90直缝埋弧焊管

图 8-24 时效处理前后 X90 焊管抗拉强度的对比

人工时效处理的均值统计结果（表 8-9）表明，时效处理后 X90 管线钢的抗拉强度的变化可以忽略不计。

表 8-9 X90 管线钢抗拉强度变化的统计结果

统计结果	时效前	200℃,5min	250℃,1h
均值/MPa	767	766	769

（3）人工时效处理对 X90 管线钢屈服强度影响的研究

X90 螺旋缝埋弧焊管和直缝埋弧焊管试制的产品试样分别在不经过人工时效处理、200℃下保温 5min 人工时效处理和 250℃下保温 1h 人工时效处理后屈服强度的变化如图 8-25 所示。

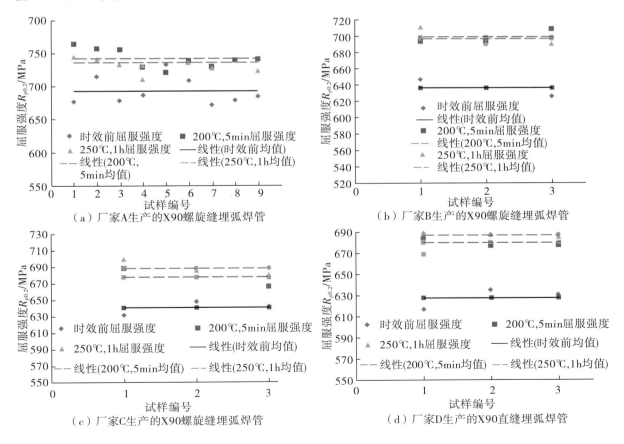

（a）厂家A生产的X90螺旋缝埋弧焊管 （b）厂家B生产的X90螺旋缝埋弧焊管

（c）厂家C生产的X90螺旋缝埋弧焊管 （d）厂家D生产的X90直缝埋弧焊管

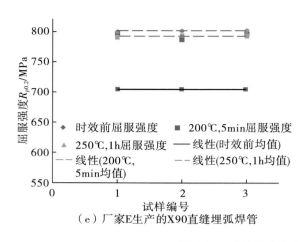

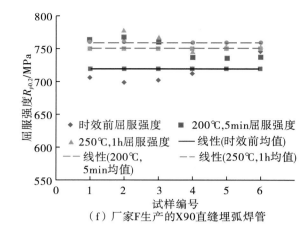

（e）厂家E生产的X90直缝埋弧焊管　　　　　（f）厂家F生产的X90直缝埋弧焊管

图 8-25　时效处理前后 X90 焊管屈服强度的对比

　　从各厂家的 X90 管线管时效前后的屈服强度变化规律来看，人工时效处理后，X90 管线管的屈服强度有所升高，但是不同的时效条件未造成时效后屈服强度的显著差异。

　　人工时效处理的均值统计结果（表 8-10）表明，时效后 X90 管线钢的屈服强度可平均升高约 50MPa。

表 8-10　X90 管线钢屈服强度变化的统计结果

统计结果	时效前	200℃,5min	250℃,1h
均值/MPa	681	731	734

　　（4）人工时效处理对 X90 管线钢屈强比影响的研究

　　X90 螺旋缝埋弧焊管和直缝埋弧焊管试制的产品试样分别在不经过人工时效处理、200℃下保温 5min 人工时效处理和 250℃下保温 1h 人工时效处理后屈强比的变化如图 8-26 所示。

　　从各厂家的 X90 焊管时效前后的屈强比变化规律来看，人工时效处理后 X90 焊管的屈强比有所升高，与屈服强度的变化规律相似。

　　（5）人工时效处理对 X100 管线钢抗拉强度影响的研究

　　X100 螺旋缝埋弧焊管和直缝埋弧焊管试制的产品试样分别在不经过人工时效处理、200℃下保温 5min 人工时效处理和 250℃下保温 1h 人工时效处理后的抗拉强度的变化如图 8-27 所示。

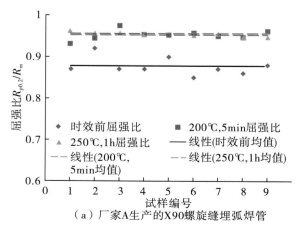

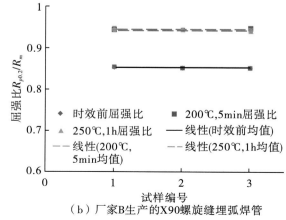

（a）厂家A生产的X90螺旋缝埋弧焊管　　　　　（b）厂家B生产的X90螺旋缝埋弧焊管

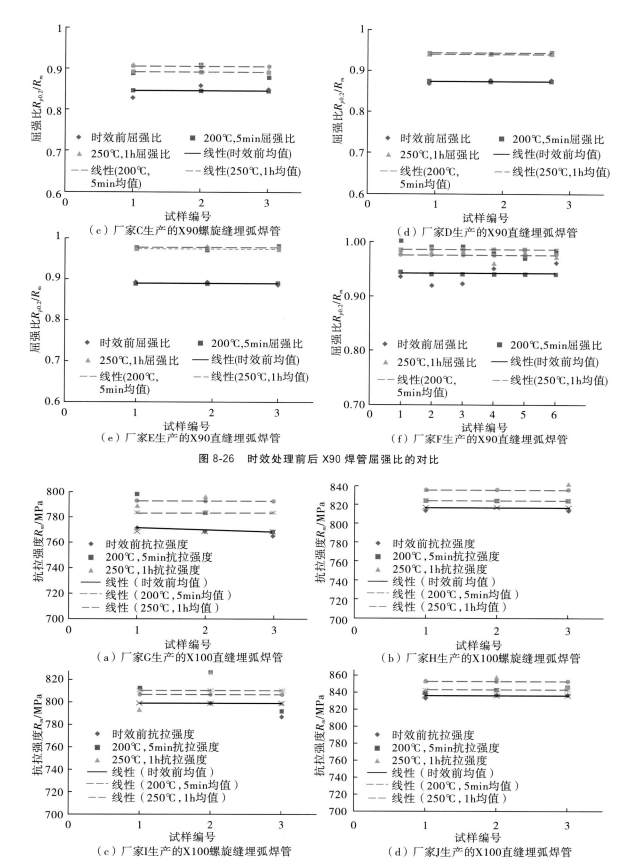

图 8-26　时效处理前后 X90 焊管屈强比的对比

图 8-27　时效处理前后 X100 焊管抗拉强度的对比

从各厂家的 X100 焊管时效前后的抗拉强度变化规律来看,X100 焊管抗拉强度在时效处理前后的变化幅度较小,上升或下降也未表现出统一规律。

人工时效处理的均值统计结果(表 8-11)表明,时效处理后 X100 管线钢的抗拉强度略有上升。

表 8-11　X100 管线钢抗拉强度变化的统计结果

统计结果	时效前	200℃,5min	250℃,1h
均值/MPa	805	815	824

(6)人工时效处理对 X100 管线钢屈服强度影响的研究

X100 螺旋缝埋弧焊管和直缝埋弧焊管试制的产品试样分别在不经过人工时效处理、200℃下保温 5min 人工时效处理和 250℃下保温 1h 人工时效处理后屈服强度的变化如图 8-28 所示。

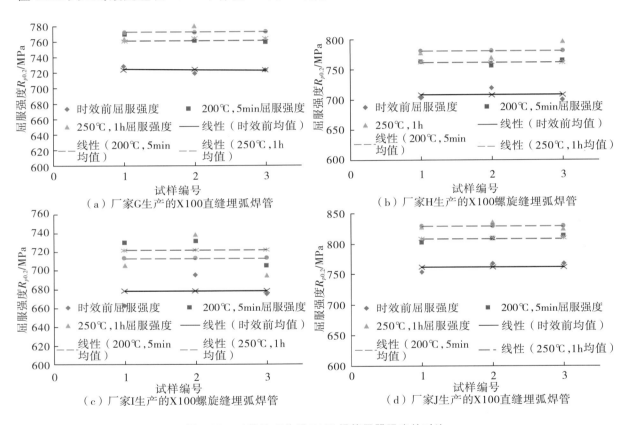

图 8-28　时效处理前后 X100 焊管屈服强度的对比

从各厂家的 X100 焊管时效处理前后屈服强度的变化规律来看,人工时效处理后,X100 焊管的屈服强度有所升高,但是时效条件的不同未造成时效后屈服强度的显著差异。

人工时效处理的均值统计结果(表 8-12)表明,时效处理后 X100 管线钢的屈服强度可平均升高约 150MPa。

表 8-12　X100 管线钢屈服强度变化的统计结果

统计结果	时效前	200℃,5min	250℃,1h
均值/MPa	618	765	775

（7）人工时效处理对 X90 管线钢拉伸性能的影响分析

从 X80 人工应变时效处理的研究结果来看，应变时效处理后，X80 管线钢的屈服强度、屈强比显著上升。从目前已有的 X90 管线钢的人工时效处理来看，这种规律表现得依旧明显，但是抗拉强度的变化幅度较小，上升或下降未表现出统一的规律。

采纳 GB 4160 的思想，用管线钢应变时效前后力学性能的比值来量化 X90 管线钢的时效敏感性[3-5]。

屈服强度时效敏感性系数为

$$C_T = \frac{R_{p0.2S} - R_{p0.2}}{R_{p0.2}} \times 100\% \qquad (8\text{-}1)$$

屈强比时效敏感性系数为

$$\frac{C_Y}{T} = \frac{R_S - R}{R} \times 100\% \qquad (8\text{-}2)$$

式中，C_T 和 $\frac{C_Y}{T}$ 分别为管线钢的屈服强度、屈强比的时效敏感性系数；$R_{p0.2}$ 和 R 分别为人工应变时效处理前的屈服强度和屈强比；$R_{p0.2S}$ 和 R_S 分别为人工应变时效处理后的屈服强度和屈强比。

将人工时效处理前后的数据代入式(8-1)和式(8-2)进行计算，最终得到不同厂家试制的 X90 管线钢的屈服强度、屈强比时效敏感性系数，分别列于表 8-13 和表 8-14 中。

表 8-13　200℃，5min 条件下 X90 管线管的屈服强度、屈强比时效敏感性系数

样品信息	厂家 A 的 X90 螺旋缝埋弧焊管	厂家 B 的 X90 螺旋缝埋弧焊管	厂家 C 的 X90 螺旋缝埋弧焊管	厂家 D 的 X90 直缝埋弧焊管	厂家 E 的 X90 直缝埋弧焊管	厂家 F 的 X90 直缝埋弧焊管
屈服强度时效敏感性系数	0.09	0.02	0.05	0.08	0.12	0.08
屈强比时效敏感性系数	0.07	0.03	0.06	0.07	0.10	0.01

表 8-14　250℃，1h 条件下 X90 管线管的屈服强度、屈强比时效敏感性系数

样品信息	厂家 A 的 X90 螺旋缝埋弧焊管	厂家 B 的 X90 螺旋缝埋弧焊管	厂家 C 的 X90 螺旋缝埋弧焊管	厂家 D 的 X90 直缝埋弧焊管	厂家 E 的 X90 直缝埋弧焊管	厂家 F 的 X90 直缝埋弧焊管
屈服强度时效敏感性系数	0.09	0.010	0.07	0.09	0.14	0.08
屈强比时效敏感性系数	0.06	0.11	0.07	0.07	0.09	0.01

图 8-29 为 200℃，5min 条件下不同厂家试制的 X90 管线钢的屈服强度、屈强比时效敏感性系数的对比情况。

管线钢时效现象的成因是管线钢在低温短时间加热的过程中，间隙固溶的 C、N 原子向位错偏聚形成柯氏气团钉扎位错，使位错移动困难，随着位错附近固溶原子的聚集，位错密度加大的晶界处易脆化，导致材料屈服强度与屈强比上升。不难发现，200℃，5min 条件下，厂家 E 试制的 X90 管线钢的时效敏感性系数最大，厂家 B 试制的 X90 管线钢的时效敏感性系数最小，其他厂家试制的 X90 管线钢的时效敏感性系数则相当，时效处理之所以对不同厂家试制的 X90 管线钢产生不同的效果，主要应归结于不同厂家试制的 X90 管线钢具有不同的显微组织特征和化学成分特征，见表 8-15。

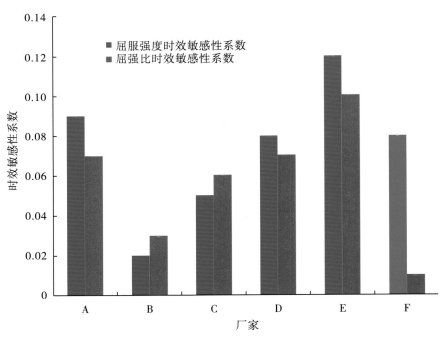

图 8-29　200℃,5min 条件下 X90 管线钢的时效敏感性系数

表 8-15　不同厂家试制的 X90 管线钢的化学成分和显微组织特征

厂　家	化学成分特征	显微组织特征
厂家 E	0.05％(C＋N) 0.11％(V＋Nb＋Ti) (V＋Nb＋Ti)－(C＋N)＝0.06％	内外表面粒状贝氏体＋M-A 岛＋少量 PF,其余粒状贝氏体＋M-A 岛
厂家 F	0.06％(C＋N) 0.08％(V＋Nb＋Ti) (V＋Nb＋Ti)－(C＋N)＝0.02％	心部粒状贝氏体＋M-A 岛,其余粒状贝氏体,局部粒状贝氏体粗大

　　从 X90 管线钢的研究结果来看,在组织类型相同的情况下,管线钢化学成分的差异对管线钢的时效敏感性的影响较为显著。在 C、N 含量相当的情况下,管线钢的时效敏感性会随着 V、Nb、Ti 含量的增加而降低,其中,Nb 和 Ti 的含量对于时效敏感性的影响最为显著,这主要是因为这些微合金元素可以与固溶的 C、N 原子结合形成合金析出物,从而减少 C、N 原子向位错的偏聚。但从 X90 管线钢的时效敏感性系数的分析结果来看,组织类型差异对于时效敏感性的影响程度要高于化学成分。组织分析结果表明,厂家 E 试制的 X90 管线钢中有少量的多边形铁素体析出,这些预先析出的铁素体对原奥氏体的分割作用,可能会促使贝氏体板条更加短小细密,并且奥氏体向贝氏体转变的切变过程以及体积膨胀,会导致贝氏体周围的铁素体产生高密度的位错,这就有效地减小了 C、N 原子在时效过程中向位错偏聚的路径,从而加剧了时效敏感性。另外,多边形铁素体、贝氏体以及 M-A 组元这 3 种组织中的 C 含量差异明显,在时效过程中,这种较大的浓度梯度也有利于促进 C 原子的扩散,从而进一步加剧时效敏感性[6-8],这可能就是导致该厂家所试制的 X90 管线钢的时效敏感性较高的主要原因。250℃,1h 条件下 X90 管线钢的时效敏感性系数也反映出相似的规律,如图 8-30所示。

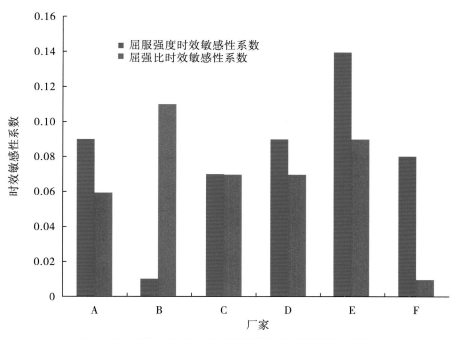

图 8-30　250℃,1h 条件下 X90 管线钢的时效敏感性系数

8.3.2　人工时效处理对 X90/X100 管线钢冲击韧性的影响分析

X90/X100 螺旋缝埋弧焊管和直缝埋弧焊管试制的产品试样分别在不经过人工时效处理、200℃下保温 5min 人工时效处理和 250℃下保温 1h 人工时效处理后的冲击韧性均值的变化如表 8-16 和表 8-17 所示。

表 8-16　X90 管线钢时效冲击韧性变化的统计结果

统计结果	时效前	200℃,5min	250℃,1h
均值/J	333	318	327

表 8-17　X100 管线钢时效冲击韧性变化的统计结果

统计结果	时效前	200℃,5min	250℃,1h
均值/J	329	317	345

X90、X100 管线管人工时效处理的均值统计结果表明,时效处理后,X90、X100 管线钢冲击韧性的变化可以忽略不计。

综上分析,X90 人工时效处理的均值统计结果表明,时效处理后 X90 管线钢的抗拉强度变化可以忽略不计;X90 人工时效处理的均值统计结果表明,时效处理后 X90 管线钢的屈服强度平均升高 50MPa。X100 人工时效处理的均值统计结果表明,时效处理后 X100 管线钢的抗拉强度变化可以忽略不计;X100 人工时效处理的均值统计结果表明,时效处理后 X100 管线钢的屈服强度平均升高 47MPa。从各厂家生产的 X90、X100 管线钢的人工时效处理结果分析,冲击韧性的下降或者上升并无统一的规律。X90、X100 管线管人工时效处理的均值统计结果表明,时效处理后 X90、X100 管线钢的冲击韧性变化可以忽略不计。

参 考 文 献

［1］ Gao Jianzhong，Wang Chunfang，Wang Changan，et al. Strain Aging Behavior of High Strength Linepipe Steel ［J］. Development and Application of Materials，2009，24(3)：86-90.

［2］ Allen T，Busby J，Meyer M，Petti D. Materials challenges for nuclear systems ［J］. Mater. Today，2010，13：14-23.

［3］ Deodeshmukh V P，Srivastava S K. Effects of short- and long-term thermal exposures on the stability of a Ni-Co-Cr-Si alloy ［J］. Mater. Des.，2010，31：2501-2509.

［4］ Panait C G，Zielińska-Lipiec A，Koziel T，et al. Evolution of dislocation density，size of subgrains and MX-type precipitates in a P91 steel during creep and during thermal ageing at 600℃ for more than 100 000 h ［J］. Mater. Sci. Eng. A，2010，527：4062-4069.

［5］ Sanderson N，Ohm R K，Jacobs M. Study of X100 linepipe costs points to potential savings ［J］. Oli&Gas Journal，1999，3(15)：54-57.

［6］ Zhao W G，Chen M，Chen S H and Qu J B. Static strain aging behavior of an X100 pipeline steel ［J］. Mater. Sci. Eng.，2012，A550：418-420.

［7］ Guermazi N，Elleuch K and Ayedi H F. The effect of time and aging temperature on structural and mechanical properties of pipeline coating ［J］. Mater. Des.，2009，30：2006-2012.

［8］ Rashid M S. Strain-aging of vanadium，Niobiumor Titanium-strengthened high-strength low-alloy steels ［J］. Metal Trans.，1975，6A：1265-1267.

第 9 章
高钢级管线管屈强比对管道运行安全的影响

9.1　绪论

现代管线钢随着强度级别的提高,其屈强比亦随之升高,从而对其服役行为产生了一些影响。本章主要论述的相关内容有:

1)含纵向裂纹管材的失效准则。含裂纹管道在外载下的变形行为及应力/应变分布与演变,分析裂纹尖端断裂韧性以及环向变形随外载的变化,结合材料的性能确定失效准则以及失效判据,并建立失效图谱。

2)失效判据与屈强比相关性研究。随着管线钢强度等级的提高,抗拉强度的提高幅度相对屈服强度较低,这就导致了管线钢屈强比越来越高。屈强比是评价管线钢性能的重要参量,它表征了材料从屈服到断裂的变形容量,屈强比越高则变形容量越小,但屈强比过小又会导致材料过早屈服造成材料的浪费,这些矛盾在实际工程中给选材带来了很多问题。因此,研究屈强比与管材失效判据之间的关系对工程中的正确选材具有重要的意义。

3)屈强比与影响因素间的相关性分析。对服役状态含缺陷的管线钢,模拟分析不同屈强比的X80钢在不同的裂纹尺寸情况下的失效判据参量,以及通过回归处理分析得到它们之间的显示关系式。

内容1)主要研究含缺陷管材失效准则的确定,为管线钢服役时的安全评估提供参考依据;内容2)和内容3)主要研究屈强比在失效过程中的影响作用,以及失效过程判据的参量与屈强比、载荷、裂纹尺寸的相关性,为管线钢安全服役和选材提供依据。

以 5 种具有不同屈强比的 X80 钢管样品作为研究对象,其规格均为 Φ1 219mm×22mm。

对材料光滑试样的拉伸性能进行了测量,拉伸试样如图 9-1 所示,其拉伸测试结果如图 9-2 所示,性能数据总结在表 9-1 中。

图 9-1　拉伸试样

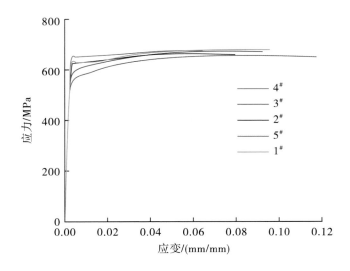

图 9-2　5 种具有不同屈强比的管材的应力-应变曲线

表 9-1　5 种不同的 X80 管线钢的屈强比

编号	屈服强度/MPa	抗拉强度/MPa	屈强比
1#	600	690	0.87～0.89
2#	635	668	0.94～0.95
3#	600	670	0.90～0.93
4#	650	670	0.95～0.97
5#	565	655	0.85～0.87

　　拉伸试验测试结果表明:虽然都是 X80 管线钢,但屈强比有很大的差异,这些差异会对实际工程中的选材工作带来很大的困扰。其影响因素比较多,TCMP 工艺的不同、微观成分的细微差别都会影响到材料的组织,最终影响到材料的力学性能。

9.2　含纵向裂纹管材的失效准则

　　本节的目的是建立含缺陷管线钢失效分析的有限元模型框架,提出失效准则,并进行相关断裂力学分析。

9.2.1　失效准则概论

　　众所周知,屈强比在一定程度上可以反映材料应变硬化的程度,并且能反映材料的失效行为,因此屈强比在工程中作为一个重要参量,被广泛应用于材料选择、结构设计、安全评估工作中。通常低的屈强比就意味着材料拥有较大的塑性变形容量,从而提高了材料的安全性。实际上,由于屈服平台、断裂韧性、延性剪切抗力以及实际服役构件几何形状等因素的影响,屈强比所表示的物理意义很复杂。

　　近年来,管线钢的制造工艺导致了屈服强度提高的幅度很大,但抗拉强度提高的幅度相对较小,最终使得管线钢具有很高的屈强比。因此,很多基于准静态试验的研究结果试图评价屈强比在管线钢延性失效过程中的影响。考虑到硬化指数的影响，人们定义了临界环向应力作为管线钢的失效判据，也有许多数学关系式描述临界环向应力与材料屈服强度和抗拉强度之间的关系，这些关系式被很多设计规范所采纳，比如 ASME B31G 等，对材料的设计有一定的指导意义[1]。

管线钢在石油、天然气长距离输送过程中起着重要的作用，为了满足工业化的需求，此类管线钢通常具有大的直径和薄的壁厚，而且要在很高的内压条件下工作，因此对材料的强度和韧性都提出了很高的要求。管壁在内压作用下的受力状态与单轴拉伸时的应力状态完全不同，因此研究实际服役过程中管线钢的屈服和变形对材料的安全服役有着重要的意义。通常，爆破内压作为一个重要预测参量与管线钢的材料选择、结构设计、安全评估紧密相关。因此，准确地预测内压对安全工作至关重要[2]。

近半个世纪以来，对爆破内压预测模型的构建工作有了很大的发展。最简捷直观的方法就是量化最大失效内压与材料性能表征参量以及管线钢几何尺寸之间的显示关系。基于塑性失效理论的很多解析模型、经验模型都对爆破内压做出了相应的预测，通过比较发现，没有一个通用的模型可以广泛应用。这是因为这些模型都是基于简单的解析公式，或者依据某些特定材料的爆破实验数据拟合而来的，因而也就失去了其普遍性。

很多预测模型只考虑了材料的强度（屈服强度或抗拉强度），却忽略了应变硬化的影响。前人的试验结果表明，硬化指数 n 对爆破内压有着很强的影响，通常人们采用米塞斯屈服准则和屈斯加屈服准则对实验数据进行类比分析，从而得到安全内压的上限值和下限值。朱（Zhu Xian-kui）等人[3]采用最大剪应力和八面体剪应力的加权平均值作为屈服准则对爆破内压进行预测，称之为平均剪应力屈服准则，其爆破内压的预测结果介于米塞斯和屈斯加屈服准则预测的结果之间，并且首次在数学关系式中引入屈强比作为变量，且与现有的爆破试验数据有较好的契合。

另外，现有的试验结果表明，管线钢在内压作用下会产生很大的环向变形，尤其是管线钢强度等级的提高，即屈强比的提高，对环向变形有着越来越不利的影响。也就是说，对于高屈强比的管线钢，环向变形容量的大小成为衡量其安全服役的一个重要参量。同样地，对环向变形的预测也是一项重要的工作，如何确定环向变形与材料性能、几何尺寸间的相关性对管线钢的材料选择、结构设计、安全评估工作至关重要。与爆破内压的预测一样，如果采用不同的屈服准则，则预测的结果不同。朱（Zhu Xian-kui）等人的研究结果表明，管道临界环向变形与材料的硬化指数 n 呈指数变化关系，但与规格之间的关系尚不清楚。

然而，管线钢的服役环境相当复杂，包括较大的内压载荷、土壤的腐蚀、地震的破坏以及材料本身存在的微观缺陷，这些都可能导致裂纹的产生。从设计的角度出发，由于裂纹等缺陷的存在，裂纹尖端附近的应力-应变场远高于平均应力-应变场。材料的屈服、断裂行为往往在裂纹处优先发生。由裂纹引起的管道破裂而发生的油气泄漏事故很多，通常会给经济和环境带来很大的负面影响，因此，对含有缺陷的管线钢进行安全评估尤为重要。

一般情况下，采用断裂力学参量应力强度因子 K、J 积分，裂纹尖端张开位移 CTOD 等来表征含缺陷材料的抵抗断裂能力。但在有些情况下要求屈服强度 σ_s、抗拉强度 σ_b、屈强比 σ_s/σ_b、断裂韧性（K_{IC}、J_{IC}、CTOD）等指标全部满足要求，而这往往难以达到，最终会造成生产成本的提高。因此，人们用组合参量来表征材料的性能，从而为设计材料提供依据，例如 YBB 准则（K_{IC}/σ_s）、LBB 准则（K_{IC2}/σ_s）以及由应力强度因子 K 与载荷内压 p 之间的关系建立的失效评估图。

通常，我们得到的断裂韧性（K_{IC}、J_{IC}、CTOD）都是通过测量标准试样得到的，比如三点弯曲试样和紧凑拉伸试样。然而，这些参量与试样的几何形状有很大的关系，这就产生了测量结果的不稳定性，而且这些参量也不能准确地表征管材在实际服役过程中裂纹附近的应力-应变状态。管线钢在服役时只承受输送内压引起的环向拉伸作用,此时的表面纵向裂纹对管道的安全运行则更为不利。如何有效地描述含缺陷管线钢在实际服役状态下,裂纹尖端的应力-应变场与材料性能、几何尺寸之间的关系,对材料的安全评估工作同样重要。

随着管线钢等级的提高,屈强比越来越高。对于载荷控制失效的情况,屈强比的提高能有效地提高管线钢的承载能力,但是对于变形控制失效的情况,屈强比越高则材料的塑性变形容量就越小。研究表明,管线钢在承受内压载荷时,环向变形存在一个极限值,即屈强比的提高对环向变形存在不利影响[4]。

前人基于塑性失效模型,通过各种屈服准则建立了没有缺陷的管线钢的安全评估参量,爆破内压、环向应力和变形与材料性能(如屈服强度、抗拉强度、硬化指数),以及管道几何尺寸(如管道直径、壁厚)之间的解析关系式。只有朱(Zhu Xian-kui)等人对含有缺陷管线钢的爆破内压进行了预测,但是关于含缺陷管线钢环向变形的预测以及与材料性能和规格之间关系的讨论甚少[5]。

通过米塞斯应力准则、屈斯加屈服准则、最大应变准则、平均剪应力屈服准则等建立的临界环向变形的数学模型,均表明了不含缺陷时的环向变形与硬化指数有着紧密的联系,而屈强比又反映了材料的塑性应变硬化程度。但在含缺陷的情况下,裂纹尖端附近的应力-应变水平高于其他位置,即裂纹附近处的屈强比也发生了很大的变化,因而了解环向变形、屈强比、裂纹尺寸之间的变化关系有助于进一步认识含缺陷管线钢的失效行为。

在工程上一般采用水压爆破试验测量环向变形。但是由于水压爆破试验耗资大、周期长,还有一定的危险性,实际操作非常困难。因此,为了获得大量的环向变形数据,这里将通过有限元的方法模拟计算存在缺陷的管道在服役状态下的环向变形,并对计算结果进行拟合回归,得到环向变形关于屈强比和几何尺寸的显示表达式,希望对材料设计和安全评估工作有一定的指导意义。

本章讨论的缺陷均为表面纵向裂纹,且裂纹长度、深度之比大于 5,这样就忽略了轴向韧带对裂纹的约束作用,只考虑深度方向的韧带对裂纹的约束作用,从而简化为 I 型张开裂纹。

9.2.2 含纵向裂纹管道环向变形的表征

无论存在裂纹与否,在输送内压的作用下,由于环向拉伸作用管道都会向外膨胀,从而会导致周长发生变化。管道周向位移的变化称为环向变形。环向变形的产生终究是由管道径向位移的改变引起的(如图 9-3 所示),用公式表示如下:

$$\varepsilon_c = \frac{\mathrm{d}R}{R} \times 100\% \tag{9-1}$$

式中,ε_c 为环向应变;R 为管道半径,mm;$\mathrm{d}R$ 为管壁外径的径向位移,mm。

但是在管道含有表面裂纹时就会有所不同,因为裂纹附近的变形远远超过远离裂纹位置的变形,即 $\mathrm{d}R$ 不再是定值,这里我们用周向位移的平均值来表示环向变形:

$$\varepsilon_c = \frac{\dfrac{\sum\limits_{i=1}^{N} \mathrm{d}R_i}{N}}{R} \times 100\% \tag{9-2}$$

式中,ε_c 为环向应变;N 为管壁上的节点总数;$\mathrm{d}R$ 为管壁外径的径向位移,mm;$\dfrac{\sum\limits_{i=1}^{N} \mathrm{d}R_i}{N}$ 为管壁 N 个节点的径向位移的平均值,mm。

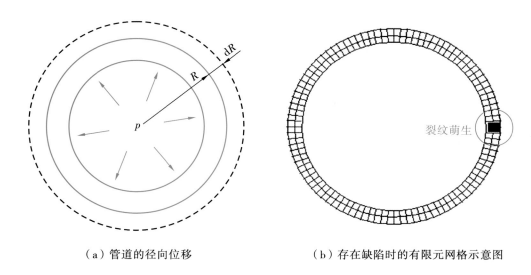

（a）管道的径向位移　　　　　　（b）存在缺陷时的有限元网格示意图

图 9-3　环向变形表征示意图

9.2.3　有限元模型的建立

（1）含缺陷管道的几何模型

选取的 X80 管线钢的几何尺寸为 $\Phi 1\ 219$mm $\times$ 22mm（其中外径 $D = 1\ 219$mm，壁厚 $t = 22$mm），缺陷类型为表面纵向裂纹，裂纹深度用 a 表示，这里裂纹尺寸 a/t 分别为 0.1，0.25，0.46。图 9-4 为含缺陷管道截面示意图。

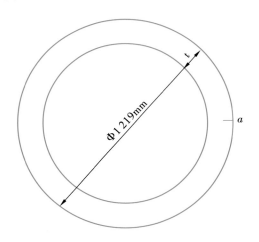

图 9-4　含缺陷管道截面示意图

由于管道具有几何对称性，为了减少计算工作量，采用 1/2 对称模型，划分网格选择了 plan182 单元（图 9-5）。因为八节点的四边形单元有良好的协调变形能力，裂纹尖端有较大的应力集中，最小单元为 0.002mm，单元总数为 3 217 个，apdl 命令表示如下：

ET,1,plane182

Keyopt,1,3,2

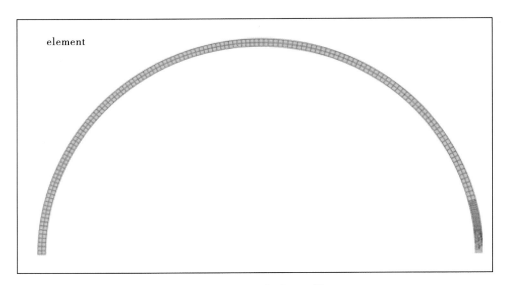

（a）含表面裂纹管道的1/2模型

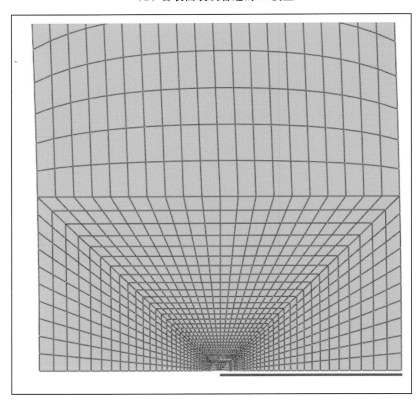

（b）裂纹附近的网格划分

图 9-5　含缺陷管道的有限元网格模型

（2）本构模型的建立

　　有限元本构模型的建立参照了拉伸试验的结果。拉伸试验曲线表明，高屈强比的 X80 管线钢有较低的硬化指数，其塑性区间斜率很小，且近似于直线，所以在计算时选用了双线性模型（BISO），如图 9-6 所示。

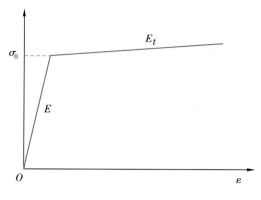

图 9-6　BISO 材料模型

9.2.4　计算结果及分析

从图 9-7 中可以看出,裂纹尖端具有很大的应力应变集中,裂纹尺寸 a/t 为 0.1,0.46 时显示出了同样的规律,在此不一一列举。随着内压的增加,应力集中的现象越来越明显,图 9-8 和图 9-9 分别反映了裂纹区域应力、应变随压力变化的演变过程。

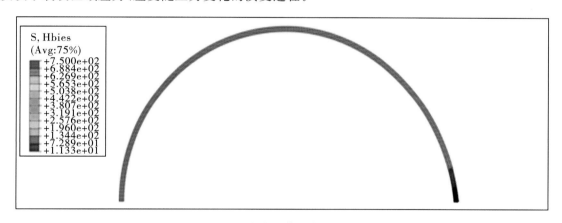

（a）整体分布

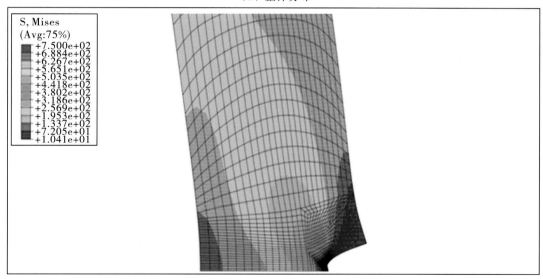

（b）裂纹区域

图 9-7　加载内压为 10MPa、裂纹尺寸 a/t 为 0.25 时的米塞斯(Mises)应力分布

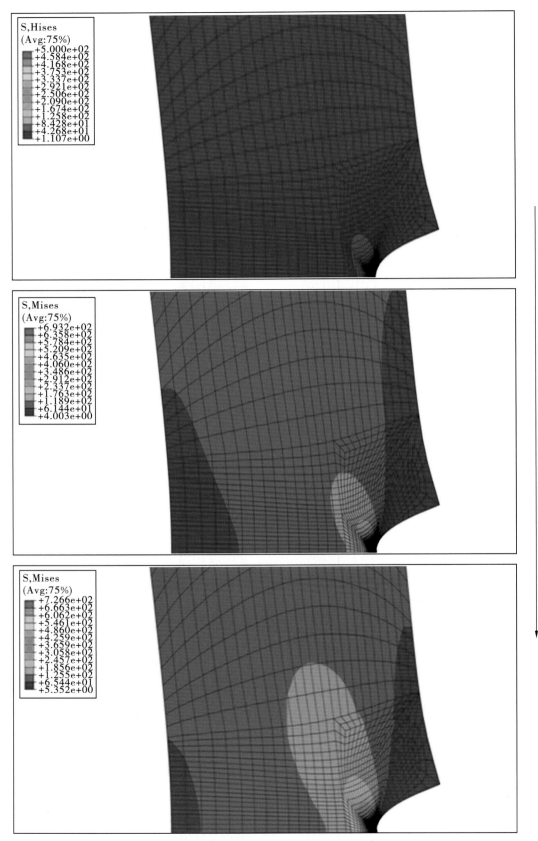

图 9-8　裂纹区域应力随压力变化的演变过程

右侧箭头指向压力增加方向

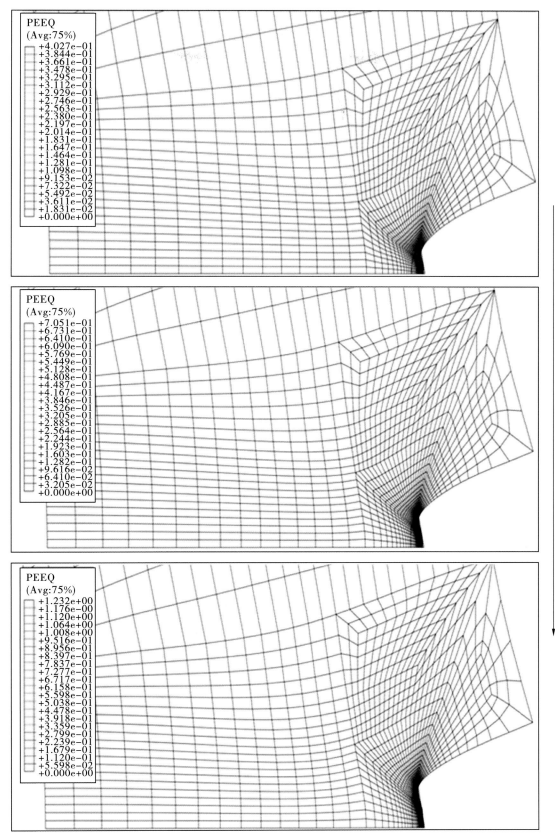

图 9-9　裂纹区域应变随压力变化的演变过程

右侧箭头指向压力增加方向

9.2.5　环向变形的计算结果及分析

环向变形不仅与内压载荷的大小有关，而且与裂纹尺寸的深度也有很大的关系，因此要考虑屈强比对环向变形的影响，必须从这 2 个因素展开讨论。图 9-10 给出了不同的屈强比、裂纹尺寸 a/t 分别为 0.1，0.25，0.46 时，环向应变 ε_c 随内压载荷 p 的变化曲线。从图 9-10 可以看出，屈强比相同时，随着内压的增大，含缺陷管道的环向变形大致呈指数增加的趋势，且随着裂纹尺寸 a/t 的增加，环向应变增加的趋势越明显，这是因为裂纹尖端产生了很大的变形。相比较而言，裂纹尺寸比较小

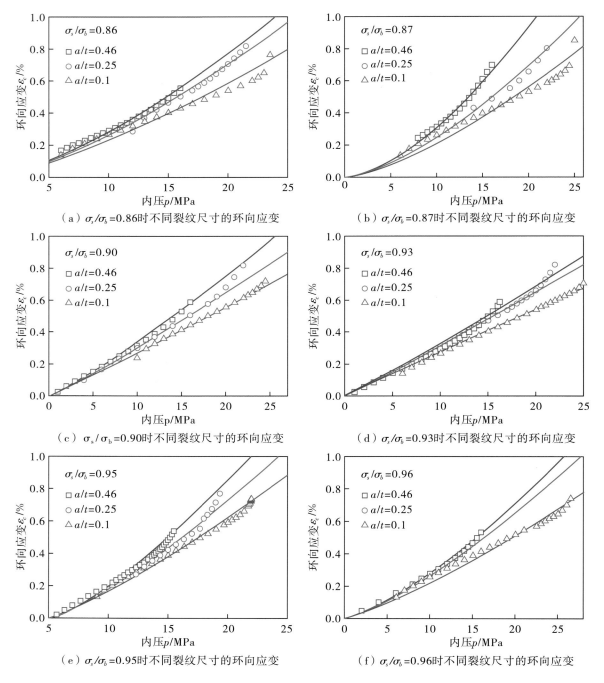

图 9-10　屈强比相同、裂纹尺寸不同时环向应变 ε_c 的计算结果比较

时管道能承受更大的内压载荷。但要分析屈强比对环向变形的影响,还得对计算结果进行进一步的回归处理。分别提取不同的屈强比、相同的内压、相同的裂纹尺寸时的环向变形做对比分析,如图 9-11 所示,随着屈强比的增大,环向应变呈现出减小的趋势,即屈强比对环向应变有不利的影响。通过回归分析,得到环向变形关于屈强比的近似表达式:

$$\varepsilon_c = \alpha \left(\frac{1}{\sigma_s/\sigma_b} - 1 \right)^{\beta} \times 100\%$$

(9-3)

式中,ε_c 为环向应变,%;$\frac{\sigma_s}{\sigma_b}$ 为屈强比;α, β 为系数。

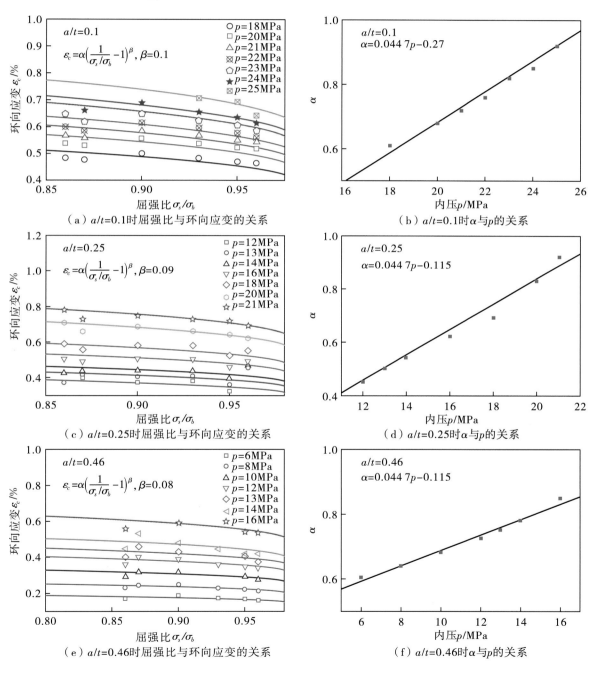

（a）a/t=0.1时屈强比与环向应变的关系

（b）a/t=0.1时α与p的关系

（c）a/t=0.25时屈强比与环向应变的关系

（d）a/t=0.25时α与p的关系

（e）a/t=0.46时屈强比与环向应变的关系

（f）a/t=0.46时α与p的关系

图 9-11　屈强比不同、裂纹尺寸相同时环向应变 ε_c 的计算结果

式(9-3)表明环向应变与屈强比的倒数呈指数变化,其中系数 α、β 与内压、裂纹尺寸的大小有关。通过图 9-11(b)(d)(f) 的分析,我们得到了系数 α 与内压 p 的关系式:

$$\alpha = 0.044\ 7p - \gamma \tag{9-4}$$

式中,p 为内压,MPa;γ 为常数,取值为 $0.115 \sim 0.27$。

图 9-12 给出了系数 β 与裂纹尺寸 a/t 的关系式:

$$\beta = -0.055\ \frac{a}{t} - 0.1 \tag{9-5}$$

式中,β 为系数;a/t 为裂纹尺寸,即裂纹深度与管道壁厚之比。

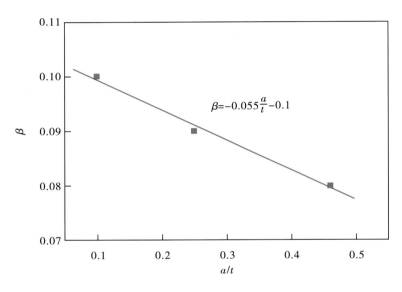

图 9-12　β 与裂纹尺寸 a/t 的关系

综上所述,可以得出环向应变关于屈强比、裂纹尺寸、内压载荷的近似表达式:

$$\varepsilon_c = (0.044\ 7p - \gamma)\left(\frac{1}{\sigma_s/\sigma_b} - 1\right)^{-0.055\frac{a}{t}-0.1} \times 100\% \tag{9-6}$$

9.2.6　J 积分的计算结果及分析

1968 年,Rice 提出了一个围绕裂纹尖端与积分路径无关的线积分,称之为 J 积分。由于其值与积分路径无关,因而避开了直接求解弹性边值问题;再者,由于 J 积分由围绕裂纹尖端周围区域的应力、应变和位移场组成的线积分给出,因而 J 积分由场的强度确定,因而也就可以描述裂纹场的强度;此外,J 积分也可以通过外载荷对试样的变形功来测得,因此它是一个弹塑性断裂参量,表征了材料在存在裂纹的情况下抵抗裂纹扩展的能力。其表达式如下:

$$J = \oint_\Gamma \left(\omega \mathrm{d}y - \frac{\partial u}{\partial x}T\mathrm{d}s\right) \tag{9-7}$$

式中,J 为 J 积分,kJ/m²;ω 为应变能密度;T 是作用于积分回路单位同界长度上的力;Γ 为裂纹前沿下表面逆时针走向上表面的任意路径,如图 9-13 所示。

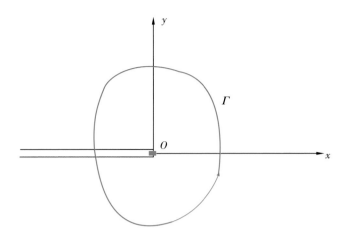

图 9-13　J 积分的选取路径

用有限元计算裂纹尖端 J 积分的方法已趋于成熟,而且其与实验测得值的误差也在很小的范围之内,所以无论是在工程设计还是在科研工作中,该方法已得到广泛应用。具体步骤如下:

第一步,定义积分路径。如图 9-14 所示,图中红色圆点的顺时针连线即为积分路径 Γ。

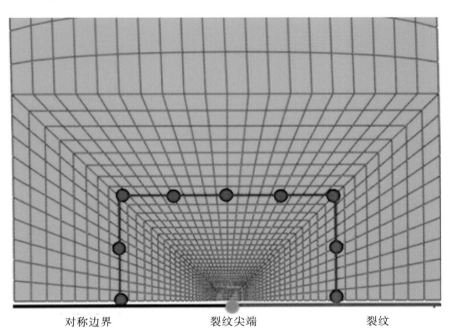

对称边界　　　　　　　裂纹尖端　　　　　　　裂纹

图 9-14　裂纹的选取路径

第二步,计算应变能密度 ω。

etable,sene,sene

etable,volu,volu

sexp,ω,sene,volu

第三步,计算 J 积分表达式的第一项 $\oint_{\Gamma} \omega \mathrm{d}y$,结果标记为 J_a。

pdef,ω,etable,ω

pcalc,intg,J,ω,y

＊get,Ja,path,,last,J

第四步,计算 J 积分表达式的第二项 $\oint_\Gamma \dfrac{\partial u}{\partial x} T \mathrm{d}s$,结果标记为 J_b。

＊get,dx,path,,last,s

dx＝dx/100

pcalc,add,xg,xg,,,,-dx/2

pdef,intr,ux1,ux

pdef,intr,uy1,uy

pcalc,add,xg,xg,,,,dx

pdef,intr,ux2,ux

pdef,intr,uy2,uy

pcalc,add,xg,xg,,,,-dx/2

c＝(1/dx)

pcalc,add,c1,ux2,ux1,c,-c

pcalc,add,c2,uy2,uy1,c,-c

pcalc,mult,c1,tx,c1

pcalc,mult,c2,ty,c2

pcalc,add,c1,c1,c2

pcalc,intg,j,c1,s

＊get,jb,path,,last,j

J＝2＊(Ja＋Jb)

通过有限元模拟计算可以得到不同压力条件下裂纹尖端的 J 积分。图 9-15 给出了裂纹尺寸 a/t 分别为 0.1,0.25,0.46 时 J 积分值随载荷内压的变化曲线。从图中可以看出随着内压的增大,J 积分也呈现出增大的趋势,裂纹尺寸小的管线钢能承受更大的内压载荷。另外,对于每个裂纹尺寸一定的 J-p 曲线都存在一个拐点,即内压载荷小于拐点对应的压力值时,J 积分很小,几乎趋近于零;而当内压载荷大于该压力值时,J 积分值随着内压的增大迅速增加,我们认为此时的管线钢已经发生了塑性变形。

结构金属材料中大量的实验结果表明,断裂韧性通常随着屈服强度的增大而降低。这是因为,屈服强度越大意味着材料微观结构对位错运动阻碍的效果越强,基体材料的变形受到抑制,局部的应力应变集中趋势增大,导致了材料内部的裂纹易于萌生和扩展。对于断裂韧性与屈强比之间的关系,一般认为断裂韧性随屈强比的增大而降低,其原因在于屈强比的增大代表着材料均匀变形能力的降低,或者说是材料应变硬化能力的降低,因此弱化了抗裂纹扩展的能力。

图 9-16 为压力相同、裂纹尺寸相同时,J 积分与屈强比的变化曲线。当裂纹深度较小时,随着屈强比的增高 J 积分值呈降低趋势,这也表明了高屈强比的管线钢材料提高了承载能力;而当裂纹深度较大时,J 积分相对屈强比的变化不太明显。这是因为,当管道表面为浅裂纹时,管壁有较厚的韧带,相对深裂纹材料更能充分发挥其潜能,延性断裂前能发生充分的塑性屈服;而当管道表面为深裂纹时,材料倾向于脆性断裂。另外,三点弯曲实验测得的临界断裂韧度 J_{IC} 随屈强比 $\dfrac{\sigma_s}{\sigma_s}$ 的变化并不明显,基本上在 $500 \sim 700 \mathrm{kJ/m^2}$ 内变化,这就说明此时的裂纹尺寸主导着管线钢断裂的失效模式。

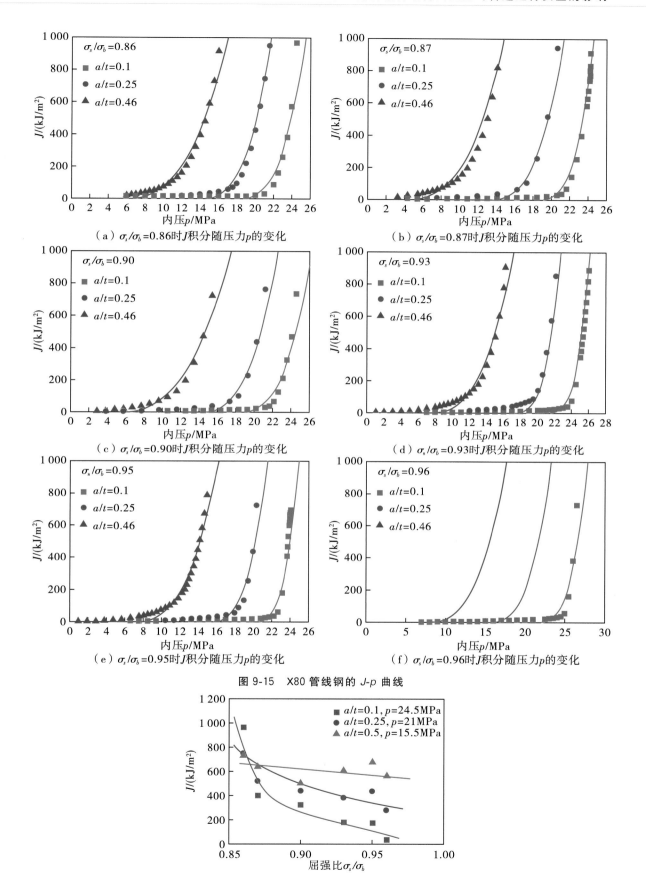

图 9-15　X80 管线钢的 *J-p* 曲线

图 9-16　X80 管线钢 *J* 积分随屈强比 σ_s / σ_b 的变化趋势

9.2.7 失效控制参量谱图的建立

通过以上的分析可知,当裂纹尺寸 a/t 较小时,材料以塑性失稳失效为主,这是因为材料还有很厚的韧带。韧带的强度称为结构剩余强度。相反,当裂纹尺寸 a/t 较大时,材料会在塑性失稳前发生延性断裂。

另外,管线钢的失效方式与载荷工况紧密相关。当载荷控制失效时,较高的屈服强度或高的屈强比都有利于抵抗材料的变形与断裂;当形变控制失效时,管道的环向变形则成为管线钢失效的主导因素。又因为断裂韧性是由载荷与裂纹尺寸综合决定的参量,所以为了了解这些因素在管线钢失效过程中所起的作用,有必要对断裂韧性与环向变形在失效过程中的竞争关系做进一步的分析。图 9-17 为裂纹尺寸 a/t 为 0.1 且屈强比不同时断裂韧度与环向应变的关系。从图 9-17 中可以看出,当屈强比保持不变时断裂韧度 J 与环向应变的关系:第一阶段环向应变相对 J 积分的变化速率较快;第二阶段,曲线则比较平缓,即环向应变相对 J 积分的变化速率较慢;第三阶段,环向应变迅速增大超过其极限值,材料发生失稳断裂。

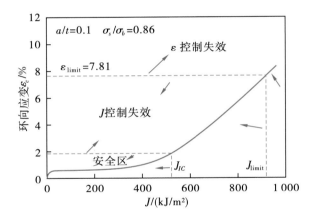

图 9-17 J 积分与环向应变控制失效图谱

为了确定断裂韧度 J 和环向应变在管线钢失效过程中的竞争关系,首先需要确定极限环向应变 ε_{limit}。ε_{limit} 是通过极限内压来确定的,然后在有限元模拟分析中内压加载到 p_{limit},计算此时对应的环向应变极限即为 ε_{limit}。

朱(Zhu Xian-kui)等人提出了含缺陷时极限内压 p_{limit} 的数学表达式:

$$p_{limit} = \frac{4}{\sqrt{3}^{1+0.239((\frac{1}{\sigma_s/\sigma_b}-1))^{0.596}}} \frac{t}{D}\sigma_b \cdot \left(1 - \frac{a}{t}\left(1 - \exp\left(-0.157\frac{L}{\sqrt{R(D-a)}}\right)\right)\right) \quad (9-8)$$

式中,p_{limit} 为极限内压,MPa;σ_s/σ_b 为屈强比;a/t 为裂纹尺寸;D 为管道外径,mm;R 为管道半径,数值上等于 $D/2$,mm。

将拉伸试验结果代入相应参数得到 p_{limit} 之后,通过有限元计算就得到极限环向应变 ε_{limit},如图 9-17 所示。极限环向应变 ε_{limit} 对应的断裂韧度 J 为 J_{limit},而临界断裂韧度 J_{IC} 为材料的本征参数,通过以上参量就把 J 积分和环向应变的关系曲线分成了 3 个区域:在 J_{IC} 和其对应的环向应变所围的区域,材料是安全的;而在 J_{IC} 与所包围的区域,环向应变还没有达到 ε_{limit},认为材料的失效模式是由断裂韧度 J 主导的;当环向应变超过了 ε_{limit} 时,失效模式由环向应变主导。

9.3　失效判据与屈强比相关性的研究

在上节内容中初步提出了失效判据,发现了 J 积分与环向变形 2 个参数在管线钢失效过程中的竞争关系,由此提出了失效行为的不同控制因素图谱。这些工作均是在有限元分析的基础上得到并进行了部分实验验证的,对深入理解管线钢的失效及其控制参量具有一定的理论借鉴作用。尽管如此,对工程应用而言,如果能用简单的单轴拉伸实验测得的参数来表征断裂行为则更易于操作、更为便捷;如果能将工程上经常用到的屈强比指标与有限元所确定的失效判据进行联系,建立定量或半定量关系式,则将极大地减小计算与实验之间的空隙,有助于实现计算-测试-性能预测之间的有机联系。因此,在本节中,我们将研究和讨论管线钢的失效判据与屈强比之间的关系。

9.3.1　断裂韧性与屈强比相关性的研究

断裂韧性通常通过应力强度因子 K、CTOD、J 积分等参量来表征,但是这些参量在表征材料的断裂韧性时都存在一定的困难。应力强度因子 K 表征线弹性变形时材料抵抗裂纹扩展的能力,K 的测试对试样的尺寸要求比较大,CTOD 和 J 积分表征弹塑性变形材料的断裂韧性。通常测量这些参量的试样包括三点弯曲试样(SENB)和紧凑拉伸试样(CT)2 种,它们共同的特点是采用深裂纹试样,裂纹尖端存在很高的约束,这样测量得到的断裂韧性过于保守,再加上裂纹尖端处于三向应力状态,很难用 1 个单独的参数来准确地描述裂纹尖端的应力应变状态。而单边缺口试验 SENT 则是用比较浅的裂纹试验来测量断裂韧性的,这也与实际服役过程可能会导致的裂纹尺寸比较接近,因此下面采用了 SENB 和 SENT 这 2 种不同的方法测试断裂韧性,其中 SENT 试样分别从管材的横向和纵向取样,如图 9-18 所示。加工的实物试样如图 9-19 所示。裂纹尺寸分别取 a/t 为 0.1、0.3、0.5。裂纹预制、试样的加载以及试验数据的处理参照 ASTM 1820 以及 SENT 相关文献的处理方法。

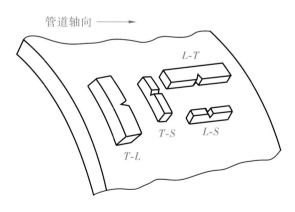

图 9-18　SENT/SENB 试样取向

图 9-19　SENT 试样

通常情况下,高的屈强比会降低材料的塑性,但是其承载能力并没有降低。有相关文献报道,高屈强比的管线钢仍具有良好的抵抗裂纹扩展的能力。为了探索屈强比与断裂韧性变化的关系,现有 1# 和 2# 管线钢进行拉伸试验和 SENB 实验结果,如图 9-20 和图 9-21 所示。从图 9-20 中可以看出,同一种材料横向与纵向的屈强比有很大的差别,这说明管线钢表现出了很大的各向异性。图 9-21 表明纵向的 J_Q 值比横向的 J_Q 值要高(图中 Δa 为裂纹扩展量),图 9-22 中的 SENT 也呈现出同样的规律。这说明增大屈强比,在一定程度上降低了材料的断裂韧性。

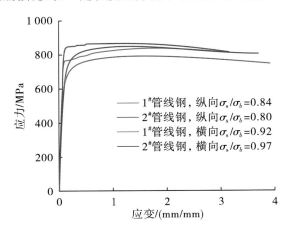

图 9-20　1#、2# 管线钢的应力-应变曲线

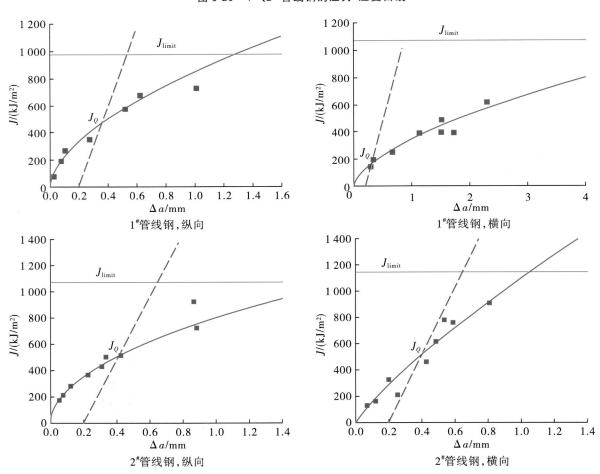

图 9-21　1#、2# 管线钢 SENB 试验结果

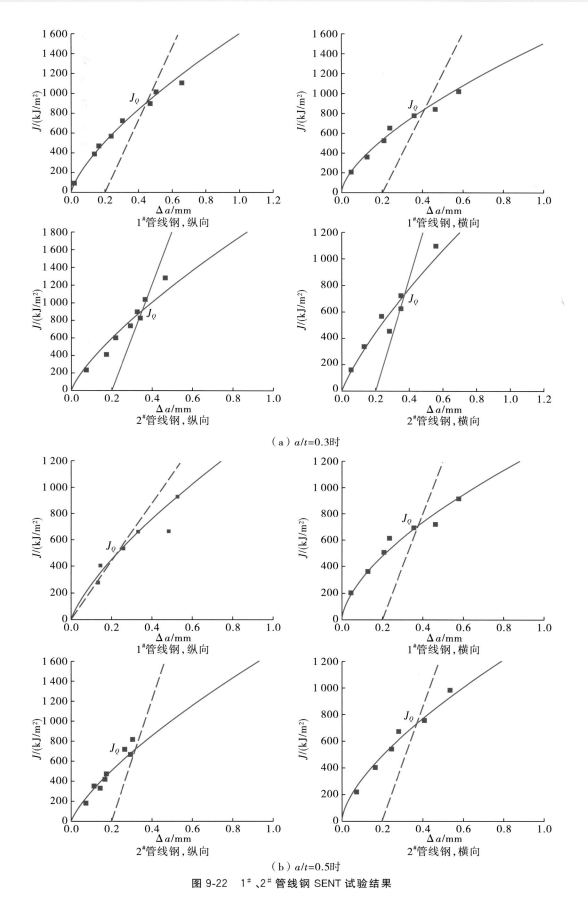

（a）a/t=0.3时

（b）a/t=0.5时

图 9-22　1#、2# 管线钢 SENT 试验结果

从图 9-23 中可以看出,裂纹扩展量相同时,SENB 的测试结果要低于 SENT,J_Q 值也显示出了同样的规律,这也说明了 SENB 的测试结果偏于保守。然而材料在实际服役过程中往往不会产生类似于 SENT 的贯穿裂纹,位于试样内部表面的裂纹更符合实际情况。按如图 9-24 所示截取并加工成椭圆形裂纹试样,进行单轴拉伸试验。1# 管线钢在 a/t 为 0.3,0.5 时的测试结果如图 9-25 所示。从比较结果可以看出,椭圆形裂纹要比贯穿形裂纹 SENT 试验的测量值高,相比之下其最接近材料的实际断裂韧性。但是由于试样加工困难,试验不易操作,综合图 9-23 和图 9-25 的结果,我们认为 SENT 的保守程度介于两者之间,能更好地表征管线钢的断裂韧性。

对试验结果进一步处理得到图 9-26,由图 9-26(a)可知,随着屈强比的增大,断裂韧性呈降低的趋势,通过回归处理得到断裂韧性与屈强比的近似表达式:

$$J_Q = 1\ 850.33 - 1\ 136.35 \frac{\sigma_s}{\sigma_b} \tag{9-9}$$

式中,J_Q 为起裂韧性,kJ/m^2;σ_s/σ_b 为屈强比。

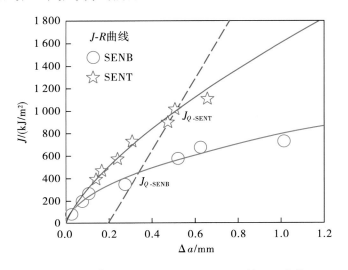

图 9-23　1# 管线钢纵向 SENB 和 SENT 的 J-R 曲线

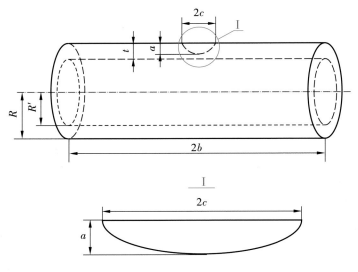

图 9-24　椭圆形裂纹试样示意图

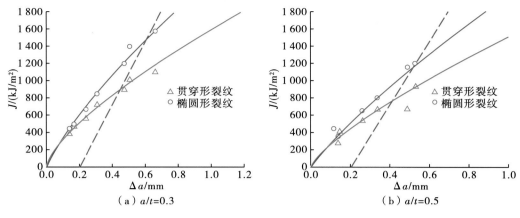

（a）$a/t=0.3$　　　　　　　　（b）$a/t=0.5$

图 9-25　1#管线钢纵向贯穿形裂纹与椭圆形裂纹 SENT 结果的比较

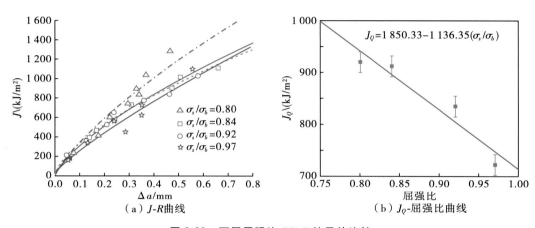

（a）J-R曲线　　　　　　　　（b）J_Q-屈强比曲线

图 9-26　不同屈强比 SENT 结果的比较

9.3.2　缺陷对试样屈强比影响的试验结果与讨论

通常屈强比是材料的本征性能,在试验中裂纹试样与光滑试样一样存在着弹性阶段、屈服和断裂。我们知道,如果构件存在裂纹,则会在裂纹的附近首先屈服,因为这种屈服严格地讲不是构件整体的屈服,但是为了表征这一现象,也采取类似于光滑试样的方法得到屈服强度、抗拉强度以及屈强比。应力是通过载荷除以原始有效横截面积来得到的,为了与材料的本征性能参量区分,我们称之为表征屈服强度、表征抗拉强度和表征屈强比。图 9-27 是 1#管线钢材料不同裂纹尺寸缺陷试样的单轴拉伸试验结果。

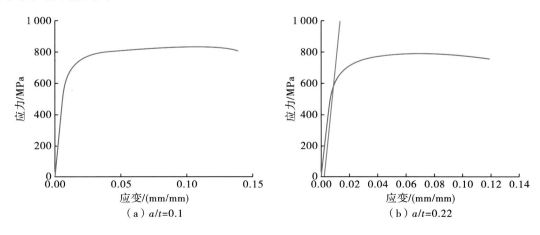

（a）$a/t=0.1$　　　　　　　　（b）$a/t=0.22$

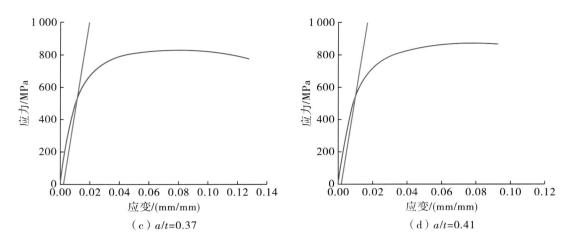

（c）a/t=0.37 　　　　　　　　（d）a/t=0.41

图 9-27　1# 管线钢材料不同裂纹尺寸缺陷试样的单轴拉伸试验曲线

　　进一步分析缺陷试样拉伸性能与裂纹尺寸的变化关系，如图 9-28 所示。由图可以看出，屈服强度、抗拉强度都呈降低趋势，这是因为裂纹附近处的应力集中，只需要比较小的力就能使得材料发生屈服。最后可能是因为裂纹长度比较大，导致韧带比较小，有效面积较小，因此表征方法值可能增大。但是屈强比是随着裂纹尺寸的增大单调减小的。通过回归分析，屈强比与裂纹尺寸的近似表达式如下：

$$\sigma_s/\sigma_b = 0.829 - 0.434\frac{a}{t} \tag{9-10}$$

式中，σ_s/σ_b 为屈强比；a/t 为裂纹深度与试样厚度的比值。

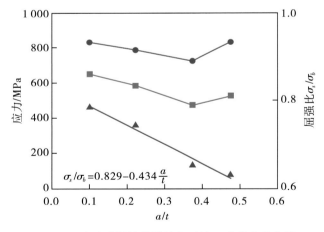

图 9-28　缺陷试样拉伸性能与裂纹尺寸的变化曲线

　　以上讨论的是含缺陷试样裂纹尺寸对屈强比的影响以及下边缺口形状对试样屈强比的影响。分别对 3 种不同的屈强比（0.89，0.92，0.97）的管线钢按照 HB5214 进行缺口拉伸试验，得到不同缺口形状的应力-应变曲线，如图 9-29 所示。从图中可以看出，缺口使得屈服强度和抗拉强度都有所提高、伸长率降低，而且缺口的深度越深，缺口的根部半径越小，其影响作用越明显。其中缺口的根部半径对拉伸性能的影响较小，缺口的深度对拉伸性能的影响则较大。这是由于缺口处应力集中，同时约束了材料的形变。3 种不同屈强比的 X80 管线钢缺口拉伸敏感系数见表 9-2。

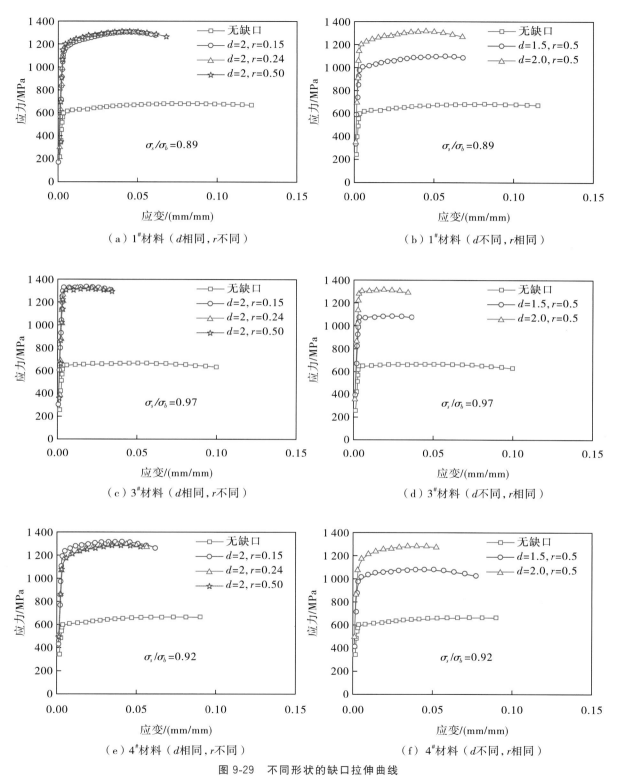

（a）1#材料（d相同，r不同）

（b）1#材料（d不同，r相同）

（c）3#材料（d相同，r不同）

（d）3#材料（d不同，r相同）

（e）4#材料（d相同，r不同）

（f）4#材料（d不同，r相同）

图 9-29　不同形状的缺口拉伸曲线

d 代表缺口深度，r 代表缺口根部半径

表 9-2　3 种不同屈强比的 X80 管线钢缺口拉伸敏感系数

编号	缺口深度 d/mm	缺口根部半径 r/mm	缺口拉伸敏感系数 σ_{bh}/σ_b
1#	2	0.15	1.93
	2	0.24	1.92
	2	0.50	1.91
	1.5	0.5	1.60
3#	2	0.15	1.97
	2	0.24	1.93
	2	0.50	1.94
	1.5	0.5	1.58
4#	2	0.15	1.98
	2	0.24	1.94
	2	0.50	1.95
	1.5	0.5	1.62

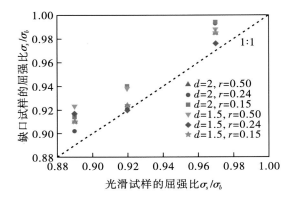

图 9-30　缺口试样与光滑试样屈强比的比较

由表 9-2 可知,缺口形状对缺口拉伸敏感系数与拉伸性能的影响效果是一致的,即缺口的深度越大,缺口的根部半径越小,缺口拉伸敏感系数就越大。缺口深度对缺口拉伸敏感系数的影响比缺口根部半径的影响作用明显。

因为屈强比是屈服强度与抗拉强度之比,因此拉伸性能的变化必然导致屈强比的变化。对缺口试验结果的进一步分析表明,缺口的存在使得屈强比相对于光滑试样有所提高,缺口的深度越深,根部半径越小,屈强比的值就越大,相应的变形能力也就越差,如图 9-30 所示。

表 9-3　有限元材料本构模型

弹性分量		塑性分量	
E/Pa	泊松比	应力/MPa	应变/(mm/mm)
		610	0
		633	0.027
		704	0.047
		710	0.056
200×10^9	0.3	720	0.066
		730	0.075
		740	0.090
		749	0.098

综合以上分析,材料缺口处的强度明显升高,屈强比 σ_s/σ_b 增大,但变形能力降低。这表明缺口对材料形变有很强的约束作用,最终导致材料的低变形能力,如表 9-3 所示。

9.3.3　失效判据与屈强比的变化关系

在失效分析图谱的基础上,还可以获得不同裂纹尺寸、不同屈强比的失效分析图谱。我们提取不同屈强比的极限环向应变来进行对比和分析,进一步讨论失效判据参量与屈强比的变化关系。图 9-31～图 9-33 分别给出了裂纹尺寸为 0.1,0.25,0.46 时环向变形与 J 积分之间的变化关系曲线,图 9-34 总结了极限环向应变 ε_{limit} 随屈强比的变化关系。由图可知,当 $a/t=0.1$ 时极限环向应变

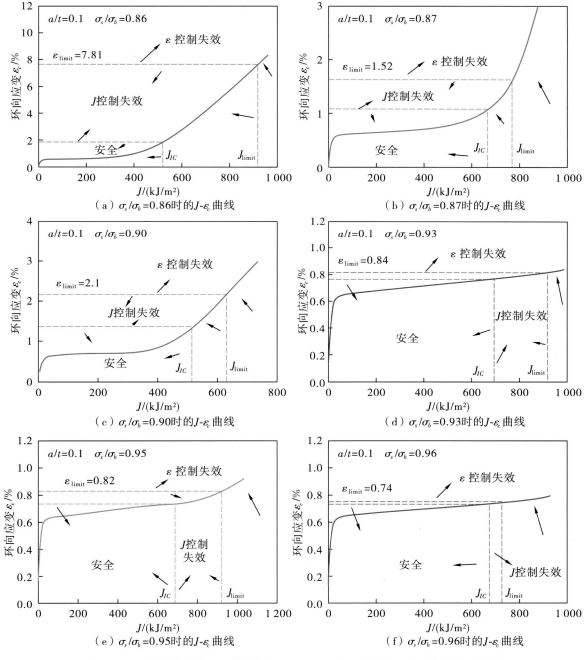

图 9-31　不同屈强比的 X80 管线钢在 $a/t=0.1$ 时 J 积分与环向应变的关系曲线

随着屈强比的增大而减小,其中屈强比为 0.86 时的极限环向变形要远远大于其他值,这可能是因为在这几组材料当中,屈强比为 0.86 时的材料屈服强度最低,这说明材料过早地发生了屈服,从而导致其变形量增大;当 a/t 为 0.25 和 0.46 时,极限环向应变随屈强比的增大整体有下降的趋势,但不太明显,且局部呈上下波动变化,这可能是因为裂纹尺寸越大,剩余韧带就越小,此时材料的变形较小,很快就发生了失稳;而裂纹尺寸较小时,材料能充分发挥潜能。因此可以推断,管线钢的极限环向应变不仅与屈强比有关系,而且取决于缺陷/裂纹的尺寸。当 $a/t \leqslant 0.1$ 时,屈强比对极限环向应变有较大的影响,尤其是屈强比在 $0.86 \sim 0.87$ 时将发生极限环向应变的突变;而当 $a/t > 0.25$ 时,极限环向应变对屈强比不敏感。

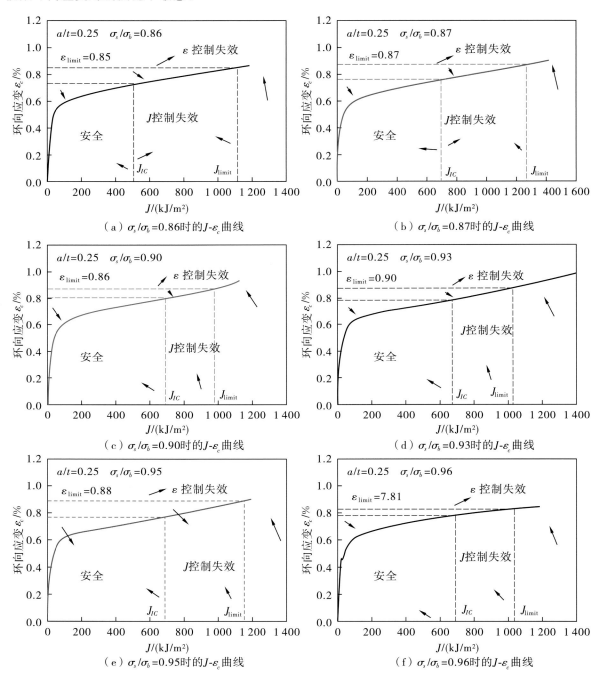

图 9-32 不同屈强比的 X80 管线钢在 $a/t = 0.25$ 时 J 积分与环向应变 ε_c 的关系曲线

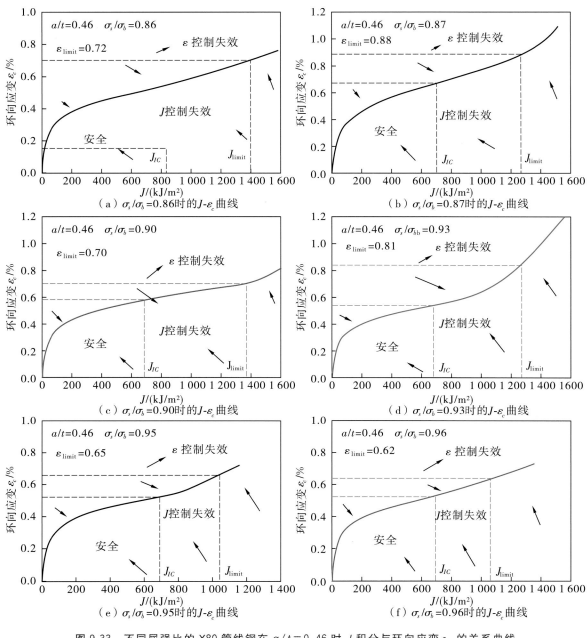

图 9-33　不同屈强比的 X80 管线钢在 $a/t=0.46$ 时 J 积分与环向应变 ε_c 的关系曲线

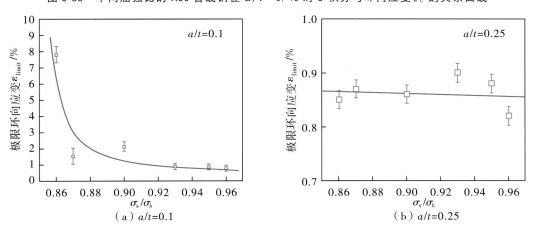

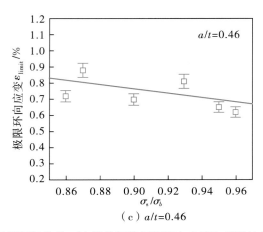

（c）a/t=0.46

图 9-34　不同屈强比的 X80 管线钢的极限环向应变与屈强比的变化关系

9.4　屈强比及其影响因素

前 2 节对有限元模型建立、失效判据提出、屈强比影响因素的分析和讨论，初步揭示了含缺陷管线钢屈强比与失效判据参数之间的简单关系式。本节将进一步讨论影响材料屈强比的因素，并通过有限元模型计算和相关实验尝试回归建立起影响参量与屈强比之间的系列显式表达式。建立这一系列显式表达式的意义在于：由于屈强比是工程上常用、测试相对简单的参量，可以将其作为纽带，最终将材料的组织/结构/裂纹状态等与失效判据联系起来，为进一步进行材料的设计和选择提供参考和借鉴。

9.4.1　材料微观组织对屈强比的影响

目前，高强度管线钢主要是通过降低 C 含量，增加合金元素 Mn 以及添加微量元素 Nb、Ti 等，再加上现代冶金技术和轧制技术，来获得高屈服强度和高韧性。降低 C 含量主要是为了提高焊接性能，通过调节合金元素的比例，尤其是微量元素，能有效地控制管线钢的微观组织。X80 管线钢中 Mn、Nb 的含量较高，其成分主要是针状铁素体，还有少量的岛状组织，这些组织的数量、形状和分布都会对材料的力学性能有着重要的影响。

按照 C 含量和合金成分的划分，X80 管线钢属于高强度低合金钢，含 C 量一般在 0.02%～0.09%。从奥氏体分解 C 曲线可以看出，不同的转变温度和冷却速度可以得到不同的微观组织。

现代管线钢主要通过 TMCP 工艺生产，得到的主要组织就是不同形态的铁素体。通常，随着转变温度的降低和冷却速度的提高，铁素体组织可以分为多边形铁素体（PF）、准多边形铁素体（QF）或者块状铁素体、粒状铁素体（GF）和贝氏体铁素体（BF）。其中，PF 的转变温度最高，冷却速度最慢，它通常在晶界形核、长大成为等轴晶，在光学显微镜下可以看到连续光滑的晶界。QF 通常与原始奥氏体一起发生质量的转变，这种转变是通过界面的短程扩散完成的，因此它们具有相同的化学成分，但是间隙原子和代位原子在界面移动时可能发生分离，最终导致不规则和锯齿状的晶界产生，同时包含很高密度的位错、亚晶界甚至是 M-A 岛状组织。GF 与 BF 的转变温度基本相同，但是 GF 的冷却速度慢。GF 中含有高密度的位错，且被低角度的晶界分离开，基体上弥散分布着等轴的残余奥氏体或者岛状的 M-A 组织。BF 是由很多延长的铁素体羽毛带组成，并且还有很高的位错密度，彼此之间由大角度晶界分离。

针状铁素体（AF）与上面提到的几种铁素体的形态相比较为复杂。有文献报道，AF 是奥氏体在温度稍高于贝氏体的转变区间开始分解，并通过连续的冷却完成转变的，整个冷却过程伴有混合扩散和剪切转变的。AF 主要是由交织状的不并行的铁素体羽毛构成的，同时铁素体基体中含有高密度的位错。然而，在金相中并不能很清楚地识别 AF。甚至有的时候，AF 组织还被认为是 BF 或者 QF，但是也有文献认为 AF 是 QF、GF、BF 的混合体，并且基体上弥散着 M-A 岛状组织。

对于管线钢而言，一旦获得了 AF 组织，材料会表现出良好性能的结合，比如高的强度以及良好的韧性、硫化氢抵抗能力和抗疲劳断裂能力。另外，有文献报道，AF 的形成是屈强比增大的一个重要因素。

下面将对 5 种 X80 管线钢进行微观分析，并尝试将微观参量与屈强比相联系。分析手段为金相显微分析和透视电子显微镜分析，金相观察采用 OLYMPUS 光学显微镜，腐蚀液采用 4％的硝酸酒精溶液。TEM 观察设备采用 JEM200CX，操作电压为 120kV，双喷腐蚀液采用 10％的高氯酸、90％的酒精溶液，工作温度为室温，电压为 35V，电流为 20mA。

图 9-35 为 5 种不同屈强比的 X80 管线钢的金相图。从图中可以看出，其组织类型与相关文献报道的情况一致，基本上都是铁素体基体上弥散分布着残余奥氏体或者 M-A 岛状组织，图中白色为铁素体基体，黑色为残余奥氏体或者 M-A 岛状组织。在光学显微镜下，对于铁素体基体我们只能识别 PF 和 QF，而 BF 和 AF 都属于低角度晶界，在金相组织中很难被区分开来。

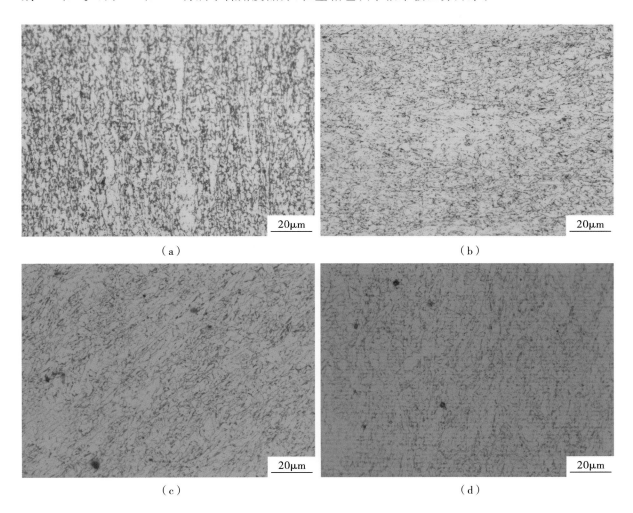

（a）　　　　　　　　　　　　　　（b）

（c）　　　　　　　　　　　　　　（d）

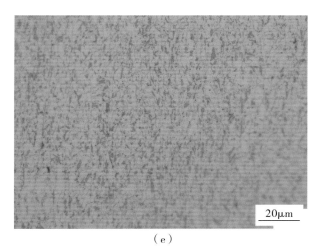

（e）

图 9-35　5 种不同屈强比的 X80 管线钢的金相组织

（a）～（e）分别为 1#～5# 材料

图 9-35（a）和（e）中残余奥氏体和 M-A 岛状组织比较多，因而屈服强度较低。同时，奥氏体或 M-A 岛状组织与铁素体之间的界面往往是裂纹的形核之处。因此，较多的 M-A 岛状组织与铁素体界面能降低管线钢的抗拉强度。另外，M-A 岛状组织的几何形状对材料的力学性能也有影响，一般情况下，颗粒状的 M-A 岛状组织要比长条状的 M-A 岛状组织的力学性能要好一些，因为长条状的 M-A 岛状组织与基体的变形协调能力相对较差，裂纹容易在此处形核。综合以上因素，图 9-35（e）对应的 5# 管线钢的屈服强度为 565MPa、抗拉强度为 665，屈强比只有 0.86；而图 9-35（d）对应的 4# 管线钢的屈服强度为 650MPa、抗拉强度 675MPa，屈强比高达 0.96。通常，加工硬化是由位错塞积的提高引起的。在 X80 管线钢组织中，位错主要存在于铁素体基体里，如图 9-36 所示。因此，铁素体的体积分数越高，或者残余奥氏体和 M-A 岛状组织的体积分数越低，都会导致屈服强度呈增大趋势。

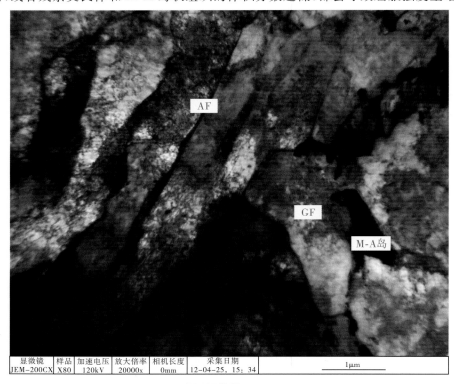

显微镜	样品	加速电压	放大倍率	相机长度	采集日期		
JEM-200CX	X80	120kV	20000x	0mm	12-04-25, 15: 34	1μm	

图 9-36　5# 材料的微观组织 TEM 形貌

　　进一步地,我们又通过定量方法分别测定了 5 种材料中 M-A 岛组织的含量(f_{M-A})。图 9-37 是 f_{M-A} 与屈强比之间的对应关系图。图中显示屈强比与 M-A 岛组织的含量 f_{M-A} 近似地呈线性变化趋势,其显式关系式为:$\sigma_s/\sigma_b = 1.05 - 0.017f_{M-A}$。该变化趋势与前人的研究结果类似,表明屈强比密切依赖于特征微观组织参数。

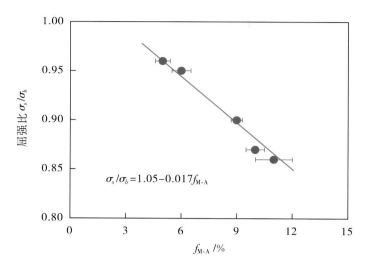

图 9-37　5 种不同 X80 管线钢的屈强比与 M-A 岛含量之间的关系

9.4.2　裂纹参数和材料结构/性能对屈强比的影响

　　有限元计算的优势,一方面在于可以模拟实验中难以精准测量的变形行为和特性,另一方面还可以进行预测,即在完成少量实验验证的基础上预测更多的结果,以供进一步的实验参考。本小节主要采用有限元进行不同裂纹参数和材料结构/性能条件下的计算,预测这些参量对含裂纹管线钢屈强比的影响。

　　图 9-38 分别是含贯穿形和椭圆形裂纹拉伸试样的有限元模型,通过实测该 2 类试样的拉伸应力-应变曲线并与有限元模拟结果进行对比(图 9-39),可以发现模拟结果与实测结果吻合良好,说明所构建的有限元模型及计算方法是可行和合理的。

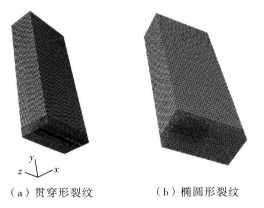

（a）贯穿形裂纹　　　　（b）椭圆形裂纹

图 9-38　含贯穿形和椭圆形裂纹拉伸试样的有限元模型

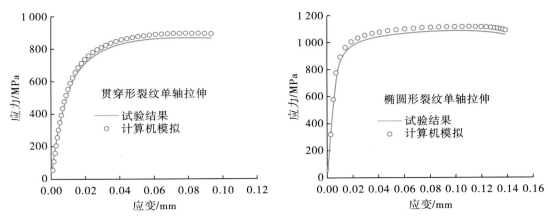

图 9-39　含贯穿形和椭圆形裂纹拉伸试样的应力-应变曲线的试验测试值与有限元模拟值的对比

在此基础上，系统模拟了不同裂纹深度/试样厚度比(a/t)和不同材料屈服强度(σ_s)下材料的屈强比，图 9-40 代表性地给出了贯穿形裂纹的部分结果。由图可知，在相同的屈服强度条件下，材料的屈强比与 a/t 之间呈现近似的线性关系：

$$\frac{\sigma_s}{\sigma_b} = G - 0.441\,\frac{a}{t}$$

式中，σ_s/σ_b 为屈强比；G 为常数，其随屈服强度变化而变化，σ_s 为 565MPa、600MPa 和 650MPa 时 G 分别为 0.865，0.886 和 0.931，表明材料本身的性能对屈强比有着重要的影响；a/t 为裂纹尺寸。

在图 9-40 中的 3 条线性曲线其斜率均为 0.441，与前面图 9-28 中的实验值(0.434)极为相近，说明表征的屈强比对裂纹/试样的相对尺寸更为敏感，材料屈服强度的大小只能改变 σ_s/σ_b，σ_s，a/t 曲线的绝对值，但是几乎不影响其变化趋势以及变化幅度。该结果再次显示，当管线钢含裂纹/缺陷后其变形行为和失效机制将明显有别于理想的完整材料，这也正是本研究的意义所在。

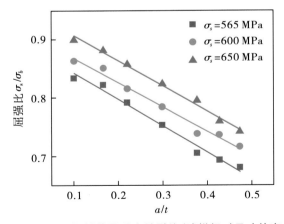

图 9- 40　不同材料的屈强比随裂纹/试样相对尺寸的变化

9.5　结论

本章通过建立有限元计算模型并结合相关试验，研究和分析了含缺陷 X80 管线钢的变形行为和失效特征，尝试提出了失效判据并与屈强比指标相联系，进一步分析和讨论了微观组织、裂纹形貌/尺寸、材料性能等对屈强比以及对失效判据潜在的影响。所得到的主要结论如下：

1）含缺陷管线钢的有限元计算模型可用于模拟伴随内压改变的微区和整体应力、应变实时演变以及 J 积分和环向变形的瞬时变化。

2）不同裂纹和材料性能条件下的 J 积分与环向应变具有可量化的对应关系，并可确定临界内压下的环向应变，从而提出管线钢失效的韧性与环向应变的竞争机制，明确失效控制因素图谱。

3）通过管线钢屈强比与失效临界判据之间的对应关系，可确定出显式表达式，从而可以通过简单的拉伸测试估算临界参量，有助于材料的选材与设计。

4）根据实验及有限元计算结果，分析和预测了材料微观组织、性能以及裂纹/试样相对尺寸对管线钢屈强比的影响，初步给出了回归关系式，可进一步将微观组织、性能、裂纹参数以及材料尺寸与管线钢的失效判据相联系。

5）试样试验结果表明 SENT 测试材料的韧性相比 SENB 而言具有一定的优势，而且椭圆形裂纹要比贯穿形裂纹 SENT 试验的测量值高，相比之下椭圆形裂纹的测量值最接近材料的实际断裂韧性。

6）采用有限元计算及拟合回归的处理方法，可以得到管线钢的内压–环向变形–J 积分关系在不同材料屈强比和屈服强度条件下随缺陷尺寸的变化，并完成了实验验证，这一计算–实验–应用的集成研究方法将在未来管线钢的设计、选材和预测中发挥更多的作用。

参 考 文 献

［1］ 李晓红，樊玉光，徐学利，等. X80 高屈强比管线钢性能分析与管道安全性预测［J］. 机械科学与技术，2005，24（9）：1074-1076.

［2］ Supplement to ASME B31 Code for Pressure Piping, Manual for Determining the Remaining Strength［S］. American Society of Mechanical Engineers，2009.

［3］ Zhu Xia-kui, Brian N Leis. Influence of Yield-to-Tensile Strength Ratio on Failure Assessment of Corroded Pipelines［J］. Journal of Pressure Vessel Technology，2005，127(11).

［4］ 辛希贤，姚婷珍，张刊林，等. 高屈强比管线钢的安全性分析［J］. 焊管 2006，29(4)：36.

［5］ Zhu Xia-kui, Brian N Leis. Theoretical and Numerical Predictions of Burst Pressure of Pipelines ［J］. Journal of Pressure Vessel Technology，2007，129(11).

第 10 章

管线钢及管线管的韧脆转化行为

高压输气管道一旦发生断裂失效,压缩气体将迅速膨胀,释放大量的能量,引起爆炸、火灾,往往会导致灾难性的后果。世界管道史上就曾发生过因管道爆炸着火一次死伤 1 024 人的惨痛事故,管线设计时要最大限度地避免此类事故的发生[1]。长期的生产实践表明,管道工业的发展史也是人类认识管道的断裂并与之作斗争的历史。有文献记载的最早的管线断裂事故是 1950 年美国的一条直径为 762mm 的管线,当时在试气时发生管线破裂。这一事故引起了人们的警惕,并注意到断裂是管道最严重的失效模式。1960 年发生在美国 Trans-Western 管线上裂纹长达 13.36km 的脆性断裂事故,促使人们进行断裂控制方面的研究[2]。

研究表明:裂纹起裂于管道中的缺陷,而裂纹在管道中是止裂还是持续地快速扩展,取决于裂纹在管道中的扩展速度 v_c 以及管道内介质在管道破裂时的减压波速度 v_d。当 $v_d > v_c$ 时,管道内介质压力下降的速度大于裂纹的扩展速度,裂纹尖端的应力迅速减小,从而使裂纹扩展的速度大大降低,直至止裂。反之,如果 $v_d < v_c$,则裂纹尖端处的应力一直保持断裂产生时的高应力,使裂纹持续地高速扩展。

减压波速度 v_d 与输送介质的种类有关。对于油类等液体,因液体不可压缩的性质,管道一旦断裂泄漏,油压将立即急剧下降,因此减压波速度很大。对于气体介质,由于密度比液体小得多且可压缩,因而其减压波的速度远小于液体。

裂纹在钢管中的扩展速度 v_c 与管道的工作温度以及钢管韧脆转变温度的高低有关,即与钢管材料在该温度下的韧脆状态有关:延性断裂时,v_c 较小;脆性断裂时,v_c 相当大。对于输气管道,当工作温度低于韧脆转变温度,以脆性断裂为主时,$v_d < v_c$,脆性裂纹将持续地高速传播而不能止裂。当工作温度高于韧脆转变温度,以延性断裂为主时,v_d 虽然稍高于 v_c,但能否止裂还取决于管线材料的韧性水平。这是因为,气体在断裂处泄漏的过程中将因膨胀而做功,这一能量传至裂纹的顶端时可促进裂纹的扩展。只有当管材具有足够高的韧性时,才能吸收掉这一部分能量而阻止裂纹继续扩展。

因此,输气管道的断裂控制应包括以下 2 个方面:

1)钢管应始终在韧性状态下工作,即管材的韧脆转变温度必须低于管线的环境温度,以保证钢管不会发生脆性断裂事故。

2)发生延性断裂后能在 1～2 根管长的范围内止裂。这可通过改变管道的设计(如降低设计压力)和提高管材的韧性来控制。在工作压力不变的情况下,提高管材的韧性是防止管道延性断裂长程扩展的唯一有效途径。

10.1　管线钢韧脆转化行为的表征方法

10.1.1　确定防止脆性断裂的指标——落锤撕裂试验

为了防止发生脆性断裂事故,要求管材的韧脆转变温度必须低于管线的环境温度。韧脆转变温度可通过系列温度下全尺寸管的爆破试验得到,但这种大规模的全尺寸爆破试验花费昂贵。系列温度的夏比冲击试验(CVN)由于简便易行,在工程实际中得到了广泛的应用。然而后来的研究表明,夏比冲击试验的试样尺寸小,其几何约束远小于实际构件的几何约束,因而不能反映构件的真实情况。为了解决这一问题,人们开始采用全板厚落锤撕裂试验(drop weight tear test,DWTT)。

图 10-1 为对同一管材进行的 2/3Charpy V、DWTT 和全尺寸爆破试验所测定的剪切面积百分数 $SA(\%)$ 与温度 t 的关系曲线。显而易见,DWTT 的试验曲线与全尺寸爆破试验的曲线十分接近;相反,CVN 试验所测得的结果与全尺寸爆破试验的测试结果相差较大,这说明 DWTT 更能真实地显示管线实际结构的韧脆行为[3]。

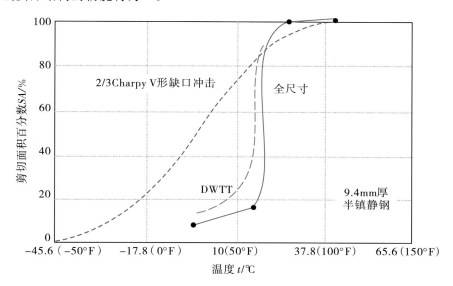

图 10-1　Charpy V、DWTT 和全尺寸爆破试验结果的对比

DWTT 最早是由美国海军研究所(NRL)于 20 世纪 60 年代提出并用来测定船板韧性的一种方法。后来美国的巴特尔纪念研究院(BMI)发展了该方法,并且为适应油气输送管道上的取样,对DWTT 方法的试样进行修正,采用压制缺口,并按照试样的断口剪切面积百分数来确定管道的韧脆转变温度[4]。1965 年,美国的 Armco 建造了一台冲击能量为 10 150J 的摆锤式冲击试验机,从而推动了这一方法的研究,增进了对该方法的了解和对试验结果的认识。此后,该方法由 ASTM E24 委员会批准为金属的断裂试验,公布在 ASTM 标准的 Vol. 31 中,并在 1968 年作为检验油气输送钢管的标准被纳入 API 标准体系。该方法成为正式标准规范后,经几次修订后更为完善。我国 1987 年参考 API 标准制订了国标 GB8363—87[5]。目前通用的标准有 API RP 5L3 试验标准(1996 年)、我国的国家标准 GB8363 及我国石油天然气行业的标准 SY/T 6476—2000[6]。由于长输管线服役的特殊性和要求的严格性,目前经常采用 85% 剪切面积百分数对应的温度作为韧脆转变温度,记为

FATT85。

DWTT 具有很多独特的优点[2]：首先，根据试样断口确定的转变温度与筒形压力容器和压力管道断裂扩展的韧脆转变温度在同一范围内；其次，在该韧脆转变温度范围内，试样断口的表观与压力容器和压力管道破坏时的一样，均呈现出从剪切到解理的急剧转变；第三，试验结果具有试样厚度效应，并与全尺寸钢管断裂扩展的厚度效应表现一致。因此，多数管道标准已将 DWTT 列为管道用钢的检验项目，并将韧脆转变温度作为交货条件之一。该方法已逐步向其他行业推广，如海军造船用钢和其他工程用钢等。

10.1.2 确定延性断裂止裂韧性的方法

为了保证安全，输气管道的延性止裂设计必须建立在全尺寸止裂爆破试验的基础上。全尺寸止裂爆破试验结果的针对性很强，但代价高昂，因此需要采取替代措施，给管材的止裂韧性定义一个明确的、可通过小试件试验测定的定量化的指标。

（1）全尺寸爆破试验法

预测管道动态断裂止裂韧性数值的经验或半经验公式，由全尺寸止裂爆破试验结果得到。全尺寸爆破试验一般设有 1 根有预制裂纹的低韧性钢管在管段中部作为起裂管，两侧焊接钢管的韧性沿裂纹扩展方向递增。裂纹从起裂管向两侧扩展，停止扩展部位的钢管韧性就是设定运行条件下的管线止裂所需的韧性。同时，全尺寸爆破试验记录的管道开裂过程中的裂纹扩展速度、裂纹开裂后气体的压力变化等数据，也为理论分析提供了资料。意大利的 CSM、加拿大-美国联盟管道和日本高强度输送管专业委员会组织都进行过这种试验[7-9]。

决定新设计的输气管道是否需要进行全尺寸爆破试验的基本原则是：若该管道的设计参数未超出国际上业已经过全尺寸止裂爆破试验验证的数据范围，就可以利用经过验证的预测模型和修正系数来确定管道所需的止裂韧性，否则须进行全尺寸爆破试验。根据这一原则，国内学者建议西气东输工程的管道设计可采用美国 BMI 的 TCM 双曲线预测模型预测所需的止裂韧性值，并以 Leis 修正式进行修正，无须进行全尺寸止裂爆破试验[10-11]。

数据表明[2]，延性断裂的扩展速度为 90~360m/s，天然气的减压波速度为 380~440m/s，因此，根据止裂的速度判据，延性断裂总是能止裂，但止裂前可能有一定长度的裂纹扩展。高韧性钢管的全尺寸试验也表明，在韧性远低于止裂韧性的管道中，出现了明显的裂纹减速与止裂的现象。由此可以认为，只要管段足够长，可以使裂纹在低韧性段止裂。因此，除了临界止裂韧性以外，还可以用止裂时裂纹的扩展长度来描述管道的止裂能力。这样，一方面可以控制裂纹的扩展，使其危害减小；另一方面还可以使规定的管道的止裂韧性值有所降低，从而降低管材的制造成本。

（2）基于 V 形缺口夏比冲击试验的止裂韧性预测法

V 形缺口夏比冲击试验是一种传统的评价材料断裂韧性的试验方法[12]。它通过摆锤式冲击试验机测量含 V 形缺口的小型试件在冲击破坏过程中的消耗能量，即用夏比冲击功来评价材料的断裂韧性。该项试验简单易行，经常被用来测量金属材料的断裂韧性。

早期基于 CVN 的止裂韧性预测模式是 BMI 的 Maxey 等提出的 TCM 双曲线预测模型[13]。在这个方法中，将气体的减压和断裂的传播看成是 2 个无关的过程，由此可确定 2 组曲线：一组曲线表征不同的韧性水平下的断裂速度，是内压或环向应力的函数；另一组曲线与气体的减压波速有关，它也是环向应力或管道内压的函数。根据管道裂纹动态扩展与止裂的速度判据，如果断裂速度曲线和压力波速度曲线不相交，则在任何条件下的减压波速度都大于断裂速度，裂纹将发生止裂。如果 2 组曲线相交或相切，则最少有一点所对应的压力波速度和断裂速度是相等的，这时管道将发生持续的裂纹扩展。采用全尺寸试验结果进行校正,TCM 双曲线预测模型就发展成便于实际应用的经验公式。同时,国内外各大研究机构如 Battelle、AISI、BG、Mannesman 和 JISI 等在双曲线模型的基础上都给出了各自的经验公式[14]。这些公式都是指数型关系式,不同的关系式表明钢管的承压情况和规格尺寸对止裂 CVN 的影响程度不同。尽管 TCM 模型的应用非常广泛,但对于预测值高于 94J 时的情况,其误差较大。为此,Leis 提出了修正式[15]。但这种修正只是在一定范围内根据真实的试验结果拟合的,并未从根本上解决 TCM 方法在描述高韧性钢时出现的偏差。这是因为 CVN 能量是试样在断裂过程中的总能量,其中除裂纹扩展能量外,还包括了使裂纹萌生的能量,使试样受冲击部位产生塑性变形的能量以及使试样运动的能量。对于高韧性材料,后三者所占的比例加大,出现了与断裂无关的显著能量散失,使得 CVN 的测量值与裂纹扩展能量不再呈线性关系。

夏比冲击试验的缺点是摆锤的冲击速度远远低于实际裂纹的扩展速度,同时试件尺寸较小,使得测到的 CVN 能量不能严格地反映裂纹扩展过程中受到的材料韧性的影响。

(3) 落锤撕裂试验法

落锤撕裂试验早期主要用于根据断口形貌确定铁素体钢的韧脆转变温度,后来也用于评价材料的断裂韧性[3]。如图 10-2 所示为 DWTT 试验冲击吸收能和断裂时间的关系,两者呈线性关系,断裂时间和断裂速度成反比。该图说明,断裂速度和 DWTT 冲击能量之间存在良好的相关性,断裂速度随 DWTT 冲击能量的增加而增加。因此,可通过建立 DWTT 冲击能量与延性断裂止裂的关系来研究新的止裂判据[16-17]。加拿大-美国联盟管道天然气输送管线的技术条件已列入了这一指标[18]。

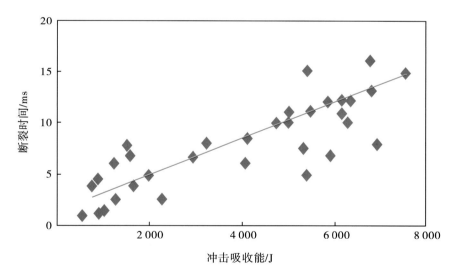

图 10-2　全尺寸爆破试验断裂时间与 DWTT 冲击吸收能的关系图

美国的巴特尔纪念研究院通过大量的试验证实,天然气管道中断裂传播阻力与落锤撕裂试验的剪切面积有关,剪切面积越大,则提供的断裂阻力越大,因而断裂的扩展速度也就越低[19]。如图 10-3 所示为日本 NKK 得到的全尺寸部分气体爆破试验中的断裂速度和落锤撕裂试验获得的剪切面积之间的关系,两者亦为线性关系[10]。

近 20 年来的研究工作表明,就高韧性钢而言,基于 DWTT 试验的结果比 CVN 试验更加准确[20]。DWTT 试验的锤击速度虽然低于全尺寸试验裂纹的扩展速度,但与 CVN 试验相比,DWTT 的锤击速度更接近于真实状态。另外,DWTT 采用全厚度试样,因而完全剪切撕裂破坏可以像全尺寸断裂行为那样得到充分的发展,因此DWTT试验成为测量裂纹扩展时有效能量的更好方法。同时,DWTT试样比 CVN 试样宽,因此,可采用预开裂试件和双 V 形槽试件及其他方法消除起裂功[21]。

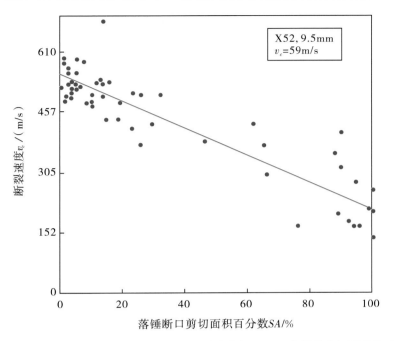

图 10-3　全尺寸部分气体爆破试验中的断裂速度与 DWTT 获得的剪切面积关系图

(4)基于裂纹尖端张开角的止裂预测法

裂纹尖端张开角($CTOA$)是一个断裂力学参量,在裂纹稳态扩展阶段,$CTOA$ 达到临界值而保持恒定不变。对于钢制管道而言,用 $CTOA$ 表征其断裂韧性可以得到最为近似的材料断裂特征[22-23],因而被认为是可以替代基于夏比冲击试验的止裂韧性预测,是一具有发展前途的止裂研究方向,其部分研究成果已被应用于工程实际中[24-26]。

测定 $CTOA$ 的常用方法是双试样法。取具有不同缺口长度(断裂韧带)的试样,用 CVN 或 DWTT 冲击实验,由裂纹扩展时测量到的能量推断裂纹张开角。双参数测试证明裂纹的扩展能量与试件的缺口长度呈线性关系[27],说明裂纹尖端张开角可以用作材料止裂性能指标。

裂纹尖端张开角($CTOA$)的定义是:

$$CTOA = 2\arctan\left(\frac{1}{2}\lim_{\Delta a \to 0}\frac{\Delta \delta_t}{\Delta a}\right) \tag{10-1}$$

式中,δ_t 为裂纹尖端张开位移;Δa 为裂纹扩展量。

$CTOA$ 作为判据使用时,先是计算裂纹扩展过程中每一时刻的最大裂纹尖端张开角 $CTOA_{max}$ 的大小,然后将其与材料的临界裂纹尖端张开角 $CTOA_C$ 进行比较,来判断管道裂纹是继续扩展还是止裂:

$$CTOA_{max} \geqslant CTOA_C \qquad 裂纹扩展 \tag{10-2}$$

$$CTOA_{max} < CTOA_C \qquad 裂纹止裂 \tag{10-3}$$

式(10-2)和式(10-3)可以作为与能量判据等价的公式来评价压力管道裂纹的扩展和止裂。

$CTOA_{max}$ 是裂纹扩展的驱动力,是管道裂纹延性扩展中最大的裂纹尖端展角,可采用弹塑性有限元方法进行计算。另外,还可以采用下面的经验公式来计算:

$$CTOA_{max} = C\left(\frac{\sigma_h}{E}\right)^m\left(\frac{\sigma_h}{\sigma_o}\right)^n\left(\frac{D}{h}\right)^q \tag{10-4}$$

式中,σ_h 为初始管道压力下的环向应力,MPa;σ_o 为管道材料的屈服强度,MPa;E 为材料的弹性模量，MPa；D 为管道直径，mm；h 为管道壁厚，mm；C、m、n 和 q 均为无量纲量，$C = 106$，$m = 0.753$，$n = 0.778$，$q = 0.65$。

$CTOA_C$ 是裂纹扩展的阻力，即代表材料的止裂韧性，可以通过摄像机拍摄的影像从实物裂纹扩展的照片上观测得到，也可以同 CVN 或 DWTT 试验建立联系。Wilkowski 分别建立了基于 CVN 和 DWTT 吸收功的 $CTOA_C$ 测定方法。

对于 CVN 试验，可应用下面的经验公式：

$$CTOA_C = \frac{7\,015}{\sigma_{od}} \cdot \frac{C_v}{A} \tag{10-5}$$

式中，C_v 为夏比吸收能，J；σ_{od} 为材料的动态屈服应力，MPa；A 为断口面积，mm^2。

对于 DWTT 试验，较常用的是双试件 DWTT 法。美国西南研究院发展了这一模型，通过试验测得的缺口长度分别为 a_1 和 a_2 的 DWTT 试样的吸收能 E_t（J）以及相应的断口面积 A（mm^2），就可以直接得到 $CTOA_C$[28]：

$$CTOA_C = \frac{180 \times 2\,571 \times \left(\left(\frac{E_t}{A} \right)_{W-a_1} - \left(\frac{E_t}{A} \right)_{W-a_2} \right)}{\pi \cdot \sigma_{od} (a_2 - a_1)} \tag{10-6}$$

式中，E_t 为 DWTT 试样的吸收能，J；A 为断口面积，mm^2；W 为 DWTT 试样宽度，mm；σ_{od} 为材料的动态屈服应力，MPa；a_1、a_2 分别为缺口长度，mm。

通过比较上述延性止裂韧性预测方法可知，全尺寸爆破试验的结果精确但代价昂贵，在进行管线设计时，若该管道的设计参数未超出国际上业已经过全尺寸止裂爆破试验验证的数据范围，就可以利用经过验证的预测模型和修正系数来确定管道所需的止裂韧性。而对高韧性管材而言，采用夏比冲击功来评价延性止裂韧性已经出现了偏差，而基于 DWTT 试验得到的冲击能量相比较而言则更为准确。另外，$CTOA$ 法是一个具有发展前途的止裂判据，而该方法在测定 $CTOA_C$ 时也需要进行 DWTT 试验。

10.2 落锤撕裂试样异常断口的分类及其评判方法

10.2.1 落锤撕裂试样异常断口的概念

目前，DWTT 试验方法首次作为 API 标准应用于具有更高的强度和更高的韧性的管线钢。用压制缺口 DWTT 试样用于这些高强度、高韧性的管线钢时，经常会出现异常断口。根据 API RP 5L3 试验标准、我国国家标准 GB 8363 及我国石油天然气行业标准 SY/T 6476 的规定，DWTT 试验的有效试样是指整个断裂面呈现出延性断裂的试样或缺口根部呈现解理断裂的试样。若试样缺口根部的断裂为延性断裂接着转化为解理断裂，则该试样会被判定为无效试样，其断口称为异常断口[29-31]，如图 10-4 所示。

API RP 5L3，GB 8363 及 SY/T 6476—2000 规定：①对出现异常断口的试样判定为无效；②对采用人字形缺口的 DWTT 试样进行复验。然而，在目前对高强度、高韧性管线钢的实际试验中，人字形缺口的 DWTT 试样并不能完全抑制异常断口现象的产生，现行标准对此

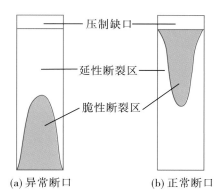

图 10-4 DWTT 试样的正常/异常典型断口示意图

也没有进一步的描述和规定,这就给高强度、高韧性的管线钢实际生产中的检验、评判造成了一定的困难。

异常断口采用的处理方法对管线钢的韧脆转变温度的试验值影响较大。将落锤锤击侧的脆性断裂面积像缺口根部的脆性断裂面积一样处理所得到的韧脆转变温度比忽略异常破裂面影响所得到的韧脆转变温度要高约20℃[32],如图 10-5 和图 10-6 所示。将异常断口中靠近锤击侧的解理断裂形貌不作为脆性断裂区考虑(disregard)所得到的韧脆转变曲线,更接近相应的 West-Jefferson 全尺寸部分气体爆破试验的 SA 转换温度曲线。然而,将 DWTT 试样的异常断口中的解理断裂区简单地看作韧性断裂显然是不合适的,也是有安全隐患的。

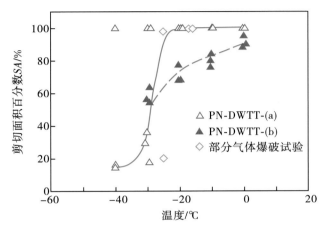

图 10-5　压制缺口 DWTT 和全尺寸部分气体爆破试验的 SA 与温度的关系
图中(a)和(b)分别对解理断裂区采用不同的处理方法

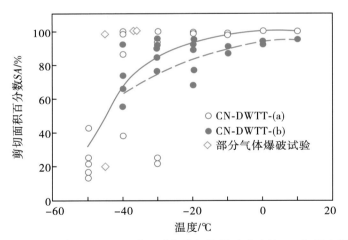

图 10-6　人字形缺口 DWTT 和全尺寸部分气体爆破试验的 SA 与温度的关系
图中(a)和(b)分别对解理断裂区采用不同的处理方法

若根据试验标准的规定把出现异常断口的试样判定为无效试样,就很难得到在转换温度区域的 SA 转换温度曲线,试验结果将不能反映材料在试验温度范围内的真实抵抗裂纹扩展的性能。如何对异常断口进行客观的评价,从而准确判断管道断裂裂纹的扩展和止裂行为,对保证管线的安全具有重要意义。

10.2.2　落锤撕裂试样异常断口的分类

根据断裂的起裂和扩展特征,可将所有断口分为 4 大类:第一类断口,韧性起裂、韧性发展;第二类断口,韧性起裂、扩展中伴有脆性特征;第三类断口,脆性起裂、韧性和脆性混合扩展;第四类断口,脆性起裂、脆性发展。

第一类断口,如图 10-7 所示。断裂在缺口根部韧性起裂,裂纹发源处(通常在缺口中央)有一个小三角区(图中箭头所示),小三角内有平行于缺口的横向撕裂条纹;裂纹扩展中,多数为单向的斜断面,断面粗糙,也可观察到扩展过程的停顿和再扩展现象,断裂面的走向会发生改变,但并不改变断裂的特征,有时伴有少量的断口分离,在锤击侧没有解理脆断现象出现。整个断口有明显的宏观塑性变形,特别是锤击侧有较大的展宽量,扩展区试样壁厚的减薄也很显著。

图 10-7　第一类断口

第二类断口,如图 10-8 所示。韧性起裂,裂纹扩展的过程伴有脆性特征区域出现。裂纹发源处与第一类相同,在缺口根部中间出现了小的三角区。扩展区的韧性区断面不如第一类断口粗糙。扩展中的脆性区有 2 种类型:一类是处于断口中部的、控轧钢中特有的三角区(见图中空心箭头所指处),另一类是集中的脆性区(见图中实心箭头所指处)。这 2 类脆性区有一个共同的特点,就是均起始于断裂的重新起裂线(见图中燕尾箭头所指处),说明与再次起裂相关。由于再次扩展时裂尖尖锐、裂纹深度大,重新起裂处的载荷降低、脆性倾向变大,同时该类断口伴有较多的断口分离出现。在锤击侧的断裂末端,有一极为粗糙的韧性撕裂区,其内可见垂直于试样厚度方向的平行条纹。

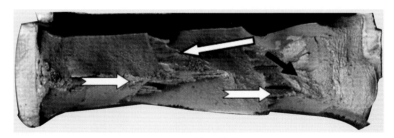

图 10-8　第二类断口

第三类断口,如图 10-9 所示。脆性起裂,韧性和脆性混合扩展。紧邻缺口根部处有三角形的脆性放射状起裂区(如图中虚线箭头所指)。裂纹扩展区为韧性或脆性和韧性的混合型,在扩展区中与起裂脆性区不相连的脆性区,也均为裂纹的再次起裂引发。在锤击侧的断裂末端,也有韧性撕裂区。试样的宏观塑性变形较前 2 类断口小。

第四类断口,如图 10-10 所示。脆性起裂、脆性发展。试样的宏观塑性变形极小,脆性区贯穿整个试样,放射状脆性区呈平断口,其两侧剪切唇的厚度较小。裂纹扩展的速度很快,但在扩展过程中也有停顿,重新起裂线如图中箭头所指。

根据 API RP 5L3 的规定,前面对 DWTT 断口的 4 大分类中,凡是属于第二种类型,即韧性起裂、脆性扩展的断口,均属于异常脆性断口。根据异常脆性断口中脆性区的分布特征,又可分为 3 类异常断口。

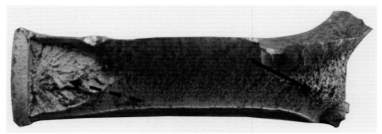

图 10-9 第三类断口

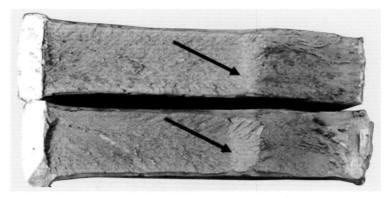

图 10-10 第四类断口

第一类异常断口：试样缺口根部韧性起裂后经历了较长时间的韧性稳定扩展，在韧性裂纹扩展接近锤击边时，仅在锤击区域产生孤立的脆性断裂形貌区，如图 10-11 所示。这种断口一般出现在试验温度高于韧脆转变温度或韧脆转变温度范围偏于温度较高的一侧。其断口特点是，仅在接近锤击侧时试样断口的展宽急剧增加，脆性断裂形貌区从厚度急剧增加的试样中部开始。在接近锤击侧的厚度中部产生孤立的脆性区，试样边缘呈韧性断裂形貌特征。

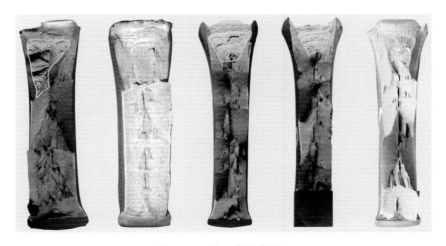

图 10-11 第一类异常断口

第二类异常断口：试样缺口根部韧性起裂后经历了韧性稳定扩展，一般在接近或超过试样的原始中和轴后，裂纹扩展形式转变为脆性断裂直至试样破坏，脆性面积较大，如图 10-12 所示。这种断口一般出现在韧脆转变温度附近偏于温度较低的一侧。其断口特点是，脆性断裂处试样变形后的厚度明显大于试样的原始厚度，愈接近锤击侧试样厚度增加得愈大。在试样的上部，由于锤头作用和弯曲作用在试样中引起的压缩变形使材料韧性劣化，离试样上表面越近的材料韧性劣化的程度越大。试样的断口表现为试样韧性起裂止裂后(可能经过了多次起裂和止裂过程),当裂纹进入压缩变形材料韧性的劣化区后,材料韧性的劣化程度足以使断裂以解理的方式重新起裂时,试样将以解理断裂形貌重新起裂。由于解理断裂所需要的能量较小,此时试样内部贮存的弹性应变能足以使试样完全断裂。

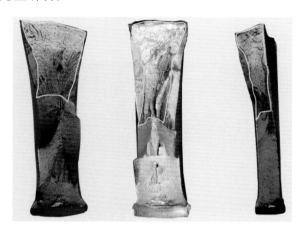

图 10-12　第二类异常断口　　　　　　　　图 10-13　第三类异常断口

第三类异常断口:试样缺口根部和锤击侧均呈韧性断裂形貌,仅在试样中部的核心部位出现脆性断裂区域,如图 10-13 所示。此类异常断口与前面 2 类异常断口有本质的不同,解理断裂区出现在接近压制缺口区,出现的脆性断裂形貌处并不在试样的受压区,且锤头对该处的影响也非常小,试样的厚度并没有增加。压制缺口的过程使缺口根部材料的韧性劣化,并未使试样脆性起裂,裂纹在试样起裂前存储在试样内部的弹性能和在锤头的作用下以韧性断裂的方式扩展。随着裂纹的扩展,试样中的弹性应变能减小,锤头作用于试样的压力也减小。当试样内部的弹性能和锤头的作用小于试样裂纹扩展所需要的能量时,裂纹扩展一段距离后止裂。止裂后锤头继续对试样做功,试样重新起裂,但试样重新起裂并不是以缺口的形式起裂,而是以比缺口尖锐得多的裂纹形式起裂。缺口的尖锐度对缺口根部的应力状态有明显的影响,缺口越尖锐,缺口尖端的应力越大,应力变化的梯度也越大,从而在裂纹尖端的试样厚度中部产生了非常高的三向拉应力状态。众所周知,一种材料在断裂的过程中表现为韧性或是脆性并不是一成不变的,而是与应力状态有关。应力状态为三向等拉伸时,因为切应力分量为零,因而不易产生塑性变形,而易引起脆性断裂。因此,当材料的韧性在某一范围时,由于缺口尖锐度的变化,试样在断裂的过程中重新起裂时,在试样厚度的中部会产生解理断裂形貌。越接近试样表面,裂纹尖端厚度方向的拉应力越小,在试样表面厚度方向的拉应力为零。因此,越接近试样的表面,应力状态的软性系数越大,越易产生塑性变形,从而在试样接近表面处产生延性断裂形貌。

第二类和第三类异常断口的根本区别在于:第二类异常断口的产生主要是由于裂纹穿过前试样材料的韧性劣化所引起的,而第三类异常断口是由于裂纹在扩展的过程中裂尖应力状态发生变化而产生的。第二类异常断口的解理区面积较大,试样边缘的剪切唇很小或几乎不产生剪切唇,试样一旦产生解理断裂,止裂的可能性很小;而第三类异常断口的解理区一般仅限于试样厚度的中心部位且面积相对较小,在接近试样的边缘有较宽的剪切唇,试样产生解理断裂后,由于有较大的剪切断裂,试样还有可能经过多次止裂、起裂过程,最后才完全断开。第三类异常断口试样的残余厚度与第二类异常断口的残余厚度明显不同,其大于试样的原始厚度部分比第二类异常断口小得多,而且也比第一类异常断口小,仅限于锤击侧很小的范围。

图 10-14 为不同类型异常断口裂纹脆性扩展区断口的微观形貌。不同类型异常断口的脆性区，虽然形状和面积大小不同，但其断口的微观形貌基本相同，其解理面较大，且均有韧性变形棱。这种断口形貌说明，此时材料裂纹扩展的韧脆状态对外界的影响因素非常敏感，外界条件如应力约束状态、裂纹扩展速度等变化，其韧脆状态就有可能变化。异常断口的出现是由材料本身的性能和试样的受力状态决定的。若将这些试样均视为无效试样，试验结果将不能反映材料在试验温度范围内真实抵抗裂纹扩展的性能。

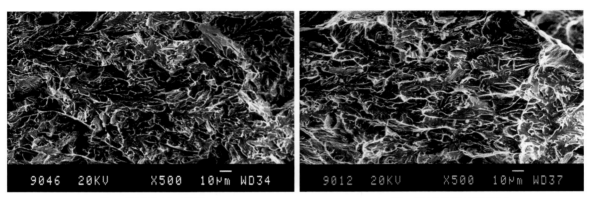

(a) 第一类异常断口脆性区　　　　　　　　　　(b) 第二类异常断口脆性区

图 10-14　不同类型异常断口裂纹脆性扩展区断口的微观形貌

对于第三类异常断口，产生解理断裂形貌的主要原因是：试样在断裂过程中，断裂由缺口型起裂转变为裂纹型起裂，缺口尖锐度的变化和动态效应引起试样重新起裂时，裂纹根部的应力状态发生了变化。发生解理断裂处在裂纹穿过前或穿过时并没有经历压缩变形，产生解理形貌是由材料本身的力学性能决定的，这种断裂形貌的转变在实际管道结构的断裂过程中也会产生。高韧性管线钢的小尺寸试样和管道全尺寸试样的试验表明，韧性断裂过程中裂纹的扩展速度不是一成不变的，整个断裂过程由许多起裂、扩展和止裂的小过程构成，如图 10-15 所示。即使在韧性远低于止

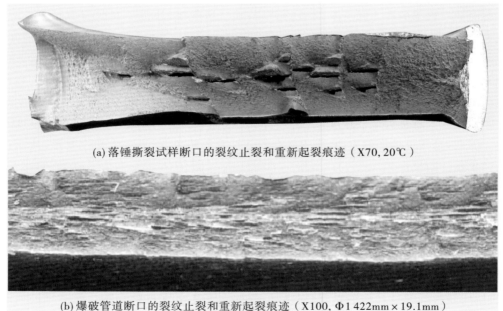

(a) 落锤撕裂试样断口的裂纹止裂和重新起裂痕迹（X70, 20℃）

(b) 爆破管道断口的裂纹止裂和重新起裂痕迹（X100, Φ1 422mm×19.1mm）

图 10-15　落锤撕裂试样和爆破管道断口的裂纹止裂和重新起裂痕迹

裂韧性的管道中,也会出现明显的裂纹扩展减速和止裂现象。一般情况下,每次缺口(或裂纹)重新起裂时缺口(或裂纹)的尖锐度均会发生变化,从而使得应力状态也发生变化,而尖锐度与裂纹止裂时的应力状态和工作(或试验)温度有关。尤其是在管道的韧脆转变温度范围内,重新起裂时缺口(或裂纹)尖端应力状态的变化,有可能出现断裂形貌由韧性断裂变为解理断裂的情况,也可能由解理断裂形貌变为韧性断裂形貌。因此,第三类异常断口的产生是由材料本身的力学性能决定的,是材料本身所具有的断裂特性,在试验过程中既没必要也是不可能消除的。

10.2.3　落锤撕裂试样异常断口的成因分析

DWTT 试样在缺口根部以韧性起裂后,裂纹随后扩展而出现的脆性区有 2 个分布区域:一个是在锤击侧附近,一个是在断口中部。①对锤击侧出现的脆性区,几乎所有的研究机构都认为,是在裂纹扩展到达之前,由冲击和弯曲引起的压缩塑性应变使 FATT85 温度提高造成的。②断口中部的脆性区,日本 JFE(NKK)、韩国浦项等认为,落锤的撞击不仅在锤击侧造成了材料劣化,也引起了断口中部材料韧性下降。此外,材料的成分、冶炼和轧制工艺也会通过材料的性能、组织等因素影响材料的脆化倾向。

(1)锤击侧材料力学性能的改变

为了阐明试样锤击处附近产生脆性断裂的原因,对断裂过程中试样锤击侧的塑性变形行为和由塑性变形引起的韧性变化进行了研究。首先从局部断裂试样的应变来估计冲击断裂过程中试样的塑性变形行为,局部断裂试样可以通过改变冲击能量得到,如图 10-16 所示。试样为 19mm 厚的 X70 管线钢,试验温度为 −20℃,完全断裂试样的剪切面积百分数约为 90%。在试验条件 I 的情况下,尽管已发生屈服,但缺口根部未出现裂纹;在试验条件 II 和 III 的情况下,缺口根部出现的裂纹长度分别为 5mm 和 30mm。

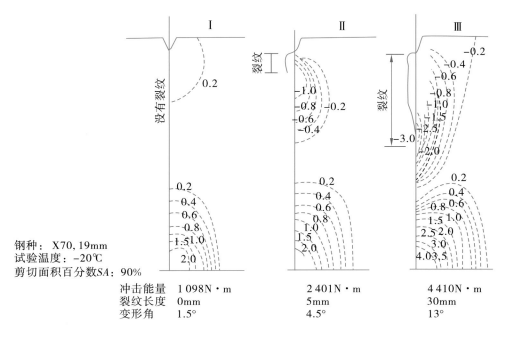

钢种：X70,19mm
试验温度：−20℃
剪切面积百分数 SA：90%

	I	II	III
冲击能量	1 098N·m	2 401N·m	4 410N·m
裂纹长度	0mm	5mm	30mm
变形角	1.5°	4.5°	13°

图 10-16　与冲击能量有关的应变分布

图 10-17(a)显示了试样宽度方向应变沿厚度的分布。如图 10-17(b)所示,锤击侧附近沿厚度分布的应变是由试样弯曲和锤头打击组合形成的。然而,弯曲引起的应变对称于试样宽度方

向的中性轴(除去缺口影响)。所以,从锤击侧附近的应变减去缺口附近观测到的应变,则被认为是由冲击引起的应变。在开裂发生的初始阶段,锤击侧附近的应变大部分是由锤头的冲击产生的,在锤击处约为 13%,而在距锤击处 1 个试样厚度的试样内部约为 2%。随着裂纹的发展,试样弯曲引起的应变增加,与冲击产生的应变叠加。当裂纹继续向内扩展到 30mm 时,在锤击处应变约为 25%,而在距锤击处 1 个试样厚度的试样内部约为 7%。从这些研究可以发现,裂纹从缺口根部扩展到了锤击侧附近,锤击侧已承受了相当大的压缩塑性变形。

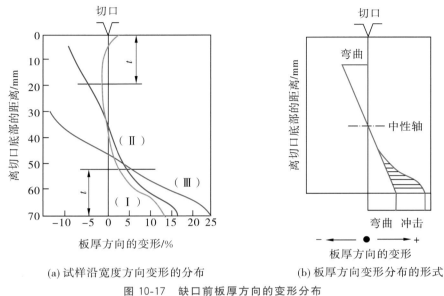

图 10-17　缺口前板厚方向的变形分布

(a) 试样沿宽度方向变形的分布　(b) 板厚方向变形分布的形式

其次,压缩预应变对管材韧性有影响,锤击引起的加工硬化越严重,锤击侧脆性区的面积越大,剪切面积相应越小,韧脆转变温度 FATT85 升高,管材的韧性降低。锤头的冲击作用使锤击附近的材料产生变形硬化,离锤头越近,变形硬化的程度越严重。变形硬化的程度和变形硬化的影响范围与试样在断裂过程中承受的最大载荷和试验温度有关。试样在断裂过程中承受的最大载荷越大,变形硬化的程度就越高,变形硬化影响的范围就越大。随着试验温度的降低,材料的延性降低,但其屈服强度和抗拉强度提高,材料屈服则需要更高的应力和更大的变形。因此,在载荷相同的情况下,变形硬化的程度降低,则影响的范围减小。

锤头的冲击作用不仅使材料发生形变硬化,同时还使锤击侧试样的厚度增加,越接近锤头处,厚度的增加量越大。试样厚度增加的程度和厚度增加的范围,与试样在断裂过程中承受的最大载荷和试验温度有关。试样在断裂过程中承受的最大载荷越大,试样由塑性变形产生的厚度增加的程度和厚度增加的范围越大。随着试验温度的降低,屈服强度和抗拉强度提高。在载荷相同的情况下,试样的塑性变形减小,因此,由塑性变形产生的试样厚度增加的程度和厚度增加的范围减小。

试样起裂前承受了较大载荷产生的塑性变形,当试样起裂载荷降低后,试样的受力状态和应力分布改变,这些塑性变形区域的材料性能的改变是不能恢复原状的。当试样断裂裂纹穿过这些区域时,材料已不是原始状态的材料,而是经过变形硬化后的材料,变形硬化后材料的屈服强度提高,断裂韧性降低。受压塑性应变比受拉塑性应变对韧性的影响更大,尤其是对材料的韧脆转变温度的影响。变形硬化区的范围与试样承受最大载荷时的塑性区是一致的,其变形硬化的程度与材料的塑性变形程度一致。

对于同一种材料,异常断口现象发生在一定的温度段,位于韧脆转变温度的附近。温度较高时,材料的韧性较好,锤击冲击力在锤击侧产生的形变硬化不足以使其产生脆性破坏;温度较低时,材料的韧性整体较低,缺口根部为脆性起裂,锤击冲击力在锤击侧产生的形变硬化对其脆性增加的影响相对较小。在某一温度段内,压制缺口产生的形变硬化和缺口的应力集中不足以使缺口脆性起裂,而锤头冲击力在锤击侧产生的形变硬化使其产生脆性断裂,出现异常断口。

（2）落锤试验机及试验方法的影响

通过对试验现场的观察,发现目前的落锤试验机在设计、安装、维护等方面还有一些问题。例如,试验机的刚性不足,锤头落下时,试验机及地基的震动较为严重;又如,试验机的紧固螺钉没有采用高强度级别,也没有防松措施,在使用过程中常有螺钉松动或断裂的情况,锤落下时砝码间有跳动现象,这些问题都对试验结果有一定的影响。当锤头落下时,主能量传递给试样后,还会有若干次的小能量冲击在试样上,这为断裂过程的再次起裂创造了力学条件。断口中部出现的脆性区都是断裂的再次起裂所引起的,并且在试样的侧面可以看到因再次起裂与断口上再次起裂位置对应处发生的变形,说明再次起裂时试样受到了力的作用,如图 10-18 所示。将再次起裂的脆性区和锤击侧的脆性区进行比较,发现在再次起裂的断口微观形貌中有明显的载荷波动的迹象,如图 10-19 所示。从试验条件和现象分析,裂纹在断口中部的重新起裂,是因为锤头的又一次撞击。在此情况下,很容易造成裂纹的"停止—再起裂—停止—再起裂"的循环,这是断口上三角形异常脆性区形成的原因之一。

日本 NKK 在 1975 年的研究表明,能量对 DWTT 试验结果没有影响[31]。在相同的冲击速度下改变能量,发现随着能量的提高,SA 有下降的趋势。同时还发现,在相同的材料和试验条件下,人字形缺口可降低异常脆性断口的发生频率,但是其 SA 却普遍小于压制缺口的 SA。人字形缺口的起裂功较小,弹性及塑性变形功也小。因此,在能量分配上留给断裂扩展的部分就大,这与提高总的冲击能量的作用是一样的。因此,试验中对总冲击能量的选用应该有恰当的规定。

此外,国内各工厂对于同一批材料的落锤试验的结果往往有出入,出现异常脆性断口的比例也不尽相同,这些现象从一个侧面反映了试验机状况、试验方法等也是影响试验结果的因素之一,今后应深入研究试验机状态、试验方法的细节,对试验结果的影响如缺口形状、试样冷却方法、锤击能量的选择等。

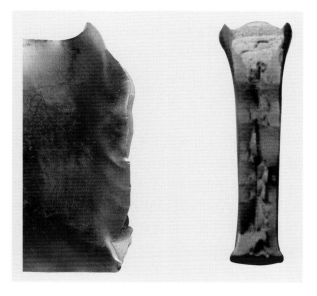

图 10-18　断口再次起裂时试样断口附近发生的变形

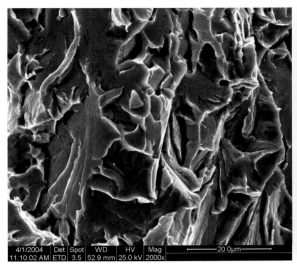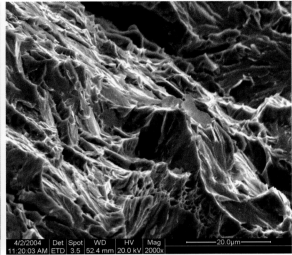

(a) 锤击端附近脆性区解理　　　　　　　　　　(b) 扩展脆性三角区解理

图 10-19　断口的微观分析

10.2.4　消除或减少异常断口的方法

（1）对试样进行处理

对高韧性管材而言，传统的压制缺口形式的试样由于缺口处的加工硬化程度不足以引起脆性起裂，容易产生异常断口。和人字形缺口的试样相比，断裂前试样受到的锤击力更大，其作用时间也更长。因此，试样的锤击侧受到的压缩变形更大，材料的韧性劣化程度和范围也越大，更易产生脆性断裂形貌，形成异常断口。减小锤击在试样背部产生的变形硬化的范围和程度，可以通过降低试样在断裂过程中所承受的最大载荷来实现。采用人字形缺口，试样在断裂过程中所承受的最大载荷将低于压制缺口的试样，可以减少异常断口的产生。背槽落锤撕裂试样是在试样落锤打击处开有约 3mm 宽的不同深度的背槽，所开背槽用高强钢垫片填充。通过试验和对试样的受力分析可知，背槽对试样起裂载荷和裂纹稳定扩展阶段的影响较小，并不能减小试样的起裂功，但对载荷-位移曲线的尾部影响很大，即对试样破坏的最终阶段的影响很大。背槽的存在在一定程度上减小了锤击侧的三维应力约束，降低了产生解理断裂的可能性。采用人字形缺口开背槽形式的试样可以大大降低第二类异常断口产生的可能性。然而，采用人字形缺口开背槽形式的试样并不能完全消除异常断口的产生。

（2）对试验过程严格要求

试验研究表明，异常断口的出现有时是由于试验过程中的人为失误或试验机状况不佳等引起的。比如在往试验机内放置试样时缺口不对中造成试样的断口异常，试验机的紧固螺钉没有采用高强度级别，也没有防松措施，使用过程中常有螺钉松动或断裂的情况，锤头落下时，砝码间有跳动现象。当锤头落下时，主能量传递给试样后，还会有若干次的小能量冲击在试样上，这为断裂过程的再次起裂创造了力学条件，从而增加了试样出现断口异常的概率。另外，冲击能量过大会加剧锤击侧加工硬化的程度，容易造成试样的断口异常。因此，为了减少因人为因素和试验机状态不佳等因素对试验结果的影响，试验前应当仔细检查试验机状况，特别是要防止落锤配重的松动、试样的偏斜和不对中；选择冲击能量时，应当首先满足试样一次冲断的要求，在此基础上要有合适的取值范围，从而避免冲击能量过大或过小，这需要在试验中摸索和总结，针对不同钢级的管材要确定合适的冲击能量级别。通过上述措施,可以避免因为试验过程的各种因素引起的试样断口异常现象,从而保证试验结果的真实、准确和可靠。

上述方法仅适用于第一类和第二类异常断口,而对于第三类异常断口的消除没有效果。这是因为第三类异常断口的产生是由材料本身的力学性能所决定的,是材料本身所具有的断裂特性,在试验过程中没必要消除,也是不可能消除的。

10.2.5　评价异常断口的方法

(1)国内外的不同观点

DNV 研究认为,API RP 5L3 中要求试样的缺口根部脆性起裂的规定没有必要,韧性起裂并不会改变材料的韧脆断裂曲线随温度变化的规律。

日本 NKK 对出现异常脆性断口的高钢级厚壁钢管进行了部分气体爆破试验。其断裂速度和剪切面积完全符合经过大量的统计数据得到的全尺寸爆破断裂速度与 DWTT 剪切面积的线性对应关系,如图 10-20[33] 所示,说明对于出现异常脆性断口的高韧性管材的断裂行为,可以和不出现异常脆性断口的管材一样进行评价。同时,试验结果显示,当压制缺口出现异常断口时,忽略脆性区的剪切面积百分数 SA 与全尺寸爆破试验断裂面中的 SA 相吻合;压制缺口考虑脆性区、人字形缺口考虑或不考虑脆性区的评判结果,都比全尺寸爆破的 85%FATT 高,因此建议评判时可忽略异常脆性区。但近年来日本 NKK 对 DWTT 异常脆性断口问题的看法有所变化,在进行质量控制以及向客户提供技术数据时,开始将断口中部的异常脆性区计入脆性面积中。

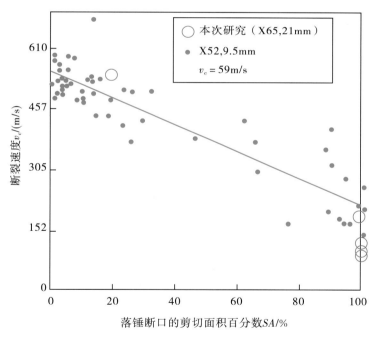

图 10-20　正常/异常断口的钢管实物气爆断裂速度与 DWTT 试样 SA 的相关图

Gery Wilkowski 等认为,锤击侧的脆性区是由于锤击引起的,不是材料在转变温度时表现出的性能。

Leis 和 Brian 认为,DWTT 异常脆性断口的出现与试验的总能量、锤击速度及锤击方式,以及材料的组织、性能包括形变硬化指数等条件相关。

日本 NKK 和韩国 POSCO 认为,异常脆性断口的出现是材料韧性好的表现,评判时应将脆性区忽略不计。

DNV 对断口侧表面下 5mm 处进行硬度测试,发现距锤击侧 30mm 位置的硬度比原始材料的状态高出 30HV,说明评判区从锤击侧扣除 19mm 是不够的。

中国石油集团石油管工程技术研究院(TGRC)与有关单位一起进行了 DWTT 异常断口的研究,得到以下基本认识:①异常脆性断口是材料的成分、组织、性能以及试样情况、试验条件等共同作用的结果;②锤击侧局部区域出现的脆性区域,是锤击的弯矩和压力引起的局部变形和硬化造成的;③断口中部出现的脆性区,均由裂纹的再次起裂所引发;④改变缺口形式,可改变 DWTT 异常脆性的发生概率,但并不能完全消除异常脆性断口[34];⑤材料的室温静拉伸性能与 DWTT 未发现相关性,夏比冲击试验结果与 DWTT 的结果有一定关系;⑥材料的组织对 DWTT 的结果有影响[35];⑦试验的条件、方法(包括能量的选用),对 DWTT 的结果有影响[36]。

该研究工作基于大量的试验研究,认为在 DWTT 试验中,正常断口以脆性起裂;在壁厚较大的高强度、高韧性管线钢中,常常出现以韧性起裂伴有脆性扩展的异常断口。对出现异常断口的试样,应作为有效试样,提出了下述偏于保守的评判方法:

1)评判区域,按 API RP 5L3 的规定,将从缺口根部和锤击侧分别扣除 1 个壁厚(壁厚大于19mm 的只扣除 19mm)的所剩区域,定为断口的有效评判区。

2)脆性面积按有效评判区内的实际面积进行计算。在评判区域内,当孤立脆性区的分布不超过从锤击侧算起的 25mm 范围时,可以忽略不计;超过 25mm 范围时,评判区域内的脆性面积全部计算。

如按上述方法评定的结果不合格,允许采用人字形缺口的试样重新试验,试验中出现异常断口,评判方法按本补充规定执行。

这一评判方法是建立在大量的试验研究工作基础上的。由于没有一概忽略异常断口中的脆性区,因此较实物气体爆破试验的结果要偏于安全,同时,给无效的异常断口试样提出了评判处理的办法。在满足管线质量控制要求和安全可靠性要求的前提下,较好地解决了困扰高钢级管线钢应用的一个关键技术问题,可显著地减少不合格率及反复试验检测的工作量,具有重大的经济效益和显著的社会效益。当然,这一评判方法要作为一种标准投入应用,尚需大量的试验数据的支持和进一步深入细致研究的完善。

(2)我国现行标准异常断口的评判规定

目前,我国工程上通常对异常断口的判定方法是按照 SY/T 6476《管线钢管落锤撕裂试验方法》的标准进行的。

该标准根据裂纹扩展过程中形成的脆性区的形态和分布可分为 4 类,如图 10-21 所示。第 Ⅰ 类异常断口,脆性区分布在锤击侧 1 个壁厚的范围内;第 Ⅱ 类异常断口,脆性区在锤击侧,分布超出 1 个壁厚的范围;第 Ⅲ 类异常断口,脆性区分布在断口韧带中部,从锤击侧算起超过断裂韧带的中线;第 Ⅳ 类的异常脆性断口,脆性区出现得更早,距缺口的最近距离小于 1 个壁厚。

标准规定出现异常断口的试样应作为有效试样,并按下述方法进行评定。

方法一:

1)评判区域,将从缺口根部和锤击侧分别扣除 1 个壁厚(壁厚大于 19mm 的只扣除 19mm)的剩余区域定为断口的评定区。

2)脆性面积按评定区内的实际面积计算。如评定结果不符合规定的要求,可按方法二进行评定。

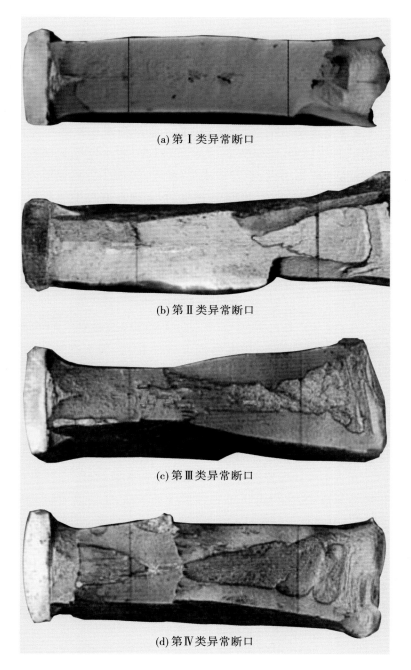

(a) 第 Ⅰ 类异常断口

(b) 第 Ⅱ 类异常断口

(c) 第 Ⅲ 类异常断口

(d) 第 Ⅳ 类异常断口

图 10-21　SY/T 6476 中的异常断口分类

方法二：

1）对第 Ⅱ 类和第 Ⅲ 类异常断口，将整个断口作为评定区域，脆性面积按评定区域内的实际面积计算。

2）对第 Ⅳ 类异常断口，可采用人字形等尖锐缺口重新进行试验，其中多数会变为正常断口，如果仍然是异常断口，按对第 Ⅱ 类和第 Ⅲ 类异常断口评定的方法进行评判。

3）对于采用压制缺口的试样，如按上述方法评定的结果不合格，允许采用人字形缺口的试样重新试验。

鼓励标准使用者根据实物气体爆破试验及其他试验结果，对评判方法进行修正。

10.3 断口分离现象及其评定方法

无论是钢板或直缝埋弧焊管,还是板卷或螺旋缝埋弧焊管,横向试样出现的断口分离现象比纵向(或者其他角度)试样的要严重些,并且这种现象在韧脆转化温度附近尤为明显,对于控轧钢特别是高强度的管线钢,往往会出现明显的断口分离现象。断口分离现象是指控轧板材在进行力学性能试验(包括拉伸试验、冲击试验、落锤试验、COD 试验等)和水压爆破试验时在断口处发现的二次裂纹或分层,它们垂直于断口表面、平行于钢板(板卷)表面。分离现象一般出现在与主应力平行的方向上,是由与主应力垂直的应力作用下产生的,表现在断口上为垂直于主断裂面的二次裂纹。这种分离裂纹在原钢板(板卷)中并不存在,只是在断裂过程中才会出现。

10.3.1 断口分离的产生及其影响

对于控轧管线钢的断口分离现象已进行了大量的研究,其形成的原因目前有多种不同的观点:

1)管线钢在($\alpha+\gamma$)两相区控轧时形成{100}⟨110⟩织构,这种沿轧制平面发育的织构不仅能引起钢板平面的各向异性,而且还能引起厚度方向的脆化,因而在外力的作用下,平行于钢板(板卷)表面沿织构出现分离现象。

2)产生断口分离的主要原因是回火脆性,在低温控制轧制后的冷却过程中,偏析层中的磷扩散到铁素体晶界上,削弱了铁素体晶界的韧性,从而出现了断口分离现象。

3)断口分离是由于针状铁素体的基体上夹有珠光体所致。

对于断口分离对控轧管线钢冲击韧性的影响,也存在不同的观点:

1)断口分离的存在并不影响输气管线的裂纹扩展行为和止裂能力。

2)断口分离的出现会导致 CVN 冲击功和 FATT85 的下降,应予以限制。因此,国内外有的管材技术条件规定,出现断口分离现象时对 CVN 冲击功的要求值提高 50%。

20 世纪 60 年代,管线钢管开始使用控轧或热机械加工工艺进行钢的生产。这种工艺导致壁厚中的带状组织内含有马氏体和贝氏体的晶粒薄层。这一结果实际上产生了低合金钢的复合结构。马氏体钢和贝氏体钢在对材料韧性方面有一定的好处,但薄的马氏体和贝氏体晶粒薄层比厚的铁素体/珠光体层还要脆,并导致产生平行于钢管表面的开裂或导致分离,这种分离被认为在轴向扩展的裂纹尖端产生,在裂纹尖端附近将明显地存在一系列的孤立分层。这些分层多被归类为分离,并应与条带夹杂物如 MnS 夹杂物区分开来。壁厚的减薄将减低韧脆转化温度,所以只需添加少量的合金,材料便可具有更高的抵抗脆断的能力。

对在断口上有分离的材料,随温度的升高,分离的现象最终将消失,这是因为马氏体和贝氏体带也达到了上升平台温度。分离对上升平台韧性的影响是,钢中的分层越薄,韧性断裂的抗力越低。因此,有许多分离的材料,其韧性比在高温下无分离的相同材料的韧性低。夏比冲击试样上 100% 的剪切面积对应的最小夏比能即是 CV100。也有其他的方法把最低夏比上平台能称做夏比转变能 CVI。CVI 能可通过作夏比能与剪切面积图来确定,相应地用转变区的数据画 1 条直线,该直线与 100% 的剪切面积相交时,对应的能量即为 CVI。CVI 比 CV100 略低。在更高的温度下,当所有的分离都消失时,真正的上平台能才出现,并且可能高于 CVI 和 CV100。

夏比 V 形缺口的冲击韧性试验结合了缺口、低温、冲击 3 大脆化因素的共同作用。根据金属的断裂原理可知,决定材料断裂类型的因素主要有材料本质、应力状态、温度和加载速度。

从对试验材料的组织、断口分析可以看出,分离的裂纹尖端产生在试样壁厚中部的晶粒尺寸和两相比例有较大差异的两种带状组织之间,分离裂纹沿带状分布的铁素体脆性相扩展。组织和相存在的比例差异必然引起材料力学性能的差异,可见材料中存在着晶粒尺寸和相比例分布不均匀的带状组织,是导致冲击试样的断口分离裂纹出现的主要内因。

分离沿平行于表面的方向扩展,沿厚度方向的应力对分离的产生是必需的,应力状态是影响断口分离的主要外因。冲击试样开缺口造成应力集中和三轴应力状态,使冲击能量和塑性变形集中在缺口附近不大的体积内。冲击试验时,试样受到外力的作用,沿厚度方向的收缩和变形受到约束,在缺口处容易引起较高的弹性三轴应力分布。因为厚度中部的约束最大,产生的拉应力也最大,所以一般在试样中部出现分离裂纹的长度较长、概率也较大,而两侧出现分离裂纹的长度较短、概率也较小。

温度是影响材料韧性的另一主要外在因素。试验温度通过改变材料的切断抗力,即改变金属内部位错滑移的难易程度起作用。温度高时,材料的塑韧性好,不易出现分离裂纹。反之,温度降低时,晶粒尺寸相对较大、铁素体相比例相对较高的带状组织,韧性降低的速度高于晶粒尺寸较小、铁素体相比例相对较高的组织,在冲击力的作用下首先发生开裂,形成分离。温度继续降低时,正常的金属组织也发生脆化,主断口的断裂速度很快,分离来不及形成。这就是为什么在较低和较高温度条件下分离现象出现的概率均较小,而在中间某一温度范围内分离出现的概率最高的原因。

关于断口分离对冲击韧性的影响,分析认为分离裂纹形成于主断口出现之前,分离裂纹形成后会使试样受载时的内部应力重新分布,从而使试样的应力状态变低,显然使致脆的应力因素减弱,导致测试的冲击吸收功增加,因而使人易产生材料韧性高的错觉,而在实际的断裂过程中不会产生断口分离,材料的实际冲击吸收功低于测试值。因此,对于出现严重断口分离现象的材料,从延性止裂的角度出发,CVN 冲击功的要求值应适当提高。

钢板或直缝埋弧焊管相比板卷或螺旋缝埋弧焊管,其断口分离现象要严重一些。这主要是因为,管线钢在轧制过程中产生的平行于轧制方向的由贝氏体/马氏体组成的带状组织,贝氏体/马氏体对提高管线钢的韧性有很好的作用,但贝氏体/马氏体的晶粒薄层比铁素体或珠光体厚层更脆,容易形成平行于钢板表面的层状薄弱界面[37]。在试验中沿钢板厚度方向的强度明显低于纵向,容易产生平行于轧制方向的断裂。断口形成分离裂纹的控轧钢,受力前内部并未存在潜在裂纹,断口分离现象是受力变形时钢板内部的薄弱界面受到钢板中三维应力作用的结果。当取样方向与轧制方向有夹角(板卷 30°和螺旋缝埋弧焊管)时,贝氏体/马氏体薄层受到的应力状况就会发生变化,不同于钢板横向 DWTT 的受力状态,并且断裂后,断面形貌反映的是与轧制方向成一定角度的断面形貌。

总之,①断口分离一般存在于主断口为韧性和以韧性为主的 CVN 和 DWTT 试样上,纯脆性的断口一般不会出现断口分离的现象。②材料中不均匀分布的带状组织是产生断口分离的主要原因之一。带状组织中存在有夹杂物、碳化物和密度较高的 M-A 岛组织及其他脆性组织。

10.3.2 冲击试样的断口分离

(1)冲击试样断口分离的分析

某 Φ1 219mm×18.4mm X80 螺旋缝埋弧焊管材料系列温度的夏比冲击试样断口形貌如图 10-22 所示,在较低温度条件下具有明显的断口分离现象。夏比冲击功和断口剪切面积系列温度的转变曲线如图 10-23 所示,具有较低的韧脆转变温度(FATT)。

图 10-22 系列温度的夏比冲击试样的断口形貌

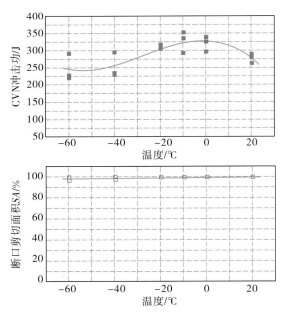

图 10-23 夏比冲击功和断口剪切面积系列温度的转变曲线

FATT50＜－60℃

图 10-24 为 2# 样品不同放大倍数下的断口分离形貌。从宏观形貌图 10-24(b)可以看出，与 1# 样品相同，在 2 个断口的最长、最尖锐的分离裂纹前端均有 1 个颜色不均匀的条带，裂纹沿这个条带的走向开裂并扩展。对裂纹前端和这个条带进一步放大分析，可以观察到裂纹前端条带内的组织明显不同于其他部位的组织，如图 10-24(c)~(f)所示。该条带的组织为贝氏体，片层较小，黑色的 M-A 岛组织较多，其上分布着大量的夹杂物(灰黑色为硫化物，浅的淡黄色为氮化物)，形状有条形的和球形的。

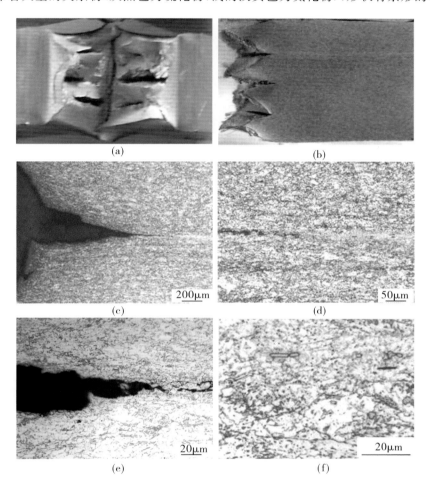

图 10-24　2# 冲击样品的断口分离形貌

在扫描电镜(SEM)下观察 2# 冲击试样断口分离裂纹前端的带状组织，如图 10-25 所示。可以看出，在断口分离前端有明显的黑带。进一步放大观察发现，裂纹前端的黑带内有黑色(比 Fe 原子序数小)和白色(比 Fe 原子序数大)的夹杂物。对裂纹前端的夹杂物进行成分扫描能谱分析，结果表明白色为 Nb 和 Ti 的碳化物，黑色的夹杂物为 MnS、FeS 及碳化物，如图 10-26 所示。

综合分析认为，断口分离裂纹尖端具有的带状组织和夹杂物，使材料的塑韧性变差，冲击过程中在一定温度条件下形成了断口分离裂纹。

(2)夏比冲击试样断口分离上升平台特征参数的确定方法

对于出现断口分离现象而具有上升平台行为的管线钢，其上升平台行为常用一些特征参数来表征。根据系列温度的夏比冲击试验结果，表征冲击曲线上升平台行为的特征参数有以下 4 个：

1)CVN100。它是断口剪切面积达到 100% 时，对应的最低夏比冲击能。

2)CVP。它是夏比冲击上升平台能。

3)CVN_{max}。它是试验温度范围内的最大夏比冲击能。

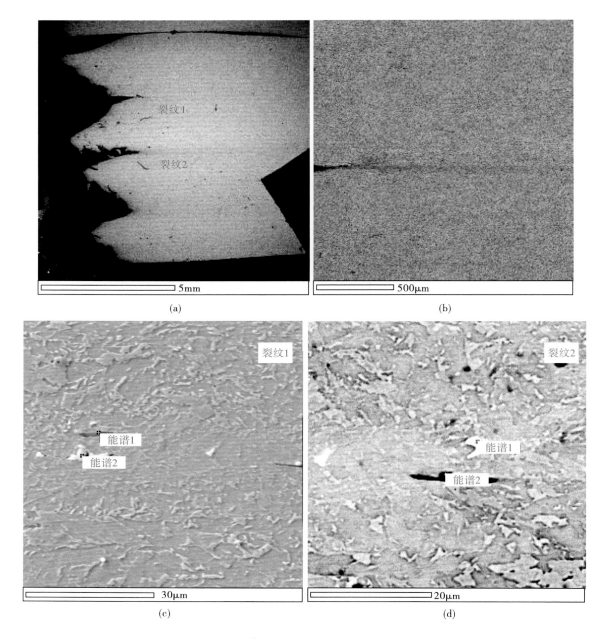

图 10-25 2#冲击样品的断口分离 SME 形貌

4)CVI。CVI 即夏比截距能,是对剪切面积百分数在 20%～95%时的数据点进行线性回归,所得的直线延伸至 100%剪切面积百分数时对应的冲击能。

由于材料本身对试验温度的敏感性,试验选取温度的多少,以及断口剪切面积评价的人为因素,上述这些参数对于不同的试验者来说不是唯一的,存在一定的误差,在有些情况下甚至是难以确定的。但总体来说,经过仔细的设计和试验,这些参数可以反映出出现断口分离现象时材料的上升平台行为。

CVI 的确定方法:首先做系列温度的冲击试验,记录每个试样的断口剪切面积和冲击功。做剪切面积与冲击功的对应关系图。对剪切面积百分数在 20%～95%时的数据点进行线性回归,将所得的直线延伸至 100%剪切面积百分数时对应的冲击能即为 CVI,如图 10-27 所示。要求在 20%～95%的剪切面积百分数至少有 3 个以上的数据点。

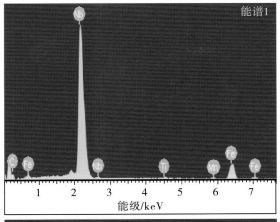

元　素	含量/%	元素比质/%
CK	15.11	55.54
TiK	0.43	0.39
MnK	0.50	0.40
FeK	11.86	9.38
YL	1.00	0.49
NbL	71.10	33.79
总计	100	100

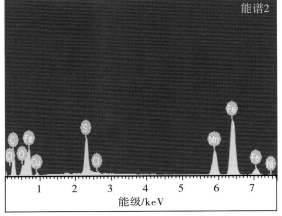

元　素	含量/%	元素比质/%
CK	28.53	60.11
OK	4.34	6.87
SK	7.22	5.70
ClK	0.53	0.38
MnK	15.93	7.34
FeK	41.81	18.95
NiK	0.46	0.20
CuK	1.17	0.47
总计	100	100

图 10-26　2# 裂纹前端夹杂物成分扫描能谱分析

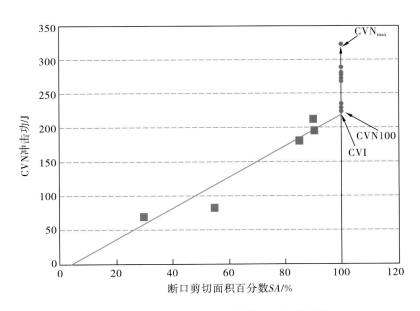

图 10-27　断口分离上升平台的特征参数示例

CVP 的确定方法:首先做系列温度的冲击试验,记录每个试样断口的剪切面积和冲击功。做系列温度的 SA,CVN 转变图,在转变图上存在明显的平台能时,对应的平台能即为 CVP。若无明显的平台能,取 1~3 组最高试验温度的冲击功的平均值作为 CVP。

上平台系数:表征材料的上平台行为有 CVP/CVI,CVP/CVN100,CVN_{max}/CVI,CVN_{max}/CVN100

这 4 个参数,究竟哪个指标能够更合理、更准确地反映材料出现断口分离时的上平台行为尚无定论。由于试验和材料等多种因素,有的参数有时难以确定,即使有时能够确定,但几个参数存在的差异也很大,因此提出了采用这几个参数的平均值的方法来综合衡量材料出现断口分离的上平台行为。根据上述定义和确定方法,测得的一组夏比冲击试样断口分离时上平台特征参数如表 10-1 所示。

表 10-1   断口分离上平台特征参数

CVI /J	CV100 /J	CVP /J	CVN$_{max}$ /J	上平台系数				
				CVP/CVI	CVP/CVN100	CVN$_{max}$/CVI	CVN$_{max}$/CVN100	平均值
260	295	321	337	1.23	1.09	1.30	1.14	1.19

(3)夏比冲击试样断口分离程度的分级方法

在对大量的冲击试样断口进行分析的基础上,根据分离裂纹的长度和数量提出了夏比冲击试样断口分离程度的分级方法。鉴于裂纹深度难以测量,因此,一般不考虑分离裂纹深度的影响。分级方法及步骤如下:

1)首先进行试样断口上分离裂纹长度的测量,并根据分离裂纹的长度,赋予其不同的分值,如表 10-2 所示。

表 10-2   不同长度分离裂纹的分值

长度 L/μm	<1	1.0~1.9	2.0~2.9	3.0~3.9	4.0~4.9	≥5
分值 m	1	2	4	6	8	10

2)根据每个断口上裂纹的长度进行排序(No.1,No.2,No.3,…),不同排序的分离计算分值的系数 k 不同,如表 10-3 所示。根据该原则,依据排列的次序,不同长度分离裂纹计算的分值如表 10-4 所示。

表 10-3   不同排序的分离裂纹的系数

裂纹排序	No.1	No.2	No.3	No.4	No.5
系数 k	1	0.6	0.3	0.2	0.1

表 10-4   依据排序得到的不同长度分离裂纹计算的分值

	裂纹排序	No.1	No.2	No.3	No.4	No.5
	系数 k	1	0.6	0.3	0.2	0.1
长度 L /μm	<1	1	0.6	0.3	0.2	0.1
	1.0~1.9	2	1.2	0.6	0.4	0.2
	2.0~2.9	4	2.4	1.2	0.8	0.4
	3.0~3.9	6	3.6	1.8	1.2	0.6
	4.0~4.9	8	4.8	2.4	1.6	0.8
	≥5	10	6	3	2	1

3)将试样断口上的每个分离裂纹依据表 10-4 计算的分值进行相加,即得到该试样断口分离的总分值 M,即

$$M = \sum k_n m_n \tag{10-7}$$

4）根据总分值将断口分离程度分为Ⅰ、Ⅱ、Ⅲ、Ⅳ 4 个级别，详见表 10-5。

表 10-5 试样断口分离程度分级

总分值 M	≤4	4.1～6.9	7.0～9.9	≥10
分级	Ⅰ	Ⅱ	Ⅲ	Ⅳ

根据该分级方法，不同级别冲击试样的断口分离示例如表 10-6 所示。

表 10-6 不同级别的断口分离示例

Ⅰ	Ⅱ	Ⅲ	Ⅳ

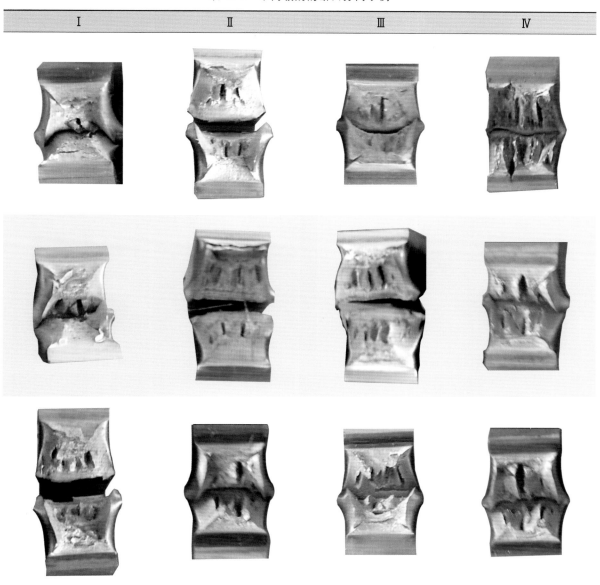

10.3.3 DWTT 试样的断口分离情况

（1）DWTT 试样的断口分离分析

对于常见的 DWTT 试样的断口分离，根据断口分离深度可分为以下 2 种情况。

1)某 22mm 厚 X80 钢管在 0℃条件下的 DWTT 试样(A01)断口宏观形貌如图 10-28(a)所示。其断口上有 1 条很大并且很深的断口分离。断口横截面的分析结果表明,裂纹尖端有明显的带状组织,带状组织内的 M-A 岛和贝氏体的比例比其他部位明显要高,如图 10-28(b)~(e)所示。对断口的主断口面进行扫描电镜观察,发现其撕裂区为多而深的韧窝,呈韧性断裂;将垂直于主断口的分离面剖开进行观察,发现断口形貌为脆性,具有解理断裂特征,如图 10-29 所示。

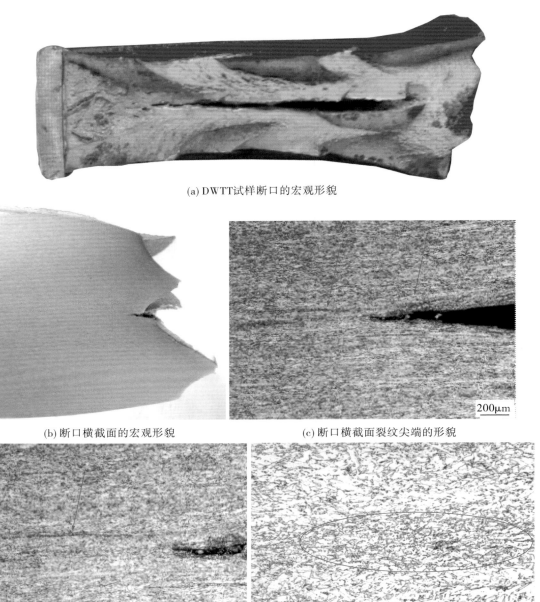

(a) DWTT试样断口的宏观形貌

(b)断口横截面的宏观形貌   (c)断口横截面裂纹尖端的形貌

(d)断口横截面裂纹尖端的带状组织   (e)裂纹尖端带状组织内的显微组织

图 10-28　A01 试样 DWTT 断口分离照片(OM)

2)图 10-30 为某 22mm 厚 X80 钢管在 0℃条件下的 DWTT 试样(013\#)断口宏观形貌。观察可见,该断口没有像上例中那样较为明显的分离,但在断口上有由于塑韧性好而导致的小而浅的断口分离,且这些分离面没有明显的分离裂纹,但形成了台阶状的三角区。

(a) DWTT试样断口的主断面与分离面的宏观形貌

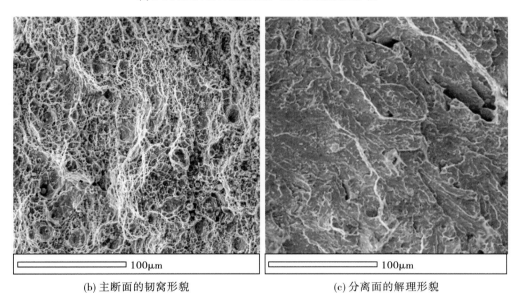

(b) 主断面的韧窝形貌　　　　　　　　　　　　(c) 分离面的解理形貌

图 10-29　A01 试样 DWTT 断口的微观形貌

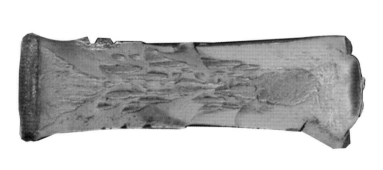

(a) DWTT断口的整体宏观形貌　　　　　　　　　(b) 台阶状三角区的形貌

图 10-30　013# 试样 DWTT 断口的宏观形貌

对该试样断口主断口进行扫描电镜观察,可见其具有明显韧窝的韧性断裂特征,如图 10-31 所示。而具有台阶状三角区部位的,偏向分离面的断口呈解理断裂特征的脆性断裂,偏向主断口的断口具有明显韧窝的韧性断裂特征,如图 10-32 所示。

总之,出现断口分离的 DWTT 试样,主断口呈现明显的韧窝形貌的韧性断裂,大的断口分离(深而长)面为脆性的解理断裂。断口分离与主断口的交界边缘,有些表现为明显的塑性变形,具有韧窝的韧性断裂特征;有些不具有明显变形的边缘,表现为脆性断裂。

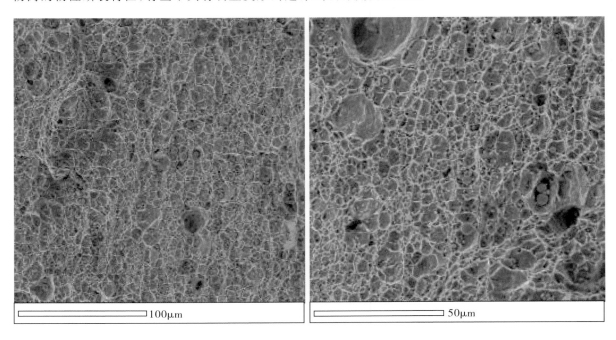

图 10-31 013# 试样 DWTT 主断口的形貌

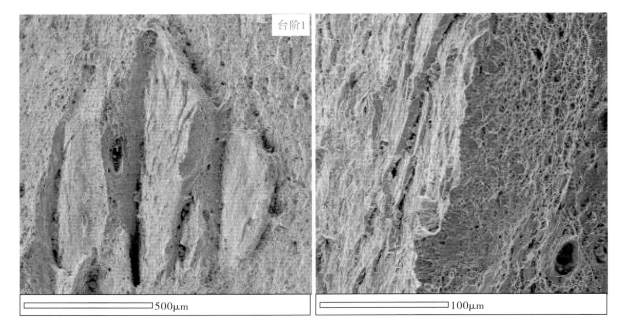

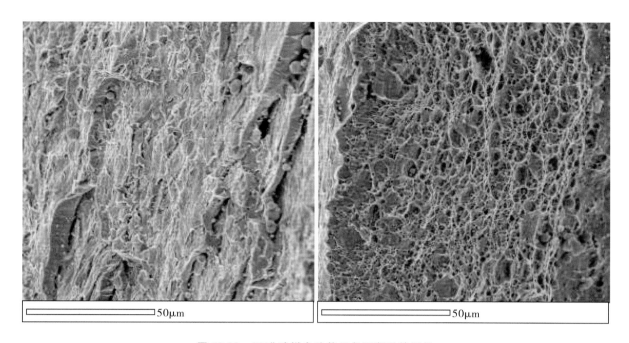

图 10-32　013# 试样台阶状三角区断口的形貌

（2）DWTT 试样中三角区 AHM 断口现象的评判方法

如图 10-30 所示断口的三角区形貌在具有高冲击能量的高钢级管线钢中经常出现。由于其形状大多近似于"箭头"，故在一些文献中把这种现象称为 AHM（arrowhead marking）。箭头的方向指向断裂扩展的方向[38]，如图 10-33 所示。

(a) 实际断口

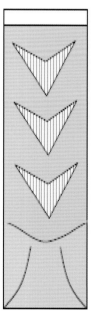

(b) 示意图

图 10-33　出现三角区的 DWTT 试样的宏观形貌

这种带有 AHM 形貌的 DWTT 韧性断口的整体平面和试样的表面约成 45°夹角,如图 10-34 所示。其中的 AHM 区域由分离(split)或分层(delamination)组成(图 10-34 中的 BC 段),也就是说这种 AHM 区域被典型的延性剪切断裂区域(图 10-34 中的 AB 和 CD 段)包围着。

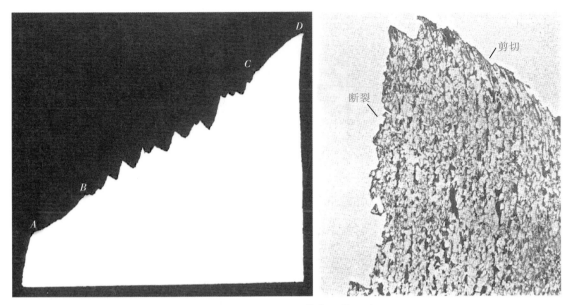

图 10-34　AHM 断口横截面的形貌

图 10-35 为典型的 AHM 断口形貌(点 1、点 2 处),其宏观形貌如图 10-36 所示。对三角形区域中的 2 个面(图 10-36 中的 A 面和 B 面)在扫描电镜上继续放大观察,其形貌如图 10-37 所示。A 面为准解理状;B 面为韧性断裂,呈全韧窝状,并且韧窝面和准解理面呈交替分布,最后组成 1 个三角形区域。

有研究者认为,分离与非金属夹杂物无关,而且每一个分离都有一个圆形的底部轮廓。用扫描电镜进行观察,分离的表面是交替的平行解理和剪切形貌,并且解理面平行于钢板的表面,剪切面和钢板的表面近似成 45°夹角且和 DWTT 试样普通的剪切区成 90°夹角(图 10-34)。AHM 现象一般被认为与裂纹尖端具有较大的应变有关。该现象主要包括 3 个阶段,首先在平行于钢板表面位置发生多个解理断裂的分离现象,随后各解理面之间的韧带在拉应力的作用下发生剪切断裂,最后在 AHM 之外的区域裂纹扩展直至断裂。

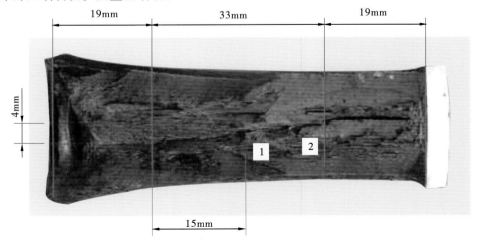

图 10-35　19# 试样 DWTT(0℃)断口的形貌

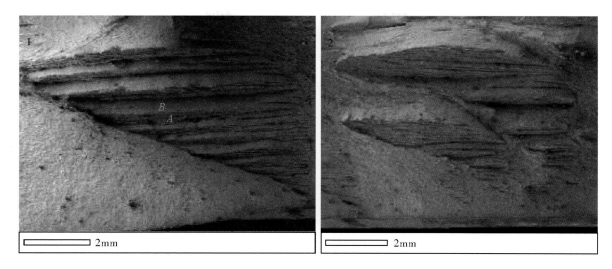

图 10-36　三角形韧脆混合区域的宏观形貌

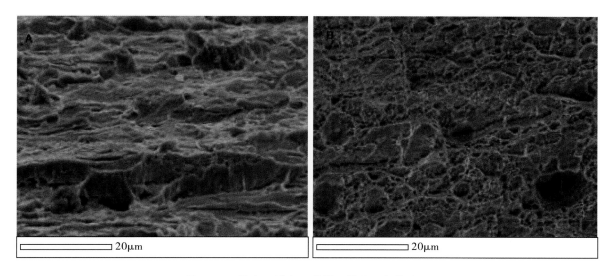

图 10-37　混合区域内 2 种界面微观组织的形貌

AHM 断口的出现与材料的塑韧性及断口分离有关,具有断口分离的先期特征。AHM 区域的分层裂纹产生于断口的韧性断裂区域,韧性裂纹扩展减速或止裂后裂纹重新加速扩展或起裂,可能沿原裂纹的扩展方向,也可能与原裂纹面成 90°夹角方向。这 2 种方式的裂纹扩展面均与试样的厚度方向成 45°夹角。裂纹加速或重新起裂前,产生了较大的塑性变形,试样裂尖断面颈缩,裂纹沿试样厚度方向的局部变形受到周围材料的约束,产生了较大的离面拉应力。离面拉应力的大小与裂尖面内的应力、裂尖的应变梯度和距试样厚度中心的距离有关。材料一定时,裂尖面内的应力越大,引起裂尖的变形梯度越大,从而导致试样内的离面应力也越大。距裂尖越近则离面应力越大,在试样表面上的离面应力为零;距试样厚度中心越近则离面应力越大,在试样厚度中心的离面应力最大,离面应力在裂尖前端的等应力线为接近三角形的曲线。裂纹起裂后,裂尖面内的应力减小,离面应力也随之减小,而离面应力的分布规律并未改变。但随着裂纹的加速扩展,裂纹就会沿着平行于钢板表面比铁素体或珠光体厚层更脆的贝氏体或马氏体薄层重新起裂并继续扩展。而这种分离裂纹通常不会随着主裂纹的扩展而向前扩展。即使分层裂纹继续向前扩展,随着主裂纹裂尖面内应力的降低这种扩展便会很快停止,因此就形成了小面积的分离裂纹,即 AHM 区域。

对铁素体＋贝氏体组织的高钢级管线钢进行研究[39]，结论认为，解理断裂总是沿着拉长的铁素体晶粒处扩展(图 10-38)，虽然 AHM 断口处的应力集中程度和断口分离有较大的区别，但是宏观形貌却是相同的。

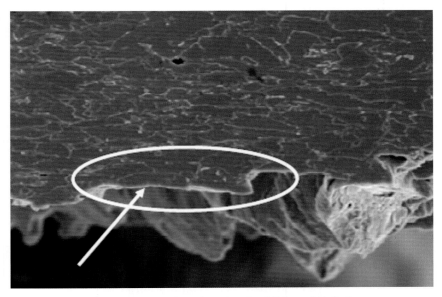

图 10-38　AHM 解理断口和组织形貌(SEM)的关系

在高韧性的管线钢断口中，AHM 现象出现的概率非常大。那么，在日常的生产实践中对于这种断口应该如何进行评判呢？

此前，国内外对这种三角形区域进行过研究，也提出了判定此类区域的建议，认为此三角形区域为韧性断面和脆性断面交替的混合断面，但解理面平行于试样的表面，而韧性断面与试样的表面约成 45°夹角，所以认为此三角形韧脆混合区域为韧性断裂。

通过对断口处横截面的观察，可以看出三角形区域的两面均未与试样的表面平行，而是由成一定夹角的斜面组成的，即并非完全是一个面平行于试样的表面，另一个面与试样的表面成 45°夹角，这样就导致了在投影面上两个斜面均有投影面积。根据 API RP 5L3 标准和我国石油天然气行业标准 SY/T 6476 的规定[6]，出现分层裂纹的 DWTT 试样断口，在剪切面积百分数评定中，不应考虑平行于板材表面的开裂中的解理断裂，但应考虑与板材表面有一定夹角的开裂中的解理断裂。

进一步的分析表明，AHM 区域是呈多层台阶状(条纹状)的韧脆混合型断口，不同断口的韧性-脆性的比例不同。如表 10-7 所示，在扫描电镜下对 26 个试样的 95 个 AHM 断口区域进行的定量分析表明，三角区中韧性断口所占的剪切面积百分数 SA 最小为 47.9%，最大为 86.3%，平均为 67.2%。图 10-39 为韧脆条纹带数与剪切面积百分数 SA 之间的关系。

表 10-7　直缝埋弧焊管 DWTT 断面上三角形韧脆混合区域剪切面积百分数 SA 统计

序号	位置编号	剪切面积百分数 SA/%
1	26DW-2-1-30X	70.7
2	26DW-2-2-23X	72.2
3	26DW-2-3-27X	76.0
4	32DW-1-1-61X	75.1

续表

序号	位置编号	剪切面积百分数 SA/%
5	32DW-1-2-50X	66.7
6	32DW-1-3-60X	70.4
7	32DW-1-4-65X	54.9
8	32DW-1-5-35X	65.4
9	32DW-1-6-56X	70.3
10	32DW-1-7-54X	61.1
11	32DW-1-8-48X	72.5
12	32DW-1-9-51X	53.3
13	32DW-2-1-45X	75.2
14	32DW-2-2-55X	50.1
15	32DW-2-3-60X	69.3
16	32DW-2-4-65X	59.4
17	32DW-2-5-50X	73.3
18	32DW-2-6-71X	79.1
19	32DW-2-7-70X	58.1
20	32DW-2-8-63X	63.9
21	32DW-2-9-40X	86.3
22	40DW-1-1-60X	47.9
23	40DW-1-2-34X	63.0
24	40DW-1-3-50X	75.8
25	40DW-1-4-70X	71.8
26	40DW-2-1-45X	67.0
平均值		67.2

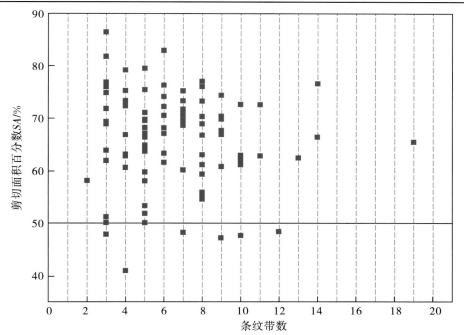

图 10-39　韧脆条纹带数与剪切面积百分数之间的关系

在钢管实际生产过程中,想要在扫描电子显微镜下对三角区进行逐一判定是不现实的。根据以上研究结果,如图10-40所示,DWTT试样的AHM断口的评定可按照如下方法进行:对于用肉眼可以区分的较大块的脆性区,按实际面积计算;对于肉眼无法区分的韧脆混合三角区,按实际面积的50%计算脆性区。由于该区域的形状不规则,建议用求积仪或者照像后用图像分析软件进行面积测量。这种方法简化了检验过程,节省时间,具有可操作性,对钢管质量来说也是一种保守的评判方法。

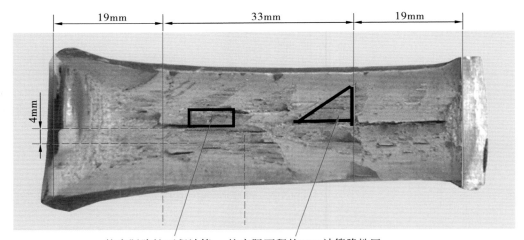

按实际脆性面积计算　　按实际面积的50%计算脆性区

图 10-40　三角区断口的评定方法

(3)落锤撕裂试样断口分离程度的分级方法

为了评估落锤撕裂试样断口的分离程度,中国石油集团石油管工程技术研究院根据落锤撕裂试验(DWTT)试样断口分离裂纹的长度和数量将其分为Ⅰ、Ⅱ、Ⅲ、Ⅳ 4个级别,按长度和数量分别进行评价,具体情况见表10-8。该表的分级适用于壁厚为18.4mm的试样,对于其他壁厚的试样,分级结果可乘以壁厚系数进行修正($18.4/t$,t为壁厚)。

表 10-8　落锤撕裂试样断口分离程度的分级方法

级别:Ⅰ级

特征:最大分离裂纹长度小于10mm,长为3mm以上分离裂纹的数量少于5条(包括5条)

示例:

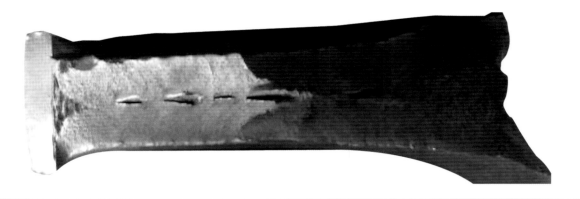

续表

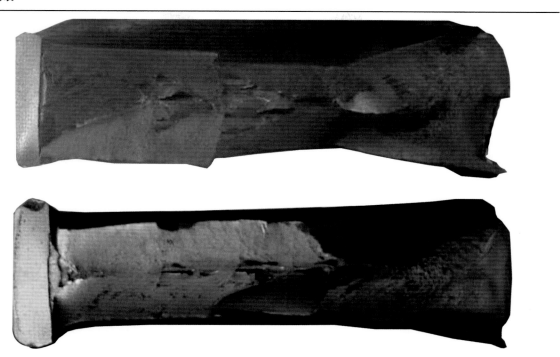

级别：Ⅱ级

特征：最大分离裂纹长度为 11～20mm，长为 3mm 以上分离裂纹的数量为 6～10 条

示例：

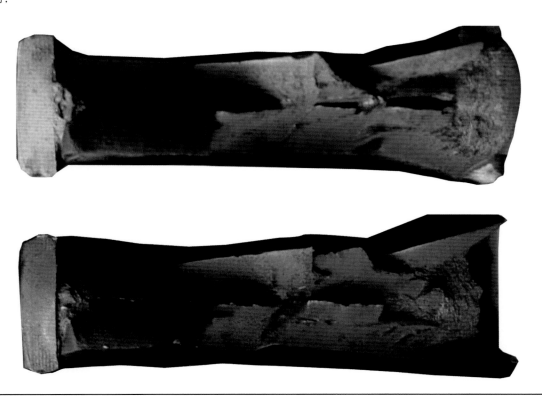

续表

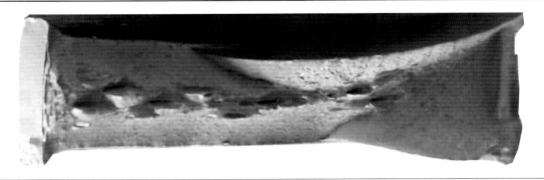

级别：Ⅲ级

特征：最大分离裂纹长度为 21～30mm，或者长为 3mm 以上分离裂纹的数量为 11～20 条

示例：

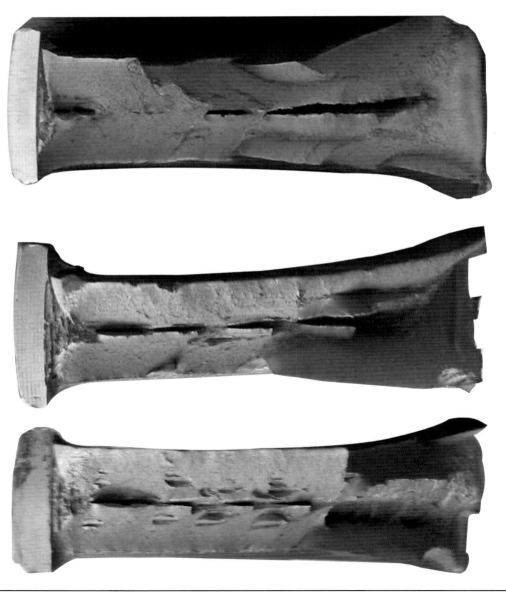

续表

级别：Ⅳ级

特征：最大分离裂纹长度在 30mm 以上（不包括 30mm），或者长为 3mm 以上分离裂纹的数量在 20 条以上（不包括 20 条）

示例：

10.4　管线钢及管线管的韧脆转化行为

　　和较低钢级管线钢相比，高钢级和超高钢级管线钢的强度升高，塑性和韧性降低，其断裂力学行为也必然会发生变化。在管道工程中常用的韧性指标是钢管的 CVN 和 DWTT。为了对钢管及管线钢板进行有效的质量控制，需要对板材和钢管的韧脆转化行为进行研究。

10.4.1 X80 管线钢及管线管 DWTT 试验中的韧脆转化行为

（1）板卷与螺旋缝埋弧焊管 DWTT 之间的关系

在板卷板宽 1/4 位置取 DWTT 试样，试样方向为与板卷轧制方向成 30°夹角方向。螺旋缝埋弧焊管的 DWTT 试样相对应部位的管体，试样方向为横向，缺口形式为压制缺口。

在试验中，对于板卷的头、中、尾部都进行了 DWTT 试验（试验温度为－15℃），如图 10-41 所示为板卷头、中、尾部的 SA 值对比试验结果。由图中可以看出，板卷头部和中部的 SA 值要高于尾部的 SA 值，这与板卷的轧制工艺有很大的关系。板卷的尾部为整个卷的起卷处，此处的热量不容易散发，处于高温区域的时间较长，直接导致了 SA 值的降低。此外，试验温度也是一个重要的影响因素，因为－15℃已经处于板卷尾部的韧脆转变温度区域，所以尾部的 SA 值要低于头部和中部的 SA 值。

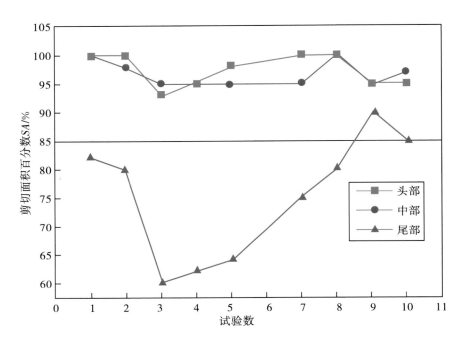

图 10-41　板卷头、中、尾部剪切面积百分数 SA 值的对比

钢管在 0℃下的 DWTT 试验结果如表 10-9 所示。可以看出，钢管头、中、尾部的剪切面积百分数 SA 均在 85％以上，没有什么差别。这主要是试验温度高于钢管 3 个部分的韧脆转变温度，此时，材料表现为韧性断裂。

图 10-42 给出了板卷（与轧制方向成 30°夹角方向）和螺旋缝埋弧焊管（管体横向）FATT85 的对比实验结果。可以看出，板卷和螺旋缝埋弧焊管的韧脆转变温度基本呈线性分布，即制管过程对于钢管的 DWTT 试验性能没有明显的影响。

对每个试样进行剪切面积百分数 SA 的测定，并获得每组钢板（卷）和钢管在各试验温度下的平均值后，绘制剪切面积百分数 SA 随温度的转变曲线，继而分别得到每组钢板（卷）和钢管的韧脆转变温度 FATT85 和 FATT50。

表 10-9　钢管头、中、尾部 DWTT 试验结果

试样编号	管体横向(0℃)		
	头部 SA/%	中部 SA/%	尾部 SA/%
1#	100	100	100
	100	100	100
2#	100	100	100
	100	100	100
3#	97	96	98
	97	97	97
4#	98	98	100
	100	100	97
5#	98	90	85
	98	92	86
6#	100	100	100
	100	100	100
7#	100	100	98
	100	100	95
8#	97	97	86
	95	92	89
9#	87	95	95
	85	86	90
10#	96	95	88
	97	92	92
11#	100	95	98
	99	98	98
12#	97	98	98
	97	98	95
13#	95	97	95
	95	90	95
14#	98	96	95
	98	98	85

（2）钢板与直缝埋弧焊管 DWTT 断口剪切面积之间的关系

在钢板板宽 1/4 位置取 DWTT 试样，试样方向与钢板轧制方向垂直。直缝埋弧焊管的 DWTT 试样相对应部位的管体，试样方向为管体横向，缺口形式为压制缺口。

在试验中，对钢板的两端及其所对应的钢管两端进行了取样。表 10-10 为钢板和钢管两端的 DWTT 试验结果。可以看出，不同钢厂生产的钢板两端的 DWTT 试验结果不同，说明不同厂家的产品质量的稳定性是不同的，这也造成了钢管的 DWTT 试验结果和钢板的试验结果相似（表 10-11）。

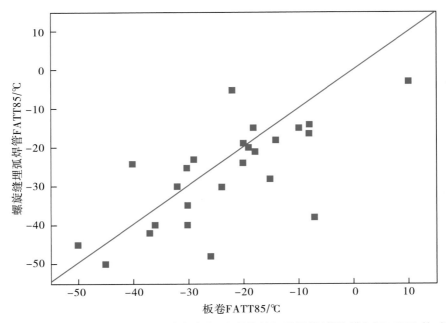

图 10-42　板卷(与轧制方向成30°夹角方向)和螺旋缝埋弧焊管(管体横向)FATT85 的对比

表 10-10　钢板两端的 DWTT 试验结果

试样编号	钢板横向(－15℃)			钢管横向(0℃)		
	头部 SA/%	尾部 SA/%	△SA/%	头部 SA/%	尾部 SA/%	△SA/%
15#	63	60	3	75	65	10
	64	50	14	78	70	8
16#	80	63	23	90	72	18
	77	58	19	85	72	13
17#	71	58	13	88	75	13
	72	55	17	75	70	5
18#	75	63	12	85	87	－2
	75	65	10	90	90	0
22#	77	71	6	85	89	－4
	73	60	13	86	80	6
23#				95	95	0
				90	95	－5
24#				50	52	－2
				69	75	－6
25#	95	95	0	100	100	0
	92	90	2	97	88	9
26#	95	88	7	95	88	7
	95	85	10	93	87	6

表 10-11　钢板与直缝埋弧焊管 FATT 的对比试验结果

试样编号	钢板 FATT85/℃	钢管 FATT85/℃	ΔFATT85/℃
15#	19	17	2
16#	−2	0	−2
17#	20	17	3
18#	12	0	12
22#	10	0	10
23#	−16	−22	6
24#	11	−15	26
25#	−22	−19	−3
26#	−18	−20	2

　　图 10-43 为钢板与直缝埋弧焊管 DWTT 试验的 FATT85 对比图。可以看出分布点偏于对角线以上,直缝埋弧焊管的 FATT85 与钢板的 FATT85 相差 10℃,即做 DWTT 试验时,钢板的温度低于直缝埋弧焊管试验温度 10℃,才能使两者的试验结果趋于一致。

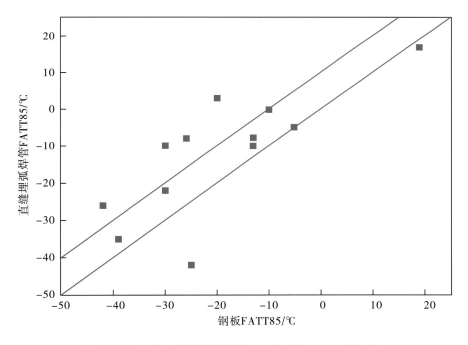

图 10-43　钢板与直缝埋弧焊管 DWTT 试验的 FATT85 对比

　　图 10-44 给出了落锤试验韧脆转变温度和应力水平之间的关系,可以看出应力水平越高则对应的落锤试验韧脆转变温度就越高。还可以看出,当管道的使用温度低于韧脆转变温度时,只要降低应力水平,管道仍然可以使用;此外,当管材无法满足落锤试验韧脆转变温度时,也可以降低应力水平使用。因此,若应力水平不高,可以降低落锤试验的温度要求[5]。

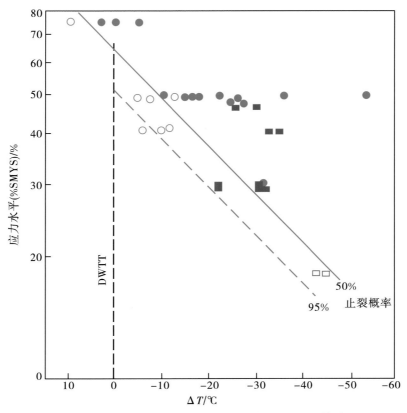

图 10-44　DWTT 试验韧脆转变温度与应力水平之间的关系

$\Delta T=$试验温度$-$（DWTT，FATT）

　　综合分析板材（钢板和板卷）和钢管 FATT 的温度差异（即钢管母材比相应钢板/板卷韧脆转变温度升高的数值），结果见表 10-12。可见，钢管的韧脆转变温度均高于钢板（板卷）。这主要是由于板材在成型、水压（特别是直缝钢管成型扩径）过程中，会发生较大的塑性变形，使得材料产生加工硬化现象，引起材料的脆化趋势。由于钢板的材料组织和性能、厚度、钢管管径、成型方式、是否扩径及扩径率、水压压力等多种因素之间存在的差异，造成了钢管韧脆转变温度的升高程度也存在一定的差异。

表 10-12　钢板和直缝埋弧焊管 DWTT 韧脆转变温度及分析结果

分析结果	钢管 FATT50 /℃	钢板 FATT50 /℃	FATT50 差值 （管－板） /℃	钢管 FATT85 /℃	钢板 FATT85 /℃	FATT85 差值 （管－板） /℃
最大值	−18	−14	18	20	20	22
最小值	−66	−60	−16	−48	−39	−19
平均值	−39	−37	−2.7	−14.9	−12.2	−2
标准偏差	10.0	10.5	7.1	13.6	15.3	7.4

　　钢板（板卷）和钢管落锤撕裂试验中 FATT85 的分散性都比较大，两者之间的韧脆转化温度之差也较大。FATT85 的温度差平均值约为−2℃，标准偏差值为 7.4℃。

图 10-45 为 FATT85 温度差数据的分布图。由图可见,FATT85 温度差数据有 73% 的概率为
-10~10℃。

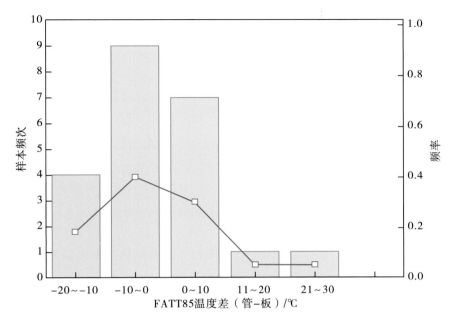

图 10-45　FATT85 温度差数据分布

10.4.2　X90 和 X100 管线钢及管线管的夏比冲击试验和 DWTT 试验的韧脆转化行为

（1）X90 和 X100 管线钢的夏比冲击韧性

一般情况下,X90 和 X100 管线钢材料和焊接接头具有较好的冲击韧性。

如图 10-46 所示为 Φ1 219mm×16.3mm X90 管线钢管管体纵向和横向以及焊缝和热影响区的
CVN 系列温度的夏比冲击试验结果。其中 X90 横向管体的 $FATT50_{CVN}$ 小于 -60℃,纵向管体的
$FATT50_{CVN}$ 小于 -60℃,焊缝的 $FATT50_{CVN}$ 为 -28℃,热影响区的 $FATT50_{CVN}$ 为 -53℃,管体的横
向冲击吸收功均在 200J 以上。

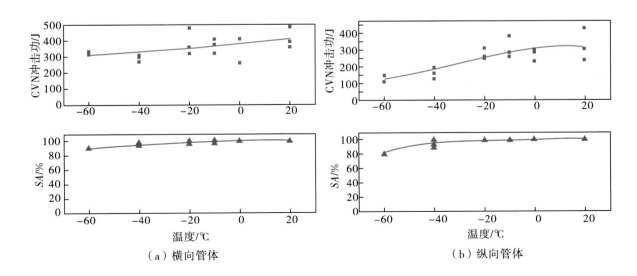

（a）横向管体　　　　　　　　　　（b）纵向管体

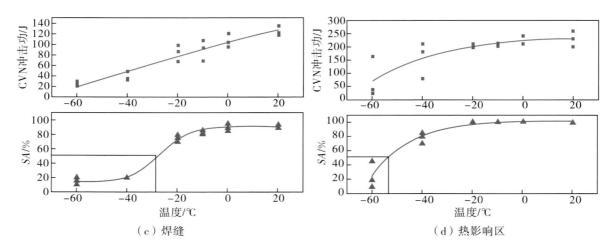

（c）焊缝   （d）热影响区

图 10-46   Φ1 219mm×16.3mm X90 直缝埋弧焊管母材和焊接接头的韧脆转变曲线

如图 10-47 所示为 Φ1 219mm×14.8mm X100 管线管管体纵向和横向以及焊缝和热影响区的 CVN 系列温度的夏比冲击试验结果。其中 X100 横向管体的 $FATT50_{CVN}$ 小于 $-60℃$，纵向管体的 $FATT50_{CVN}$ 小于 $-60℃$，焊缝的 $FATT50_{CVN}$ 为 $-38℃$，热影响区的 $FATT50_{CVN}$ 为 $-54℃$，管体的横向冲击吸收功均在 250J 以上。

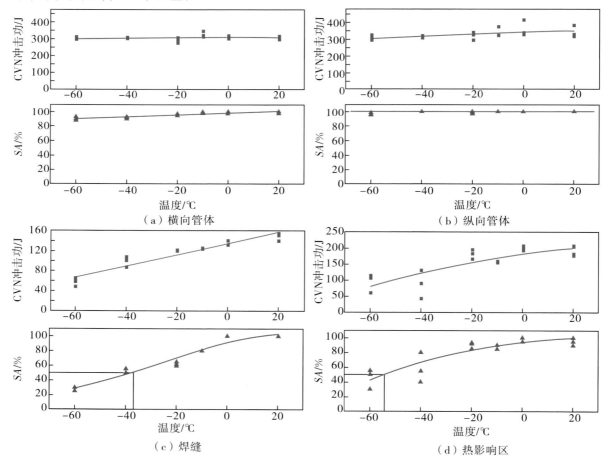

（a）横向管体   （b）纵向管体

（c）焊缝   （d）热影响区

图 10-47   Φ1 219mm×14.8mm X100 直缝埋弧焊管母材和焊接接头的韧脆转变曲线

相比较低钢级的管线钢材料,由于 X90 和 X100 材料的夏比冲击韧性往往很高,在一般的钢板壁厚(本研究为 10～20mm)情况下,其制管过程中的变形(如卷曲、扩径等)对韧脆转化行为的影响不大。板材的 CVN 断口剪切面积一般会稍高于钢管母材,但板材和钢管母材的夏比冲击 $FATT50_{CVN}$ 一般都在 -60℃以下,而且在 -60℃以下时的剪切面积百分数均在 90% 以上。图 10-48 和图 10-49 分别为 Φ1 219mm×16.3mm X90 以及 Φ1 219mm×14.8mm X100 直缝埋弧焊管及钢板的夏比冲击断口剪切面积的系列温度曲线。

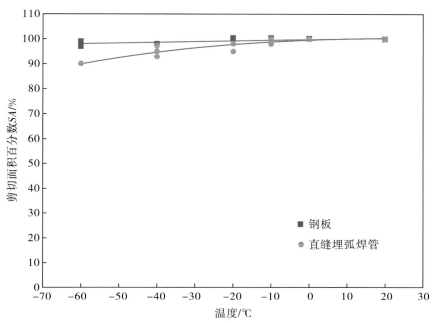

图 10-48 Φ1 219mm×16.3mm X90 直缝埋弧焊管及钢板的
夏比冲击断口剪切面积的温度曲线

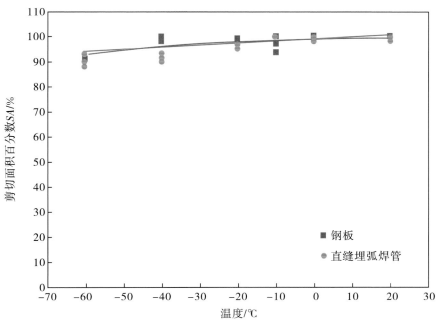

图 10-49 Φ1 219mm×14.8mm X100 直缝埋弧焊管及钢板的
夏比冲击断口剪切面积的温度曲线

为了研究制管过程对夏比冲击吸收功的影响,对钢板和钢管的夏比冲击韧性试验结果进行了比较和统计分析,如图 10-50 所示。可见钢板－10℃时 CVN 冲击功比钢管－10℃时 CVN 冲击功一般高 22J,而钢板－20℃时 CVN 冲击功比钢管－10℃时 CVN 冲击功一般高 17J。在制定板材技术要求时,相对于钢管要求,将试验温度降低 10℃(即－20℃),同时将 CVN 冲击功要求值提高 30J,是安全保守的。

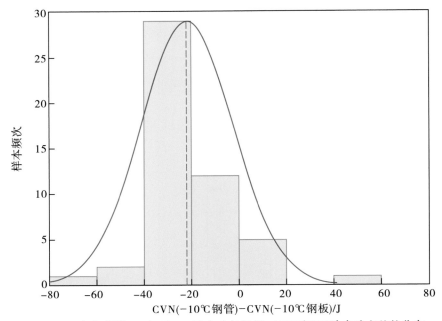

(a)钢管－10℃时CVN冲击功与钢板－10℃时CVN冲击功之差的分布

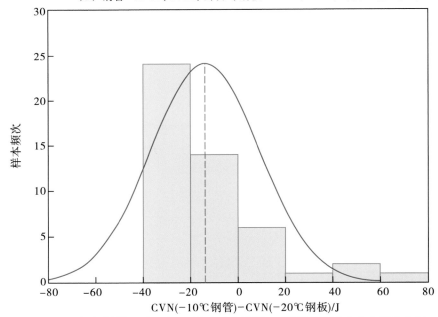

(b)钢管－10℃时CVN冲击功与钢板－20℃时CVN冲击功之差的分布

图 10-50　制管过程对夏比冲击吸收功的影响

(2)X90 和 X100 管线钢的落锤撕裂性能

图 10-51 是 Φ1 219mm×16.3mm X90 直缝埋弧焊管及钢板和 Φ1 219mm×14.8mm X100 直缝埋弧焊管及钢板的落锤撕裂断口剪切面积的系列温度曲线。可以看到,X90 钢板的

FATT85DWTT 低于−60℃,钢管的 FATT85DWTT 为−34℃;X100 钢板的 FATT85DWTT 为−32℃,钢管的 FATT85DWTT 为−18℃。综合分析可知,X90 管线钢的 DWTT 性能明显优于 X100 管线钢,板材的 DWTT 性能明显优于钢管,制管过程对 DWTT 的影响比较显著。

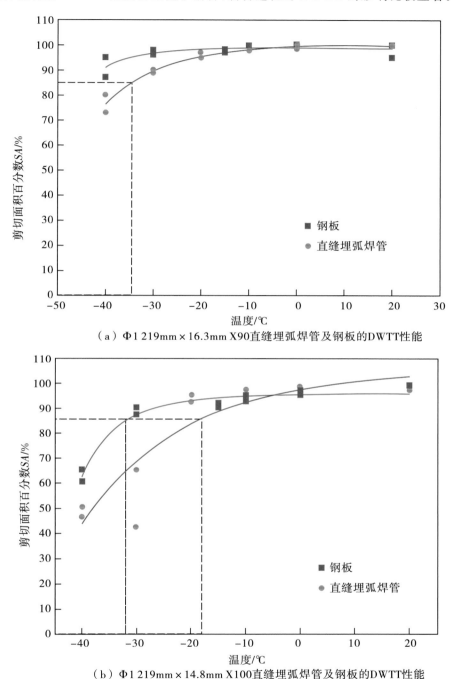

（a）Φ1 219mm×16.3mm X90直缝埋弧焊管及钢板的DWTT性能

（b）Φ1 219mm×14.8mm X100直缝埋弧焊管及钢板的DWTT性能

图 10-51　X90/X100 管线钢的落锤撕裂性能

为了进一步研究制管过程对落锤撕裂性能的影响,对钢板和钢管的落锤撕裂试验结果进行了比较和统计分析。图 10-52 是 X90/X100 板材与钢管的 DWTT 韧脆转变温度差值的分布。结果表明,X90/X100 钢板、板卷与对应的直缝埋弧焊管、螺旋缝埋弧焊管的落锤撕裂 FATT85DWTT 的温度差都落在(−15℃,10℃)区间内,平均温度差都为−4℃。在 X90/X100 的板材技术标准中,

DWTT 的试验温度比钢管技术要求降低了 15 ℃,而剪切面积要求值相同,指标偏于保守和安全。

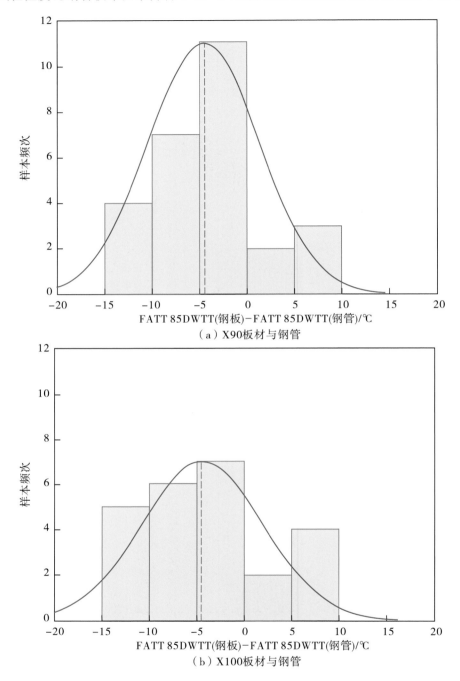

（a）X90板材与钢管

（b）X100板材与钢管

图 10-52　X90/X100 板材与钢管的 DWTT 韧脆转变温度差值的分布

参考文献

［1］李鹤林.油气输送钢管的发展动向与展望［J］.焊管,2004,27(6):1-11.

［2］潘家华.油气管道断裂力学分析［M］.北京:石油工业出版社,1989.

［3］高惠临.管线钢［M］.西安:陕西科学技术出版社,1995.

［4］American Petroleum Institute. 5L3—1996 Recommended Practice for Conducting Drop-Weight Tear Tests on

Line Pipe [S]. Washington：American Petroleum Institute，1996.

[5] 中华人民共和国冶金工业部. GB8363—87 铁素体钢落锤撕裂试验方法[S]. 北京：中国标准出版社，1991.

[6] 国家石油和化学工业局. SY/T6476—2000 输送钢管落锤撕裂试验方法[S]. 北京：国家石油和化学工业局，2000.

[7] Shigeo H，Toshiaki K，Tohsu O. Low Temperature Burst Test of Large Size Welded Steel Line Pipe (2) (Brittle Fracture Propagation Arresting Characteristics) [J]. The Sumitomo Search，1973(10)：35-43.

[8] Minoru F. Theory of Propagating Shear Fracture of Large Diameter Gas Transmission Line Pipes[J]. The Sumitomo Search，1978(19)：93-102.

[9] Yoshiaki K，Masatoshi T，Yoshio S，et al. Study on Propagation Shear Fracture of Line Pipe by the Partial-gas Burst Test[J]. The Sumitomo Search，1985(30)：61-74.

[10] 黄志潜. 西气东输管道延性断裂的止裂控制[J]. 焊管，2001，24(2)：1-10.

[11] 潘家华. 输气管道的止裂研究[J]. 焊管，2001，24(4)：1-9.

[12] 国家技术监督局. GB/T 229—1994 金属夏比缺口冲击试验方法[S]. 北京：中国标准出版社，1995.

[13] 李红克，张彦华. 天然气管道延性断裂止裂控制技术进展[J]. 石油工程建设，2003，29(4)：1-5.

[14] 马秋荣，霍春勇，冯耀荣. 管线断裂控制参量的研究[J]. 焊管，2002，25(4)：15-20.

[15] Leis B，Eiber R. Fracture Propagation Control in Onshore Transmission Pipeline[C]//CNPC. Proceedings of Symposium on Ductile Fracture & Prevention in High Pressure Gas Transmission Pipelines，Langfang，China，Oct. 25-27，2000. Beijing：CNPC，2000.

[16] Poyntonwa，Shannonrwe，et al. The design and application of shear fracture propagation studies[J]. ASME J ENG Mat Tech，1974(96)：323-329.

[17] Wilkowski G M，Maxey W A，Eiber R J. Use of the DWTT energy for predicting ductile fracture behavior in control-rolled steel linepipes[J]. Canada Materials Quartly，1980(19)：59-77.

[18] Laurie E. Collins，Milos Kostic，Tom lawrence，et al. High strength linepipe：current and future production [C]//ASME. Proceedings of ASME IPC. American Society of Mechanical Engineers，2000.

[19] Fearnehough G D. Fracture Propagation Control in Gas Pipelines：A Survey of Relevant Studies[J]. Inter J Pressure Vessels and Piping，1974，2 (4)：251-282.

[20] 由小川，庄苗. 高韧性管道动态断裂的气体减压模式和材料韧性研究[J]. 力学学报，2003，35(5)：615-621.

[21] Pussegoda N，Malik L，Dinovitzer A，et al. An Interim Approach to Determine Dynamic Ductile Fracture Resistance of Modern High Toughness Pipeline Steels[C]//ASME. Proceedings of IPC 2000. American Society of Mechanical Engineers，2000(1)：239-245.

[22] Rudland D L，Wilkowski G M，Feng Z，et al. Experimental investigation of $CTOA$ in linepipe steels[J]. Engineering Fracture Mechanic，2003，70(3-4)：567-577.

[23] David J Horsley . Background to the use of $CTOA$ for prediction of dynamic ductile fracturearrest in pipelines [J]. Engineering fracture Mechanics，2003，70(3-4)：547-552.

[24] Pussegoda L N，Verbit S，Dinovitzer A. Review of $CTOA$ as a measure of ductile fracture toughness[C]//IPC. The 2000 International Pipeline Conference，October 1-5，2000，Calgary，Alberta，Canada.

[25] Pokutylowicz Norman，Luton Michael J，Petkovic Ruzica A，et al. Simulation of dynamic ductile fracture in pipelines[C]//ASME. 2000 International Pipeline Conference，Vol. 1，2000：279-285.

[26] Mannucci G，Buzzichelli G，Salvini P，et al. Ductile fracture arrest assessment in a gas transmission pipeline using $CTOA$[C]//ASME. 2000 International Pipeline Conference，Vol. 1，2000：315-320.

[27] Priestah，Holmesb. A multi-test piece approach to the fracture characterization of linepipe steels[J]. Int J Fract，1981，17(3)：277-299.

[28] Kanninen M F，Leung C P，O'Donoghue，et al. Joint final report on the development of a ductile pipe fracture model[R]. Arlington：Pipeline Research Committee，American Gas Association，1992.

[29] Nozaki N，Bessyo K，Sumitomo Y，et al. Drop Weight Tear Test (DWTT) on the High Toughness Linepipe Steel [J]. The Sumitomo Search，1981(26)：76-90.

[30] Seifert K Salzgitter. Abnormal fracture appearances of DWTT (drop weight tear test) specimens from high-toughness line pipe steels[J]. Materials Testing，1984，26(8)：277-280.

[31] Iwasaki N，Yamaguchi T，Taira T. Characteristics of Drop-weight Tear Test on Line Pipe Steel，Mechanical Working and Steel Processing XIII [R]. New York：AIME，1975：294-314.

[32] Ryuji M，Nobuyuki I，Shigeru E. Evaluation for Abnormal Fracture Appearance in Drop Weight Tear Test with High Toughness Linepipe[C]//ASME. Proceedings of Offshore Mechanics and Arctic Engineering. New York：American Society of Mechanical Engineers，2002：129-136.

[33] Muraoka R，Ishikawa N，Endo S. Evaluation for Abnormal Fracture Appearance in Drop Weight Tear Test with High Toughness Linepipe[C]//ASME. Proceeding of OMAE. Norway：ASME，2002：1-8，23-28.

[34] Pussegoda N，Malik L，Dinovitzer A，et al. An Interm Approach to Determine Dynamic Ductile Fracture Resistance of Modern High Toughness Pipeline Steels[C]//ASME. 2000 International Pipeline Conference，Volume 1，2000：239-245.

[35] 周惠久，黄明志. 金属材料强度学[M]. 北京：科学出版社，1989.

[36] Gery M，Wilkowski，David L，et al. Determination of the Region of Steady-State Crack Growth From Impact Tests[C]//ASME. Proceedings of IPC 2002，4th International Pipeline Conference. ASME，2002.

[37] Wilkowski G M，Wang Y Y，Rudland D. Recent Effect on Characterizing Propagation Ductile Fracture Resistance of Linepipe Steels [J]. Denys R Pipeline Technology，2000(1)：359-386.

[38] Schofield. Arrowhead markings on steel fracture surfaces[J]. Journal of The Iron and Steel Institute，1973(5)：374.

[39] Takuya Hara. Mechanism of Arrowhead Fracture Occurrence in DWTT[C]//ASME. Proceedings of the Twenty-sixth(2016) International Ocean and Polar Engineering Conference. Rhodes，Greece，June 26-July 1，2016：92-96.

第 11 章
高强度管线钢的包申格效应与形变强化

11.1 包申格效应与形变强化

11.1.1 金属材料的包申格效应

金属材料的强度与变形具有密切的关系,一个重要的概念就是包申格效应。谈起包申格效应,需从金属材料基础理论谈起。金属材料理想的弹性变形应该是单值性的可逆变形,也就是说,加载时立即产生变形,卸载时又立即恢复原状,加载线和卸载线完全重合,即应力与应变同相,变形与时间无关,变形的性质是完全弹性的。实际上,由于金属材料是多晶体并有各种微观缺陷(如位错)存在,并不是完整弹性的,所以弹性变形时加载线与卸载线并不完全重合,应变落后于应力,会出现包申格效应、弹性后效和弹性滞后等不完整弹性现象[1-2]。

早在 1886 年,德国人 J. 包申格(J. Bauschinger)发现了金属材料的一个重要塑性力学现象:预先加载少量变形,再在同向产生塑性变形时,弹性极限(屈服强度)升高;而在反向产生塑性变形时,则弹性极限(屈服强度)降低。人们将后者——二次反向加载弹性极限(屈服强度)降低的这个现象称为包申格效应(Bauschinger effect,BE)[3]。包申格效应的原意是,材料在一个方向受力,并超过屈服极限进入塑性区后,然后卸载。再加载时,若与第一次加载方向相同,屈服强度上升;若与第一次加载方向相反,则屈服强度下降。这种屈服强度下降的现象被称为包申格效应。

包申格效应涉及众多金属材料。如图 11-1 所示,材料的初始拉伸应力为 A,如果同种材料进行压缩测试(路径 O-B),则其屈服强度与拉伸时的屈服强度大致相同。用一个新试样拉伸载荷到 C 点,其应力水平比材料的屈服应力稍高,然后在卸载过程中,试样沿路径 C-D 回落,表现出纯线弹性行为,微小的弹性滞后可以忽略不计。如果用同一个试样接着进行压缩试验,在达到 E 点时就开始了塑性变形,这个应力比原来材料的屈服应力稍低。而拉伸屈服应力由于应变硬化由 A 增加到 C,压缩屈服应力降低。这种现象是可逆的。如果

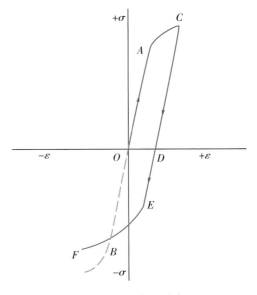

图 11-1 包申格效应

试样一开始先压缩变形,则拉伸屈服应力将会降低。这种现象在单晶体和多晶体中都会发生[4]。

图 11-2 为某低合金高强钢不同预拉伸应变后在压缩加载时的包申格效应[2]。图 11-2(a)表明,反方向加载时的载荷变形曲线均无弹性直线段;图 11-2(b)表明屈服强度 $\sigma_{0.2}$ 随预应变的增加而下降,在约 1% 的预应变时下降得非常剧烈,在 2% 以上的预应变时已下降到原 $\sigma_{0.2}$ 值的一半。可见,在一定的条件下包申格效应是很大的。

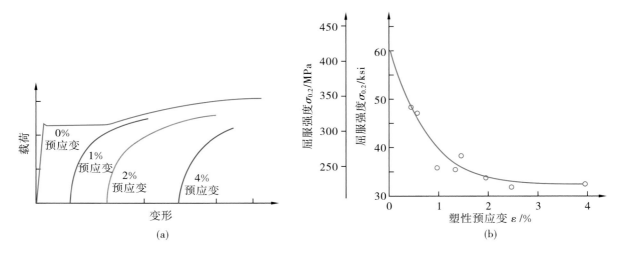

图 11-2 某低合金高强钢的包申格效应的表现

关于包申格效应的起因,有不同的看法[2]。一种看法认为是由于位错塞积引起的长程内应力(或称背应力),在反向加载时有助于位错运动所致;另一种看法认为是由于预应变使位错运动阻力出现方向性所致,因为经过正向形变后,晶内位错最后总是停留在障碍密度较高处,如图 11-3 中的位置 1 所示[5]。一旦有反向变形,则位错很容易克服曾经扫过的障碍密度较低处,而达到相邻的另一障碍密度较高处,如图 11-3 中的位置 2 所示,这样便会出现宏观的包申格效应。

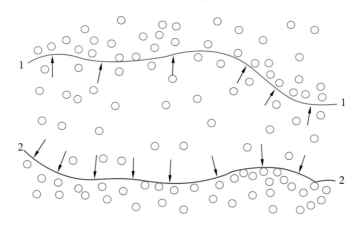

图 11-3 变形障碍的各向异性引起包申格效应

11.1.2 金属材料的形变强化

金属材料强度与变形相关的另一概念是形变强化。金属经塑性变形而引起强度升高的现象叫做形变强化或形变硬化[1]。金属材料形变强化的幅度除了取决于塑性变形量以外,还取决于材料的形变强化性能。

金属在整个变形过程中,当应力超过屈服强度之后,塑性变形并不是像屈服平台那样连续流变下去,而是需要增加外力才能继续进行。这说明金属有一种阻止继续塑变的抗力,这种抗力就是形变强化性能。一般用应力-应变曲线的斜率($d\sigma/d\varepsilon$ 或 $d\tau/dr$)表示形变强化性能,叫做形变强化速率或形变强化系数。这个形变强化速率值的高低反映了金属继续塑变的难易程度,同时也表示了金属形变强化效果的大小。

形变强化标志着金属继续塑性变形的抗力,是金属极为可贵的性质之一。如果金属不具有形变强化这一性质,金属材料就不可能得到广泛的应用。形变强化是金属材料的一个重要性能,在生产中,无论是金属结构强度、冷变形工艺或强化金属都离不开这一性能。形变强化的作用主要有:①形变强化可使金属构件具有一定的抗偶然过载能力,保证构件的使用安全。②形变强化可使金属的塑性变形均匀地进行,保证冷变形工艺的顺利实现。③形变强化可提高金属材料的强度,与合金化、热处理一样,也是强化金属的重要工艺手段。

11.1.3　包申格效应与形变强化的关系及研究的意义

J. 包申格研究金属材料的性能时,先让金属材料经过预载产生小量变形,然后再二次加载,发现有 2 种现象:前者,二次同向加载时产生塑性变形,材料的屈服强度升高,这属于"正作用",与形变强化属于同一现象,其机理相同。后者,二次反向加载时产生塑性变形,材料的屈服强度降低,这属于"负作用",即"包申格效应"。可见,包申格效应和形变强化都是描述金属材料经过预载小变形后,二次加载时材料强度变化的规律。不同点在于,包申格效应关注的是"负作用",而形变强化关注的是"正作用",可以说它们是同一现象的 2 个方面。

包申格效应和形变强化是金属材料所具有的普遍现象[6]。包申格效应对于构件十分有害,对金属材料的制造和使用性能有重要的影响,它是造成材料力学性能具有方向性的重要原因之一。而形变强化是金属材料优越的性能之一,充分利用其正面作用,对提高金属材料的利用率具有重要作用。油气输送用焊管在成型、精整和试验过程中产生一定的变形,对钢管的最终拉伸性能有很大的影响,尤其是高强度管线管,制管前后的材料强度变化很大。研究掌握包申格效应及形变强化规律,对于钢管原材料性能的控制、生产工艺和性能测试有着重要的指导意义。

11.2　高强度管线管的强度测试

随着钢级的提高和壁厚的增大,保证钢管的拉伸性能的难度逐渐变大。一方面,X80 埋弧焊管在制管过程中,材料要经过成型和扩径过程的塑形变形,制管后屈服强度会明显升高,而抗拉强度上升较小,因而容易引起屈强比升高,使钢管抵抗断裂变形的能力下降;另一方面,高强度钢板在制管过程中需要高的成型能力,随着强度的增加制管难度还会逐渐增加。要研究高强度管线管的包申格效应和形变强化,首先需要从拉伸性能的测试方法着手。在钢板和钢管的生产检验过程中,由于材料的各向异性、试样加工方式、试样形状和尺寸、加工硬化、包申格效应等因素的影响,使得钢管材料的拉伸性能测试结果出现了差异。本节将通过对西气东输二线工程用 X80 板材及钢管拉伸性能的研究,讨论拉伸试样形式对强度测试的影响。

11.2.1　管线管拉伸性能测试

油气输送用钢管标准 ISO 3183,API SPEC 5L,GB/T 9711 对管材的横向(环向)拉伸性能提出了指标要求和测试规定,钢管拉伸性能的测试既可以用矩形试样也可以用圆棒试样[7-9]。管线管拉伸试验多年来一直采用矩形试样,一是因为其管径和壁厚较小,二是因为其钢级相对较低。国内外十分关注测量高钢级钢材的屈服强度时应该采用的试样类型,这对试验结果是否能正确反映钢材的实际性能影响很大。对此,Alan Glover 指出,传统展平试样对屈服强度较低、厚度较薄的管线钢而言是适用的,但对厚壁、高强度的管线钢已不再适宜[10]。高钢级管线钢由于制管及试验过程中形变强化与包申格效应的共同作用,测试得到的性能与钢板、焊管的性能有一定的差异,影响产品的验收评判、钢管使用性能及安全性的评估。从国内外资料分析,对大口径、大壁厚高钢级管线管而言,屈服强度测试结果与实际相差较大。从西气东输二线工程前期的试制情况来看,采用矩形试样测试的屈服强度波动范围大,与圆棒试样的测试结果也相差很大。

西气东输二线天然气管道工程采用高压输送和大口径、大壁厚 X80 钢管,其综合参数在世界上是史无前例的,对管材的性能提出了很高的要求。在各种性能中,材料强度是使用过程中最直接、最主要的性能。大口径、厚壁 X80 管线钢虽然在工程中规模应用,但是,从总的统计数据来看,其屈服强度波动大,要大批量生产满足质量要求的产品还是有一定难度的。

11.2.2 试样形式对拉伸性能测试结果的影响

图 11-4 为国产化 X80 板材(18.4mm 板卷,22.0mm 和 26.4mm 厚钢板)矩形试样和圆棒试样测试的材料屈服强度对比。由图可以看出,在制管之前,对于钢板(plate)和板卷(coil),矩形试样和圆棒试样的屈服强度没有大的差别,接近1:1线,矩形试样测试的屈服强度稍高。图 11-5 为国产化 X80 板材制成钢管(外径为 1 219mm,螺旋缝埋弧焊管的壁厚为 18.4mm,直缝埋弧焊管的壁厚为 22.0mm 和 26.4mm)的矩形试样和圆棒试样测试的材料屈服强度对比。由图可以看出,对于螺旋缝埋弧焊管(SSAW),矩形试样和圆棒试验测试的材料屈服强度接近1:1线,圆棒试样测试的管材屈服强度稍高于矩形试样。而直缝埋弧焊管(LSAW),矩形试样和圆棒试验测试的材料屈服强度明显偏离1:1线,圆棒试样测试的管材屈服强度明显高于矩形试样。

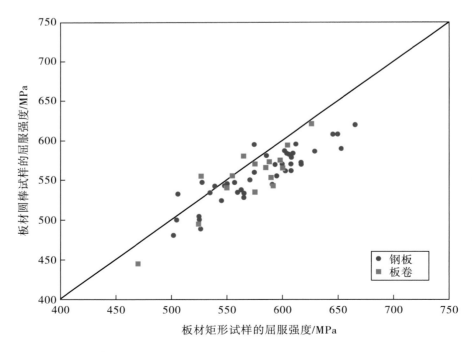

图 11-4　板材矩形试样和圆棒试样屈服强度测试值对比

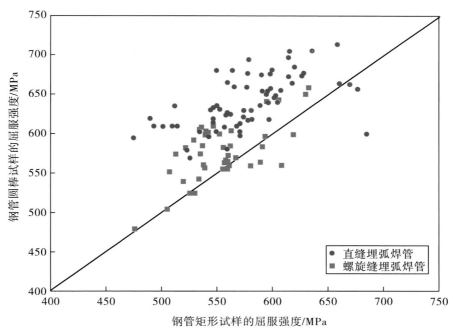

图 11-5 钢管矩形试样和圆棒试样屈服强度测试值对比

图 11-6 为国外某研究机构对不同钢级、不同类型钢管的横向展平矩形试样与横向圆棒试样的屈服强度实测值比较[4]。可以看出,屈服强度值未达到 500MPa 左右时,这些数据点几乎是均匀分布在 1:1 线上,即 2 种试样测试的屈服强度值基本相同。当屈服强度增加到 500MPa 以上时,这些数据点就越来越偏离了 1:1 线。在这个区域中,尤其对 UOE 钢管和 HRS(无缝钢管)钢管,用圆棒试样测得的屈服强度值始终高于用展平矩形试样测得的屈服强度值,并且随着屈服强度值的增加其差异越来越明显。尽管螺旋缝埋弧焊管的数据较少,但它的规律却非常清楚,螺旋缝埋弧焊管的性能具有和 HRS、UOE 钢管相似的规律。

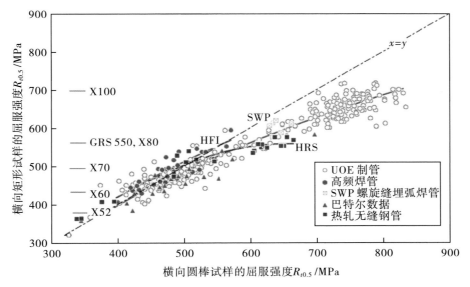

图 11-6 不同试样类型测试的屈服强度差异

总的规律是,无论是普通的钢管产品还是高钢级(X80 及以上)钢管产品,使用圆棒试样都很容易得到其屈服强度阈值,而使用展平矩形试样则不行。

图 11-7 给出了抗拉强度比拟图,在这 2 种类型的试样测试结果中抗拉强度没有明显的差异。

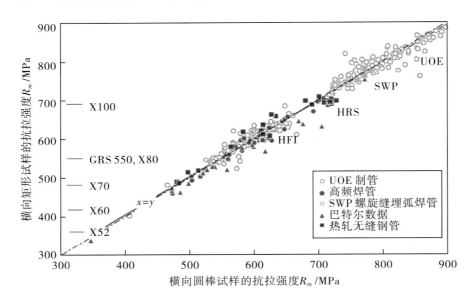

图 11-7　不同试样类型测试的抗拉强度差异

图 11-8 给出了来自以上 2 种类型试样的屈强比。尽管这些值在图中均大范围分布,但其平均值曲线表明圆棒试样 $R_{t0.5}/R_m$ 值比横向矩形试样的 $R_{t0.5}/R_m$ 要高得多,并且这种差异随 $R_{t0.5}/R_m$ 值的增加而增大。这种趋势是由于以上 2 种类型试样(展平矩形试样和未展平圆棒试样)的屈服强度不同造成的。

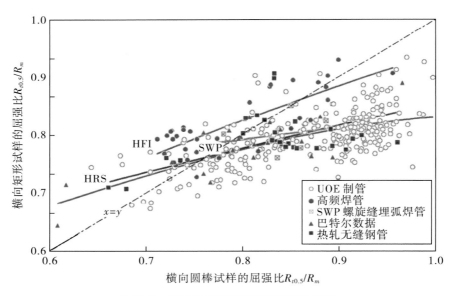

图 11-8　不同试样类型测试的屈强比差异

11.2.3　钢管成型及测试过程与屈服强度的关系

高钢级大口径管道用螺旋缝埋弧焊管和直缝埋弧焊管的成型方式和形变量差异很大,因此,板卷和钢板制成钢管后的拉伸屈服强度和屈强比差异很大。表 11-1 是大口径埋弧焊管不同成型方式和拉伸性能测试中钢管内外表面的变形情况,表 11-2 是埋弧焊管不同钢管生产工艺中屈服强度的变化。

表 11-1　不同钢管成型方式和拉伸性能测试中钢管内外表面的变形情况

钢管制造方法	钢管表面	制造阶段			力学试验		
					压平矩形试样		圆棒试样
		成型		定径	压平(弯曲)	试验(拉伸)	试验(拉伸)
螺旋缝埋弧焊管		板弯曲					
	外表面	拉伸			压缩	拉伸	拉伸
	内表面	压缩			拉伸	拉伸	拉伸
		U 成型(弯曲)	O 成型(压缩)	扩径(伸长)	压平矩形试样		圆棒试样
UOE	外表面	拉伸	压缩	拉伸	压缩	拉伸	拉伸
	内表面	压缩	压缩	拉伸	拉伸	拉伸	拉伸
		J/C 成型	O 成型	扩径	压平矩形试样		圆棒试样
JCOE	外表面	拉伸	压缩	拉伸	压缩	拉伸	拉伸
	内表面	压缩	压缩	拉伸	拉伸	拉伸	拉伸

表 11-2　埋弧焊管不同钢管生产工艺中屈服强度的变化

钢管制造方式	制造阶段		拉伸试验
	成型	定径	矩形试样
螺旋缝埋弧焊管	弯曲，$R_{t0.5}$升高或降低		压平，$R_{t0.5}$升高或降低
UOE	U 成型，$R_{t0.5}$升高或降低 O 成型，$R_{t0.5}$降低	扩径，$R_{t0.5}$升高	压平，$R_{t0.5}$降低
JCOE	J/C 成型，$R_{t0.5}$升高或降低 O 成型，$R_{t0.5}$降低	扩径，$R_{t0.5}$升高	压平，$R_{t0.5}$降低

　　螺旋缝埋弧焊管在制管成型过程中，板卷要经过开卷、展平，然后卷曲成型，导致钢管外表面产生拉伸变形，而内表面产生等量的压缩变形。在进行环向拉伸性能测试时，采用矩形试样，展平过程又要经过反向的弯曲变形，使钢管管壁内外表面的应变方向发生了变化(钢管外表面发生压缩变形，内表面发生拉伸变形)。而采用圆棒试样，没有拉伸试样的反向变形。因此，制管前后，由于包申格效应和形变强化的综合结果，导致材料的拉伸性能有一定程度的变化，至于变化量的多少，与材料的钢级、厚度、轧制/卷曲工艺、制管工艺和形变强化能力有关，目前尚无明确的数值。但可以给出定性的结论，即高钢级螺旋缝埋弧焊管制管后，材料的环向屈服强度下降的程度没有低钢级明显，有时还有一定程度的升高。因此，对于具体的钢厂板卷和管厂制管工艺，应进行具体研究，总结其规律，以保证最终钢管的拉伸性能可以满足标准规范的要求。

　　直缝埋弧焊管制管过程的变形包括成型和扩径 2 部分。油气管道大口径钢管最常用的成型方式包括 U-O、J-C-O 成型，对应的钢管分别为 UOE 焊管和 JCOE 焊管。对于 UOE 焊管，其生产过程包括 U 成型(弯曲)、O 成型(整体压缩)和 E 扩径(整体拉伸)，这导致钢管内表面发生了一个应变循环(见表 11-1)，外表面发生了 2 个应变循环(拉—压—拉)。JCOE 钢管同样也要经过这样的变形过程，只是变形的方式和量有一定的差异。如果用展平的矩形试样来确定钢管的环向屈服强度，UOE 钢管的外表面则会再经历一个压—拉应变循环。此外,可以看出钢管外表面的材料在每次生产制造和试验过程中都经历了一次应变转向。一般来说,由于包申格效应的影响,在 E 扩径前钢管的屈服强度应该比钢板的屈服强度低,而在冷扩径时因应变量比较大,可导致钢管屈服强度整体增加。管线钢板制管后的拉伸屈服强度的变化同样是包申格效应和形变强化的综合效果,变化量的多少同样与钢板的钢级、厚度、轧制工艺、制管成型工艺及形变强化能力有关。与螺旋缝埋弧焊管不同的是,直缝埋弧焊管由于扩径过程的变形量较大(0.6%~1.5%),材料的形变强化作用大于包申格效应的影响,钢板制成直缝埋弧焊管后的拉伸屈服强度总体上升,低钢级(形变强化能力弱)升高的幅度较小,高钢级(形变强化能力强)升高的幅度较大。对于具体的钢厂钢板和管厂制管工艺,应进行具体研究,总结其规律,以保证最终钢管的拉伸性能可以满足标准规范的要求。

对于原材料钢板和板卷的拉伸试验,由于在试样加工过程中,矩形试样不需要展平,而圆棒试样在加工过程中去掉了强度相对较高的表面硬化层,测试结果更多的是反映材料厚度 1/2 位置的性能,致使板材的圆棒试样屈服强度测试值低于矩形试样。

埋弧焊管标准规范要求的是环向拉伸性能,圆棒试样测试的屈服强度结果高于矩形试样,原因可归结为包申格效应的影响。埋弧焊管环向矩形试样在展平的过程中产生了较大的弯曲变形,而在拉伸性能测试过程中产生反向的弯曲变形,由于包申格效应,矩形试样测试的屈服强度结果会变低,而圆棒试样因为没有展平过程,故在测试过程中不产生包申格效应。但是,实际钢管的拉伸性能并不承受如矩形试样的展平过程,并不产生拉伸测试过程的包申格效应带来的屈服强度的降低,矩形试样测试的屈服强度低于钢管实际的环向屈服强度,而圆棒试样测试的屈服强度更能代表实际钢管的环向屈服强度。大量的研究证明,对于 X80 及以上的高钢级管线管环向屈服强度测试值的排序是:矩形试样<圆棒试样<胀环试样<水压试验,也就是说,圆棒试样测试的钢管环向屈服强度更接近钢管的实际承压能力。因此,对于 X80 及以上的高钢级管线管应采用圆棒试样测试环向屈服强度。

11.3　X80 螺旋缝埋弧焊管的性能变化规律

高钢级管线钢由于在制管及试验过程中形变强化与包申格效应的共同作用,测试得到的性能与钢板、焊管的性能有一定的差异,影响产品的验收评判、钢管使用性能及安全性的评估[11]。从国内外资料分析,对大口径、大壁厚高钢级管线管而言,屈服强度测试结果与实际相差较大,采用矩形试样测试的屈服强度波动范围大,与圆棒试样的结果相差也很大。制管前后材料强度变化量的准确性对板卷订货技术指标的确定有很大的意义,制管企业和钢铁企业联合确定,既能保证安全性又能保证经济性。X80 螺旋缝埋弧焊管板卷及钢管国产化研发初期,出现了钢管屈服强度偏低、测试结果波动范围大、拉伸曲线异常等问题,通过对国产化小批量试制的板卷及制管拉伸性能的强度指标(包括屈服强度和抗拉强度)进行研究,指出了存在的问题并提出了改进的方向,为确定工程技术指标和国产化批量生产提供了参考,也为高钢级螺旋缝埋弧焊管的初次试制、研发提供了指导。

11.3.1　研究材料及研究方法

试验材料是 5 家钢铁企业为西气东输二线工程小批量试制的宽度为 1 550mm、厚度为 18.4mm 的 X80 热轧板卷,以及 2 家制管企业采用试制的板卷为西气东输二线工程试制的规格为 Φ1 219mm×18.4mm 的螺旋缝埋弧焊管。取样样品包括同一板卷的头、中、尾部(从制管厂的角度看,分别对应钢厂的尾、中、头部)以及对应部位的制管。拉伸性能试样在钢管上相对应的管体上沿横向截取,在板卷上宽度 1/2 位置沿 30°方向截取。试样的形式包括矩形试样和圆棒试样 2 种。矩形试样为标距内长 50mm，宽 38.1mm 的全厚度试样，并在 MTS 810 材料试验机(100t)上进行试验。圆棒试样标距内直径为 12.7mm，标距长为 50mm，在 MTS810-15 材料试验机(25t)上进行试验。试验按照 ASTM A370《钢铁产品力学性能标准试验方法和定义》中的方法进行。

11.3.2　研究结果及分析

在 5 家钢厂试制的板卷(8 卷)及在 2 家管厂的制管(8 根)的抗拉强度和屈服强度分布如图 11-9 和图 11-10 所示。从指标的符合性方面来看，图 11-9(a)用矩形试样测试的板卷 30°方向的抗拉强度满足 X80 钢级的要求(625～825MPa)，屈服强度大部分数据满足 X80 钢级的要求(555～690MPa)，但是有少量数据低于 X80 钢级的下限(555MPa)，另有部分数据虽高于下限但富裕量不大；图 11-10(b)中用圆棒试样测试的钢管管体横向屈服强度和抗拉强度均满足 X80 钢级的要求，但有部分屈服强度数据靠近标准的下限，富裕量不大。由此可见，试制的 X80 的屈服强度需要进一步提高。

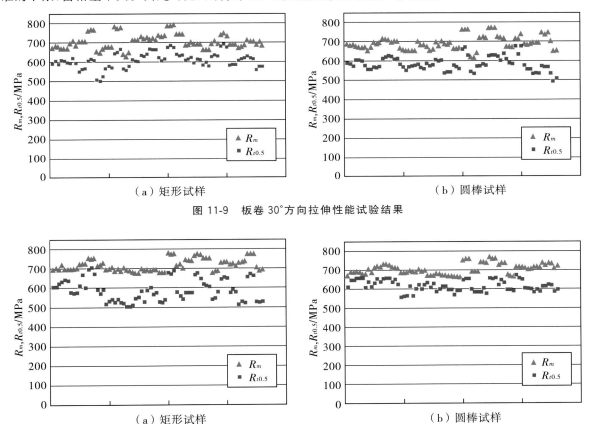

图 11-9　板卷 30°方向拉伸性能试验结果

图 11-10　管体横向拉伸性能试验结果

(1)试样形式对结果的影响

表 11-3 是板卷和钢管矩形试样和圆棒试样 2 种试样的拉伸性能的分析对比结果。

对板卷，从最小值(min.)来看，2 种试样的抗拉强度均符合 X80 的下限要求，而屈服强度均低于 X80 的下限要求；从最大值(max.)来看，2 种试样的屈服强度和抗拉强度均符合 X80 的上限要求；从平均值(ave.)来看，2 种试样测试的结果存在一定的差异，板卷 30°方向矩形试样的抗拉强度、屈服强度比圆棒试样分别高 12MPa 和 23MPa；从波动范围(max.－min.)来看，板卷 30°方向矩形试样和圆棒试样抗拉强度、屈服强度的波动范围基本相当。

表 11-3　矩形试样和圆棒试样 2 种试样的拉伸性能结果对比

试样形式		板卷 30°方向			钢管管体横向		
		R_m/MPa	$R_{t0.5}$/MPa	数据量	R_m/MPa	$R_{t0.5}$/MPa	数据量
矩形	min.	631	497	72	678	504	72
	max.	793	689		781	704	
	max.－min.	162	192		103	200	
	ave.	707	607		719	585	
圆棒	min.	617	493	72	662	555	72
	max.	775	678		771	671	
	max.－min.	158	185		109	116	
	ave.	695	584		707	615	
平均差值（圆棒试样－矩形试样）		－12	－23		－12	30	

对钢管,从最小值(min.)来看,2 种试样的抗拉强度均符合 X80 的下限要求,且有较大的富裕量,矩形试样的屈服强度低于 X80 的下限要求且相差较多,圆棒试样的屈服强度刚好达到 X80 的下限要求。从最大值(max.)来看,2 种试样的抗拉强度均符合 X80 的上限要求,圆棒试样的屈服强度满足 X80 的上限限制,而矩形试样的屈服强度超出 X80 的上限限制。从平均值(ave.)来看,2 种试样的结果有一定的差异,矩形试样的抗拉强度比圆棒试样高 12MPa,与板卷一致;而矩形试样的屈服强度比圆棒试样低 30MPa,与板卷相反。从波动范围(max.－min.)来看,2 种试样抗拉强度的波动范围相当,但是矩形试样屈服强度的波动范围明显比圆棒试样屈服强度大。

矩形试样取的是全壁厚金属材料,反映的是整个壁厚材料的性能;圆棒试样加工掉了性能良好的表层金属材料,不能反映整个壁厚范围的性能,从这一点来说,矩形试样相对合理。但是,矩形试样在测试时必须展平,存在包申格效应引起的屈服强度下降的问题;圆棒试样从中部加工,即不需要展平,不存在包申格效应,从这一点来说,圆棒试样相对合理。另外,矩形试样测试的条件屈服强度 $R_{t0.5}$ 受试样展平程度的影响很大。研究认为,圆棒试样更能反映钢管的真实屈服强度,但由于截面尺寸较小,受材料厚度方向均匀性的影响较大。

图 11-11 是钢管同一金相试样不同厚度位置的显微组织。可以看出,试制的 X80 管材厚度方向的组织是很不均匀的,靠近表面粒状贝氏体(B 粒)组织较多,M-A 岛分布较密,多边形铁素体(PF)较少,晶粒尺寸细小;壁厚 1/4 位置,B 粒组织和 M-A 岛减少,PF 组织增多,晶粒尺寸增大;壁厚中部 B 粒组织进一步减少,M-A 岛分布稀疏,PF 组织进一步增多,晶粒尺寸更加粗大。因此,靠近表层材料的拉伸性能较高,靠近厚度中部材料的拉伸性能较低。因此,采用圆棒试样时应尽可能采用直径较大的试样。

综合各种因素分析,对于板卷,矩形试样加工比较方便,可以反映全壁厚材料的性能,不存在包申格效应问题,因此建议采用矩形试样测试材料的拉伸性能。对于管体横向拉伸性能的测试,因展平度及包申格效应等因素的影响,矩形试样测试的屈服强度低,而且波动范围大,因此建议采用圆棒试样。为了降低试样截面尺寸的影响,保证测试结果尽可能准确,选用的圆棒试样直径应尽可能大,如对壁厚为 18.4mm 的螺旋缝埋弧焊管,应采用直径为 12.7mm 的圆棒试样,而不宜采用直径为 10mm 的圆棒试样。

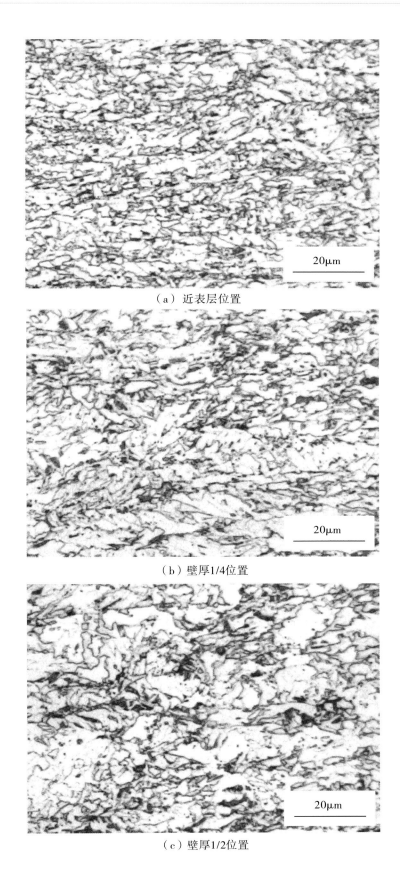

（a）近表层位置

（b）壁厚1/4位置

（c）壁厚1/2位置

图 11-11　166$^#$ 管体不同厚度位置的显微组织

（2）沿长度方向板卷和钢管拉伸性能的分布

用矩形试样测试的板卷头、中、尾部的拉伸强度对比结果如表 11-4 所示。从最小值来看，头部和中部的抗拉强度值基本相同，而尾部的较低，但均满足 X80 的下限要求。屈服强度中部最高，满足 X80 的下限要求且有一定的富裕量；头部次之，低于 X80 的下限；尾部最低，低于 X80 的下限更多。从平均值来看，中部的抗拉强度和屈服强度最高，头部次之，尾部最低，但是均满足 X80 的强度指标，且有一定的富裕量。从整体上看，试制板卷的屈服强度和抗拉强度均满足 X80 的要求，但是沿长度方向存在不均匀性，中部性能最好，尾部最差。

表 11-4 沿长度方向板卷和钢管拉伸性能的分布

位置/部位		板卷 30°方向（矩形试样）			钢管管体横向（圆棒试样）		
		R_m/MPa	$R_{t0.5}$/MPa	数据量	R_m/MPa	$R_{t0.5}$/MPa	数据量
头部	min.	675	550		662	555	
	max.	737	633	24	744	652	24
	ave.	698	599		694	600	
中部	min.	670	593		676	564	
	max.	793	689	24	771	671	24
	ave.	734	635		722	635	
尾部	min.	631	497		670	583	
	max.	745	664	24	738	648	24
	ave.	688	588		705	610	
最大平均差值		46	47		28	35	

板卷尾部的性能差与板卷制造过程中的工艺有关。板卷在轧制过程中，受卷曲机能力的限制，开始一段（轧板时的头部，制管时的尾部）不喷水冷却，因而不能保证其组织和性能要求。该段的长度因钢厂不同而不同，有的厂家较短，约为 2m；有的厂家较长，约为 6m。金相组织分析表明，某些厂家试制的板卷头、中、尾部的组织存在较大的差异，头部和中部均以 B 粒为主，尾部以 PF 为主，其拉伸性能必然存在较大的差异。因此，钢铁企业和制管企业应共同研究，减少并确定尾部性能不合格段的长度，以保证钢管的质量，并提高材料的利用率。

用圆棒试样测试的板卷头、中、尾部对应部位制管的拉伸强度如表 11-4 所示。从最小值来看，头、中、尾部的抗拉强度存在一定的差异但差值不大，且均满足 X80 的下限要求；屈服强度尾部最高，中部次之，头部最低，均满足 X80 的下限要求，但头部和中部的富裕量不大。从最大值来看，抗拉强度中部最高，尾部次之，头部最低，且均满足 X80 的上限要求；屈服强度中部较高，头部和尾部基本相同，且均满足 X80 的上限要求。从平均值来看，抗拉强度和屈服强度中部最高，尾部次之，头部最低，均符合 X80 的强度要求，且有很大的富裕量。可见，从平均值和性能稳定的中部性能来看，小批量试制的 X80 螺旋缝埋弧焊管具有良好的拉伸性能，但是从最小值来看，试制的螺旋缝埋弧焊管的屈服强度和不同部位的均匀性有待进一步提高。

与板卷相比，钢管没有出现低于 X80 强度下限的数值，整体性能较高，这与取样位置有关。板卷头、尾部取样时两头切掉的部分较少，试样可能位于性能不稳定的部位，而钢管取样时由于对头焊和板卷取样切掉了更多的头、尾部性能不稳定段，所以试样远离了性能不稳定部位。

（3）制管前后材料拉伸性能的变化

在螺旋缝埋弧焊管制管过程中,材料经过弯曲成型会产生形变强化。在测试屈服强度时,如果采用矩形试样,试样必须展平,会产生包申格效应,由于包申格效应的影响,测试的屈服强度值要低于实际钢管的屈服强度[13]。采用圆棒试样,虽然没有包申格效应的影响,但由于加工掉了性能更好的表面而保留部分不能反映全截面的性能,测试的性能有一定程度的降低。强化作用和包申格效应与材料的性能和制管工艺密切相关,制管前后性能的变化量取决于材料本身的性能、制管工艺和试样形式等。

表 11-5 是小批量试制的螺旋缝埋弧焊管制管前后材料拉伸性能的变化。可以看出,以矩形试样衡量的板卷拉伸性能与以圆棒试样衡量的钢管拉伸性能相比,制管后头、中、尾部的抗拉强度变化量分别为 −4MPa、−12MPa、17MPa,即头部和中部降低,尾部升高,平均为 0;制管后头、中、尾部的屈服强度的变化量分别为 1MPa、0MPa、22MPa,平均为 8MPa。

表 11-5　制管前后材料强度的变化量

位置	抗拉强度 R_m/MPa			屈服强度 $R_{t0.5}$/MPa		
	板卷矩形试样	钢管圆棒试样	变化量	板卷矩形试样	钢管圆棒试样	变化量
头部	698	694	−4	599	600	1
中部	734	722	−12	635	635	0
尾部	688	705	17	588	610	22
平均	707	707	0	607	615	8

总体来讲,制管前后的抗拉强度几乎没有变化,屈服强度略有升高,但变化量不大。但是从每个部位来看,尾部反映出的变化量较大。这与前面讲到的取样位置和材料的均匀性有关。板卷的头部和尾部取样靠近性能不稳定的两端,尤其是尾部没有喷水冷却的部位,其数据不能反映制管前后材料性能的真实变化规律。而中部板卷和管体性能稳定,变化量可以较好地反映制管前后材料性能的变化规律,可以很好地反映制管和拉伸性能测试过程中包申格效应影响的大小,指导板卷订货技术指标的确定。中部位置制管后抗拉强度下降−12MPa,屈服强度没有变化,可见试制的 X80 管线钢在制管过程中的包申格效应和形变强化综合作用不明显。

11.3.3　小结

1)总体来说,小批量试制的 X80 管线钢满足 X80 钢级的强度指标,且有一定的富裕量。但是,沿板卷长度方向及对应制管不同部位的强度存在不均匀性,尾部和头部的屈服强度偏低,材料的均匀性、屈服强度和富裕量需进一步提高,板卷尾部工艺和性能不稳定段的长度需尽可能降低,并应在制管工艺中明确作出相关规定,确保其从成品钢管上被完全切除。

2)矩形试样和圆棒试样测试的材料强度存在一定的差异。对于板卷建议采用矩形试样测试材料的拉伸性能,对于管体横向建议采用直径尽可能大的圆棒试样测试钢管的拉伸性能。

3)试制的针状铁素体型 X80 管线钢在制管过程中的包申格效应和形变强化综合作用不明显。中部板卷和管体性能稳定,制管前后强度的变化量可以很好地反映制管前后材料性能的变化规律,建议用该部位的性能变化量评价制管和拉伸性能测试过程中的包申格效应和形变强化综合作用的大小,指导板卷订货技术指标的确定。

11.4　直缝埋弧焊管的形变强化及利用

油气管道建设需要大量高性能的管线管。目前高压、大口径、大输量油气管道大量使用 X70、

X80级直缝埋弧焊管。我国油气管道技术发展迅速,就高压输送和高钢级焊管的工程实践而言,我国已跃升国际领跑者的行列,输送管技术和质量水平取得了长足的发展,但钢管的质量及稳定性与国外先进国家还存在一定的差距[13-15]。大量的研究和生产实践表明,高强度直缝埋弧焊管从钢板制成钢管后,材料的横向(环向)屈服强度和屈强比有一个较大幅度的上升,如果不能掌握这个规律,一方面可能因钢管的环向屈服强度富裕量过大而造成浪费,另一方面可能因钢管的屈强比超高而引起产品不合格。要针对不同钢厂、不同合金体系和不同轧制工艺的原材料,通过测量和分析原材料、钢管的拉伸性能与扩径率的相关性,建立相关的函数关系,在制管过程中针对每批钢管的原材料选择不同的扩径率,实现钢管拉伸性能的准确控制,提高合格率,降低波动范围,从而提高油气管道用钢管的质量。

11.4.1　焊管生产中出现的拉伸性能问题

拉伸性能是管线管最基本、最主要的性能,是制管过程中最需要严格控制的性能之一。张伟福等[16]将川气东送工程国产化大口径 Φ1 016mm×21mm X70 直缝埋弧焊管与国外的相关产品进行对比分析,指出国产钢管的拉伸性能接近西气东输一线工程进口的同类钢管水平,川气东送工程国产化钢管的环向屈服强度均值为 556MPa,高于西气东输一线工程进口的同类钢管的 538MPa,但其环向屈服强度最小值在标准规定的下限,屈服强度波动相对较大。这是对交货合格钢管的统计分析,在实际生产中有一些钢管的屈服强度因低于标准要求而降级。在西气东输二线工程中用 Φ1 219mm×22.0mm X80 直缝埋弧焊管的试制过程中,一个主要的问题就是钢管的屈强比偏高(甚至高达 0.99),远超过 API SPEC 5L 标准要求(≤0.92),虽然经过努力有所下降,仍然达不到 API SPEC 5L 标准要求,使工程技术标准屈强比指标不得已低于 API 标准要求,但在批量生产过程中仍有许多钢管的屈强比超出工程技术标准要求而降级。西气东输二线工程 X80 直缝埋弧焊管国外批量生产的钢管屈服强度数据分布带宽为 130MPa,而国产钢管的屈服强度分布在 565～755 MPa,钢管屈服强度数据分布带宽为 190MPa,控制范围明显增大[17]。

综合分析资料表明,西气东输、陕京二线、川气东送等天然气管道工程用 X70 直缝埋弧焊管在生产过程中均出现了屈服强度低于标准要求下限的情况,西气东输二线等工程用 X80 直缝埋弧焊管在生产过程中经常产生拉伸性能屈服强度偏高、屈强比超出标准上限的情况(要求≤0.93),造成钢管报废。另外,分析国内外生产的直缝埋弧焊钢管的质量差异,国产钢管的一个主要差距就是屈服强度的分散性大,性能不稳定,给管道的现场焊接强度匹配和安全运行造成了不利的影响。

11.4.2　扩径率对钢管强度的影响

直缝埋弧焊管制造过程中的扩径是一道必需的工序,扩径技术是大口径直缝焊管制造的核心技术,其发展程度直接决定了我国的制管技术水平[18-19]。形变强化是金属材料的普遍规律,对 X80 高强度管线钢尤其明显。国内外大量的研究表明,1%左右的形变就可使钢管的屈服强度产生显著的升高。韩秀林等[20]系统地研究了扩径率对 X80 焊管强度的影响规律,如表 11-6、表 11-7 所示,并得出结论,扩径率对 X80 直缝埋弧焊管的外观尺寸、拉伸性能都有重要的影响;钢管屈服强度基本随着扩径率的增大而增大,扩径率对抗拉强度的影响不大。

高强度管线埋弧焊管经常出现屈服强度、屈强比不合格和数据分散的问题,其主要原因就是制管用钢板原材料的屈服强度波动范围大,而制管厂在制管过程中采用单一的制管工艺参数(主要是板宽加工和扩径率)。造成直缝埋弧焊管屈强比超标的主要因素有原材料钢板拉伸性能的波动和制管过程的扩径率。钢板拉伸性能的波动是客观存在的,波动大小与钢厂的冶炼和轧制水平有关。

表 11-6　扩径后钢管屈服强度的增加值

扩径率 /%	屈服强度 $R_{t0.5}$ 的增加值/MPa			
	A 钢	B 钢	C 钢	平均值
0.6	15	55	25	32
0.9	45	60	65	57
1.2	60	65	90	72

表 11-7　不同扩径率钢管的拉伸性能

编号	扩径率 /%	屈服强度 $R_{t0.5}$/MPa	抗拉强度 R_m/MPa	伸长率 A/%	屈强比 $\dfrac{R_{t0.5}}{R_m}$
A 钢	未扩径	545	685	28	0.80
	0.6	560	680	25	0.83
	0.9	590	695	24	0.85
	1.2	605	695	27	0.87
B 钢	未扩径	535	685	27	0.78
	0.6	590	685	25	0.86
	0.9	595	705	27	0.84
	1.2	600	695	26	0.86
C 钢	未扩径	525	695	27	0.76
	0.6	550	695	28	0.79
	0.9	590	695	26	0.85
	1.2	615	700	27	0.87
工程技术标准要求	0.5～1.5	555～690	625～825	≥16	≤0.92

　　范利锋等提出了建议[18]：收集管线钢材料的性能数据，运用统计学的方法分析其波动性及对管坯形状和工艺参数的影响，建立对应不同规格管坯扩径工艺参数数据库。对于直缝埋弧焊管的扩径率，ISO、API 和国标要求为 0.3%～1.5%，实际过程中一般控制在 0.6%～1.3%，这个范围尺寸变化不大且可以满足标准要求，但这个变化范围对钢管的拉伸性能影响很大，文献[19]指出扩径率最好控制在 0.8%～1.5%。文献[20]的研究表明，当扩径率在 0.8%～1.2%范围内变化时，能使 X80 钢管达到较合适的外观尺寸，且变化不大，既保证了钢管外观尺寸的精度，又很好地控制了扩径后钢管的屈服强度和屈强比的上升幅度。因此，可以利用扩径率的变化对钢管拉伸性能的影响规律，根据不同的原材料屈服强度选择不同的扩径率，从而控制钢管的拉伸屈服强度和屈强比。

11.4.3　钢管拉伸性能精确控制技术

　　关于高钢级管线管的拉伸性能指标及其影响因素，尤其是形变和扩径率对直缝埋弧焊管拉伸性能的影响规律，国内外都进行了大量的研究，对提高钢管的拉伸性能起到了很好的作用。但现有研究成果的应用仅限于批量确定原材料钢板的内控指标和钢管的加工参数，没有提出针对不同钢厂、不同合金体系、不同炉批的钢板进行个性化控制的方法，因而钢管的拉伸性能指标经常出现不合格而且波动范围大的情况。现根据上述扩径率对钢管拉伸性能强度的影响规律,提出一套技术方案,利用准确的试验分析技术、精密的变形控制和加工技术,以自动化、信息化为手段,个性化生产每根钢管,提高产品的合格率和质量。

(1)技术方案

1)对某钢厂供应的钢板进行试验分析,或者利用现有的生产数据进行统计分析,在成型工艺不变的情况下,分析扩径率(0.6%~1.3%)对材料屈服强度、抗拉强度和屈强比的影响规律,找出钢管屈服强度 R_{sg}、钢板屈服强度 R_{sb} 与扩径率 S_r 的函数关系式:

$$R_{sg} = f(R_{sb}, S_r) \tag{11-1}$$

2)利用原材料入厂检验的材料强度数据,针对每炉批钢板确定的目标屈服强度,利用函数关系式(11-1)计算针对性的扩径率 S_r,依据扩径率 S_r 确定板边加工量。

3)在制管过程中,建立每张钢板的跟踪编码,输入加工信息,进行实时跟踪和控制,按确定的工艺参数制管。

4)进行钢管实物拉伸性能检测,分析性能指标的优劣,然后进行反馈,优化板边加工量和扩径率,保证钢管的性能指标满足订货技术指标的要求,并提高其性能的稳定性。

这套制备直缝埋弧焊管的技术方案,可以利用扩径率的变化对钢管拉伸性能、屈服强度的影响规律,根据不同的原材料钢板屈服强度选择不同的扩径率,从而控制钢管的屈服强度和屈强比。针对不同钢厂、不同合金体系和不同轧制工艺的原材料,通过测量和分析原材料、钢管的拉伸性能与扩径率的相关性,建立相关的函数关系,在制管过程中针对每批钢管原材料选择不同的扩径率,从而实现钢管拉伸性能的准确控制,提高合格率,并降低波动范围,解决现有技术中X80直缝埋弧焊管经常出现的屈服强度不稳定的技术问题。

(2)模拟示例

某钢管企业生产的 Φ1 219mm×22mm X80 钢级直缝埋弧焊钢管,采用某钢厂某炉批屈服强度为585MPa、抗拉强度为680MPa、屈强比为0.86的钢板,采用扩径率为1.3%的工艺制成钢管,测定钢管的屈服强度为670 MPa,抗拉强度为705MPa,屈强比为0.95,屈强比超出标准≤0.93的要求。改进制管工艺,减少板边加工量19mm,即增加加工后的实际板宽19mm,降低扩径率为0.8%,制成钢管的屈服强度为640MPa,抗拉强度为695MPa,屈强比为0.92,均满足标准要求。

与上述情况相反,某炉批钢板的屈服强度为510MPa,抗拉强度为595MPa,屈强比为0.87,采用扩径率为0.8%的工艺制成钢管后,钢管的屈服强度为545MPa,抗拉强度为610MPa、屈强比为0.89,屈服强度低于标准≥555MPa的要求,抗拉强度低于标准≥620MPa的要求。改进制管工艺,增加板边加工量16mm,即减少加工后的实际板宽16mm,增大扩径率为1.2%,制成钢管后的屈服强度为575MPa,抗拉强度为625MPa,屈强比为0.92,均满足标准要求。

这是一个通过精确控制扩径率,减少屈服强度和屈强比不合格问题的模拟示例。在实际过程中,可以通过数据统计分析,建立钢管拉伸性能与扩径率数据库的函数关系式,精确控制每炉批钢管的扩径率,控制材料的变形量以及屈服强度的变化范围,从而减少钢管屈服强度和屈强比的波动范围,提高生产钢管拉伸性能的稳定性。

11.4.4 小结

1)对高强度直缝埋弧焊管出现的屈服强度偏低、屈强比偏高导致的不合格,以及屈服强度波动范围大的问题,应该引起足够的重视。

2）扩径率对高强度直缝埋弧焊管的屈服强度和屈强比有显著的影响，通过精确控制钢管的扩径率，可以精确控制钢管的拉伸性能，减少产品的不合格以及波动范围，提高钢管质量的稳定性。

3）对于具体的原材料，通过测量和分析原材料、钢管的拉伸性能与扩径率的相关性，建立相关的函数关系式，针对每批原材料选择不同的扩径率，实现钢管拉伸性能的准确控制，为现代制管过程的自动化、信息化技术提供工艺上的可行性。

4）相关的试验研究目前仅限于技术方案，需要在具体的实施过程中进一步完善，希望能与制管企业共同开发、应用，提高国产高强度管线钢管的质量水平。

11.5　X90/X100 管线管的包申格效应和形变强化

油气管道的发展方向是高压力、大口径、高钢级，X80 管线管在我国西气东输二线、三线工程的成功应用，推动了 X80 在世界范围内的大规模应用。为了进一步提高管道的输送能力，同时减少管线钢的使用量，管道研究者在研究和推动更高钢级管线管的开发和应用。国外已成功开发 X100、X120 管线管并进行了示范段应用。我国已进行了 X90 管线管的开发和小批量生产，即将进行示范段应用，对 X100 管线管也进行了开发试制。相对于 X80 管线管，X90/X100 管线管的拉伸性能的数据较少，对其包申格效应和形变强化规律的研究还不够，只能从少量的试制数据分析制管前后拉伸强度的变化。

11.5.1　X90/X100 管线钢在制管过程中的包申格效应

管线钢管的包申格效应，在板卷开卷、钢管成型和拉伸试验过程（采用矩形试样）中产生。由于制管过程复杂，影响拉伸性能的因素多，为便于简化并评价 X90/X100 管线钢的包申格效应的大小，本节通过在钢管环向上取矩形试样和圆棒试样进行拉伸强度的对比，评价不同的管型和钢级的包申格效应。表 11-8 为不同钢级和类型钢管的 2 种试样测试的屈服强度差值。矩形试样在加工过程中需要展平，其拉伸试验过程又发生了反向变形，存在包申格效应。圆棒试样在加工过程中不需要展平，不存在包申格效应，但只能反映部分厚度材料的性能，此处我们忽略了材料厚度方面的不均匀性带来的材料性能的差异，将圆棒试样测试的屈服强度作为基准，用矩形试样与圆棒试样屈服强度的差值来评价材料包申格效应的大小。

从表 11-8 可以看出，对于 X90/X100 螺旋缝埋弧焊管，矩形和圆棒 2 种试样屈服强度差值的最大值为正值，且差值很大，表明不存在包申格效应，表现为显著的形变强化效果。与之相反，2 种试样屈服强度差值的最小值为负值，且绝对值很大，表明存在明显的包申格效应。从这 2 种试样屈服强度差值的均值来看，皆为负值，表明存在包申格效应，但绝对值很小，表明几乎可以忽略不计。

对于 X90/X100 直缝埋弧焊管，矩形和圆棒 2 种试样的屈服强度差值与螺旋缝埋弧焊管存在一定的异同。直缝埋弧焊管矩形和圆棒 2 种试样屈服强度差值的最大值为正值，且值很大，表明不存在包申格效应，表现为显著的形变强化效果。相反，2 种试样屈服强度差值的最小值除了 1 组（X100，壁厚为 17.8mm）为正值外，其值很小，可以忽略不计，其余 3 组均为负值，表明存在一定的包申格效应。从这 2 种试样屈服强度差值的均值来看，其均为正值，表明不存在包申格效应，表现为一定程度的形变强化效果。

需要说明的是，由于 X90/X100 管线管目前还只是处于研究阶段的试制产品，未经过大规模的生产，数据量有限，所以 X90/X100 包申格效应的规律还有待进一步研究。

表 11-8　不同钢级和类型钢管 2 种试样测试的屈服强度差值

钢级	管 型	规 格 /mm	统计数据量	统计结果	屈服强度差值（矩形－圆棒）/MPa
X90	螺旋缝埋弧焊管	Φ1 219×16.3	72	最大值	72
				最小值	－103
				均值	－16
X100	螺旋缝埋弧焊管	Φ1 219×14.8	44	最大值	92
				最小值	－85
				均值	－2
X90	直缝埋弧焊管	Φ1 219×16.3	57	最大值	64
				最小值	－60
				均值	2
X90	直缝埋弧焊管	Φ1 219×19.6	62	最大值	70
				最小值	－77
				均值	19
X100	直缝埋弧焊管	Φ1 219×14.8	42	最大值	119
				最小值	－40
				均值	37
X100	直缝埋弧焊管	Φ1 219×17.8	43	最大值	80
				最小值	8
				均值	49

11.5.2　X90/X100 管线钢在制管过程中的形变强化

大口径埋弧焊管在制管过程中会产生变形，尤其是在直缝埋弧焊管扩径过程中，材料的变形量很大。一般而言，高钢级管线钢比低钢级管线钢会表现出更强的形变强化能力。由于制管过程复杂，影响拉伸性能的因素多，为便于简化并评价 X90/X100 管线钢的形变强化性能，本节将通过在板卷/钢板对应部位钢管环向取圆棒拉伸试样，与对应部位的钢管环向圆棒拉伸试样的屈服强度测试结果对比，评价不同管型和钢级的形变强化能力。

表 11-9 为不同钢级和类型钢管制管后圆棒试样测试的屈服强度差值，钢管环向圆棒试样屈服强度与板卷/钢板对应方向屈服强度的差值就是制管后材料的形变强化能力的大小。

从表 11-9 中管－板屈服强度差值的最大值来看，最小值为 131MPa，最值大为 215MPa，表明X90/X100 螺旋缝埋弧焊管和直缝埋弧焊管均表现出显著的形变强化能力。

从表 11-9 中管－板屈服强度差值的最小值来看，最小值为－103MPa，最大值为－9MPa，均为负值，表明 X90/X100 螺旋缝埋弧焊管和直缝埋弧焊管无形变强化能力，表现为包申格效应，与上述结论相反。

从表 11-9 中管－板屈服强度差值的平均值来看，除 16.3mm 厚螺旋缝埋弧焊管为负值外，其余均为正值，最小值为 21MPa，最大值为 80MPa，表现出较强的形变强化能力。直缝埋弧焊管比螺旋缝埋弧焊管表现出更强的形变强化效果,X100 管线钢比 X90 管线钢总体表现出了更强的形变强化能力。

表 11-9　不同钢级和类型钢管制管后圆棒试样测试的屈服强度差值

钢级	管型	规格/mm	统计数据量	统计结果	屈服强度差值(管一板)/MPa
X90	螺旋缝埋弧焊管	Φ1 219×16.3	72	最大值	131
				最小值	−103
				均值	−6
X100	螺旋缝埋弧焊管	Φ1 219×14.8	44	最大值	153
				最小值	−57
				均值	21
X90	直缝埋弧焊管	Φ1 219×16.3	57	最大值	192
				最小值	−60
				均值	57
X90	直缝埋弧焊管	Φ1 219×19.6	62	最大值	173
				最小值	−37
				均值	80
X100	直缝埋弧焊管	Φ1 219×14.8	42	最大值	173
				最小值	−19
				均值	51
X100	直缝埋弧焊管	Φ1 219×17.8	43	最大值	215
				最小值	−9
				均值	80

11.5.3　制造厂试制的典型产品制管前后拉伸强度的变化

上述统计分析的数据,由于材料来源不同,制管工艺有差异,以及在实验过程中存在误差等原因,导致分析的规律性不强。下面给出一些制造厂 X90 板材及钢管拉伸性能典型的研究结果,供从事管线钢及钢管的研究人员参考。

文献[21]采用板卷研制 X90 钢级 Φ1 422mm×15.3mm 螺旋缝埋弧焊管,并对板卷和成品管进行各项检测试验。试验表明,管体横向圆棒试样比板卷 30°圆棒试样的屈服强度平均低 28MPa,抗拉强度平均高 27MPa,屈强比降低了 6%。管体横向矩形试样比管体横向圆棒试样的屈服强度平均高 23MPa,抗拉强度平均低 12MPa,屈强比平均高 4%。该文献分析认为,由于金属材料表面致密层的影响,管体横向和纵向矩形试样比圆棒试样的屈服强度都高。X90 钢管管体与板卷强度之间存在差异主要是由测试部位不同,以及矫平、成型等制管工艺造成的包申格效应引起的。

文献[22]采用某钢厂钢级为 X90、厚度为 16.3mm 的热轧卷板试制的 Φ1 219mm×16.3mm 螺旋缝埋弧焊管,研究了制管后拉伸性能的变化,表 11-10 为卷板、钢管拉伸性能试验结果。结果表明,制管后屈服强度上升了−8～47MPa,平均上升了 15MPa;抗拉强度上升了−37～85MPa,平均上升了 23MPa;屈强比降低了−0.04～0.04,平均降低了 0.01,考虑数据修约,屈强比平均值基本没有变化。

　　图 11-12 为制管前后屈服强度的变化曲线,按板卷屈服强度升序排列。从图中可以看出,制管后屈服强度整体呈升高趋势,在板卷屈服强度较低时的平均升高幅度要大于板卷屈服强度较高时的平均升高幅度。板卷屈服强度在 625～650MPa 时,制管后屈服强度平均升幅为 23MPa;板卷屈服强度在 650～670MPa 时,制管后屈服强度的平均升幅为 9MPa;板卷屈服强度高于 670MPa 时,制管后的屈服强度不再升高,个别值已低于板卷的屈服强度。

表 11-10　制管前后材料拉伸性能的变化

试样编号	制管前(板卷)			制管后(钢管)			制管前后拉伸性能的变化		
	屈服强度/MPa	抗拉强度/MPa	屈强比	屈服强度/MPa	抗拉强度/MPa	屈强比	屈服强度上升值/MPa	抗拉强度上升值/MPa	屈强比下降值
H1	642	800	0.80	645	808	0.80	3	8	0
H2	643	770	0.84	660	778	0.85	17	8	−0.01
H3	640	795	0.81	655	793	0.83	15	−2	−0.02
H4	642	785	0.82	670	800	0.84	28	15	−0.02
H5	668	790	0.85	667	787	0.85	−1	−3	0
H6	683	763	0.90	675	782	0.86	−8	20	0.04
H7	670	835	0.80	670	798	0.84	0	−37	−0.04
H8	648	757	0.86	695	790	0.88	47	33	−0.02
H9	625	705	0.89	647	767	0.84	22	62	0.05
H10	652	752	0.87	658	783	0.84	6	31	0.03
H11	663	742	0.89	675	760	0.89	12	18	0
H12	660	755	0.87	688	810	0.85	28	55	0.02
H13	659	760	0.87	668	785	0.85	9	25	0.02
H14	635	799	0.79	645	820	0.79	10	21	0
H15	630	730	0.86	675	815	0.83	45	85	0.03
最小值	625	705	0.79	645	760	0.79	−8	−37	−0.04
最大值	683	835	0.90	695	820	0.89	47	85	0.04
平均值	651	769	0.85	666	792	0.84	15	23	0.01

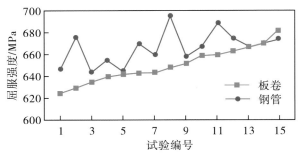

图 11-12　制管前后屈服强度的变化曲线

某厂家[23]试制的 X90 管线钢获得了细化的具有高位错密度的低碳贝氏体及少量铁素体显微组织,试制的成品钢板采用 UOE 成型方法,制成 Φ1 219mm×16.3mm、Φ1 219mm ×19.6mm 直缝埋弧焊管,制管后的屈服强度平均分别升高了 70MPa 和 74MPa。一钢管集团[24]用某钢厂试制的 X90

钢板,采用 JCOE 成型方式,试制了 Φ1 219mm×16.3mm 直缝埋弧焊管,图 11-13 为制管前后钢板与钢管管体屈服强度的对比。从图中可以看出,制管后材料的屈服强度明显上升,圆棒试样较矩形试样测得的屈服强度上升得更多。文献[24]分析认为,X90 钢为针状铁素体组织,由于针状铁素体存在高密度的可移动位错而易于实现滑移,因而针状铁素体具有连续的屈服行为和高的形变强化能力。而矩形试样要经过试样的压平,由于包申格效应,矩形试样的屈服强度有所降低。

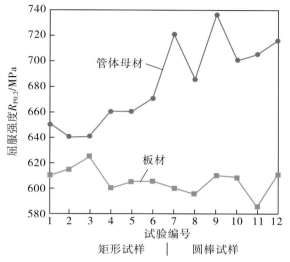

图 11-13　钢板和钢管管体的屈服强度对比

文献[25]为某钢企采用超低碳 Mn-Mo-Ni-Cr-Cu 合金设计和 TMCP 工艺,开发了板厚分别为 16.3mm 和 19.6mm 的管线钢,然后试制大口径(Φ1 219mm)的 X90 M 直缝埋弧焊管。图 11-14 是板厚分别为 19.6mm 和 16.3mm 的 X90 M 管线钢

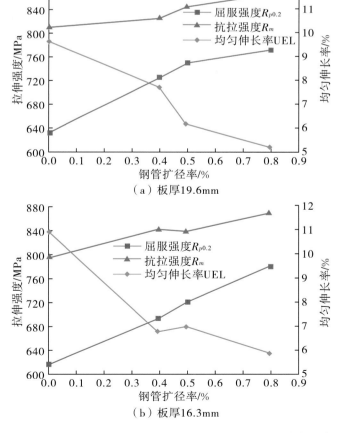

（a）板厚19.6mm

（b）板厚16.3mm

图 11-14　不同板厚的 X90 M 管线钢拉伸性能随扩径率的变化情况

随扩径率的提高拉伸性能的变化情况。从图中可以看出，2种板厚的管线钢制管后强度明显上升，随着扩径率的提高，16.3mm厚X90 M管线钢的屈服强度近似直线上升，最高幅度达到140MPa。

11.5.4 小结

总体来讲，X90/X100管线钢材料在制管过程中屈服强度值变化明显。对于X90/X100直缝埋弧焊管而言，屈服强度平均值升高，形变强化效果明显，而螺旋缝埋弧焊管的屈服强度值平均变化幅度不大。需要说明的是，由于国内目前X90/X100管线钢材料和钢管仍处于试研发阶段，未经过大规模的生产检验，数据量有限，不一定能准确地反映X90、X100的包申格效应和形变强化的大小及规律，这些还有待进一步研究。

参 考 文 献

[1] 《金属机械性能》编写组. 金属机械性能[M]. 北京:机械工业出版社,1983:38-52.

[2] 黄明志,石德珂,金志浩. 金属力学性能[M]. 西安:西安交通大学出版社,1986:14-16.

[3] 杨延华. JCOE直缝埋弧焊管的包申格效应研究[D]. 西安:西安科技大学,2006.

[4] 朱维斗,李年,杜百平. 包申格效应对板料与成品管屈服强度与屈强比的影响[J]. 机械强度,2006,28(4):503-507.

[5] Orowan E. Internal Stress and Fatigue in Metals[M]. Elsevier Co. 1959.

[6] 马鸣图. 金属合金中的包申格效应[J]. 机械工程材料,1986(5):15-21.

[7] API SPEC 5L:2012. Specification for line pipe[S]. American Petroleum Institute.

[8] ISO 3183:2012. Petroleum and natural gas industries—Steel pipe for pipeline transportation system[S].

[9] GB/T 9711—2011 石油天然气工业 管道输送系统用钢管[S]. 北京:中华人民共和国国家标准化管理委员会,2011.

[10] CSM Report No. 12937R. Task 3-Toughness Requirements for X80 Heavy Wall Pipe,2007.

[11] 冯耀荣,李鹤林. 管道钢及管道钢管的研究进展与发展方向[J]. 石油规划设计,2006(1):11-16.

[12] 吉玲康,谢丽华,杨肃,等. 高钢级管线管试样形状对拉伸试验结果的影响[J]. 石油机械,2006,34(1):11-15.

[13] 李鹤林,吉玲康,田伟. 高钢级钢管和高压输送:我国油气输送管道的重大技术进步[J]. 中国工程科学,2010,12(5):84-90.

[14] 侯帅,张海军,兰兴昌. 大口径直缝埋弧焊管生产技术与装备的新进展[J]. 钢管,2009,38(1):46-52.

[15] 李为卫,左晨. 国外大直径焊接钢管制造技术[J]. 现代焊接,2007(10):23-26.

[16] 张伟福,高建忠,李云龙,等. 川气东送大口径厚壁直缝埋弧焊管国产化国内外对比[J]. 石油工业技术监督,2011(4):51-52.

[17] 马秋荣,陈宏达,王海涛. 西气东输二线用X80级 Φ1 219mm×22.0mm直缝埋弧焊管质量分析[J]. 焊管,2013,36(1):14-19.

[18] 范利锋,高颖,李强,等. 大口径直缝焊管机械扩径工艺的研究进展[J]. 重型机械,2011(5):1-5.

[19] 肖曙红. 管线用直缝焊管机械扩径及其影响因素研究[J]. 石油机械,2007,35(3):1-4.

[20] 韩秀林,李国鹏,张丽娜,等. X80直缝埋弧焊管制管前后拉伸性能的变化[J]. 焊管,2012,35(3):19-23.

[21] 李延丰,王庆强,王庆国,等. X90钢级螺旋缝埋弧焊管的研制结果及分析[J]. 钢管,2011,40(2):25-28.

[22] 王自信,李忠响. X90钢级管线钢制管前后性能变化研究[J]. 钢管,2015,44(5):17-21.

[23] 章传国,郑磊,张备. X90大口径UOE焊管的开发研究[J]. 宝钢技术,2013(3):30-34.

[24] 史立强,牛辉,杨军,等. 大口径JCOE工艺生产的X90管线钢组织与性能的研究[J]. 热加工工艺,2015,44(3):226-229.

[25] 钱亚军,肖文勇,刘理,等. 大直径X90M管线钢的开发与试制[J]. 焊管,2014,37(1):22-26.